五因素人格发展理论研究：
综述及前沿

马世超 徐瑜姣 著

Research on Five-Factor
Personality Development Theory:
Review and Frontier

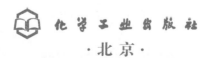

·北京·

内容简介

本书全面综述了近几年来国际高影响因子学术刊物的五因素人格理论与实证研究前沿，介绍了五因素人格在测量、毕生发展轨迹的纵向研究结果及研究范式，推动五因素人格发展动力的先天与后天机制的理论进展，五因素人格发展的具体影响因素的最新探讨以及人格类型研究成果。本书适合心理学、教育学、社会学、管理学、经济学、哲学等社会科学各专业及公共卫生和医学研究领域的教师、科研人员、研究生和本科生学习参考，也可供幼儿园和中小学一线教师，政府与企事业单位管理者与员工，心理咨询和社会工作从业者以及关心人格、气质、性格、个性与自身发展结果的读者阅读参考。

图书在版编目（CIP）数据

五因素人格发展理论研究：综述及前沿/马世超，徐瑜姣著.—北京：化学工业出版社，2019.8（2022.1重印）
ISBN 978-7-122-35365-8

Ⅰ.①五… Ⅱ.①马… ②徐… Ⅲ.①人格心理学-理论研究 Ⅳ.①B848

中国版本图书馆CIP数据核字（2019）第216094号

责任编辑：王　可　蔡洪伟　于　卉　　　　　装帧设计：张　辉
责任校对：刘　颖

出版发行：化学工业出版社（北京市东城区青年湖南街13号　邮政编码100011）
印　　装：北京捷迅佳彩印刷有限公司
710mm×1000mm　1/16　印张18¾　字数378千字　2022年1月北京第1版第3次印刷

购书咨询：010-64518888　　　　　　　　　　售后服务：010-64518899
网　　址：http://www.cip.com.cn
凡购买本书，如有缺损质量问题，本社销售中心负责调换。

定　　价：58.00元　　　　　　　　　　　　　　　版权所有　违者必究

前言

五因素人格模型（FFM）推测存在五种特质，神经质、外倾性、开放性、宜人性和责任心，它们占据了人类人格的主要领域，并已经在跨不同语言和文化的大量实证研究中得到可靠的确认，被证明是良好的行为模式预测变量，如幸福感和心理健康、工作绩效和亲密关系等。FFM还为人格障碍的临床评估提供了有用的框架。

人格发展（或改变）指个体自出生至老年死亡的整个生命过程中人格特征随着年龄和习得经验的增加而逐渐改变的过程，是人生全程发展至关重要的部分。人格发展或改变有多种类型，如均值水平的改变、等级顺序的改变、人格类型的改变等。

本书拟介绍近年来五因素人格发展的理论与实证研究前沿成果，在简短回顾五因素人格理论后，全面综述了近几年来国际高影响因子学术刊物的五因素人格理论与实证研究前沿，着重介绍近年来对五因素人格发展原因的解释，人格发展的新理论、五因素人格毕生发展的具体先天与后天影响因素研究进展、以变量为中心描述大五因素人格特质协变的方法——人格类型的研究进展与探讨、五因素人格与毕生发展结果及研究展望等内容。本书介绍的理论可根据Feist等（2011）提供的人格理论评价标准，由读者自行评价各理论的优劣。由于篇幅所限，参考文献放在每章后二维码中，供有需要的读者扫码阅读。

本书的潜在读者包括心理学、教育学、社会学、经济学、管理学、哲学、公共卫生及医学等学科的本科生及研究生；高校和基础教育教师、学生工作者、政府与企事业单位管理者与员工、心理咨询与社会工作从业者、家长；关心人格、气质、性格、个性与自身发展结果的心理学爱好者等。

全书分为5章，分别是五因素人格理论概述、五因素人格发展理论、五因素人格的具体影响因素与相关变量、五因素人格与人格类型，以及五因素人格与发展结果及研究展望。哈尔滨学院马世超负责第1、2、4章的写作，哈尔滨师范大学徐瑜姣负责第3、5章的写作。由于作者水平有限，本书疏漏之处在所难免，请广大读者批评指正。

本专著受到黑龙江省教育科学"十三五"规划2019年度重点课题《中国儿童青少年人格类型诊断标准确定及其在黑龙江省的应用（JJB1319003）》和黑龙江省哲学社会科学研究规划青年项目《大学新生思乡——结构、纵向动态变迁特点及影响因素研究（19SHC135）》的资助。在此致谢！

马世超　徐瑜姣
2019 年 8 月于哈尔滨

目 录

1 五因素人格理论概述 ··· 1
  1.1 五因素人格起源 ··· 1
  1.2 五因素人格与气质的关系 ······································ 3
  1.3 五因素人格的稳定性与可变性 ··································· 4
  1.4 FFM 视角下的因果关系分析 ····································· 6
  1.5 小结 ·· 21

2 五因素人格发展理论 ··· 23
  2.1 五因素理论与人格发展 ·· 23
  2.2 人格发展的外因与内因概述 ····································· 31
  2.3 人格改变的发展整合模型：三种潜在机制 ··························· 37
  2.4 人格发展的新社会分析模型 ····································· 44
  2.5 人格发展中先天与后天交互作用的理论视角 ························· 56
  2.6 修正的人格特质社会基因模型 ··································· 65
  2.7 人格的进化：理解人格特质的发展和生命史背后的机制 ················ 80
  2.8 成年期人格发展的过程：TESSERA 框架 ···························· 84
  2.9 设定点理论与人格发展 ·· 105
  2.10 人格特质的改变：心理治疗过程中有意人格改变干预效果 ············· 115
  2.11 小结 ··· 130

3 五因素人格的具体影响因素与相关变量 ······························ 131
  3.1 遗传对人格发展影响 ·· 131
  3.2 神经生理基础影响人格发展的规律与研究原则 ······················ 146

- 3.3 人格和个体差异的进化视角 …… 162
- 3.4 网络神经科学与人格 …… 190
- 3.5 大脑病变或发育与人格改变的关系 …… 202
- 3.6 体育锻炼与人格发展：来自三个 20 年纵向样本的证据 …… 207
- 3.7 社会关系与人格发展 …… 211
- 3.8 生活事件与人格特质改变 …… 224
- 3.9 工作对人格特质发展的影响：需求—承担交易模型 …… 244
- 3.10 气候对人格的印记 …… 260
- 3.11 思乡与人格 …… 264
- 3.12 小结 …… 265

4 五因素人格与人格类型 …… 266
- 4.1 五因素人格与人格类型的关系 …… 266
- 4.2 三类型人格研究进展 …… 270
- 4.3 四类型人格研究进展 …… 271
- 4.4 五类型人格研究进展 …… 273
- 4.5 小结 …… 274

5 五因素人格与发展结果及研究展望 …… 275
- 5.1 人格在晚年的作用 …… 275
- 5.2 人格作为老年期衰退的前因和缓冲 …… 275
- 5.3 人格与健康的联系机制 …… 276
- 5.4 健康行为的作用 …… 277
- 5.5 应激暴露和反应性 …… 278
- 5.6 社会资源和支持 …… 278
- 5.7 死亡和病理学相关过程 …… 278
- 5.8 晚年人格-健康关联的实证证据 …… 279
- 5.9 晚年衰退导致的人格稳定性和变化 …… 280
- 5.10 身体健康对人格的影响 …… 280
- 5.11 认知功能衰退与人格 …… 281
- 5.12 感觉功能与人格 …… 281
- 5.13 晚年的适应性人格发展 …… 282
- 5.14 小结 …… 283
- 5.15 研究展望：样本多样性和社会生态理论对心理科学和人格科学的未来至关重要 …… 284

1
五因素人格理论概述

1.1 五因素人格起源

人格特质被定义为从生物和环境因素的交互作用下进化而来的相对持久的、自动化的认知、思想、感情和行为模式,在各种情境和背景下相对一致(Roberts,2009)。Raymond Cattell等提出的基于特质的人格理论,将人格定义为能够预测一个人行为的特质。

最常用的人格特质框架是大五模型(Big 5 或 B5,John,Naumann & Soto,2008)或五因素模型(Five Factor Model,FFM,McCrae & Costa,2008),其中包括五个广泛的特质:对经验的开放性(Openness to Experience)、责任心(Conscientiousness)、外倾性(Extraversion)、宜人性(Agreeableness)和神经质(Neuroticism)相对于情绪稳定性(Emotional Stability),通常用缩写OCEAN或CANOE来表示。在每一个构想的大因素下,还包括一些相关和更具体的主要因素。

目前,测量正常人格的最广泛使用的方法之一是使用基于因素分析研究揭示的大五人格领域的量表。这五个领域通常被称为"大五"(B5)或"五因素模型"(FFM)。虽然人格心理学领域之外的许多非专业人士或该领域的新手听说过大五人格因素,但并非每个人都意识到B5和FFM源自两个历史上独立的研究题目,并且基于完全不同的数据。这五个因素首先通过对字典中的个人特质词汇(如健谈、善良、负责、冷静和富有想象力)的因素分析来确定。由于特质词来自我们的普通语言(词汇),这个研究题目通常被称为词汇学研究传统。后来,意识到词汇学研究确定的五个因素的研究者决定基于这五个因素构建人格问卷。词汇学研究始于Gordon Allport从一本完整的词典中对大约18000个特质词的分类。接下来,Raymond Cattell通过各种方法,包括对个人评级的因素分析,将形容词列表缩减为一组更小的术语。后来，两名空军研究人员 Ernest Tupes 和 Raymond Christal (1961) 重新分析了 Cattell 的数据，用不同的方法分析了一些新的数据，每次都发现五个因素。他们的发现写在一份晦涩的技术报告中，在接下来的 20 年里，不断变化的时代思潮使得人格研究观点的发布变得困难。Walter Mischel 在 1968 年出版的《人格与评估》一书中断言，人格工具不能预测相关性超过 0.3 的行为。像 Mischel 这样的社会心理学家认为，态度和行为并不稳定，而是随着情况的变化而变化。从人格工具预测行为被认为是不可能的。然而，随后的实证研究证明，在紧张的情绪条件下，与现实生活效标的预测相关性的大小会显著增加（与中性情绪条件下典型的人格测量相比），占预测方差的比例显著提高。此外，新兴方法在 20 世纪 80 年代对这一观点提出了挑战。研究者发现，他们可以通过聚集大量观察结果来预测行为模式，而不是试图预测不可靠的单一行为。结果，人格和行为之间的关联大大增加，很明显，"人格"确实存在（Musek & Janek, 2017）。人格和社会心理学家现在普遍认为，个人和情境变量都需要解释人类行为。特质理论变得合理，对这一领域进行研究的兴趣重新抬头。因此，五因素人格研究直到 20 世纪 80 年代才进入学术界视野。密歇根大学的 Warren Norman 注意到了 Tupes 和 Christal (1961) 的发现，他复验并发表了这些结果。他将这五个因素命名为外倾性、宜人性、责任心、情绪稳定性和文化。Norman 的 ORI 同事 Lewis Goldberg 继续用不同的方法和多集特质词复验 Norman 的发现，总是找到相同的因素；后者把智力而非文化列为第五个因素。Goldberg (1992) 为反复出现的五个词汇人格因素创造了术语——"大五"。

五因素人格研究的第二个历史渊源是基于人格因素。Raymond Cattell 编制了 16 种人格因素问卷（16PF），包括 16 个不同的量表。美国国家健康中心（NIH）的 Paul T. Costa, Jr. 和 Robert R. McCrae 分析了 16PF 上的题目，发现了 3 个因素，他们将这 3 个因素命名为神经质、外倾性和经验开放性。最终，他们建构了自己的原始人格量表来测量这 3 个人格领域，将该表称为 NEO 人格量表（NEO-PI）。后来，在 Jack Digman 安排的一次研讨会上，他们增加了宜人性和责任心量表，并将他们的工具更名为 NEO-PI-R（R 代表 Revised；Costa & McCrae, 1992）。Costa 和 McCrae 随后将他们的 NEO-PI-R 与其他主要人格问卷做相关性测试，并证明了现有人格问卷中的所有量表基本上都与 NEO-PI-R 中的 5 个因素相关。他们称之为五因素模型（FFM），认为外倾性、宜人性、责任心、神经质和对经验的开放性是人格的 5 个基本因素。大五因素和 FFM 因素之间的差异不是很大。前 4 个因素几乎相同（情绪稳定只是神经质的对立面）。最大的区别在于第五个因素，智力测量的是智力风格的倾向，而经验的开放性测量创造力、想象力和尝试新事物的兴趣。这些潜在因素与词汇学研究是一致的：在人们生活中最重要的人格特质最终将成为他们语言的一部分，更重要的人格特质更有可能被编码成一个单词。5 个人格因素的内涵如下。

对经验的开放性（创造性/好奇对一致/谨慎）。包括欣赏艺术、情感、冒险、不寻常的想法、好奇心和多种经历。开放性反映了一个人对知识的好奇心、创造力以及对新奇和多样性的偏好；它还被描述为一个人想象力丰富或独立的程度，描述了一个人对多种活动的偏好，而不是严格的循规蹈矩。高开放性可能被认为是不可预测的或缺乏焦点，更有可能从事冒险行为。此外，具有高度开放性的个人在职业和爱好方面倾向于艺术，通常具有创造性，并欣赏智力和艺术追求的重要性（Friedman, 2016）。此外，高度开放的个人通过寻求强烈、愉悦的体验来达到自我实现。相反，那些开放性程度低的人通过坚持不懈来寻求实现，他们被描述为务实和数据驱动的——有时甚至被认为是教条的和封闭的。对于如何解释开放性因素以及开放性在实际情境中的表现，仍然存在一些分歧。

责任心（高效/有组织对随意/粗心）。倾向于高度组织性和可靠，表现自律、尽职、负责任，追求成就，更喜欢有计划而不是顺其自然的行为。高度的责任心通常被认为是顽固和专注的。低责任心与灵活性和顺其自然有关，但也可能表现为草率和缺乏可靠性（Toegel G & Barsoux J L, 2012）。

外倾性（开朗/精力充沛对孤独/矜持）。表现为精力充沛、伶俐、自信、善交际，倾向于在他人的陪伴下寻求刺激以及健谈。高外倾性通常被认为是寻求注意和盛气凌人；低外倾性会导致一种矜持、内省的人格，这种人格可以被认为是冷漠或自我全神贯注的（Toegel G & Barsoux J L, 2012）。在社会情境中，外倾的人可能比内倾的人更占据支配地位（Friedman, 2016）。

宜人性（友好/同情对挑战/离群）。倾向于同情和合作，而不是怀疑和敌视他人。这也是衡量一个人信任和乐于助人的本性以及一个人是否脾气好的标准之一。高宜人性通常被视为天真或顺从。低宜人性往往被用来描述竞争性或挑战性的人，这可以被视为好争辩或不可信（Toegel G & Barsoux J L, 2012）。

神经质（敏感/紧张对安全感/自信）。具有此类特征的人有心理应激的倾向性（Friedman, 2016）。容易体验不愉快情绪的倾向，如愤怒、焦虑、抑郁和脆弱。神经质也指情绪稳定和冲动控制的程度，有时依据其低分特征被称为"情绪稳定性"。高情绪稳定性表现为稳定和平静的人格，但也可以被视为没有激情和漠不关心。低稳定性表现为在有活力的个体中经常发现的高反应性和易激动的人格，但是可以被认为是不稳定或不安全的（Toegel G & Barsoux J L, 2012）。此外，神经质水平较高的人往往心理健康状况较差（Dwan, T & Ownsworth, T, 2017）。

1.2 五因素人格与气质的关系

人格研究者和气质研究者之间存在争论，争论的焦点是基于生物学的差异是否定义了气质的概念或人格的一部分。文化前个体（如动物或婴儿）中存在这种差异表明他们属于气质，因为人格是一个社会文化概念。因此，发展心理学家通常将儿童的个体差异解释为气质而非人格的表现（Goldberg，1980）。一些研究者认为，气质和人格特质是几乎相同的潜在品质的特定年龄表现。一些人认为，作为个体的基本遗传特质，早期儿童气质可能会成为青少年和成年人的人格特质，主动、被动地与不断变化的环境互动（Boyle & Cattell，1995）。

成人气质的研究者指出，与性别、年龄和精神疾病类似，气质是基于生化系统的，而人格是个人社会化的产物。气质与社会文化因素相互作用，但仍然不能被这些因素控制或轻易改变（Rothbart，et al.，2000；Markey，et al.，2004；McCrae，et al.，2000；Shiner，et al.，2003）。因此，我们仍建议将气质作为一个独立的概念保留下来，以便进一步研究，而不要与人格混为一谈（Rusalov，1989）。此外，气质是指行为的动态特质（精力充沛、速度快、敏感和情绪化相关），而人格被认为是一种心理社会结构，包括人类行为的内容特质（如价值观、态度、习惯、偏好、个人历史、自我形象）。气质研究者指出，大五模型的开发者对现存气质研究缺乏关注，导致其维度与之前多种气质模型中描述的维度重叠。例如，神经质反映了情感的传统气质维度，外倾性反映了"能量"或"活动"气质维度，对经验的开放性反映了感觉寻求气质维度（Strelau，2006）。

1.3 五因素人格的稳定性与可变性

长期以来，人格与社会心理学家也一直在争论：到底是持久的个人特征还是瞬间的情境特征对于预测一个人在特定情境下的行为更为相关？大多数同行现在都同意，人格和（社会）情境对行为都有重要影响。在社会压力较小的情况下，人们认为人格会产生特别大的影响，以特定的方式行事。例如，某个人的人格更有可能在周日下午导致个体差异：不用去上班，也可以自由选择在家放松、做运动、去博物馆或会见朋友。相比之下，在繁忙工作日这一情形下，人格不太可能导致强烈的个体差异，这种差异伴随着对如何做出行为以适应形势的具体要求。因此，即使在每种情况下都会出现个体差异，在没有特定社会期望的情况下，个体差异更有可能出现。

与情境特征相比，需要证明持久的个体差异的重要影响，这可能是早期人格心理学研究中强烈关注人格特质个体差异稳定性的原因。现在我们可以确定，由于人格特质的不同，个体在相同的情境下会表现出不同的行为。此外，我们还知道，由于拥有相对稳定的人格特质，个体在不同的情况下会表现出相似的行为。因此，人格心理学家和社会心理学家之间关于人格是否真的存在这一科学争论现在已基本得以解决，稳定的个体差异的观点在心理学的各个学科中得到广泛认可。

然而，研究者最初对人格特质高度稳定性的关注导致忽略了这样一个事实，即人格远非完全稳定。相反，人格会随着时间、年龄和对环境的反应而系统性地改变。因此，现代人格心理学将注意力从稳定性转移到人格特质的可变性，这导致出现一个新的研究领域，即人格发展研究。

对人格如何以及为什么会在人的一生中发生变化这一问题感兴趣的研究者数量明显增加，这导致关于这一主题的最新研究结果大量出现。与此同时，在总结人格发展研究中的重要发现中却依然未见到有最新的研究成果发布，这也是本书的写作目的之一。

人格特质既稳定又可变的观点部分反映了，如何系统地使用不同的方法来评估个体特质的稳定性和变化。最突出和最广泛使用的两种方法是等级顺序稳定性和均值水平变化。等级顺序稳定性（或差异稳定性）是指一个人（在特定特质上）在一个群体中的相对位置。一个典型的研究问题是：相对于同龄人而言，一个在年轻时有责任心的人会发展成一个到老年时比同龄人更有责任心的人吗？评估被研究者的终生，特别是很长时间内的等级顺序稳定性，对于理解人格发展以及人格特质是否有可能部分地由持续因素造成是至关重要的，例如遗传系统的某些组成部分（Roberts，2018）和寻求长期一致角色和/或环境的个人（Roberts & Damian，2019；Roberts & Robins，2004；Harms，Roberts & Winter，2006）。均值水平变化是指所有个体的均值水平随着时间的推移而变化（Caspi，Roberts & Shiner，2005）。均值水平的变化可以在横向研究中用不同的群组（cohort，如初中一年级、二年级和三年级同时评估）；或在纵向研究中用相同的群组（例如，13岁时对其评估，3年后再次对其评估）。有代表性的研究问题是：13岁的人比16岁的人更不负责任吗？先前的研究发现，在均值水平上，随着年龄的增长，大多数成年人变得更加具有宜人性、负责任、不那么神经质。这已成为一个较有共识的理论，被称为成熟效应（Kohnstamm，et al，1998）。

虽然等级顺序的稳定性和均值水平的变化对于理解总体水平的人格发展至关重要，但它们限制了对个人水平发展的理解（Roberts，Caspi & Moffitt，2001；Robins et al.，2001）。因此，重要的是要调查在变化中的个体差异，即在研究过程中每个个体内其等级顺序稳定性和均值水平的增减幅度。有代表性的研究问题是：在整个样本的毕生发展中，表现出可靠责任心的增减的人的占比是多少？

等级顺序稳定性、均值水平变化和个体水平变化都是"以变量为中心"的研究方法（Block，1971），这意味着它们关注单一人格特质的稳定性和变化。因此，这些方法无法解释：人格是"一个人内在属性的特殊模式"（Allport，1954，p.9），而不是一组互不关联的特质。因此，概念化人格变化和稳定性的第四种方法是采取"以个体为中心的方法"，关注一个人的人格特质模式的稳定性，即人格剖面稳定性（或自比稳定性，Ipsative Stability）。评估人格特质的稳定性需要测量多种人格特质，这些人格特质相对于彼此排名，并且至少在两个时间点收集（Bleidorn，et al.，2012；Furr，2008，Klimstra，et al.，2010）。一个典型的研究问题是：一个13岁的人，如果其神经质高于其责任心，等他长大到16岁，其神经质仍然高于其责任心吗？

1.4　FFM视角下的因果关系分析

　　FFM为因果人格研究提供了一个广阔但基本空白的模板。在FFM中，有三大类问题可探讨：①生物结构和功能如何导致特质水平？②特质和环境是如何产生后天心理机制的？③人格特征如何与特定的情境相互作用来决定行为和反应？实践和伦理问题使得寻找特质变化的原因变得更加复杂。对特征性适应发展的因果解释可能是不完整的，因为有许多不同的方法可以获得相同的适应。行为决定因素的研究通常留给社会、教育或临床心理学家去做——尽管人格心理学家可能会通过强调个人在选择和创造情境中的作用来做出独特的贡献。通过整合多方证据，可以对人格系统的功能有一个因果理解，但这可能需要很长时间。与此同时，人格心理学家可能会卓有成效地寻找实际原因，通过这些原因，具有特定特质的个体可以优化自己的适应能力（McCrae & Sutin，2018）。

　　心理学家和大多数其他实证科学家对因果关系有更务实的看法。基本上，他们认识到两种原因：如果他们提供了一个现象发生的概念描述，我们称之为解释性的；如果人们可以利用它们来使现象发生，我们称之为实用性的。这两者基本上是独立的。FFM（FFM；McCrae & Costa，2008）提出了一个解释毕生特质发展的原因——内在成熟——但没有说明如何加速或改变发展。电休克疗法（Electroconvulsive Therapy，ECT）被广泛使用，因为它通常是治疗严重的和难治性精神疾病的有效方法，因此有资格成为改善精神健康的实际原因。但是，Prudic和Duan（2017）委婉地指出，"ECT的作用机制仍然是假说和研究的活跃领域"，也就是说，我们基本上仍然不知道它是如何起效的。

　　当然，理想情况下，这两种原因是紧密交织在一起的：解释性原因应该指导我们采取实际干预措施，（在假设演绎方法中）实际原因（实验治疗）的成功被视为解释有效性的证据。人们也许并未真正认识到，解释和实践之间的关系可能并不紧密，尤其是在科学的早期阶段。例如，我们可以为ECT的功效提供因果解释：精神疾病是大脑功能障碍——ECT会影响大脑，并以某种方式改善状况。认为这种解释毫无意义且空洞的读者应该记得，在ECT中，电流是通过大脑，而不是肝脏。对此行为的特质解释往往并不是紧密相关的，但这并不能否认特质是真正的原因（McCrae & Costa，1995）。

　　统计学家为心理学家提供了复杂的工具来定量评估因果模型（Pearl，2009），但是这些模型的价值完全取决于其中的因果假设。这些假设应该"源自先前的研究、研究设计、科学判断或者有其他证明来源"（Bollen & Pearl，2013，p.307）。如果科学家们认为FFM这样的理论是可信的，那么这些理论就可以被用作因果假设的正当来源。

1.4.1 FFM 中的特质

FFM 为人格心理学中的因果解释提供了一个非常笼统的框架。生物学导致了基本倾向（Basic Tendencies，BTs，包括所有层次的人格特质）；BTs 与外部影响（External Influences，EIs）相互作用，会导致特征性适应（Characteristic Adaptations，CAs，包括习惯、技能和信仰）；CAs 与 EIs 相互作用会引起行为和反应。这些论断在范围上如此宽泛，以至于初看起来似乎并不重要。FFM 的优点在于它区分了 BTs 和 CAs 的概念价值，以及强调某些因果路径以排除其他路径的启发价值。

1.4.1.1 作为基本倾向的特质

基本倾向（BTs）是抽象的潜变量，即个体的假设心理特征，随着时间的推移，在特定的情境下，这些特征会在具体的行为中显现出来，即特征性适应（CAs）。BTs 不仅仅包括人格特质，这个概念在其他领域可能更容易被理解。例如，所有健康的婴儿都有语言能力（BT）；随着时间的推移，他们的母语会变得流利（CA）。智力（BT）是一种假设的学习能力，只有在教育导致知识获得（CA）时才能识别出来。音乐天才（BT）必须从儿童掌握乐器（CA）的惊人速度中推断出来。FFM 的中心前提是人格特质是 BTs：低宜人性的人会产生怀疑态度（CAs）；那些缺乏责任心的人学会了用最少的努力来谋生的技巧。

定义"特质"有许多其他方式（McCrae，2019）。一些理论家认为特质是可观察到的行为模式（Pervin，1994），其中一些是由经验塑造的神经精神结构（Cloninger，Przybeck，Svrakic & Wetzel，1994），还有一些是人格状态的分布（Fleeson，2001）。FFM 将特质视为 BTs，因为这一前提允许对其他定义不容易接受的大量重复观测结果进行因果解释。如果特质仅仅是行为模式，我们会期望它们在不同的文化中有很大的差异（在不同的文化中，行为肯定会有所不同），但是特质是普遍的（McCrae，Terracciano & Members of the Personality Profiles of Cultures Project，2005）。大脑中编码的经验可能会导致新的习惯、兴趣或关系，尽管生活环境发生了变化，这些特质仍会维持数十年（Ferguson，2010）。人格状态的分布是行为的统计汇总，目前还不清楚为什么它们会在同卵双生子（MZ）中相似——特质是可以遗传的（Jang，McCrae，Angleitner，Riemann & Livesley，1998）。我们可以通过假设特质，是天生的、相对持久的人的潜力来解释其普遍性、稳定性和遗传力，像身高、血型和眼睛颜色一样，这些潜力在量上因人而异，但在质上却是普遍的。

BTs 和 CAs 之间的区别容易表述，但不易操作。就像不能直接测量抽象的电势，特质和其他 BTs 只能从它们的结果中推断出来。特质的结果是 CAs，也是 CAs 间接产生的行为和经验。例如，外倾性可能会产生以下表现：对陌生人微笑、在海滩胜地度假、领导小组成员、行为精力充沛、大声听音乐、经常笑。

人们可以通过几种方式来评估这些特征：通过直接监控、目标的日记记录、自评和观察者评级。采用自评或知情人评级的人格问卷是当代研究中的默认方法，尽管它们远非完美，但都为特质评估提供了有用的工具。相对于一些内在的标准，这类工具基本上均要求被调查者估计目标参与行为的频率或强度。尽管诸如"我强烈同意；与其他人相比，我经常领导团队"这样的说法含糊不清，但由这些题目组成的量表形成了合理有效的特质测量标准（Funder，1989）。

这种量表被 FFM 隐含地采纳为特质的操作化。FFM 的一个基本原理是特质的普遍性、稳定性和遗传力，而断言这些特质的实证基础是用自评和人格量表上的观察者评级进行的研究。如果 BTs 不能用人格量表来操作化，FFM 理论就会崩溃。但是如果一种特质（或某种程度的特质）存在，那么它很可能会在特定的 CAs 或行为中表现出来，这些行为起到 Tellegen（1991）所说的特质指标的作用。通过归纳推理，可以得出展示出这种特质指标的人很可能具有这种特质。

但归纳推理总是有困难的。困难在于特质指标固有的模糊不清。人格量表中的问题不是直接问潜在的倾向，而是问信仰、价值观、行为等，这些问题可能有许多不同的产生原因。如果一个人不是外倾的人，为什么会对陌生人微笑？这可能是胆小的人解除武装的防御策略，或者是人们出于责任和纪律要求试图友好，或者是政治家赢得选票的策略。除了一个特定的 CA 可能反映不同的特质（例如外倾、胆怯、责任心或雄心），它也可能主要是环境的产物。对陌生人微笑可能是一种普遍的文化规范，也可能是母亲灌输的一种礼貌。那些经过严格的题目分析（Clark & Watson, 1995）的良好题目很有可能实际表明预期的特质，而表明其他特质的可能性较小。但是题目从来都不是完美的。

1.4.1.2　二象性原则

人格题目不可避免地具有二象性：它们同时是 BTs 和 CAs 的实例，FFM 称之为二象性原则（Costa & McCrae, 2017）。对重金属音乐的喜爱既是一种后天的品位，也是一种寻求刺激的表现。心理学家对智力研究中的二象概念很熟悉。词汇检验中的每一个题目都评估了一定是通过正规教育或非正规接触获得的特定知识，然而测验分数是一般（和可遗传的）智力的优秀指标。词汇测验是能力测验还是成就测验？显然，这两者都是。FFM 断言，人格量表也有相似之处。

一些读者可能会认为，通过询问倾向而不是其表现的题目，二象性问题可以避免。"我非常外倾"这一题目不是一个潜在倾向的纯粹测量标准吗？表面上是这样，但实际上一旦深究，它就是二象性的。如果我们问一个被调查者"我很外倾"是什么意思，她可能会说，"哦，你知道，我有很多朋友，我很有趣，我喜欢保持活跃，我很健谈，而且……"（她确实很健谈）。正如这个例子所说明的，作为基本语言学习的一部分，人们学习特质术语的含义，包括他们的指标。他们通过反思自己的思维、感觉和行为模式来了解哪些术语适合他们。他们将自己的结论融入自己的自我概念（一个重要的 CA）中，并在被要求描述自己时利用它。至少根据 FFM，人们对他们的内在本质没有直接、直观的理解，他们只有通过经验才能发现它。

然而，有一种方法可以近似 BTs 的纯测量：汇聚各种各样的特质指标。量表中的每一道题目都可能关于某个特定的习惯、价值或信仰。但是，如果将许多不同的题目相加，对总和的概念解释必然变得更加泛化。正如统计误差方差趋向于在题目相加形成一个量表时被抵消，留下了更高比例的真分数方差，所以特定的 CA 含义相互抵消，留下了更纯粹的潜在特质指标。

有人可能会反驳说，总体特质评估（例如"我非常外倾"）隐含地聚集在一系列特定指标上（例如朋友的数量、享受乐趣、活跃和健谈），从而提供比更多行为题目更纯粹的特质评估。然而，从心理测量学的角度来看，与多题目量表相比，总体评分的缺点有两方面：第一，即使它们在概念上更纯粹，单个总体题目与多题目量表相比，也容易出现相当大的随机测量误差；第二，总体特质评级背后隐含的"题目"是未知的，不同的作答者彼此间可能会有很大差异。（当然，这是一个实证问题，这些缺点是否以及在多大程度上限制了总体特质评估的效标关联效度。）

FFM 的结构假设指出，"特质是从狭义和特定到广义倾向性的组织层次结构"（McCrae & Costa，1996）。当这个假设被首次提出时，两个层次的领域和层面是关注的焦点；现在，这两者之间还有层次（level，DeYoung，Quilty & Peterson，2007），高于领域（domain，Digman，1997），低于层面（facet，McCrae，2015）。最低层次是细微差别（nuance），大致相当于单个题目。Mõttus、Kandler、Bleidorn、Riemann 和 McCrae（2017）的研究表明，NEO 量表的大部分题目都是作为特质发挥作用的：它们被一致认为是有效的、纵向稳定的，并且大体上是可遗传的。这不仅适用于题目本身（这并不奇怪，因为它们必须具有这些属性才能作为该方面和领域的有效指标），也适用于由于该方面和领域而导致的方差被统计去除时每个题目特有的残差方差。与特定 BT 相对应的每个单独题目都有一些特殊的含义，特质的生物学基础必定极其复杂。

很明显，二象性问题对于细微差别来说是最尖锐的。在这个层次上，这种特质与它的表现形式本质上是同构的，这给因果分析带来了特殊的问题。例如，假设一个题目是评估愤怒敌意层面的，"我经常发脾气"。如果我们确定了一组在这个题目上得分较高的人，并训练他们在回应挑衅之前数到 10，我们可能会发现他们随后在那个题目上得分较低。如果想知道我们是否改变了愤怒敌意特质，我们应该检查他们对量表层面中其他题目的反应（cf. Nicholls，Licht & Pearl，1982），也许是对无能者的怨恨或厌恶。如果其他题目也显示出降低（如果持续数月或数年，并且得到独立观察者的证实），我们就可以断定，我们的干预成功地导致了这一方面的改变（Mõttus，2016）。但是假设其他题目没有改变，我们能不能支持更狭义的说法，即我们至少已经依据在细微差别层面快速的脾气的干预而改变了 BT？还是我们只是通过灌输一种新的针对挑衅的习惯性反应而改变了 CA？

细微差别，如方面和领域，是跨情境的特质（McCrae & Costa，1984），因此原则上应该有可能识别出不同的表现形式。也许"当事情不顺利的时候,我真的很沮丧"这个题目和"我经常发脾气"有着同样的细微差别。如果是这样,它可以用来检验我们的干预改变了脾气细微差别的假设。当然,确定一组替代题目来评估细微差别,以允许进行这种因果检验,这需要一个量表开发和效度验证计划,就像任何其他特质一样。幸运的是,大多数人格心理学家更关心更广泛的特质。

BTs 和 CAs 在概念上的区别对于 FFM 来说至关重要。它是以下论断的基础,即随时间和场景改变的行为表现可以成为持久性和跨情境稳定的特质的指标。这种区分的价值已被其他理论家含蓄地承认(Church,2017;McAdams & Pals,2006),他们采用了"特征性适应"一词来指代表达个人人格的后天特征。

1.4.2 FFM 中的因果路径

图 1-1 提供了 FFM 描绘的人格系统的简化版本。实心箭头代表了动态过程,并指出了理论规定的因果路径。关于这些人格过程,需要注意以下几点。

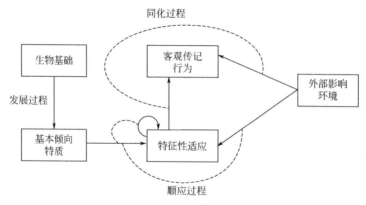

图 1-1 运作中的人格系统

最重要的途径分为三类:发展、顺应和同化(图 1-1)。发展过程产生了 BTs,顺应过程产生了 CAs,同化过程产生行为和经验,随着时间的推移,累积客观传记。

这三种运作在不同的时间尺度上。发展过程通常需要数年;顺应过程可能需要几天或几个月;同化过程即时发生。

顺应和同化过程本质上是互动的。也就是说,特质和环境共同导致 CAs 的出现,而 CAs 和环境共同导致行为。所有高中学生可能都被要求上同样的课程,但是他们学到了什么,学到了多少,以及他们是否培养了新的兴趣,这将(部分)反映他们的能力和特质。如果没有接触拜占庭历史,很少学生会对这个话题产生兴趣;但是如果本身没有好奇心,即使是接触到这个话题的学生也可能会保持冷漠。CAs 的发展需要特质和经验,也可以说是动机和机会。这两个原因的相对重要性可能会有所不同。基础教育是一个强有力的情境,每个儿童都死记硬背地按时间表学习，但数学天才儿童（如高斯）可能会自学，即使接受正规教育的机会有限也不会妨碍他去自学。

根据FFM，主要的人格过程是单向的，因果之间有明显的区别。行为不会产生CAs，CAs也不会改变特质。一个明显的例外是图1-1中的弯曲箭头，从CAs指向CAs，并被识别为顺应过程。这个箭头指的是一个显而易见的事实，即CAs建立在以前建成的CAs基础上。一个新的实践被添加到既定的路径中：讲师的角色转变为副教授；三角学知识是学习微积分的先决条件。但是因果排序仍然基本上是线性的，只要区分CA_1（原因）和CA_2（结果）即可。

至关重要的一点，图1-1中的箭头总体上指的是在给定路径上运行的所有过程，其中可能有非常多的过程（McCrae，2016）。部分原因是因为有许多不同种类的CAs。学习编织的过程显然不同于养新宠物的过程。此外，对于任何给定的CA，通常有多种不同的因果途径：一个人可以通过观察祖母、阅读书籍或参加课程来学习编织；物理学家狄拉克据说通过拓扑分析"发明"了针织。

请注意，这些替代路线本身可能会表达为人格。例如，内倾的人可能更喜欢通过看书而不是上课来学习编织；封闭的人可能会专注于基本缝线的掌握；而高开放性的人可能会试着跳过一些过程到更复杂和有趣的图案。FFM在微分动力学假设中表达了这一点，该假设声称"一些动态过程受到个体基本倾向的不同影响"（McCrae & Costa，1996）。

正是顺应过程的普遍公平性限制了FFM中的因果解释。我们不能具体说明一个人如何学会具备宜人性或责任心，因为有许多不同的、同样可能的途径，其中一些或所有途径，在不同的场合，可能促成了表达这些特质的CAs的建立。这并不意味着对特定过程的研究是不可能或不重要的；事实上，这仍然是人格心理学的一项主要任务（McCrae，2016）。但是人们可以理解如何表达人格，而无需详细考虑因果机制。

1.4.3 对应与涌现

Baumert等（2017）概述了旨在整合人格结构、过程和发展的研究方向。简而言之，他们认为观察到的特质（行为模式）是由人格过程引起的，并指出有两种不同的方式可以将过程的组织（因果结构）与特质的组织（表型结构）联系起来。如果不同的过程与每一组不同的相关特质的产生有关（例如，产生宜人性的过程会产生宜人性的方面），那么因果结构和表型结构之间就会有对应关系。然而，如果同样的过程以各种方式促进了一系列可能不相关的特质的发展，那么因果结构将不会与表型结构有任何必要的相似性，这可以归因于涌现。

Baumert等的人格系统模型与FFM之间可能会有一些粗略的相似之处。他们的特质（"在连贯的行为、思想、感情的程度/范围/水平上相对稳定的个体间差异"）似乎是指CAs及其引起的行为，他们的人格发展过程似乎与FFM的动态过程平行。然而，他们的模型似乎没有直接等同于 BTs。在他们的模型中，过程是基本的因果单元，而在 FFM 中，过程是 BTs 和 CAs（或 CAs 和行为）之间的中介。对人格过程的研究是 Baumert 等人议题的基础。而这对于 FFM 来说是偶然的。

就 BTs 是 CAs 的根本原因而言，FFM 必须被描述为对应模型；观察到的特质指标的协方差被认为是特质本身结构的直接反映（如果不是完美的话）。但是，如前所述，将 BT 转换成 CA 的过程因人而异。此外，相同的过程（例如习惯形成和理性选择）可能有助于许多不相关的 CAs 的发展。目前还不清楚 FFM 中的"动态过程结构"指的是什么，但是这种结构和特质指标结构之间的关系似乎是一种涌现。

1.4.4 特质作为效应：发展过程

"发展"通常是指出生后的规范性变化，这些变化会导致一个成熟、功能全面的有机体。在非人类动物中，发展被认为是通过自然选择和性别选择来塑造的，以增加动物的适应性。在这里，我们将从更广泛的意义上使用发展来指代导致特质水平持久变化的任何事物。这种发展不需要进化，不需要随着成年而停止，也不需要有功能。例如，阿尔茨海默病（AD）会导致人类晚年责任心的改变（Siegler, et al., 1991），既不是规范性的，也不是功能性的，但它可以被理解为广义的特质发展。

如图 1-1 所示，FFM 的起源和发展假设，特质是内生性 BTs，通过内在成熟过程而改变（主要是在人类的青春期和成年早期）。遗传起了一定作用，但任何影响大脑的生物过程，从宫内环境到创伤性脑损伤，也能塑造人格特征。

尽管 FFM 的生物学基础远不止于遗传学，但我们有理由期待特质应该是基本上可遗传的，目前对于特质遗传力有多少还存在一些争议。特别是，最近对人格特质的基因组研究表明，只有中等的遗传力。Lo 等（2016）报告了所有 5 个因素的显著遗传力，但所有 $h^2 \leq 0.18$。Hill 等（2018）使用相关个体的样本和不同的分析方法，发现神经质和外倾性的遗传力分别为 0.30 和 0.13。对行为遗传学研究的元分析（Vukasovic & Bratko, 2015）发现了大得多的值，平均值为 0.40。然而，这个数字综合了家庭和收养研究（其中平均 $h^2 = 0.22$）及双生子研究（其中平均 $h^2 = 0.47$）的结果。Vukasovic and Bratko（2015）将两者之间的显著差异归因于非加性遗传效应的存在，这种效应只有在双生子设计中才能检验到。这可能是一些基因组研究中相对低的遗传力的原因。

此外，所有这些研究都依赖于自评，因此涉及观察分数的遗传力。所有的人格评估都包括大量的随机和系统误差，因此这些误差必然是真实分数的遗传力的下限。允许估计真实得分遗传力的多方法研究通常发现遗传力为 0.5 至 0.7 （Mõttus et al., 2017; Riemann, Angleitner & Strelau, 1997）。

图 1-1 中明显没有从 EIs 到 BTs 的箭头，这说明特质相对不受心理环境的影

响。这是 FFM 最激进、最不受欢迎的原则，几乎可以肯定的是，在特殊情境下，这是错误的。但是，正如其他方面所争论的那样（McCrae, De Bolle, Löckenhoff & Terracciano, 2019），特质的纯生物学基础与来自比较研究（King, Weiss & Sisco, 2008）、跨文化研究（McCrae, et al., 2005）、纵向研究（Costa, McCrae & Arenberg, 1980）和行为遗传学研究（Jang, et al., 1998）的广泛发现是一致的。然而心理环境对人格特质具有重要影响的证据尚不令人信服。

FFM 关于环境不影响特质发展的说法很容易被心理学家和发展学家误解（Gottleib, 2007）。事实上，没有人会认为人脑是在真空中发展的，认知和人格发展的先决条件是一个丰富的社会环境，生物体可以与之互动。在感官剥夺柜中长大成熟的胚胎，即使能存活下来的话，也不会是人。发展学家自然对允许发展展开的有机体/环境互动的细节感兴趣，但是这些不需要考虑人格心理学家，因为心理环境，至少哈特曼（1939）的平均预期环境，对特质发展没有不同的影响。根据 FFM，从长远来看，任何心理环境都会导致相同水平的人格特征。这一现象以在美国的明尼苏达双生子分开抚养研究中得到的说明（Tellegen, et al., 1988）最为显著。

1.4.5　生物因素对发展的影响

如果心理环境对特质发展没有显著影响，那么关注生物对人格影响的因果分析是有意义的。因为大多数心理学家都认为生物因素对特质有一定的影响，所以这种方法就目前而言应该没有争议。

从相关研究到实验研究，有几种可能的方法来理解特质毕生发展的生物学基础。在其他物种中可以看到类似的发展过程（King, et al., 2008），甚至动物模型也可能被利用。每一种方法都提供了关于人格发展的生物学来源的证据，但是每一种方法都有其局限性，都无法对因果关系给予强有力的支持。

相关研究有助于确定特质与一系列生物因素的关联，包括大脑结构（DeYoung, et al., 2010）、炎症与其他生理健康标志（Luchetti, Barkley, Stephan, Terracciano & Sutin, 2014; Sutin, et al., 2010）和慢性病（Chapman, Lyness & Duberstein, 2007）。然而，这些研究受到限制，因为所有相关研究都受到限制：它们提供了相关的信息，但没有指明哪个变量是因而哪个变量是果。

纵向研究比横向研究更能提供信息，因为它们有时有助于梳理变量的时间顺序。例如，Van Scheppingen 等（2016）报告称，在纵向研究过程中发现，在 FFM 领域中，为人父母的被试没有比不做父母的一组匹配被试变化更多。因此，生孩子，一个深刻的生理和心理事件，似乎并不是人格改变的原因。然而，Van Scheppingen 等（2016）有明确证据发现，低开放性和高外倾性的人以及高责任心的女性更有可能为人父母，这表明人格在生孩子的决定中可能起着因果作用。

几项纵向研究发现，生物因素与人格特质的变化相关联，但是两点数据往往不足以提供强有力的因果推断。例如，由心血管、代谢和免疫标志指示的适应负荷（或压力）的生理失调与 4 年后外倾性和责任心的下降相关（Stephan，Sutin，Luchetti ＆ Terracciano，2016），可能是人格改变的一个原因。然而，如果没有一系列关于人格特质的数据，就无法排除另一种可能性，即生理失调本身是外倾性和责任心持续下降的结果。同样，戒烟的年轻人在神经质和冲动性方面有所下降（Littlefield ＆ Sher，2012）。尼古丁是一种强有力的药物，对大脑具有公认的药理作用，因此从 FFM 的角度来看，这些发现是可信的。但是，即使戒烟发生在测量神经质变化之前，也不可能知道戒烟是否会导致神经质下降，或者自然发生的神经质下降是否会导致个体戒烟。

生物学对人格具有因果作用的证据也来自随着 AD 的出现而发生的人格特质的变化。许多研究发现，与病前人格相比，AD 患者的神经质显著增加，责任心降低（Robins Wahlin ＆ Byrne，2011）。由于出现 AD，大脑发生了深刻的变化，AD 引起的人格变化可能是生物基础变化的结果。大脑中的这些变化如何直接导致观察到的人格变化尚不清楚。尽管如此，随着 AD 的发作，人格的改变是如此普遍，以至于它被载入了 AD 的临床标准中（McKhann et al.，2011）。

因为 AD 患者可能无法完成自评测量，所以对 AD 发生的人格变化的研究主要依赖于知情亲人的回溯性报告。这类报告可能在某种程度上存在偏差，因为知情人可能夸大了亲人发病前和发病后人格之间的差异，并可能在评价亲人的人格时依赖于 AD 的刻板印象。然而，即使存在偏见，有一些证据也支持这些发现。首先，在认知障碍的个体中，自评特质的稳定性要低得多（Terracciano，Stephan，Luchetti ＆ Sutin，2017）。例如，在 4 年的随访中，AD 患者的平均稳定性系数为 0.43，而同龄无 AD 患者的平均稳定性系数为 0.70。相比之下，AD 患者和非 AD 患者的量表内部一致性相似，这表明较低的稳定性系数不仅仅反映了 AD 患者自评中较低的信度。其次，基线人格和 AD 神经病理学之间没有什么关系。Terracciano 等（2013）报告了神经质与尸检时大脑中神经原纤维缠结的布拉克阶段之间的关联，但不包括神经突斑块；其他人则发现缠结或斑块与人格之间没有关系（Wilson，Schneider，Arnold，Bienias ＆ Bennett，2007）。因此，发病前的人格并不能预测大脑中累积的神经病理学程度。相反，与 AD 相关的大脑变化可能是导致这种疾病的人格发生重大变化的原因。然而，AD 导致人格特质改变的机制还没有确定。

自然实验提供了一种准实验方法来识别对人格特质有因果影响的因素。当干预发生在不受研究者控制的"真实世界"时，自然实验就会发生。在心理学中，自然实验经常检验环境压力对心理结果的影响，包括特质。最近的一个例子来自 2011 年新西兰克赖斯特彻奇的地震。这场里氏 6.3 级的大地震夺去了近 200 人的生命，摧毁了这座城市的大部分基础设施。Milojev、Osborne 和 Sibley（2014）利用这个机会来检验人格是否因重大自然灾害而改变。根据地震前后一年收集的数据，研究者发现该城的被试在地震后的神经质较地震前略有增加，而来自新西兰类似地区、未受地震影响的被试在同一时期的神经质略有下降。任何一组的其他特质都没有变化，两组地震前的人格也没有差异。对遭受大地震的克赖斯特彻奇居民的随机选择表明，与 FFM 相反，遭受重大自然灾害会增加神经质。目前还不知道这种差异会持续多久，而且这种设计无法确定可能导致观察到的变化的潜在机制也许包括生物过程。

在 FFM 的指导下，研究者可能会选择研究自然实验，重点研究潜在的生物过程，以此来与经历过饥荒、流行病或气候变化的人群进行比较。所有这些设计存在的一个问题是独立变量（地震、饥荒等）通常由生物、社会心理和政治影响的整个复合体组成，很少能挑选出任何观察到的变化的有效原因。

在医学上，随机对照试验（Randomized Controlled Trials，RCTs）是确定因果关系的金标准。出于实际和伦理的原因，这种范式在人格研究的背景下是困难的。尽管如此，一些随机对照试验表明，生物干预可以改变人格。例如，对一种常见致幻剂裸盖菇素（psilocybin）的实验研究表明，随着初测试个体接触这种药物，前者的开放性增加：服用高剂量的个体在服用后至少一年中保持了更高的开放性（MacLean，Johnson & Griffiths，2011）。一项短期（两周）随访研究用麦角酰二乙胺（lysergic acid diethylamide，Carhart-Harris，et al.，2016）复验了这种效果。在这两种情境下，这种影响都对开放性特异。进一步表明大脑功能的变化的证据解释了这种影响：麦角酰二乙胺可以通过大脑中更大的熵增加开放性（即大脑信号的变化与时间序列的可预测性负相关）（Lebedev，et al.，2016）。然而，随机对照实验仍然面临局限，这损害了得出因果关系结论的能力。例如，无论是谁选择参与，还是谁完成研究，都存在显著的选择偏差。在上述例子中，大概率接受致幻剂服用的被试的开放性增加。对从一开始就不愿意服用致幻剂的人是否会有同样的效果还不得而知。

即使有来自 RCTs 的证据，也很难评估干预是改变了潜在 BT 还是测量它的 CA。如先前在愤怒敌意的例子中所讨论的，如果特质或方面中的所有或至少许多题目响应干预而改变，那么 BT 将会有一些变化的证据。然而，如果只有一个或几个题目显示出响应干预的变化，就更难区分这种变化是反映了 BT 还是用来评估它的变化的 CA。

随机对照试验的方法为生物干预如何改变人格提供了严格的检验。然而，这种方法对于识别特质的纯粹生物决定因素可能不太有用。如果与对照相比，已知影响大脑特定结构或功能的药物的施用也导致人格改变，那么可以推断药物影响的结构或功能也与人格有关。因此，它将提供对一些负责人格的生物学过程的深刻认识，但不一定是这种特质的整个生物学基础（Deaton & Cartwright，2018）。对于任何可能有助于人格发展的生物过程，没有一种方法可能会得出与因果关系有关的结论。相反，它将从各种不同的方法中收集一致的证据，以确定可信的解释原因。

无论是疾病、药物还是地震，都不可能从狭义上解释人格特质的发展，例如神经质的逐渐规律性下降以及被称为人格成熟的宜人性和责任心的增强（e.g.Roberts & Mroczek，2008），或者几十年来等级顺序稳定性的逐渐削弱（Conley，1984）。FFM 将这种发展路径归因于内在成熟，这可能是由于遗传控制的老化过程和大脑结构累积的随机变化。因为老化是无法控制的，所以这些假设的直接检验是不可能的。双生子研究提到的是特质变化差异率的遗传力，而不是普遍特质变化的可能遗传基础。事实上，内在成熟假说的最佳证据来自排除替代原因（McCrae，et al.，2019；van Scheppingen，et al.，2016）。

1.4.6 作为原因的特质：同化过程

许多心理学家会声明，心理学的主要任务是理解、预测和控制行为。认知心理学家关注行为是如何习得的，以及行动是如何计划或选择的。社会心理学家强调行为的情境决定因素，尽管有时与目标和需求的个体差异有关（Cacioppo，Petty，Feinstein & Jarvis，1996）。人格心理学家也预测特定行为（e.g.Kolar，Funder & Colvin，1996），尽管他们已经知道特质能更好预测聚合行为而不是单一行为（Epstein，1979）。

行为的社会心理学解释通常用实验设计来检验，被试被随机分配到不同的条件下。人格心理学家明白现实生活中的情境并不是随机发生的；相反，人们选择情境（生态位选择；Buss，1987）通常是基于他们的人格特质。人格心理学家能够提供更多关于行为的自然主义描述，因为他们承认个人（以及情境；Funder，2016）的贡献。

为了证明实证主义声称人格心理学是对整个人的研究，人们可能会注意到 CAs——人格系统的核心部分——参与了除可能的无条件反射外所有行为的产生，因此人格提供了几乎所有心理现象的因果解释部分。在实践中，人格心理学家关心的是范围更有限的行为和经验，这些行为和经验至少在概念上与特质或与特质有本质联系的 CAs（如价值观、兴趣或自我概念）相关联。基本英语语法知识是 CA，但是写语法句子一般不会被认为是一种与人格相关的行为。

FFM 认为，作为 BTs 的特质，是行为的远端原因，它们的影响是由 CAs 发挥中介作用的。例如，外倾者是更好的群体领导者（Judge，Bono，Ilies & Gerhardt，2002），外倾者与社交技能相关联（Riggio，1986）；认为社会技能是良好领导的近因，外倾是远因是可信的。同样，职业兴趣调查可能是职业选择的一个近因，而开放则是远因（Costa，McCrae & Holland，1984）；尼古丁成瘾是吸烟行为的近因，神经质是远因（Terracciano & Costa，2004）。人格心理学家可以将教育、工业/组织和健康心理学家的因果链延伸到持久的人格。

FFM 假设的特质和行为之间的因果中介并不直接转化为简单的统计中介。例如，人们可能会评估外倾性、社交技能和领导行为，并发现，从统计上来说，社交技能部分承担了外倾性对领导力的影响的中介作用。在数据的通常解释中，留下了

FFM 无法预测的外倾性的额外直接影响。FFM 可以解释这种异常，认为与外倾性相关的其他中介 CAs（例如社交网络规模）解释了剩余的差异。一个全模型，包括所有相关的 CAs，预计不会显示出特质对行为的直接影响。

相反，实证研究可能会显示，特定的 CAs 提供的因果关系比其背后的特质更强。例如，社交技能可能比外倾性本身更能预测领导力。这种结果可能是源于其他未测量的 BTs 的间接影响，如智力（Riggio, 1986），也可能是源于 EIs, 如正规教育或生涯辅导，这些都提高了社交技能，从而提高了领导力。

FFM 坚持认为，特质对行为的影响必须通过 CAs 来中介，但出于实际目的，只要知道特质预测了感兴趣的结果就足够了，而无需考虑或评估 CAs。因果链中的一些链接不可避免地将会丢失。责任心高的求职者会比其他人表现更好，即使人们不知道这是源于他们的完美主义态度、守时习惯还是有条不紊的工作方式，但是能够知道这一事实还是有用的。当然，如果一个人知道哪个特定的 CAs 与结果相关，出于实际目的，评估它们并忽略潜在的特质可能是有意义的。但是，少数领域和层面的人格特质与大量的 CAs 相关联，因此在特质层面上系统地探索某些结果的潜在预测因素可能更容易。

1.4.7 作为原因的特质：顺应过程

大多数关于人格相关的文献都包含了将特质与 CAs 联系在一起的研究：健康习惯、价值观、偏见、人格障碍、人际关系、教养方式、美德、音乐偏好等。虽然这些都是相关研究，但通常（合理的）假设是，特质是原因，它们与结果相关。这种研究在描绘行为原因和记录人格特质的后果方面很有价值，而且 FFM 的广泛应用极大地促进了这种研究。该模型为组织系统研究和元分析提供了框架。

FFM 声称，在这些情境下，发现一种关联是因为特质响应环境的要求和机遇，创造新的内在精神结构，成为个体相对持久的特征——CAs。如，人们并非生来就不信任外国人，但有些人生来就有警惕和怀疑的倾向（或随着时间的推移而发展）。不信任的具体对象是通过个人经历、模仿同龄人或正式的灌输来习得的。如前所述，可能涉及许多不同的机制，包括自我选择进入志同道合的群体。

FFM 认为，一个人一生经历的最终结果或多或少取决于他自身的特质；在长达 40 年的时间里，个体差异的稳定性（Terracciano, Costa & McCrae, 2006）与 BTs 提供的一种 CAs 围绕的"设定点"的理念是一致的。由此得出的预测是，一组经验（包括人为干预）产生的效应可能会刺激其他地方的补偿效应。这种现象在精神分析的症状替代概念中很著名：治愈一个神经质高的个体的一个问题，另一个问题随之就会出现（Ellis, 1987）。它也是以社会可接受的方式引导攻击性而不是试图减少攻击性的治疗策略的基础。FFM 预计所有特质都会产生类似的效果：例如，天生内倾的人在被其职业要求与他人广泛互动的情况下，可能会寻找新的独处机会（Long & Averill, 2003）。评估旨在修正与特质相关的 CAs 的干预措施的心理学家也许还应该询问，可能被认为是干预措施副作用的意外补偿后果有哪些。

随着时间的推移，在持久倾向的背景下，CAs 会进一步发展。一个暗示是关于改进 CAs 的实验研究可能会误导人。Swann（1983）很好地说明了这一事实：相当简单的错误反馈可能会改变一个人的自我概念，正如干预后的自评结果那样。但是几天后收集到的一份后续评估显示，原来的自我概念已经恢复。心理治疗师很清楚，在本次疗程中取得的进展可能会在下一次疗程中消失。

1.4.8 核心和表面特质

Kandler、Zimmerman 和 McAdams（2014）讨论了在人格文献中发现的核心和表面特质之间的区别，他们将这种区别比作 BTs 和 CAs 之间的区别。核心特质被认为是稳定的、可遗传的，并且因果关系先于表面特质。后者，即表面特质，包括自我相关的图式、态度和信仰以及个人奋斗，通常会被 FFM 归类为 CAs。Kandler 等（2014）认为，如果表面特质确实不同于核心特质，那么表面特质应该基本上不稳定，遗传性也较低。

FFM 没有对 CAs 的稳定性做出具体预测。其中一些是有时间限制的（例如完成学期论文的目标），而另一些则持续了几十年（例如学习母语）。一些 CAs 是有可塑性的（如一个人的工作生涯），而另一些则抵制变化（如吸烟）。因此，BTs 的稳定性通常是可预期的，但与 CAs 并不矛盾。

Kandler 等（2014）回顾了一系列关于一般兴趣、态度和生活目标与人格特质的遗传性的研究。对 FFM 最直接的解释是，只有当兴趣、态度和目标与可遗传的特质相关时，它们才应该是可遗传的。事实上，Kandler 等（2014）发现这些 CAs 与特质有明显的关联，它们的部分遗传力可以通过特质的遗传力来解释，但有些则不能。兴趣、态度和目标似乎有一些独特的生物学基础，超出了 NEO-PI-R（Ostendorf & Angleitner，2004）评估的特质。Kandler 等（2014）认为这意味着 FFM（和其他一些人格理论）提供的特质和其他属性（如兴趣）之间的概念区别需要得到修正。

然而，采用标准 FFM（Costa & McCrae，2017）有可能调和 Kandler 等（2014 年）的发现。FFM 坚持 BTs 和 CAs 之间的区别，并声称人格领域基本上被这五个因素及其定义者占尽了。从这个角度来看，Kandler 等（2014）指出：①二象性原则适用于态度、兴趣和目标以及 NEO 量表特质；②许多态度、兴趣和目标可能被视为五个因素中的一个或多个因素的方面或细微差别。这并不是一个根本性的创新：NEO 量表已经包含了态度（价值观的开放与平和的思想）、兴趣（对美学和创意的开放性）和目标（寻求刺激和追求成就）的方面。

Kandler 等（2014）认为，核心特质的内容应该扩大到"思想、情感和行为的风格和调控模式"之外，包括"兴趣、动机、态度和价值观"。至少在理论上，目前对 FFM 的观点已经如此。Costa 和 Mcrae（2017）讨论了所有广泛的特质都以各种方式表达的事实；人格问卷中的题目往往是这种特质的情感、行为和认知指标的组合（Pytlik Zillig, Hemenover & Dienstbier, 2002）。其中一项 FFM 的全面性早期证明表明，它的因素可以在莫里需求量表中找到（Costa & McCrae, 1988），NEO 量表被描述为评估"情感、人际、经验、态度和动机特征"（Costa & McCrae, 2014）。

从 FFM 的角度来看，问题不在于态度、价值观和兴趣是否是核心特质，而在于它们是 BTs 还是 CAs，对此的答案完全取决于人们如何看待它们。如果一个人关注需求、兴趣或价值观的具体内容，那就是 CA；如果关注特定实际行为背后的一般趋势，它可能是 BT。渴望成为总统是一个 CA，这在历史的大部分时间里和大多数文化中都毫无意义。具有寻求社会支配地位的倾向的 BT 可能是普遍存在的。

1.4.9　特质是原因："因子"过程

统计纯粹主义者强调因子分析和主成分分析之间的明显区别：主成分分析被认为仅仅是描述变量的相关结构，而因子分析通过揭示潜在因素和它们在观测变量中的表现之间的因果关系来解释它。然而，事实上，因果推论不是由统计操纵得出的，而是由考虑证据模式的科学家做出的（有时包括因子或成分负荷）。

有了这种理解，询问由因子或主成分分析确定的更广泛特质是否可以被认为是定义其更狭窄特质的原因是恰当的。这是人格心理学中的默认观点：我们倾向于认为温暖、快乐和活跃是协变的，因为它们有一些我们称为外倾性的共同原因。同样，关于笑、感受快乐和乐观的题目也是有关联的，因为它们有一个层面的原因叫做积极情绪。

我们可以想象大脑中有一个宜人性的中心，与控制信任、直率、利他、顺从、谦逊和温柔的中心有神经联系。如果宜人性中心非常活跃，它将会引起所有相关中心的活动；在宜人性中心具有不同活动水平的人群中，信任、直率等方面将共同定义表型因素。或许宜人性反映了一组基因的运作，一些或所有相同的基因对其各个方面都有贡献（McCrae, 2015）。

最近有一种替代观点得到推广（Cramer, et al., 2012）。在网络模型中，特质是协变的，因为它们在功能上是相互联系的，本质上是相互作用的。这种说法的某些方面是可信的。例如，我们可能会认为快乐的人会交更多的朋友，有很多朋友的人有机会学习良好的社交技能，有社交技能的人有机会成为领导者，领导者有机会享受领导的特权，变得快乐。因此，积极情绪、合群和自信会趋于同时发生，我们把这种综合征称为外倾性。在这个网络模型中，这个因素从各个方面出现。这是效果，而不是原因。在此我们将讨论简化的纯网络模型，与纯因子模型形成对比。然而，很明显，两者都有助于观测到的特质的协方差。

通常，如果有一个问题是关于：两个相关现象中哪一个是原因，哪一个是结果。研究者可能会试图操纵每一个现象，看看另一个是否有反应。如果我们能提高神经质的水平，我们就能观察到它的所有方面是否也增加了。在目前我们所处的未知状态下，这种方法（即使是道德的）是不可行的，我们还没有确定特质变化的实际原因。

然而，有些操作可能会提供一些提示。服用抗抑郁药物时，许多患者的情况会出现好转（尽管还有一部分人不会）。对于那些对这种药物有反应的人来说，他们的特质有显著的变化。Costa、Bagby、Herbst 和 McCrae（2005）报告，康复患者的总神经质及其四个方面，即焦虑、抑郁、自我意识和脆弱性有所下降；愤怒敌意和冲动没有显著下降。从这些发现可以合理地得出结论：抗抑郁药物降低了神经质，从而降低了它的各个方面。然而，特质水平也因外倾性、开放性和责任心以及它们的几个方面而改变。抗抑郁药物（根据治疗精神病学家的判断，在这项临床研究中使用了九种不同的药物）似乎没有提供一种明确和可选择性的方法来控制神经质。

有研究者可能已经发现了更具体的开放性操纵方法。如前所述，MacLean 等（2011）在受控的环境下服用了"神奇蘑菇"药物裸盖菇素，发现被试开放性显著提高，但其他因素没有显著提高。一个由 52 人组成的小组中，其中有 30 人在药物治疗期间有过神秘的经历，他们可以被认为是"响应者"。在这 30 人中，观察到开放性增加了约 0.5 个标准差，并在一年的随访后保持不变。正如对各种因子的因果解释所预测的那样，在六个开放方面中的五个也发现了显著的影响。

虽然这些结果与因子的假设基本一致，但不幸的是，它们并不排除成网络的解释。例如，抗抑郁药物可能会改变抑郁方面的水平，其网络联系可能会导致焦虑、自我意识和脆弱性方面的变化。原则上，通过反复评估特质水平，可以在两种选择之间做出决定：如果所有的特质变化都是同时发生的，那么因子解释是有利的；如果一个方面的变化经常先于其他方面的变化，那就意味着网络过程的展开。目前，我们对网络过程作用的时间尺度几乎一无所知（如果它们确实有作用的话），因此大量的探索性研究需要在令人信服的检验之前进行。

也可以考虑自然实验，其中最方便的是老化实验（Mõttus，2016；Mõttus, et al., 2015）。随着年龄的增长，成人在所有人格因素上表现出有规律的、逐渐的变化。总的来说，从 30 岁到 70 岁，神经质及其所有方面都在下降，而宜人性和责任心及其方面都在增加（McCrae, Martin & Costa, 2005；Terracciano, McCrae, Brant & Costa, 2005），符合统一因素的概念。但是外倾性各方面的发展历程并不一致。在自评（Terracciano, et al., 2005）和观察者评级（McCrae, et al., 2005）中，温暖方面随着年龄的增长略有增加，而寻求刺激急剧下降。对出现这种差异的部分解释是，外倾的这两个方面具有宜人性的双负荷：温暖对宜人性的正向负荷可能解释了它的增加（因为宜人性增加），寻求愉悦的兴奋的负向负载有助于解释其迅速下降。

但是，即使所有五个因素的影响从统计上看在每一个方面都消除了，但在不同文化中，剩余的特定差异也有发展趋势是一致的（McCrae et al.，1999）。通过对老化的研究，我们很难区分各种因素对某一部分的因果影响，因为年龄对这两者都有影响：任何偏离因子—原因模型预测的模式都可能是由于受到特定部分的发展影响。

研究者可能会更幸运地来检验网络方法的预测效果。在这里，特质必须是可塑的；否则，它们将无法合并成一个网络。任何单一方面的操作都应该对网络中的所有其他方面产生影响。例如，我们可能会将合群度较低的个人分配到需要广泛人际接触的工作中。根据一项网络分析，增加社会互动应该会促进社交技能、快乐、自信等，这是与外倾相关的特质的整个网络。被置于一个新的社会环境中，这些人将获得一种新的网络平衡，从而提升外倾性的各个方面。

需要注意的是，基于网络模型的这种预测与 FFM 对 CAs 的预测完全相反。根据 FFM 的观点，将内倾者分配到需要广泛社会性的工作中应该会导致他们去寻找更多的单独的业余活动，Little（1996）称之为恢复性生态位补偿。也许可以通过实验或者找到自然的实验来确定一个方面（或者它的 CAs）的变化是导致的成比例变化；抑或是相反的情况，导致其他方面的补偿变化。

Little（2008）在他的自由特质概念中也提出了类似的想法。不需要通过治疗干预或实验操作强迫个人以不习惯的方式行事，他们自己可能会自由选择一个与自己的自然倾向背道而驰的特质。这些自由特质是为推进个人计划而选择的行为模式。内倾的人可能会在销售领域找到一份工作，因为这是最好的工作，为了保留它，他会采取一种外倾的方式。虽然自由的特质可以推进你的事业，但是它们需要努力，如果没有恢复性资源，会导致幸福感下降（Little，2008）。大概自由特质一旦不再有用，就会被丢弃。

1.5　小结

上文介绍了人格、人格的五因素模型以及在此框架下的因果研究领域。人格心理学家关注对于现象的解释和实际原因。解释原因对人格心理学家来说尤其具有挑战性，因为人格特质不容易被操纵。由于我们对大脑的理解仍然有限，具体说明生物基础塑造 BTs 的发展过程可能需要几十年的时间，如果真的可以做到的话。生物结构和人格倾向占据不同的概念层次，寻找大脑产生思想、情感或持久倾向的机制就像要求打印机创造诗歌的机制一样。

同化过程的因果解释允许预测行为，这更容易理解，但是我们通常会把发现态度如何影响投票的问题、学习方式如何影响分数的问题，或者非理性思维如何导致自杀的问题留给社会、教育或临床心理学专家。人格心理学家更侧重于关注为产生 CAs 的顺应过程提供因果解释。但是在这里，殊途同归使得任务变得复杂：敌对的人可以通过许多非常不同的途径获得怀疑的态度、夸大的自尊和敌对关系。

在不久的将来，人格心理学家可能会更专注于寻找实际原因。殊途同归没有问题。他们发现任何能够可靠地平息愤怒、促进更好的饮食习惯或增强团队合作的干预都是有用的。当然，寻求干预措施来修改CAs可以以人格特质及其典型表达的知识为指导（McCrae，2011）。人格心理学家应该利用每一个机会，利用经典的特质×治疗设计，观察不同特质的人对特定干预的反应是否不同（McCrae & Sutin，2007）。

特质是许多心理特征和行为模式貌似合理的解释原因，但是因为特质不容易被修改，这些因果解释并不能为干预提供直接的途径。相反，特质心理学也许最广泛地应用于筛查和诊断的环境中，在这种环境中，人格评估可以被用来预测许多理想的职业和婚姻结果以及许多形式的适应不良。工业与组织心理学家通常可以选择具有最佳人格特质的候选者（Costa，McCrae & Kay，1995）。临床心理学家必须按照给定的方式处理来访者的特质，但是能够预测他们的优势和劣势可以促进治疗过程（Miller，1991）。

M1-1　参考文献

2 五因素人格发展理论

2.1 五因素理论与人格发展

五因素理论（FFT，或五因素模型，FFM；McCrae & Costa，2008）是当代人格心理学的大理论之一。它建立在实证证据的基础上，对这些实证证据的解释是以早期理论家如奥尔波特、卡特尔和艾森克的一些经过时间考验的假设为指导的。这是一个综合的理论，因为它涵盖了大多数人格研究的内容，如特质、行为、社会认知结构及其联系。FFT 是一个不断发展的理论，因为它试图跟上新的证据并扩展到新领域（McCrae，2015，2016）。该理论对人格差异的描述、构成和推动人格发展的动力都有所启示。

2.1.1 基本倾向与人格发展

FFT 基于对群体中人格特质协变结构的长达数十年的因子分析研究，产生了五因素模型（FFM；McCrae & John，1992）。五个 FFM 特质——神经质、外倾性、（对经验的）开放性、宜人性和责任心——被认为构成了特别重要的人格特质层级（Markon, Krueger & Watson，2005）。积累的证据表明，FFM 特质的结构可以在各种环境中复验（McCrae & Terracciano，2005；Schmitt, Allik, McCrae & Benet-Martinez，2007），这些特质得分的个体差异在几十年中相对稳定（Roberts & DelVecchio，2000），在不同评分者中结果一致（Connelly & Ones，2010），并与人格领域之外的一系列重要变量相关联（Ozer & Benet-Martinez，2006），并且遗传上更相似的个体也倾向于具有更相似的特质得分（Vukasovic & Bratko，2015）。

解释这些发现的一种简洁的方法是假设五种协变模式反映了真实的、未被观察到的但具有因果效力的属性——人脑中产生可观察到的表现特定特质的结构。因此，这些特质应该构成人格心理学的中心单元：它们可以告诉我们一些关于因果关系的事实，这些特质导致或引导行为、思想和感情。并且，不同于它们的特定情境表现，它们可以提供跨人群和情境的信息。这就是奥尔波特（1931）、卡特尔（1946）和艾森克（1991）等人提出的概念化特质的方式。FFT也这样对特质下定义，这五个特质被称为FFT中的基本倾向（McCrae & Costa，2008）。FFT假设人格特质是按层级组织的，FFM特质构成了最高层级（McCrae & Costa，2008）。人格层级较低的特质，如方面（Costa & McCrae，1992）和细节（McCrae，2015），也可以被认为是基本倾向（Mõttus et al.，2016）。

例如，卡特尔（1946）认为，特质的本质构成反映了遗传影响和环境模式，代表了基因影响和环境因素的贡献。FFT（McCrae & Costa，2008）将基本倾向定义为完全不受环境影响的内生倾向，除非直接对大脑干预（例如，药理学干预或外伤）。然而，必须强调的是，FFT没有具体说明基本倾向的内在基础是什么——它们仍然是假设性的结构，还是任何生物影响的占位符（DeYoung，2015）。假设个人的生活经历通常不会影响他们的基本人格倾向，这也许是FFM最重要和独有的特征之一。但是这似乎违背了我们的日常经验。例如，我们中的许多人已经看到：随着他们职业生涯的进展，人们的行为越来越自信；或者是相反的情况，即由于被解雇，他们的自尊和社会活动减少了。这一假设也与其他人格理论相矛盾，如新社会分析（Lodi-Smith & Roberts，2007）和社会基因组学（Roberts & Jackson，2008）方法。然而，FFT并不违背常识：它只是将那些受环境影响的人格方面过滤到人格系统的其他部分。

根据FFT，基本倾向与环境隔离的假设对人格发展有着不可避免的影响。因此，无论生活的哪个阶段，这些趋势的任何变化都必须源于内生过程和人格发展，必须反映内在的成熟，就像身高的"发展"在很大程度上反映了基因驱动的成熟——至少在正常情况下，在相当同质的人群中是如此（Johnson，2010）。

2.1.2 五因素人格发展的文化比较

FFM特质的一系列证据来自对它们结构的跨文化研究，因此它们的发展是由内在的而不是外部的影响驱动的。FFM问卷，如NEO-P-I（Costa & McCrae，1992）和BFI（John，Donahue & Kentle，1991），已经被翻译成数十种语言，应用于世界大部分地区广泛的文化中。在大多数文化中，这些量表的项目或分量表（方面）之间的协变关系可以解释为类似于最初开发测验的文化中发现的协变关系（McCrae & Terracciano，2005；Schmitt et al.，2007）。这些发现表明，从结构上来看，FFM可能是人类普遍存在的，因此在很大程度上是生物因素的结果（即对所有人类都或多或少地普遍存在），而不是存在明显的文化多样性环境因素的结果。然而必须指出的是，现有研究尚未基于预先设计的FFM问卷（Saucier，et al.，2014）或者依靠更严格的统计检验（Thalmayer & Saucier，2014），以至于只能为

FFM 结构的可复验性提供不太令人信服的支持。

此外，考虑到表面上显著的文化多样性，环境是造成人格差异的一个重要因素，但是世界各地区 FFM 分数的差异通常比预期的要小。例如，Schmitt et al.（2007）比较了北美、南美、欧洲、非洲和亚洲等 10 个地区的 FFM 分数，发现地区差异只能解释分数变异的 1%~6%。然而，基于自评的 FFM 分数的跨文化（区域）差异可能会被评级偏差混淆，如群体参照效应（Heine，Lehman，Peng & Greenholtz，2002）或极端反应（Mõttus，Allik，et al.，2012），特别是考虑到这些差异与相关效标变量没有特别有意义的关联（Mõttus，Allik & Realo，2010）。此外，有一些证据表明，迁移至西方文化可能与人们的 FFM 特质分数变得更像西方人有关，这表明环境毕竟会对这些特质产生一些影响（Gungor，et al.，2013；McCrae，Yik，Trapnell，Bond & Paulhus，1998）。

与人格发展直接相关的发现是，在各种文化中，FFM 分数的年龄差异似乎或多或少有相似之处：平均来看，老年人相较于年轻人在神经质、外倾性和开放性方面得分更低，在宜人性和责任心方面则得分更高，对比的前提条件是不考虑他们生活的文化和经济条件如何（McCrae & Terracciano，2005；McCrae，et al.，1999）。当然，这些趋势也有例外。如果环境因素对人格特质及其发展有重大影响，人们会期待年龄差异更具文化特异性。但是，有证据表明，FFM 人格特质的性别差异在不同文化中系统地存在，在平均教育水平较高的发达国家差异更大（Schmitt，Realo，Voracek & Allik，2008）。这说明了环境因素的作用，哪怕只是作为内在倾向的促进者或抑制者。

Bleidorn 等（2013）发现，在义务教育时长较短、接受高等教育的人口比例较低的文化中，FFM 特质中与年龄相关的规范性变化更加明显（这两个文化水平变量被汇总成一个综合的"工作指数"）。然而，其中两个关联仅仅是"边缘显著的"（即，这些发现是假阳性的可能性比心理学家通常接受的稍大），其余的关联在效应量方面类似于边缘显著的关联。研究者的另一个预测是，在人们较早扮演家庭角色的文化中，与年龄相关的规范性变化会更加明显，这一预测得到了更适度的实证支持。总体而言，尽管这项研究（Bleidorn，et al.，2013）为环境对人格发展的影响提供了一些支持，但是这些发现远远不够有力，肯定需要进一步复验。

2.1.3 外部影响能否作用于基本倾向

撇开文化比较不谈，还有更多的证据能够佐证 FFM 的特质或多或少地与环境影响隔离开来。试图寻找可能导致 FFM 特质的可变性和变化的环境因素已经产生了许多关联，但是通常没有很好地复验，有时甚至相互矛盾。例如，一项研究（Roberts，Helson & Klohnen，2002）发现离婚与社会支配的增长相关，这是外倾性的一种表现，而另一项研究（Costa，Herbst，McCrae & Siegler，2000）报告了离婚与外倾性的减少相关；与此形成对照的是，van Aken、Denissen、Branje、Dubas 和 Goossens（2006）未能发现外倾性和感知到的伴侣支持之间的显著关联。然而，最近 Hudson 和 Roberts（2016）复验了之前一项研究的结果，将工作投资与责任心的增强联系起来。

个别研究经常报道人格特质和特定环境因素之间的数十种关联，这些因素被假设为导致这些人格变异的原因。除非严格控制Ⅰ型错误（假阳性）率，否则至少有一些发现可能反映了数据的随机波动（当发现在独立样本中被复验时更好）。例如，Mõttus、Johnson、Starr 和 Deary（2012）调查了认知能力、身体健康和独立功能水平与人在 80 多岁时 FFM 人格特质改变的关联。他们假设这 3 个预测因子代表了生命那个阶段最重要的领域，因此可能与人格特质改变有关。总的来说，测试了 30 个关联——15 个在特质改变和预测因子基线水平之间，15 个在特质改变和预测因子变化之间。尽管 5 个特质中的 4 个在 6 年的测试间隔内发生了显著变化，但只有两个显著关联出现在 5% 的 α 水平上（这意味着平均 1/20 关联是Ⅰ型错误）：较高的基线认知能力和较小的适应性下降与较小的责任心下降相关。这两项发现都可能是假阳性，特别是因为由于研究者希望保留最大的统计检验力，推断统计数据没有针对多次检验进行调整。多重比较增加了Ⅰ型错误率。例如，如果作者调整了调查结果，即使是相当自由的错误发现率（Benjamini & Hochberg，1995），也不会出现重大的调查结果。重要的是，这两项发现都没有在 70～76 岁的三次测试中被复验到更大的群组中（Mõttus，Marioni & Deary，in press）。

作为另一个例子，Specht、Egloff 和 Schmukle（2011）使用了大量德国样本的数据调查 12 个主要生活事件，如婚姻、离婚、分娩、第一份工作和退休与 FFM 特质得分的关联、其基线水平和 4 年内的变化。这些分析产生了 60 个基线与 FFM 分数的关联，与另外 60 个变化的关联。对于基线分数，作者发现 10 个统计上显著的关联（主要影响）在 5% α 水平（这意味着平均 1/20 Ⅰ型错误），但是他们没有调整多次测量的推断统计。如果他们采用这种错误发现率的调整，只有一种关联——与伴侣同居和更高的外倾性——在统计学上仍然显著。对于特质得分的变化，60 个关联中的 12 个（主要影响）在没有调整的情况下是显著的，而控制错误发现率会将这个数字减少到 5 个。这 5 种关联在直觉上有所不同：例如，退休后责任心的降低似乎是有道理的，而相同特质在分娩后的降低和离婚后的增长似乎不那么明显。该研究还发现，婚后外倾性和开放性下降；在一些重要的互动中，配偶死亡对责任心有性别特异性影响（男性增长，女性减少）。然而，另一项研究发现，这两个事件与男性神经质的变化相关：婚姻/再婚与神经质的较大幅度下降和配偶死亡与神经质的较小幅度下降相关（Mroczek & Spiro，2003）。

诚然，这只是两项或多或少随机挑选的研究，但它们说明了当前的研究现状：研究者投入了大量精力试图找出人格变异和变化的环境因素，但这些发现远不如他们中的许多人所预期的那么可靠。Specht 等（2014）总结了现有证据如下："可追溯到一般年龄趋势之外的生活经历的人格改变影响有限。"Turkheimer 和 Waldron

（2000）也指出，特定的环境变量至少可以单独解释人格特质变异的某一小部分。当然，最终，一些特定类别的外部影响很可能会对基本人格倾向产生影响。然而，到目前为止还没有太多有力的证据能够证明这一点。

2.1.4 人格发展——像石膏一样坚硬（顽固）（Set like plaster）？

早期版本的 FFT 表明，几乎所有内在的人格发展都发生在 30 岁之前，之后人格会变得"像石膏一样坚硬（顽固）"（Costa & McCrae，1994），而这一说法在后来的理论描述中似乎有所软化（Terracciano，Costa & McCrae，2006）。事实上，尽管均值水平的人格改变持续到很大岁数（Specht, et al.，2014），但是在人生最后几十年里，也有显著的证据表明存在非常高的等级顺序稳定性，更不用说那些通常很显著的改变与个体差异，如人们的健康、认知功能和独立应对生活的能力（Mõttus, Johnson & Deary，2012；Mõttus, et al.，2017；Specht, et al.，2011）。此外，均值水平的变化可能代表了一生中内在的成熟：例如，晚年责任心的下降可能反映了某种普遍的功能衰退，这是那个年龄段大多数人的特点。同样，变化率的个体差异可能反映了一生中固有的差异。高等级顺序稳定性也可能来自日益稳定的环境影响（Briley & Tucker-Drob，2014）。因此，30 岁后的人格是坚硬的石膏这一观念似乎并不完全正确。总体来说，人们确实在不断变化，个人差异也从未完全稳定，这似乎对 FFT 的主要观点没有重大影响，但基本倾向的发展反映了内在的成熟，而不是外部的影响。

2.1.5 人—环境互动和年龄差异

由于人格特质被概念化将人置于特定的行为、思想和感情之中，因此，假设人和环境经历不是随机匹配的似乎是很正常的。相反，不同的特质水平以及不同的行为、思想和情感会将人们分类到不同的环境中，使他们从环境中被唤起不同的反应，并以不同的方式感知环境。这些被称为个人环境互动（person environment transactions，Caspi & Roberts，2001）。事实上，有证据表明，具有不同特质水平的人，总体而言，会拥有不同的情境经历，并且特质水平和情境经历经常是匹配的。例如，宜人性更高的人更有可能遇到积极的情境，更少欺骗（Sherman, Rauthmann, Brown, Serfass & Jones，2015）。人们倾向于以与自身特征相匹配的方式主动构建或被动感知他们的环境，如果环境因素确实有助于人格的改变，那么假设自我诱导的经历会反过来影响人们倾向于这些经历的特征也是有意义的。这就是所谓的对应原则（correspondive principle）："生活经历对人格发展最可能的影响是，首先加深导致人们获得这些经历的特征。"（Roberts, Caspi & Moffitt，2003）这种推断与直到成年后才显现的等级顺序稳定性（个体差异的稳定性）的增加是一致的（Roberts & DelVecchio，2000；Ardelt，2000；Specht, et al.，2011），看起来至少部分与增加的环境稳定性有关（Briley & Tucker-Drob，2014）。

如果确实如此的话，特质得分的个体差异会随着时间的推移而增加（McCrae，1993；Mõttus，Allik，Hrebic kova，Koots-Ausmees & Realo，2015）。外倾的人应该寻求增加社会经历和其他外倾的人，这应该会让他们更加外倾（例如，通过发展社交技能）。相反，内倾的人应该回避社交场合，从而剥夺自己发展社交能力的机会，结果变得更加内倾。然而，这与现有证据不一致。Mõttus等（2015）研究了不同文化中FFM特质变异的年龄差异，发现不同年龄组之间没有系统性差异。当然，这一发现并不构成对基本倾向缺乏环境影响的直接证据，而是与这一观点相一致。观察到的年龄差异可能与基本倾向有关，也可能无关。

将FFM特质的分数分解为更具体的组成部分，如方面甚至单个问卷项目，并研究这些组成部分的年龄差异的研究经常会有下述发现：这些具体组成部分显示出非常不同的年龄趋势（Lucas & Donnellan，2009；Terracciano，McCrae，Brant & Costa，2005）。例如，Soto和John（2012）发现，外倾性的合群性方面随着时间的推移有所下降，而自信和社会信心方面有所增长。此外，Mõttus等（2015）发现，即使是相同方面的项目，其年龄差异也往往不同，更不用说相同的FFM特质的方面了。

这些发现表明，无论是何种机制在推动人格发展，它们都不可能在基本倾向的水平上运作。相反，它们可能在很大程度上，与恰好包含在特质操作（问卷）中特质的具体表现有关。如果是这样，外部因素对特质得分的影响可能也是如此。例如，当婚姻与外倾性的相关联程度下降时，外倾性可能不是对这种外部影响做出反应的基本倾向，而是这种特质的一种或多种具体表现。例如，与婚姻有关的承诺可能会减少参加聚会或观看体育赛事的次数，而婚姻可能对友好或感觉积极情绪的倾向没有任何影响；事实上，婚姻甚至有助于幸福（Lucas，Clark，Georgellis & Diener，2003）。同样，由于退休而导致的责任心下降可能反映出特质问卷中与工作相关的内容得分下降，但不一定反映出这种基本倾向。

为了解决这种可能性，旨在确定人格改变的潜在环境因素的研究应该检验这些因素在多大程度上与这种特质的所有表现具有相关性（Mõttus，2016）。但迄今为止，这样的研究很少。Jackson等（2012）的一项研究调查了认知训练对开放性的影响；结果表明，训练的观测效果在开放性所有方面都是一致的。但在这项研究中，针对开放性的定义非常狭义，主要是在认知参与活动方面，因此认知训练对特质表现的影响的可推广性需要进一步检验。除非进行这种"敏感性"分析，否则潜在的环境原因和人格特质水平之间的关联，或者它们的变化，都很难加以解释。即使观察到关联，它们也可能不会显示出对基本倾向的影响。

这就把我们带到了解决FFT其他方面的任务上，因为这个理论不仅仅是关于基本倾向的。就目前而言，FFT认为环境对人格的基本倾向没有影响（除非他们直接改变大脑），因此它们的发展也反映了内在的成熟。然而，FFT也认为，基本倾向通过更具体的人格系统的组成部分变得更为明显，这些事实上可能会受到外部影响。

2.1.6 特征性适应与人格发展

根据 FFT，基本倾向是去情境化的、不可见的，会产生行为模式的神经心理结构。对于每个人来说，它们在质量上是相同的，只是"输出"的数量不同。一个人的外倾发生器越强大（基本倾向），它产生的外倾行为就越多，不管这个人是儿童、青少年还是成人，也不管他住在纽约还是新德里。但是，不应该期望由基本倾向产生的特定行为模式对每个人都是一样的，不管他们的年龄或文化背景如何。一个 12 岁的人如何表现其外倾性可能与一个 70 岁的人的外倾行为大不相同。巴西博罗罗人和巴黎人之间的开放表现同样可能大不相同。

FFT 认为，基本倾向表现为特征性适应，比如相对稳定的目标、态度、自我模式、个人奋斗、个人神话等。与基本倾向相反，特征性适应与特定的文化、社会或发展背景相配适。此外，FFT 认为这些因果影响共同起作用：特征性适应不仅仅是特征影响加上生活经历影响的总和，同时也是随着时间的推移，具有特定特征的个体与特定生活经历交互作用而演化的心理结构（McCrae, 2016）。特征性适应反过来又与外部影响交互作用，产生特定的和潜在的可观察到的人格表现，如行为、思想和感情。McCrae（2016）称这两个互动过程为顺应（即，创造新的心理结构，顺应基本倾向和环境输入的特征性适应）和同化（即，产生适合特定情境的特征性适应的特定人格表现）（图 2-1）。因此，FFT 与上述个人环境互动理论（Caspi & Roberts, 2001）是一致的，前提是互动涉及的是特征性适应而不是基本倾向。

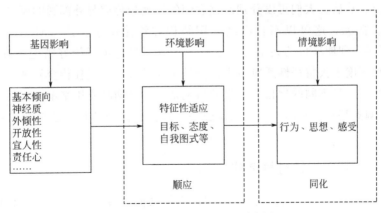

图 2-1 FFT 的人格发展示意图

因此，根据 FFT，外部因素能够并且确实影响人格差异，从而影响其发展，但是这发生在特征性适应层面，而不是基本倾向层面。这使得 FFT 不同于控制论的大五理论（DeYoung, 2015），后者也区分了特质和特征性适应：根据这一理论，环境可以影响两层人格结构。

应该承认，这当然只是一个假设，即存在导致其所谓表现的潜在基本倾向。我们只能通过操纵基本倾向并观察其表现形式的变化来检验这一假设（Markus & Borsboom, 2013），但是由于我们对基本倾向的理解有限，这种检验目前很难进行（Jackson et al., 2012）。然而，这一假设并不是 FFT 特有的，同时该假设与大多数人格心理学相关（例如，这是潜在特质模型或基于内部一致性评估测验信度的默认假设）。然而，对于人格系统的特定组成部分如何相互关联这一讨论点，还有其他的解释（Cramer, et al., 2012；Wood, Gardner & Harms, 2015；Mõttus, 2016）。

2.1.7 基本倾向和特征性适应之间的区别

很少有关于人格发展的研究试图明确区分基本倾向和特征性适应。这其中有一个显而易见的原因：因为基本倾向是通过特征性适应来操作的（例如，在问卷中），所以我们关于两类人格结构的推论是混乱的。人格问卷项目同时代表基本倾向和特征性适应。这被称为二象性原理（Costa & McCrae, 2015），类似于量子物理学如何将基本粒子视为同时具有波和粒子性质。因此，要牢牢记住，与 FFM 特质发展相关的发现可能反映了两个方面，即基本倾向的发展和特征性适应的发展。研究发现，特质操作的不同组成部分（相同特质的不同方面或相同方面的项目）显示出不同的发展模式（Mõttus, et al., 2015；Soto & John, 2012）可能显示，观察到的变化至少有时与特征性适应有关，而不是与基本倾向有关。

梳理基本倾向和特征性适应的发展可能有助于将人格特质得分分解为项目共享的变异，表面上与基本倾向（或方面）相关，而项目特定的变异可能更多地融入了特征性适应。然后，人们可以分别研究它们的发展趋势或与外部影响所具备的可能的相关性。例如，这可以而且已经使用结构方程建模来完成（Mõttus, et al., 2015）。当然，即使项目的共享变异也取决于哪些特定项目恰好被包括在模型中，从而在某种程度上被特征性适应注入，但是至少后者的一些独特变异被过滤掉，特别是如果使用大量不同的项目。理想的情况是，应该同时使用基本倾向的多重操作（问卷）来调查基本倾向的发展，以便进一步降低得到与特征性适应相关的发现的可能性。

2.1.8 基本倾向与特征性适应小结

一方面，FFT 大胆宣称，面对常识，人格倾向（基本倾向）完全不受外界影响，因此只能根据其内在的、遗传驱动的程序发展。但是，和其他好的科学建议一样，这一说法是可以检验的，尽管看起来令人惊讶，但它确实得到了实证证据的支持。至少，没有太多有力的证据支持相反的观点。然而，另一方面，FFT 允许常识占上风。它假设外部影响有助于人格发展，但这发生在特征性适应层面，即当基本倾向与特定环境条件（适应）交互作用或试图适应特定环境条件时形成的心理结构。根据人格发展的可塑性来区分，人格有两个不同的层次。这种概念上的区别让人想起卡特尔（1946）的根源特质和环境特质。然而，从实证上讲，很难将这些人格层次分开，因为基本倾向不能被直接观察到，必须通过特征性适应来操作。

2.2 人格发展的外因与内因概述

人格得分在毕生都会发生变化（Schwaba & Bleidorn，2017）。这种变化可以归因于心理社会或生物过程。

2.2.1 心理社会过程

大多数心理学研究者可能认为人格改变是生活经验的结果：创伤事件、角色转换、心理治疗等。有许多研究报告了这种影响。例如：Galdiolo 和 Roskam（2014）发现，父亲外倾性在孩子出生后 1 年下降；Riese 等（2014）研究显示，在最近的应激生活事件后神经质增长。然而，这些效应往往很小且分散，有时难以理解：为什么一个孩子的出生会导致父亲（而不是母亲）的 E 值下降？Bleidorn 等（2018）注意到，对于开始一段关系（外倾性和宜人性增长）和开始工作（开放性、宜人性和责任心增长，神经质降低），结果相对一致，但是对于结束一段关系、比如结婚、离婚、为人父母、丧偶、失业或退休，则没有一致的效应。他们的结论是"有一些证据表明生活事件会导致人格改变"，但是"有证据表明人格特质改变的本质、形式和时间……仍然是初步的"（Bleidorn，et al.，2018）。

在互动（transactional）范式（Neyer & Asendorpf，2001）中，特质会影响关系的选择，而关系又被认为会重塑人格。然而，尽管有相当多的证据表明人格对人际关系的效应，但"大多数研究……未能发现关系经历对人格维度的预期效应"（Mund & Neyer，2014）。与之相似，作为榜样和群体社会化的来源，同伴被认为是影响人格发展的重要因素（Reitz，et al. 2014）。然而，荷兰进行了一项针对青少年、同伴和兄弟姐妹的大规模研究，历经 7 轮仔细评估，检验了协同发展的模式，包括会聚、相关变化和滞后变化。研究者没有发现协同发展的证据，并得出结论，"青少年朋友和兄弟姐妹倾向于彼此独立变化，他们共同的经历对他们的人格特质没有一致的影响"（Borghuis，et al.，2017）。

几项研究检验了生活压力提高神经质的假设，结果很不一致。Ogle 等（2013）对 670 名年龄分别为 42 岁和 50 岁的被试测量了神经质，并将那些经历过和没有经历过创伤事件的被试进行了比较。没有发现两拨被试之间存在任何差异；所有组都显示出神经质有小幅的正常下降。但他们也报告说，在儿童期或青少年时期经历过创伤的个体的神经质高于在成年期第一次经历过创伤的个体——Shiner 等（2017）复验了这一结果。Boals 等（2014）在一个学期的时间里对 1108 名大学生进行了神经质的评估。他们发现，在两次评估之间报告创伤事件的学生其神经质略有增长，这与无创伤组的神经质略有减少相比是显著的。这种短期研究的一个问题是，区分特质和状态效应通常很困难。神经质的测量通常询问焦虑、抑郁和应激的感觉，很明显，最近的创伤可能会产生这种感觉，而不会对潜在的特质水平产生任何实际影响。

另一种观点是，创伤事件确实会影响人格特质本身，但只是短暂的时间，之后个体会回到基线设定点。非创伤但格外重要的生活事件可能会对外倾性、开放性、宜人性和责任心产生类似的短暂影响。如果这种变化在影响方向上是普遍的和随机的，这可能是 Anusic 和 Schimmack（2016）报告的重测稳定性短期（大约 3 年）衰减的原因。

Ormel 等（2012）提出了一个更详尽的混合模型。根据该模型，急性生活事件会暂时改变神经质，但持久的生活变化（如长期失业）会永久改变设定点。Jeronimus 等（2014）报告的数据所得出的结论与这一观点一致：与长期困难相关的神经质的一些变化持续了长达 13.5 年。

事实上几乎所有关于生活事件和特质改变的文献都完全依赖于自评，这是一个严重的限制。没有得到专业的知情人士的证实，我们不能排除只有自我概念或自我表现风格而非特质本身发生变化的可能性。这是一个非常现实的问题，因为只有极少部分的研究比较了自评和知情人评定的人格改变，结果却发现没有什么一致（Watson & Humrichouse，2006）。

2.2.2 生物过程

偏离正常轨迹也可能是生物过程造成的。例如，基因可以解释一些个体在特质改变上的差异（Kandler, et al., 2010；McGue, et al., 1993）。经常锻炼或缺乏锻炼，显然会改变人格改变的轨迹：Stephan 等（2014）报告称，在两个大样本的老年人中，基线水平体育锻炼与外倾性和责任心的减少相关，这可能是因为前者有助于维持表达这些特质所需的能量。

一项对被试是否存在认知损伤的研究（Terracciano, et al., 2017）有力地说明了生物因素对特质改变的影响。未受损被试（$N=7307$）的平均 4 年稳定性系数为 0.70；对于 AD 患者（$N=454$），系数是 0.43。这种差异不是由于后一群体的年龄较大造成的；如果排除有缺陷的个体，80 岁以上被试的平均稳定性（$N=476, r=0.70$）与年轻被试没有区别。这也不能归因于 AD 子样本中数据质量的普遍下降，因为该组的内部一致性和其他组一样高。大脑的变化不如 AD 那么剧烈，并且在毕生中都能发现（例如脑震荡、药物滥用），这大概可以解释观察到的部分特质不稳定。

与检验关于特质改变的心理社会假设的研究一样，那些检验生物假设的研究需要包括多个知情人，以提供对变化的会聚效度。此外，所有关于个体特质改变的研究都应该包括对同一特质的多种测量。评估同一个结构的不同量表通常显示出不同的正常发展模式；我们不能假设这些量表在对生活事件或生理条件的反应中是可以互换的。

2.2.3 规范发展

特质改变并不都是特异的；有一些共同的发展曲线，其中每个个体的设定点逐渐移动。试图解释神经质、宜人性和责任心的普遍变化是有意义的，这些变化通常被称为人格成熟。但是目前还不清楚外倾性和开放性是如何变化的，所以解释为时尚早。

关于人格成熟的心理社会原因，最杰出的假设是 Roberts 等（2005）的社会投资原则（The social investment principle，SIP），这是新社会分析模型的一个方面（Roberts 和 Nickel，2017）。根据这一原则，当个体从青春期走向成年中期时，他们必须承担父母和产业工人的责任。随着成人早期变得更有韧性、更合作、更负责任，低神经质、高宜人性和高责任心有助于这些角色的成功形成。投资于他们文化的年龄规范的个体中的绝大多数人，将培养这些特质，他们将因此受到社会的奖励。在未来几年中，其影响将是观测到的神经质的下降以及宜人性和责任心的增长。因为所有社会对成人行为都有相似的要求，所以人格成熟应该在所有文化中被看到。

如果 SIP 在个体和文化中是完全一致的，那么实际上不可能将其与其他一致的原因区分开来，比如内在的成熟。因此，SIP 的检验是在不同的生活经历影响成熟率的假设下进行的。在个体层面，通过开始职业生涯或家庭来投资于成人角色的早期成年人应该比不做相同投资的同龄的其他人表现出更显著的人格改变。几项研究检验了这一假设，结果并不一致。例如，Hudson 和 Roberts（2016）复验了早期的研究成果，即工作中的 SI 与宜人性和责任心协变。然而，与 SIP 假设相反，在一个有代表性的澳大利亚样本中，一项关于向父母角色转变的大规模前瞻性研究发现，这一角色转变对五因素没有影响（van Scheppingen et al.，2016）。

两项研究在文化层面检验了 SIP。在发展中国家，青少年通常在更小的年龄段结束学业并进入劳动力市场。第一次婚姻和生育头胎的年龄也因文化而异。在较早进入成人角色的文化中，SIP 似乎显示人格成熟需要加速；允许青春期延长的富裕文化应该会显示出较慢的神经质下降速度，而宜人性和责任心增长。Bleidorn 等（2013）报告说，自评的神经质和责任心（而不是宜人性）的年龄差异在参加工作较早的文化中更明显。然而，由于早婚和早育，他们没有发现 SI 预测人格的任何影响。McCrae 等（2018）研究了 23 种文化中 12～21 岁人群的知情人评定人格。没有发现任何证据表明这一人群的人格成熟在以进入工作或为人父母较早为标志的文化中发生得更快。

2.2.4 内在成熟

SIP 的生物解释是内在成熟的前提（McCrae & Costa，2008）：人格发展是人类物种建构的一部分，就像儿童认知能力的增长或中年妇女更年期的开始。这一假设与人格成熟的普遍性是一致的，从进化的角度来看是有意义的：变得更有韧性、合作和负责任的社会益处也应该促进个体适应。老化不能通过实验来控制，所以对内在成熟假说的直接检验是困难的。然而，有证据支持这一观点。King 等（2008）对观察到的黑猩猩的人格改变进行了一项纵向研究，发现了一些与人类发展的相似之处，包括类似于宜人性和责任心等特质的增长。这些发现最有可能被解释为进化的内在成熟的证据，这一机制也可能解释了与人类等密切相关物种的发展。

重要的是，进化的影响不一定局限于生育周期。通过祖父母的抚养，年长的成年人可以提高他们后代在其后生活中的适应能力（Hawkes & Coxworth, 2013）。事实上，有人认为，健康认知老化的正常轨迹（即下降的流体智力但完整的长时记忆）代表了一种进化适应，保存了老年人的知识库，以传递给后代（Kaplan & Gangestad, 2005）。同样，有利于积极情绪、合作和相容的与年龄相关的人格改变可能已经演化为促进与年轻人的互惠关系，在这种关系中，这种知识转移可以发生（Carstensen & Löckenhoff, 2004）。

2.2.5　超越特质的人格发展

除了探索毕生人格轨迹背后的因果机制，还需要进一步的理论提升和实证研究来更好地将我们对特质发展的理解与人格的非特质方面结合起来。尤其是，迄今为止出现过的文献强调了目标和努力方向以及生活叙事，这些都是围绕人格特质核心形成的同心人格层（McAdams & Olson, 2010），动机变量出现在童年中期，连贯的生活叙事在青春期融合在一起。然而，大部分的研究记录仍然是条块分割的，一次只能关注一层，对层间交互的发展动态关注太少。五因素理论可以作为一个框架来进一步探索人格特质相应转化为动机概念和叙事结构的过程。

图 2-2 中核心成分是矩形，界面成分是椭圆，箭头代表动态过程作用的因果路径，自我是重要的特征性适应子成分，虚箭头是系统外的直接因果路径（McCrae & Costa, 1996）。FFT 将人格特质概念化为基本的、生物学上根深蒂固的倾向，当基本倾向与外部影响相互作用时，这些倾向被转化为人格的、文化背景下的适应。人格的适应（和不适应）可能包括目标、奋斗、态度以及自我概念，而自我概念又包含了自我模式和生活叙事。但 FFT 对因果关联的方向性规定了某些限制。例如，人格适应和外部影响之间的关联被认为是相互的，并借助客观记录（Objective Biography）来充当媒介，而人格发展的基本趋势对人格适应和自我概念的影响本质上被建模为单向的。这种限制允许推导具体的、可证伪的假设，这些假设最有可能推动科学进步（McCrae, et al., 2018）。例如，除了对成熟的驱力作出反应之外，人们认为人格发展的基本趋势会随着外部因素而改变，但前提是这些因素会影响人格的生物基础（例如，通过暴露于化学试剂或机械创伤；Ilieva 2015, Mendez, et

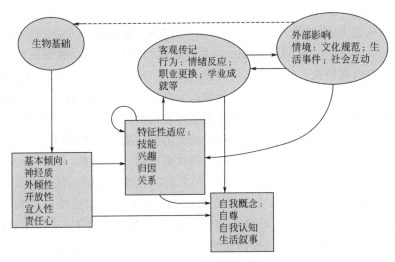

图 2-2　五因素人格系统

al.，2013）。

　　跨人格层面的成功整合为将 FFM 对人格结构的观点与毕生发展框架联系起来奠定了基础。这些框架建立了人们适应与年龄相关的改变的动态过程模型（Rif fin & Löckenhoff，2017）。毕生观点（Baltes，1997）是一个主要的元理论框架，它继续塑造着当前老年学的大部分研究课题，它很好地映射到 FFT 上，因为它认为发展是内在多维的，由生物心理社会共同构建：生物层面上的成熟驱力和与年龄相关的衰退被认为与心理过程和社会文化环境相互作用。尽管有这种概念上的重叠，人格特质在塑造晚年动态适应过程中的作用仍有待系统地探究。为了说明这种方法的潜力，我们考虑了 FFM 特征对当代老年学三个主要理论概念的影响，即带补偿的选择性优化（Selective Optimization with Compensation，SOC）、控制中的毕生转移和社会情感选择性。

　　根据 SOC 的原则（Baltes，1997；Baltes & Baltes，1989），老年人通过选择他们认为最重要的特定功能方面来管理与年龄相关的损失，通过向他们分配额外的资源来优化这些方面，并通过降低标准和招募额外的帮助来补偿其他生活领域的损失。人格特质可能会对这些过程对不同个体的影响产生作用。首先，它们可能会影响个体选择和优化生活的方面。举例来说，那些外倾性水平高的人可能会优先考虑社交机会，而那些开放性水平高的人可能会优先考虑继续探索的机会。其次，人格特质可能会影响获得和利用各种资源进行补偿的方式。例如，FFM 特征被发现与老年人使用各种支持性保健服务有关（Friedman，et al.，2013），在一个退休人员样本中，他们预测了获得财政支持和这种支持的来源（Gillen & Kim，2014）。最后，随着时间的推移，特质可能会影响 SOC 策略的成功实施。从最广泛的层面来看，众所周知，低神经质和高责任心有助于建立成功的长期日常活动和补偿习惯（McCrae & Löckenhoff，2010）。更具体地说，特质可能会与目标和优先事项的定向转变相互作用,这些目标和优先事项被认为会促进日后的适应。

根据毕生发展的动机理论(Motivational Theory of Life-span Development, MTLD)(Heckhausen, et al., 2010),人们通过初级控制(改变周围环境)和二级控制(改变内部经验)的结合来应对发展挑战。成功的发展需要这两种控制之间的动态相互作用,但是它们的相对平衡被认为会随着成年人的毕生发展而改变,不仅因为与年龄相关的认知和身体衰退限制了行使初级控制的能力,还因为许多人生目标(例如为人父母、职业)都有与年龄相关的最后期限。在最后期限之后,它变得更加适应于管理个体对没有达到目标(即次要控制)的失望,而不是继续积极追求目标(即初级控制)。FFM 特质显示出与每种类型的控制的不同关联。例如,行使初级控制的能力可能与责任心的能力和自律方面有关,而低神经质和高服从性(宜人性的一个方面)的人,可能更容易行使次要控制(McCrae & Löckenhoff, 2010)。与此同时,那些自信(外倾性的一个方面)和努力取得成就(责任心的一个方面)的人可能会发现,当面临发展的最后期限时,放弃初级控制并转向次级控制会更加困难。对这种关联的系统研究可能会揭示为什么某些人更容易实现初级控制和次级控制之间的终生平衡。

同样,人格特质可能会影响人们在晚年主动重组社交网络的能力。根据社会情感选择理论(socioemotional selectivity theory; Carstensen, et al., 1999),随着老年人的时间范围变得越来越有限,人们在当前时刻优先考虑情感幸福,并寻求小型、紧密的社交网络,强调与亲密朋友和家人的有意义的关系。人们被发现按照这些思路积极重组他们的社交网络(Lang, 2000),但是,根据他们的人格特质,一些人可能会发现自己比其他人更难重组自己的社交网络。在毕生中,低责任心、宜人性和高神经质与关系的解除有关(Roberts, et al., 2007),而具有这些特质的人在面对未来生活的挑战时,可能缺乏一个可以依靠的核心亲密他人网络。

这些简单的例子突出了特质视角的潜力,以丰富我们对个体间适应未来生活差异的理解。迄今为止,大多数提出的关联仍然是推测性的,但是通过在包括特质评估的相关研究中,系统地探索人格特质和对晚年生活的动态适应的不同方面之间的相互作用,可以获得很多信息。

2.2.6 人格的心理社会过程小结

(1)除非心理学研究者能够准确、全面地描述人格的正常改变,否则他们无法解释这些改变。然而,人们越来越热衷于产生和检验解释个体差异的普遍稳定性、个体变化的发生以及正常发展趋势的起源的理论。

(2)社会投资(SI)原则等心理社会理论引发了几项研究,结果不完全一致。内在成熟,作为 SI 的一种生物性解释的可选理论,也只有有限的直接支持,尽管进化观点、跨文化数据和比较研究与内在成熟假说是一致的。

(3)五因素理论(FFT)被作为一个框架来理解人格特质和非特质方面的发

展,以及人格特质转化为动机和生活叙事的过程。与FFT互补的其他一些观点,包括毕生视角、带补偿的选择性优化、毕生发展的动机理论和社会情感选择性理论,都强调了特质视角的潜力,以丰富对成年和以后生活适应中个体间差异的理解。

2.3 人格改变的发展整合模型:三种潜在机制

研究者在先前模型的理论和实证工作的基础上,提出了一个新的、面向发展的、整合的模型。该模型包含了可能导致人格改变的因素(Caspi & Roberts, 2001; Roberts, et al., 2005)以及研究者对儿童、青少年和成年早期的人格改变和危险行为参与的纵向研究(Boyle, et al., 2016; Riley & Smith, 2016; Riley, et al., 2016)。研究者关注的是紧迫性的变化,这是一种高风险的人格特质,代表了在高度情绪化时轻率行事的倾向。研究者探索青春期基于生物学的人格改变的过程,整合了神经认知和青春期的模式,以及基于行为的人格改变,其中,行为和这些行为背后的人格特质随着时间的推移逐渐得到强化和塑造。研究者的临床心理学模型的一个含义是明显存在一个积极的风险反馈回路,其中不适应行为提高了高风险的人格特质,这反过来又提高了不适应行为的可能性,这个过程远远超出了不适应行为参与的最初体验。

人格被理解为是心理和身体健康的一个远端和跨诊断的影响因素;许多研究记录表明,人格预测生活轨迹,反映在许多功能领域的积极和消极结果中(Roberts, Kuncel, Shiner, Caspi & Goldberg, 2007)。人格预测的许多结果包括身体健康、死亡率、婚姻结果、人际功能、教育和职业成就、生活幸福、药物滥用和精神病理学结果(Costa & McCrae, 1996; Roberts, et al., 2007)。人格的重要性体现在对成年人(Caspi, Harrington, Milne, Amell, Theodore & Moffitt, 2003; Shiner & Masten, 2002)和青少年(Riley & Smith, 2017; Smith, Guller & Zapolski, 2013)适应和行为的预测变得越来越明显。

有两种主要的方法可以衡量群体层面的人格稳定性和动态性:等级顺序一致性/变化和均值水平一致性/变化。大五人格特质(神经质、外倾性、开放性、宜人性和责任心),在很长一段时间内显示出中等至高的重测相关性。虽然已经很少人怀疑这些人格上的变化确实会发生,但是关于促进这些变化的机制还有很多事情要做。Caspi和Roberts(2001)提出了4个促进人格改变的过程。第一个是基于行为的人格改变。当个人从事新的行为时,他们会从这些行为中体验到一系列显性和隐性的偶发事件,包括强化和惩罚。第二个是由自我洞察力或自我感知的变化引起的人格改变。当某个人看着自己在新的环境中行动并适应新的环境时,他可能会对自己有新的认识,这可能会导致人格的改变。第三个是观察性社会学习的有意或意外变化。观察他人的行为及其后果可以包括观察哪些行为得到加强,哪些行为受到惩罚，这可以改变一个人的世界观和典型的行为模式。第四个是通过内化来自他人的反馈而发生的变化。个人建立意义和自我理解的一种方式是通过他人的反馈。自我理解的改变会直接导致人格的改变。

人格改变的一个特别重要的因素似乎正在经历一个变迁时期，比如从青春期到成年早期的变迁。成年早期被认为是均值水平人格改变的重要时期（Roberts et al.，2006）。在经历这一转变的过程中，个人似乎变得不那么神经质，且更宜人、更具社会支配性和更具责任心（Bleidorn，2012；Roberts，Caspi & Moffitt，2003；Roberts, et al.，2006；Roberts, et al.，2008）。这种相对规范的人格改变过程有时被称为成熟，这些变化与通常被认为是"适应性"的生活变化相关联，例如工作成就，以及稳定而充实的关系或伙伴关系的一部分（Roberts, et al.，2008）。

社会投资理论（Roberts，Wood & Smith，2005）解释了为什么在变迁时期会发生人格改变。该理论假设变迁时期需要个人投资新的社会角色（如建立关系、获得工作等）。新的角色伴随着一套特定的社会和个人期望以及一起创造新的环境奖励结构的突发事件。对这些新的社会角色的投资促使人格特质发生必要的变化，以满足这些新的社会角色的环境需求。投资于新的社会角色需要参与新的行为，这些行为由新的社会角色特有的环境奖励结构来要求和奖励。这种奖励和惩罚的过程反过来会导致被认为是自下而上的行为方式的人格改变。Caspi 和 Roberts（2001）认为，虽然人格发展中有几个促进变化的过程，但行为模型似乎是最强大的。

有几项纵向研究显示，人格在长时间内会发生变化，其结果似乎与社会投资理论框架相一致。Roberts、Caspi 和 Moffitt（2001）报告了一项对 18～26 岁成年早期群组纵向研究的连续性和变化的发现。该群组样本的结果确实表明了某种程度的人格连续性，但是他们也发现了在这一变迁时期显著的均值水平人格改变的证据。在 8 年的时间里，个人变得更加成熟：表现出更多的控制力和社会信心，更少的愤怒和疏离（Roberts, et al.，2001）。从 18 岁到 26 岁，个人开始扮演新的社会角色，例如获得工作和投资人际关系，这是行为需求的内在要求，需要高度成熟。因此，人格改变反映了成熟的总体增长，这与社会投资理论非常吻合。

还有证据表明，在角色发生重大变化的较短时间内，人格会发生变化。Bleidorn（2012）在一年的时间里追踪了德国高中生的样本，他们正经历从青春期到成年期的变迁。即使在这短暂的观察期内，青少年也表现出与成熟一致的显著人格改变，这种变化在责任心方面体现得最为显著（Bleidorn，2012）。这项研究也符合社会投资理论的观察，即当面对社会角色转变时，即使是在短时间内，个人也会通过参与角色适当的行为来做出反应。

从青春期到成年早期，均值水平的人格改变总体上被描述为成熟：情绪稳定性、责任心、社会支配性和宜人性的提高既是规范的，也是适应性的。但有一些研究检验了人格改变的过程，这些过程与规范和预期的相反。当个人以不正常的方式

（即社会角色去投资）对角色转变做出反应时，人格会在角色转变中向更不适应的方向转变。这一发现表明，正如积极亲社会行为的参与会导致适应性方向的人格改变一样，消极行为的参与也会导致适应性不良方向的人格改变。

在以上研究的基础上，这部分理论建构进一步发展人格改变理论，重点是探索特定的改变机制。该理论假设并强调了人格改变的3个潜在核心因素：①环境/偶然的人格改变，每当新的行为被环境强化时，行为背后的人格倾向也会得到强化；②由特定的、受影响的事件（如心理创伤）预测的变化；③直接和有意的人格改变，在这种改变人格倾向的干预措施中，特质会发生改变（Riley, et al., 2017）。

2.3.1 环境/偶然的人格改变

人格改变的偶然/环境假设认为，每当新的行为被环境强化时，行为背后的人格倾向也会得到强化。在新的环境中，新的行为往往会得到强化。根据定义，随着时间的推移，这些强化行为越来越频繁地出现。慢慢地，随着时间的推移，新强化行为背后的人格倾向本身也得到强化，因为它们有助于强化行为。通过这种方式，参与新的行为，并得到环境的奖励，会通过自下而上的行为过程导致人格的逐渐改变。

这一假设也许是社会投资理论的延伸，该理论指出，每当一个新的社会角色被接纳，一个特定于该社会角色的新的环境奖励结构就会被建立起来（Roberts, et al., 2005）；投资于新社会角色的个人更有可能有与角色和围绕角色的环境奖励结构相一致的行为。社会投资理论的观点即人格改变是个人对环境突发事件做出反应后的行为改变。

一项实验室研究记录了偶然/环境假设，在这些研究中，参与新奇的、非规范的行为预示着在一个重要的发展转变过程中，显著的、一致的和稳健的人格改变。这些研究集中在高风险、紧迫性特质中的人格改变，反映了高度情绪化时鲁莽行事的倾向。这种特质有两个方面：消极紧迫性和积极紧迫性（Cyders & Smith, 2008）。这些特质分别是指在痛苦时或在异常积极的情绪下鲁莽行事的倾向。

紧迫性预示着早期青少年饮酒、暴饮暴食和吸烟的参与和早期开始（Guller, Zapolski & Smith, 2017; Pearson, Combs, Zapolski & Smith, 2012; Settles, Fischer, Cyders, Combs, Gunn & Smith, 2014）。这些行为中的每一种都被认为是负强化（表现为从痛苦中分散注意力）以及正强化（表现为饮酒和吸烟带来的社会助长和暴饮暴食带来的愉快的食物消费）（Heatherton & Baumeister, 1991; Hersh & Hussong, 2009; Small, Jones-Gotman & Dagher, 2003）。这些形式的强化被认为是在参与行为期间和之后立即发生的。

当情绪表现出消极和积极的增强时，参与这些不适应行为，并且紧迫性的人格特质的提升预示着参与这些行为。为了研究偶然的/环境的、基于行为的、自下而上的人格改变假说，一系列的调查研究了参与这些行为的可能性，这些行为被理解为提供了强化,预测了随后紧迫性的增长。具体来说,研究者检验了紧迫性情况是否会导致参与行为,也许参与行为反过来会导致紧迫性情况的增长。也就是说,研究者假设了不适应行为和紧迫性之间的相互关系。

青少年早期饮酒、暴饮暴食和吸烟行为都很少见(Chung et al.,2012;Combs,Pearson,Zapolski & Smith,2012),并且与适应性、亲社会行为相分离。在最近的一系列纵向研究中(Burris,Riley,Puelo & Smith,2017;Riley,Davis & Smith,2016;Riley,Rukavina & Smith,2016),研究者追踪了1906名青少年的样本,从小学五年级的春季学期(小学最后一年)到九年级的春季学期(高中第一年)。被试完成了调查,评估了饮酒、吸烟和暴饮暴食等危险、不适应行为的紧迫性和参与程度。

研究者通过使用8个纵向数据点检验了时间滞后预测。例如,研究者检验了第一波紧迫性情况是否预测了第二波饮酒,超出了第一波饮酒的预测。研究者还检验了第一波饮酒是否预测了第二波紧迫性,超出了第一波紧迫性的预测。对于所研究的每一种行为(饮酒、暴饮暴食和吸烟),紧迫性预测了前一波行为中超出预测的行为的增加。关于人格改变的关键发现是,对于这三种行为中的每一种,参与行为预测的紧迫性会增加,超过之前的特质水平(Burris, et al.,2017;Riley,Davis & Smith,2016;Riley,Rukavina & Smith,2016)。这些发现构成了第一个研究,表明参与危险、适应不良、不规范的行为预示着青少年早期人格的适应不良变化。进入青春期的成年早期,或者从事危险行为,或者具有异常高的紧迫性程度,似乎有可能经历一个逐渐增加的人格风险和逐渐增加的不适应行为的过程。

尽管研究者认为这三项研究的结果是环境和行为促进的人格改变的有力证据,但这可能不是仅仅因为饮酒、吸烟或暴饮暴食而导致的。相反,这些行为最应被理解为一系列变化的重要标志,包括行为、同伴关系、自我感知等,这些因素综合起来发挥作用导致人格改变。因此,研究者不认为这些研究结果表明基于行为的改变独立于其他因素而产生人格改变。依照发展精神病理学的经典模型(Cicchetti & Rogosch,2002),研究者认为,参与新行为、新的自我认知、新的同伴关系、新的观察学习和来自他人的新反馈的内部化的复杂互动过程结合在一起,有助于真正有意义的人格改变。当然,需要对人格改变的偶然/环境行为假设进行更直接的检验,但是这一理论的研究支持似乎很有希望:当新的行为得到加强时,行为背后的人格倾向也会得到加强,这一过程会随着时间的推移导致人格改变逐渐增长。

2.3.2 情感负载事件导致的人格改变

另一种可能发生人格改变的机制是经历高度情绪化的事件,如创伤。创伤后人格改变的观点并不新鲜:事实上,创伤事件改变人格的可能性在《国际疾病分类(第十版)》(ICD-10)中被描述为灾难性经历后的持久人格改变(Enduring Personality Change After a Catastrophic Experience,EPCACE;WHO,1992)。其他研究者提出了一种实际存在的创伤后人格障碍，称为"严重的、未解决的儿童慢性创伤导致的不仅仅是一系列症状，它实际上塑造了人格，符合 DSM-IV 对人格障碍的定义"（Classen，Page，Field & Woods，2006）。创伤后应激障碍（PTSD）和复杂创伤后应激障碍（CPSD）领域的研究经常强调创伤后人格改变的可能性（Beltran & Silove，1999）。虽然有几位研究者提出将创伤后的人格改变结果作为 CPSD 的实际效标，但这一过程在研究文献中还没有受到太多关注（Resnick，et al.，2012）。

有一些研究表明，某些创伤前人格特质/剖面的存在可能会使一些人在创伤暴露后易患 PTSD（例如，更高水平的神经质）（Fauerbach，Lawrence，Schmidt，Minster & Costa，2000；Holeva & Tarrier，2001），如一些研究表明，患有 PTSD 的人往往表现出更高的神经质、更低的外倾性和更低的宜人性（Breslau，Davis，Andreski & Peterson，1991；Chung，Berger & Rudd，2007；Chung，Dennis，Easthope，Werrett & Farmer，2005）。对不同的不良生活事件后人格改变的严格、前瞻性研究有限，但正在增长。

Löckenhoff，Terracciano，Patriciu，Eaton 和 Costa（2009）在美国巴尔的摩东部的一个大型样本中检验了不良生活事件后的纵向人格改变。上述作者在均值 8 年的时间间隔内对五因素模型人格特质（神经质、外倾性、开放性、宜人性和责任心）进行了两次评估；25% 的样本报告在第二次人格评估前两年内经历了创伤事件。报告显示：经历过创伤性生活事件的被试在创伤后表现出神经质的增长，宜人性的顺从性降低，对价值观的开放性降低（Löckenhoff，et al.，2009）。虽然这项研究中发现的人格改变的效应量很小，但在不良事件后观察到的人格改变均值为 3 分或更多的 t 分。作者指出，这一变化比在类似的 8 年间隔内，大约每 10 年一个 t 分点的可比样本中预期的年龄相关变化量大 3 倍（Löckenhoff，et al.，2009；Terracciano，McCrae，Brant & Costa，2005）。

而 Lochenhott 等（2009）的研究显示，在经历了一次不良生活事件后，人格发生了一些变化。值得注意的是，总体而言，关于这个话题的研究结果并不统一。Jeronimus、Ormel、Penninx 和 Reise（2013）也报告了与 Lochenhott 等（2009）的相类似的发现。负性生活事件与两年后神经质得分增长有关，但这种关系是由抑郁和焦虑的变化来充当中介的。然而，Ogle，Rubin 和 Siegler（2013）发现，如果创伤发生在成年中期，成年人的人格没有改变的迹象；相反，这个样本中的被试表现出的人格改变与许多其他研究中发现的成年期神经质的正常年龄相关性下降是一致的。Specht，Egloff 和 Schmikle（2011）发现，人格特质都预测了几个客观的重大生活事件的发生，作者称之为选择效应，这些特质随着经历这些事件而改变（社会化效应）。

对成人开始时人格改变作为创伤暴露结果的研究更加有限。Boals、Southard-Dobbs 和 Blumenthal（2014）发现，在研究时间范围内经历不良事件的大学生报告说，在两到四个月后的短时间内，神经质会增长。显然，有必要对这一主题进行更多的研究。此外，对于未来的研究而言，检验创伤后人格特质改变是至关重要的，就像 Boales 等（2014）、Jeronimus 等（2013）和 Löckenhoff 等（2009）发现的那样，是一个长期的过程，或者它们是随时间还是在治疗干预后症状减轻。

未来探索的另一个方向可能是创伤后成长领域，即经历创伤事件后，可能会有显著的积极或适应性认知、情感和人格相关的变化。创伤后成长的概念已经得到了大量的理论关注（Zellner & Maerker，2006），但是具体人格成长的证据仍非常有限。一项横向研究发现，创伤后的成长与经验的开放性有关（Tedeschi & Calhoun，1996）。

最后，重要的是要注意在经历了高度情绪化、积极的事件后，比如孩子出生后，可能会发生人格改变。有趣的是，许多人提到了这样一个事件后的重大转变，甚至是自身的转变，但是没有什么严格的人格研究来记录这一过程。Jeronimus 等（2013）的一项研究发现，远端、积极的生活事件与神经质的降低有关，但是作者没有测量与这些事件相关的情绪强度，或者这些事件对个人来说有多重要，甚至占据内心的中心位置。

2.3.3 直接或有意的人格改变

这个模型的最后一个组成部分是一种更有意地改变或发展人格的方法。人格改变可能是通过直接或有意的策略来实现的，这些策略是为了改变某些特定的不适应行为而专门设计和实施的。也就是说，这可能是因为旨在改变目标行为的干预措施也会导致人格改变。这些干预措施对人格产生影响的机制通常没有实证研究，因此也没有得到很好的理解。

早期的研究表明，由于治疗干预，人格特质会发生变化。在一项关于严重抑郁症和人格五因素模型（FFM）的研究中，57 名门诊病人接受了各种治疗，并在 6 个月内的两个时间点接受了评估（Bagby，Joffe，Parker，Kalemba & Harkness，1995）。抑郁和神经质得分在时间 1 时显著相关，但更重要的是，抑郁严重程度的降低伴随着神经质在第六个月期间的降低。Trull，Useda，Costa 和 McCrae（1995）在一项对 NEO-PI 和 PSY-5 的比较研究中，发现焦虑、轻度抑郁和人格障碍的个体样本也有类似的结果。经过 6 个月的追踪，研究者发现消极情绪、精神质和神经质显著降低，宜人性分数显著提高。虽然变化不大，最大的变化也只是半个标准差，但研究者得出结论，考虑到在后续时间里预测情绪稳定以及积极健康和人际关系结果的人格特质发生了变化，样本稍有调整。

以这项开创性的工作为基础，研究者最近的工作重点是追踪接受心理治疗干预的个体的人格改变。Piedmont（2001）追踪了接受药物使用和咨询的临床样本。除了接受针对治疗目标的干预措施（减少毒品依赖），这次研究的被试还接受了几项被认为与 FFM 领域相关的辅助干预措施，包括职业技能（责任心）、应对能力

（神经质和外倾性）、精神发展（开放性）和社交技能（外倾性和宜人性）。在治疗过程中，发现 FFM 的每个领域都有显著的处置变化（平均 Cohen's $d=0.38$）；神经质表现出最大的改变（Cohen's $d=0.69$）。重要的是，这些变化发生在症状学的变化之外。另一项研究显示，在接受抑郁症治疗的个体样本中，6 个月期间神经质得分降低了一半标准差（De Fruyt，van Leeuwen，Bagby，Rolland & Roullion，2006）。考虑到人格因素的均值变化在毕生中大约只有一个标准差，这些变化确实很大（Roberts et al.，2006）。

具体的治疗和干预措施对人格改变的影响也已经被研究过了。有两项研究检验认知行为疗法（CBT）对人格的具体影响。Aguera 等（2012）的一项研究显示，接受 CBT 治疗的神经性贪食症门诊患者的人格特质发生了变化，这种变化是由气质和人格清单—修订版（Temperament and Character Inventory-Revised，TCI-R；Cloninger，1999）进行测量而得出的。另一个研究团队检验了 CBT 干预后焦虑患者样本在干预前后五因素量表（NEO-FFI）测量的人格发展。干预后，被试表现出明显的神经质降低和外倾性增长（Gi，Egger，Kaarsmaker & Kreutzkamp，2010）；其中，30%的神经质变化和 21%外倾性变化中是归因于干预后症状的减轻。

辩证行为疗法（Dialectical Behavior Therapy，DBT）(Linehan，1993) 已经证明在治疗边缘性人格障碍方面是有效的（Linehan，Armstrong，Suarez，Allmon & Heard，1991；Linehan，et al.，2006；Linehan，et al.，1999；Linehan，Heard & Armstrong，1993）。Davenport，Bore 和 Campbell（2010）比较了治疗前和治疗后的人格特质。他们发现各组之间在宜人性和责任心方面存在显著差异，因此，从 DBT（治疗后）结束的人在这些特质上相较于那些在等待名单上或者已经开始但没有完成 DBT（治疗前）的人要高。

DBT 已经被理论化。DBT 可以通过针对情绪失调和教授应对情绪困扰的更有技巧和适应性的方法来改善 BPD 和其他诊断患者的生活（Linehan，1993，2014）。虽然对 DBT 功效的研究并没有将情绪调节能力的提高概念化为人格改变本身，但是除了现有的技能提升框架之外，使用人格改变框架来理解 DBT 带来的一些变化可能会有所帮助（即，提高正念性、增强情绪调节能力、增强承受痛苦的能力以及增强在人际关系中有效运作的能力）。例如，如果一个人以显著、稳健和持久的方式改变了他们对高水平情绪反应的行为方式，这些改变可能会被视为人格特质的改变，比如消极的紧迫感和神经质。对 FFM 特质的评估可能是确保个人受益于 DBT 的一种方式（Stepp，Whalen & Smith，2013），指出这些治疗可能会改变接受治疗的个人的人格。

一项研究直接检验了情绪调节技能对消极紧迫感中人格改变的影响。Weiss 等（2015）发现，1 个小时的情绪调节训练可以预测一小部分患有 PTSD 的非洲裔美国女性在手术后 1 个月的负性紧迫性程度降低。研究者将情绪调节训练的效果与冲动减少训练和健康生活模型（控制）的效果进行了比较。正如假设的那样，只有情绪调节训练产生了消极紧迫感的变化。

人格改变已经被证明发生在心理治疗的背景下（Bagby, et al., 1995; Piedmont, 2001; Weiss, et al., 2015），并且已经发现了接受CBT和DBT的个体人格改变的证据（Gi, et al., 2010; Davenport, et al., 2010）。重要的是，虽然像DBT这样的治疗的主要目的不是改变人格，而是增强一个人调节自身情绪的能力，但是这些治疗可能会导致人格的改变。未来的工作将检验人格改变作为治疗和直接干预的目标，而不是辅助，这将是至关重要的。

2.3.4　人格改变的发展整合模型小结

过去20年关于人格发展的研究工作强调了毕生的变化和连续性，并强调了理解促进这些过程的机制的重要性。本部分内容的目的是提出一种整合的人格改变理论，重点强调三种特定的（潜在的）改变机制。研究者回顾了记录环境/偶然人格改变的证据。这些证据假设，每当新的行为被环境强化时，行为背后的人格倾向也会得到强化。在研究文献中，这种人格改变的诱因得到了最大限度的理论和实证关注，但是仍然需要更多的前瞻性和实验性证据来阐明这一过程可能发生的确切过程。

最后两种假设的人格改变机制，一种是由特定的、受情感影响的事件（如心理创伤）预测的改变；另一种是直接的、有意的人格改变，在这种改变中，针对改变人格倾向的干预措施会导致人格的改变，但相关研究较少。然而，这两种假设的人格改变机制都获得了足够的支持，表明它们是未来研究的有希望的途径。这三个过程，以及Roberts等（2001）提出的其他模型，都有可能以更加一体化的方式运行。因此，研究者的人格改变模型还没有完全整合：首先，需要更多的研究来理解这些过程是如何独立运作的；其次，还需要研究这些改变机制是如何相互影响和/或抵消的，以促进毕生的改变和连续性。

2.4　人格发展的新社会分析模型

在过去几十年里，人格发展领域经历了真正的复兴。在20世纪和21世纪之交，大量关于人格发展的新的纵向研究出现，其中主要来自欧洲。伴随着大量的关键数据，人们对人格和人格发展有了新的思考和新的模型。几种人格发展框架和理论构想能更好地实现新的实证研究成果的快速融合。具体来说，新社会分析模型（Roberts & Wood, 2006）被引入，以解决同时出现的其他人格框架没有涵盖到的人格和人格发展问题。现在经过足够长的时间检验，研究者可以比较新社会分析模型与其他人格框架的不同之处，并讨论该框架的各个组成部分（如人格发展原则）随着时间的推移所显现出的合理性。

人格的新社会分析模型不是单一人格发展理论，而是包含了诸多人格发展机制的解释。新社会分析模型包括四个主要的、本质上不同的人格领域：特质、动机、能力和叙事（Roberts，2006；Roberts & Wood，2006；Roberts，Wood & Caspi，2008）。图2-3描述了模型中的这4个领域，以及分析单元、评估模式和被认为在人格发展中起作用的主要情境。第一个领域：特质。被定义为人们在类似的情况下，随着时间的推移，相对持久的、自动的思想、情感和行为模式（Roberts，2009）。第二个领域：价值观和动机。反映了人们所期望的——即人们在生活中想做或想拥有的。第三个领域：包括能力和相关的层级模型，并确定人们能够做什么。传统上，能力是从认知能力的角度来看待的，但也可能包括情感和身体等其他领域的能力（Lubinski，2000）。第四个领域：侧重于人们用来了解自己、环境和生命史的故事和叙述（McAdams，1993）。

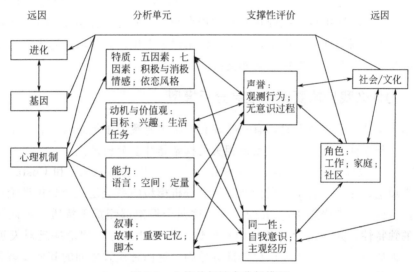

图2-3　人格的新社会分析模型

人格领域由两个实体表现和组织，反映了心理和方法论成分：通过自我评估的同一性；通过观察者评估的声誉。从方法论的角度来看，自评和观察者报告代表了两种有优势但也有缺陷的获取关于人的信息的方式，分别是本人对自己的评价和其他人对自己的评价。人格量表代表了典型的自评方法，而他评方法最好的例子是观察者对行为的评级。

这些方法对应的完整心理结构，即同一性和声誉，有着超出方法本身的意义。同一性反映了一个人在前面描述的四个分析单元中认知上可获得的意见的总和。特质是这些认知的第一个领域，是同一性的内容。例如，人们是否认为自己害羞或有创造力。同一性也与那些有着相同自我感知的元认知感知相关。具体来说，人们可以把自己看作"外倾的"及一个"木匠"（内容），那些自我认知中，或多或少感到自信和投入（元感知）。

声誉是他人对一个人的特质、动机、能力和叙述的看法。与"镜像自我"的概念一致，声誉会影响同一性；也就是说，人们将会根据别人如何定义他们来看待自己。但是，其他人对一个人的看法并不总是影响他们的同一性，因为潜在的倾向可以直接影响声誉，而无需通过同一性进行中介。这反映了这样一个事实，即，人们并不总是能够意识到自己的行为，其他人可能会在他们的行为中看到后者没有看到的模式。我们还建议人们积极塑造自己的声誉，如图 2-3 所示，用箭头从同一性指向声誉。社会互动的一个事实是，人们不与他人分享前者所有的自我认知，并积极试图说服后者相信自己的积极品质（Goffman, 1959）。

在考虑环境时，我们更喜欢把社会角色作为分析的单位。社会角色往往属于两大领域，这两大领域与两个主要动机密切相关：地位和归属。与地位相关的角色包括工作和社会地位角色，如 CEO、主管或 PTA 总裁。与归属相关的角色包括友谊、家庭和社区角色，如父亲、母亲或朋友。虽然工作通常与地位层级结构相关联，但是在工作场所中可以找到状态和归属角色。显然，渴望并获得 CEO 职位的人已经获得了很高的地位。但是，许多友谊是通过工作建立和培养起来的，在地位显赫的情况下，友谊可以提供意义和支持。

2.4.1 为什么我们需要新的社会分析模型

在创建新社会分析模型时，有一些现有框架主要致力于组织人格心理学领域的分析单位。与新社会分析模型发展最相关的框架是社会分析理论（Hogan & Blickle, 2013）、层次理论（McAdams & Pals, 2006）以及 McCrae 和 Costa（1999）的五因素理论。在这三者中，最接近新社会分析模型的系统是社会分析理论；新社会分析模型框架旨在修正 Hogan 的工作。这两个框架都侧重于特质，承认同一性和声誉的独特性，并强调社会角色的重要性。但是社会分析理论缺乏对发展的考虑，这是促成新社会分析模型产生的部分原因。这两种模式之间的其他显著差异包括对动机的处理，以及在新社会分析模式"领域"中包含能力和叙述，而这些都是社会分析理论所缺少的。

指导新社会分析模型发展的另一个框架是五因素理论（FFT）。这两种模式之间的两个根本区别在于：特质的组织和优先顺序；导致特质发展的因素。在 FFT 中，特质被认为是"基本倾向"，这意味着它们会引起所有其他心理结构，如动机。动机的领域与特质的领域截然不同，因此有理由将动机视为一个独立的领域，有其自身的因果地位。当一个人以人们想要什么而不是做什么的形式来评估欲望时，动机和大五因素之间的关联程度充其量是中等的（Roberts & Robins, 2000）。此外，目标的发展趋势与特质形成鲜明对比，因为目标的重要性趋于降低，而特质水平趋于增长（Roberts, O'Donnell & Robins, 2004）。这两种模式的第二个关键区别在于经验对特质的影响。FFT 假设人格特质在功能上不受经验的影响。相比之下，新社会分析模型假设人格受到社会化因素的影响，这样经验能够并且确实会改变人格特质。虽然这两种模式之间还有其他差异，如是否包括认知能力、人格单位的组织和领域的独特性是其中最关键的差异。

与新社会分析模型密切相关的第三个框架是层次理论或"新大五"（McAdams & Pals，2007）。这两个框架在被认为至关重要的分析单元以及在文化和角色层面纳入环境影响方面非常相似。然而，McAdams框架的三个特点使得它在人格发展领域存在问题。首先，特质被认为是相对发展的，也就是说，在层次理论中几乎没有明确解释为什么人格特质会在整个成年期发展和改变。其次，层次理论中的分析单位经常被概念化在不同的"层次"，反映不同层次的变化性，动机和叙述被认为不像特质那样显得一致和多变。相反，为了反映动机和叙事结构的稳定性与特质的稳定性非常相似（McAdams，Bauer，Sakaeda，Anyidoho，et al.，2006），新社会分析模型提出，每个领域可以从广义到狭义进行组织，并且每个领域都包含稳定和多变的特质、动机和叙述。最后，和之前讨论的其他两个框架一样，层次理论不包括个人能力的差异，这是一个严重的疏忽，因为能力对个人和社会都很重要。

总之，新社会分析模型创建的必要性，主要体现在两个方面。第一，没有一个既定的人格模型以与实证文献相匹配的方式组织分析单元。现有的模型要么忽略了个体差异的主要领域，要么以不必要的方式将某些领域置于其他领域之上（例如，将特质置于动机之上）。第二，现有的模型都没有提供足够的框架支持来获取这些领域中的连续性和变化模式，也没能识别这些变化的最合理的原因。新社会分析模型在量上等同于FFM或层次理论等模型。然而，这些框架之间的细微差别对于我们如何理解和研究人格和人格发展，具有深远意义。

2.4.2 评价新社会分析模型

新社会分析模型体现了人格的结构和内容，以及一系列人格发展的原则和连续性与可变性的机制。就框架的结构而言，现在有充分的证据支持分析单位的划分、同一性和名誉之间的区别以及社会角色在发展和人格中的重要性。首先，对框架中一些或所有分析单元的相对贡献进行检验的研究可靠地表明，特质、动机、能力和叙事维度倾向于独立影响基本结果，如教育成就、健康和关系（Damian，Su，Shanahan，Trautwein & Roberts，2015；Roberts，Kuncel，Shiner，Caspi & Goldberg，2007；Lodi-Smith，Geise，Roberts & Robins，2009）。其次，自评（与同一性相关）和观察者评价（与声誉相关）不可互换这一事实已经成为人格心理学的一个基本发现，以至于我们现在有了解释这两种观点为何不同的理论（Vazire，2010）。最后，许多研究已经研究了关系、工作和社区角色，以及它们与人格随时间变化的关系（Roberts, et al.，2008）。

新社会分析模型的其他组成部分，包括人格发展的原则以及连续性和可变性机制则显得更为复杂。为了帮助评估这些成分的状态，我们提供了一个原则和机制的表，表中列出对每个主题的示例性研究，以及我们对这个理念的证据强度的估计。表 2-1 显示了新社会分析模型中提出的人格特质发展的 8 个基本原则（Roberts & Damian，2019）。

表 2-1 人格特质发展原则

理论	定义	研究举例	证据强度
累积连续性原则	人格特质的等级顺序稳定性得以增长，直到中年	Ferguson (2010)	强
成熟原则	随年龄增长，人们的社会优势、宜人性、责任心与情绪稳定性越来越高	Donnellan, Conger, & Burzette (2007)	强
社会投资原则	投资于自我之外的社会机构，如随年龄增长的社会角色是人格发展的驱动机制之一	Bleidorn et al. (2013)	较好
对应原则	生活经历对人格发展的影响是强化了最初人们所经历而形成的特点	Roberts et al. (2003)	中等
可塑性原则	人格特质是开放性的系统，可以在任何年龄被环境影响	Lodi-Smith & Roberts (2012)	强
角色连续性原则	一致的角色而不是一致的环境是人格跨时间连续性的原因		弱
同一性发展原则	随年龄增长，发展、承诺和保持同一性的过程导致更大程度的人格一致性	Lodi-Smith et al. (2017)	弱
生态位选择原则	通过人格特质，人们创造自己生活的社会环境和途径，帮助他们保持当前的特质层级	Roberts & Robins (2004)	弱

第一个原则，即累积连续性原则：提出人格特质在毕生中会增加等级顺序的一致性，在 50～60 岁之间达到顶峰，之后的 10 年会有平稳或下降（Roberts & delvicchio，2000）。这一原则的累积证据似乎比新社会分析模型的大部分组成部分更加有力。最初源自对 152 项纵向研究的元分析考察了人格特质的等级顺序一致性（Roberts & DelVecchio，2000），第二次元分析验证了这一观点（Ferguson，2010）。累积连续性原则的证据价值相当于行为遗传学的"第一定律"（所有表型都是可遗传的）。在这种情况下，似乎人格发展的第一定律应该是，在总体水平上，直到中年，等级顺序的一致性随着年龄的增长而增加。

人格发展的第二个原则是成熟原则。也就是说，随着年龄的增长，人们在心理上变得越来越成熟，成熟被定义为宜人性、责任心和情绪稳定性越来越高。这个定义与研究者们在数据中观察到的非常吻合：随着人们年龄的增长，他们的宜人性、责任心和情绪稳定性都有所提高（Roberts，Walton & Viechtbauer，2006）。这项元分析还显示，在成年早期，社会优势地位稳健增长，这是外倾性的一个方面，反映了魄力、自信和优势地位。自 2006 年以来的其他研究，无论是横向的还是纵向的，都为这一论点提供了支持，即随着年龄的增长，人们的宜人性、责任心和情绪稳定性普遍增强。许多横向跨群组老龄化研究表明,年长者比年轻人更宜人、更负责、情绪更稳定(Donnellan & Lucas, 2008)。支持成熟原则的纵向证据包含了来自许多不同研究团队的数据和来自不同国家的多项纵向研究。例如,一项美国爱荷华州的纵向研究发现,在从青春期向成年早期变迁的过程中,约束性增长,这体现为一种责任心,神经质显著降低(Donnellan, Conger & Burzette, 2007)。明尼苏达(Johnson, Hicks, McGue & Iacono, 2007)、德国(Lüdtke, Roberts, Trautwein & Nagy, 2011)、芬兰(Josefsson, et al., 2013)和意大利(Vecchione, Alessandri, Barbaranelli & Caprara, 2012)的纵向研究报告了非常相似的发现。和累积连续性原则一样,成熟原则也拥有很强的支持力度。

第三个原则,社会投资原则的提出,部分原因是要解释为什么人们随着年龄的增长变得更加成熟。具体来说,它假设成年早期时人格特质改变是由于对传统社会角色的新投资而发生的,例如作为父母或雇员,这给他们带来了养育、负责任和情绪稳定的经历和期望(Roberts, Wood & Smith, 2005)。换言之,年轻人的人格会发生变化,因为他们致力于成人的社会角色(Lodi-Smith & Roberts, 2007)。这似乎是一个正常的过程(Helson, Kwan, John & Jones, 2002),因为在大多数社会,人们把自己投入在家庭、工作和社区的社会结构中扮演成人角色,作出承诺。

纵向数据显示,对成人社会角色的投资增加与人格特质改变相关。例如,Lehnart, Neyer 和 Eccles (2010)发现,越来越多的社会投资于拥有浪漫关系,同时又经历了情绪稳定和自尊增长的年轻人。在一项对62个国家的人格特质年龄差异的研究中,较早扮演成人角色的人显示出符合社会投资原则的加速人格发展形势(Bleidorn et al., 2013)。此外,对芬兰学生的一项为期两年的纵向研究表明,第一次开始就业与责任心的提高相关联(Leikas & Salmela-Aro, 2015)。

然而,最近研究的两项发现对社会投资原则提出了挑战。首先,一项研究表明,工作中心理论投资的纵向变化与人格特质的预测变化相关,但不仅仅是在成年早期(Hudson, Roberts & Lodi-Smith, 2012)。虽然这只是一项研究,虽然它部分支持社会投资原则,但研究结果与该原则的年龄特异性相关。成年早期的社会投资可能没有什么特别之处,相关的经历可能会导致任何年龄的一致的人格特质发生改变。如果是这样的话,就有责任证明与社会投资原则相关的主要因素发生在成年早期,这需要实证发现的支持。

对社会投资原则构成问题的第二个发现是,缺乏与成为父母相关的人格改变(Scheppingen et al., 2016; Specht, Egloff & Schmukle, 2011)。与其他正常变迁不同,成为父母并不与作为社会投资原则基础的宜人性、责任心或情绪稳定性的必要提高存在关联。事实上,如果有什么不同的话,成为父母与人格特质没有变化或略有负向变化相关(Galdiolo & Roskam, 2014)。这些发现产生了两种可能性。

首先，相关的变化可能早在父母角色获得之前就发生了；成为父母的人在踏上这条道路之前，可能会提前很长时间计划生育儿童，并在角色上做适当的工作。其次，强调了获得社会投资权定义和正确识别因果机制的重要性。例如，人格特质改变的原因可能不是获得角色，甚至无法作出对角色的承诺，而是成功履行角色义务时的掌控感。未来的研究应该试图将这些因素区分开来，研究哪些方面的经历与成年早期人格特质的正常变化相关。

第四个原则，即对应原则。该原则指出人们进入特定的环境，因为他们的人格特质而有特定的经历；反过来，这些经历改变了人格特质，使他们一开始就处于这种状态。例如，对应原则预测，如果一个人选择销售之类的工作是因为他们的外倾性，那么作为销售人员的经历会让他们比以前更加外倾。这个理念无非是一种回馈关系，例如自我效能理论的特点（Bandura，1977）。首先应该注意的是，针对对应原则并没有极端的表述，也就是说，所有生命过程中的人-环境互动都遵循这种模式。相反，对应原则之所以被提出，是因为它是许多纵向研究中的一个显著模式，尽管不是所有的纵向研究，也不是所有的时间段。

对应原则产生于对大量人格特质以及同样广泛的结果进行检验的研究中（Lüdtke, et al., 2011; Roberts & Robins, 2004; Roberts, Caspi & Moffitt, 2003）。随后的研究结果支持了最初的论点，即人格和经验因素是相关的。在一个研究中，目标和人格改变之间的关系是在遗传信息模型中检验的（Bleidorn, et al., 2010）。这项纵向研究证实了特质和目标之间的对应关系，使得施事目标和外倾性相关联；这也表明对应关系最初既受遗传也受环境影响。类似的发现显示了人格和精神病理学之间的对应关系（Klimstra, Akse, Hale, Raaijmakers & Meeus, 2010），以及神经质和消极生活事件之间的对应关系（Jeronimus, Riese, Sanderman & Ormel, 2014）。

尽管有支持性的发现，但有实证研究挑战对应原则。人格特质和生活经历之间的许多关联都没有对应关系。例如，在生活事件中（Lüdtke, et al., 2011），有研究发现那些开放性更高的人在性生活、睡眠和饮食习惯以及经济状况方面反而会有更多的困难。但是经历这些困难并不能预测开放性的增长；相反，他们预测神经质会增长。那些开放性高的人首先不经意间变得开放性更高，从而变得更加神经质。尽管有这些类型的发现，肯定同样有证据支持对应原则。但是这个原则还没有以足够清晰的方式表达出来，以至于不能被正式检验或是反驳。未来的理论工作将需要澄清这种模式应该在何时、何地以及以何种频率出现，以便提供一个更强有力的理论体系来检验。此外，目前尚没有较好的方法来检验对应原则，过去的研究毕竟是粗略的。没有明确的证据表明，应该有多大的对应关系才能支持或反驳这一观点。未来的研究应该应对检验对应原则所带来的方法挑战。

第五个原则，可塑性原则。该原则认为人格特质可以而且确实在任何年龄发生变化。虽然还没有系统地评估人格特质在毕生中的可变性，但有足够的研究表明，变化确实发生在以前意想不到的年龄（即中老年人），而且这一原则的证据似乎很有力。就均值水平的变化而言，现在有稳健的证据表明人格特质在毕生中都会发生变化。研究者们一再发现，成年早期是人格发生均值水平变化的主要年龄，而且大多是往更好转变（即更高的责任心、更低的神经质等）(Donnellan, et al., 2007; Johnson, et al., 2007; Josefsson, et al., 2013; Vecchione, et al., 2012)。但是研究也显示了中年（Allemand, Gomez & Jackson, 2010）和老年（Kandler, Kornadt, Hagemeyer & Neyer, 2015; Wortman, Lucas & Donnellan, 2012）均值水平人格特质改变的证据。然而，在许多情况下，老年人的人格特质改变并没有向好，随着人们接近衰老，许多特质水平会下降。

对人格特质改变中个体差异的研究也支持可塑性原则。许多研究发现人格特质和生活经历之间有关联，比如关系因素（Lehnart, et al., 2010）、压力生活事件（Jeronimus, et al., 2014; Laceulle, Nederhof, Karreman, Ormel & van Aken, 2012）和工作经历（Le, Donnellan & Conger, 2014），显示了青少年和成年早期以及中年（van Aken, Denissen, Branje, Dubas & Goossens, 2006）和老年（Mõttus, Johnson & Deary, 2012）人格特质改变的个体差异。虽然以前人们认为人格特质在老年时不会改变，但最近的研究表明，这种改变确实发生了，并且可以被某些经验因素预测。例如一项研究表明，老年人（60～90岁）感知到的社会支持的变化与责任心的变化有关（Hill, Payne, Roberts & Stine-Morrow, 2014）。另一项研究表明，老人社会参与的变化与责任心和宜人性的变化相关联（Lodi-Smith & Roberts, 2012）。而一些研究发现中老年人特定特质的可塑性较小（Allemand, et al., 2010），大部分的发现支持人格特质在毕生中保持可塑性的论点。

第六个原则，角色连续性原则。该原则认为一致的角色，而非一致的环境，才是人格特质随着时间的推移而持续的原因。例如，一个人可以从一个组织转移到另一个组织，甚至从一个地理位置转移到另一个，但是他们作为CEO或教授的角色可能保持相对不变。虽然这是一个有趣的理念，但到目前为止还没有对其进行检验。此外，还有一些发现与角色连续性原则相矛盾。例如，Neyer 和 Lehnart（2007）发现，在一段关系中保持更长时间与更多的人格特质改变相关，但是角色连续性原则表明，这种关系的一致性会暗示人格特质的更大一致性。

第七个原则，同一性发展原则。该原则提出随着年龄的增长，发展、承诺和保持同一性的过程会导致更大程度的人格一致性（Roberts & Caspi, 2003）。同一性发展被认为通过为生活决策提供明确的参考点来促进人格的一致性；强大的同一性可以过滤生活经历，并引导个人以与其同一性相符的方式解释新事件。迄今为止，只有一项研究探讨了同一性结构与人格连续性的关系；结果表明，自我概念的清晰性与人格的一致性无关（Lodi-Smith, Spain, Cologgi & Roberts, 2017）。因此，同一性发展原则的初步实证检验未能支持这一理念。尽管如此，一项研究不足以得出明确的结论，显然需要更多的研究来评估角色连续性和同一性发展原则。

在对人格发展原则的更深入的回顾中（Roberts & Damian，2019），一个新的原则（第八个原则）被确定，即生态位选择原则，尽管这个原则几乎没有实证基础。这一新原则提出，通过人格特质，人们在生活中创造有助于保持他们目前的人格水平的社会环境和途径；由于人格特质的选择效应，这种人与环境的互动应该会导致更大的人格特质一致性。之所以将这一原则确定为一个独立的原则，主要是因为许多人将对应原则与这一原则的效果混为一谈。也就是说，许多研究者认为对应原则是指选择环境，这使得人们随着时间的推移更加一致，而实际上，对应原则是指变化，而不是连续性。因此，生态位选择原则是一个包含类似过程的原则，即根据个人的人格选择环境，但是通过这个原则，人们保持一致，而非改变。

生态位选择原则至少经过了两次检验。在第一项研究中，在一所竞争激烈的大学里，外倾和不宜人的学生比其他学生更适合这种大学氛围。反过来，更好的适应与更大的连续性和更少的人格改变相关联（Roberts & Robins，2004）。这一发现在另一所竞争激烈的大学对大学生的第二次纵向研究中得到部分复验（Harms，Roberts & Winter，2006）。但是，尽管生态位选择原则很有吸引力，但在纵向研究中，其整体理念还没有得到很好或严格的检验。生态位选择原则作为对应原则的补充，被寄希望于：能帮助阐明对应原则；它能为检验生态位选择原则提供动力。

这些人格发展的原则，大部分都有强有力的实证支持，是新社会分析模型所独有的。尽管如此，仍需要澄清一些原则，如对应原则；同时一直需要更多数据来评估所有原则。目前，许多原则都在获取发展模式，但仅仅意味着解释已获取的模式的机制存在。接下来的内容将考虑所提出的解释人格发展原则中获得编码的模式的机制。

2.4.3 连续性和可变性的机制

自从 Caspi 和 Roberts 等开始建立人格发展的理论以来（Caspi & Bem，1990；Caspi & Roberts，1999），研究者一直在寻找导致人格长期稳定的因素。一些因素有很好的证据，如遗传因素，而另一些因素，如环境因素，则证据很少。考虑到这些理念被引用的时间很长，这是令人惊讶的（表 2-2）。很可能，遗传因素是导致人格特质连续性的最强有力的因素。来自双胞胎的纵向数据表明，成人人格的稳定性很大程度上归因于遗传因素（McGue，Bacon & Lykken，1993）。从某种程度上说，遗传因素的影响可能会随着年龄的增长而增加，它们也可能是人格一致性提高的部分原因。相反，环境在促进连续性方面的作用没有什么有力的证据，尤其是模型中描述的随着时间的推移而持续不断的社会角色。也就是说，同样的遗传研究显示了一个强大的遗传信号，有助于连续性，有时也会发现环境因素对人格特质连续性产生影响的证据（Johnson，McGue & Krueger，2005）。如果研究者开始跟踪社会角色或社会环境，以检验环境的哪些方面有助于连续性，这将是理想的。

表 2-2　人格连续性的机制

机制	定　　义	证据
基因效应	遗传因素固定人格	强
角色连续性/人与环境互动	环境不变性促进人格一致性	弱
吸引力	被拉入能保持人格连续性的环境	弱
选择	为人格选择或被选择进入不变的环境	弱
反应	以保持人格连续性的方式对经历或环境进行反应	弱
唤起	从其他途径唤起人格的连续性反应	弱
操纵	改变个人环境让人格更连续	弱
损耗	离开环境以避免改变自己的人格	弱
同一性清晰	有清晰的自我感知	弱

对于人与环境的互动以及它们对连续性的贡献，可以讲出一个类似的但却不是那么乐观的故事。这些是人格发展中一些历时最长但检验最少的理念。几乎每个人都接受这样一个事实，即，选择特定的环境会导致更大程度的人格一致性，这同样适用于反应、唤起、操纵和损耗，并且有很好的研究支持这些机制的存在。例如，人们确实会被与其人格特质和兴趣相符的环境所吸引（Ackerman & Heggestad, 1997; Botwin, Buss & Shackelford, 1997）。但是作为研究者，我们还没有检验隐含路径模型的下一个明显的部分，研究表明，那些更成功地选择特质一致的环境的人随着时间的推移会保持更好的一致性。很少有纵向研究来检验这些机制是否按预期的方式发挥作用，这是人格发展领域更严重的实证研究局限之一。

如果连续性机制的证据看起来很差，改变机制的证据看起来更差（表 2-3）。考虑到许多机制看起来有多合理，这可能会让人感到惊讶——怎么会有人怀疑奖励和惩罚或意外事件会影响行为呢？很明显，行为可以通过不同的强化和惩罚时间表来塑造，但是我们还没有证据可以证明实际的偶发事件塑造了人格。对于其余的假定变化机制，也同样缺乏证据，例如观察他人、观察自己和倾听他人。这些机制都产生于行为改变的机制模型，这些模型已经在最近的行为改变上进行了检验，但没有在长期改变上进行检验。

表 2-3　人格改变的机制

机制	定义	证据
角色	角色提供了特定行为的强化与惩罚	弱
观察自己	观察自己行为的改变导致了自身认知的改变或声望的改变	弱
观察他人	通过模仿他人行为导致自己的改变	弱
倾听他人	人们提供关于我们应该怎样改变的反馈	弱
角色期望与要求	角色与被强化和惩罚的行为联系	中等

纵向研究者没有直接检验这些机制，而是将人口统计学和"实证"变量与人格特质随时间的变化联系起来。我们现在知道，更令人满意的婚姻和工作与情绪稳定性的提高有关（Roberts & Chapman，2000；Scollon & Diener，2006；Specht，Egloff & Schumkle，2013）。虽然以传统方式投资于工作会提高责任心（Hudson, et al.，2012），但毒品和其他非法活动与责任心下降有关（Roberts & Bogg，2004；Littlefield, Sher & Steinley，2010）。虽然这些研究似乎与新社会分析模型中概述的许多机制相一致，但没有一项研究检验：角色模型是否激发了这些变化，是否倾听某类人的反馈改变了他们的人格，或者是否这些突发事件的经历伴随着实际的改变；甚至在研究中检验干预措施（如治疗）对人格特质改变的影响，干预的作用机制都不得而知（Roberts，Luo，Chow，Su & Hill，2017）。

此外，有一些数据质疑像通过观察进行社会学习这样被广泛接受的事物的假设效果。例如，许多假设认为，儿童仅仅通过观察父母的特定行为模式就学会了如何行动，最终导致儿童采纳了父母的行为模式——还有什么比父母的人格特质更一致的行为模式呢？正因为如此，人们可能会认为儿童最终更像他们的父母，因为他们在整个童年时期都在模仿父母的人格。然而，将父母和儿童的人格联系起来的研究对这一假设提出了质疑。虽然父母和儿童的人格是相关的，但平均相关非常小——大约为 0.13（Loehlin，2005）。这个数值太小，无法反映基因和社会化的综合效应；事实上，这种关联的程度完全符合这样的假设，即遗传是父母和子女之间任何相似之处的唯一原因。将这一点与父母和收养儿童的人格之间近乎零的相关性结合起来，由此可以推断，如果模仿确实发生了，那么它也不会促进人格发展。人格社会化模式的美中不足的第二点是在对夫妇以及他们的人格是否随着时间的推移而趋同的研究中发现的。早期的研究表明，一对夫妇的人格趋同，但几乎没有证据证明这一点（Caspi & Herbener，1993）。20 年后，大多数纵向研究仍然未能显示出长期同居的夫妇有任何强烈的趋同性（Hudson & Fraley，2014）。

总之，就和连续性机制一样，改变机制也"被研究不足"。这种疏忽可能部分来自这样一个事实：如此多的研究者接受了每个机制背后的基本前提假设。这些普遍的假设似乎是有道理的，因为我们有很好的证据表明，选择和社会化过程在短期内对实验室中的行为改变等结果起作用。然而，人格发展研究者还没有检验隐含的完整模型，在该模型中，人们追踪短期选择和社会化过程，看它们是否会影响长期的人格连续性和改变。显然，人格发展研究的下一个前沿是对人格连续性和改变背后的机制过程的研究。

2.4.4 新社会分析模型小结：澄清术语的异质性和未来方向

部分术语混乱是因为理论在不断地发展。这些理论思想的最早体现被称为"累积连续性模型"，这反映了当时对更大程度的人格一致性而不是改变的解释的强调

(Roberts & Caspi，2003)。在其他情况下，这个术语反映了一种努力，为那些可能不会立即接受人格改变理念的受众调整模型［（例如，针对工业组织心理学家的ASTMA模型）(Roberts，2006)］。此外，例如人格特质的社会基因模型（Roberts & Jackson，2008），有些人错误地将"人格"等同于"人格特质"。最后，这个框架的某些方面已经由有动力的研究者应用于自己的研究。例如，在一些论文中，社会投资原则被提升为"社会投资理论"。

一个理论要想发展，它应该能够：解释感兴趣的现象；提供可检验的假设，这些假设可能会导致理论的不一致；尽可能简约；产生新的理念。只要这些次理论满足良好理论化的基本需要，它们不仅应该继续下去，更应该得到支持，不要与新社会分析模型混淆。

用这些基本标准来评价新社会分析模型是合适的，因为这是良好的理论构思。第一，创建新社会分析模型的最初动机主要是描述性的。当时存在的人格理论都没有以提取数据中出现的实证结果的方式描述人格或人格发展的特征。在这方面，新社会分析模型过去和现在都非常有用，这是因为，其他框架在填补人格心理学或每个领域的发展模式空白方面都不及新社会分析模型出色。第二，虽然有了一些可以检验的假设，如人格发展的原则以及连续性和改变的机制，但是这些理念的表达本可以更加清晰。第三，新社会分析模型显然不简约。迄今为止，这一理论主要关注人格特质的发展。一旦它扩展到能更好地处理能力和动机的独特和特殊的发展模式和病因，它必然会变得更加复杂。第四，这个模型有助于在人格发展中产生新的理念。总之，新社会分析模型虽然有用，但仍有很大的改进空间。

在未来几年，新社会分析模型显然需要关注两个领域。首先，由于大多数连续性和改变机制仍未得到检验，因此在精心设计的纵向研究中直接检验这些理念至关重要。许多假定的机制可能根本不是机制，这将导致理论上得到修正并变得更加简约。其次，新社会分析模型明显偏向于成年后的人格发展（就像大多数其他框架一样）。人格心理学中有一个关于童年期人格发展的巨大理论鸿沟。有人正在对童年人格的"什么"进行引人关注的研究（Tackett，Slobodskaya Mar，Deal，Halverson, et al.，2012），但缺少关于"如何"的可比研究——我们不知道儿童如何成为拥有我们在研究中经常研究的人格的成人。有研究成果最近开始填补这一空白（Roberts & Hill，2017），但尽管如此，鉴于研究者们对人格对于成功和幸福生活的重要性正在形成共识，了解成人人格的童年经历将是非常宝贵的（Herzhoff，Kushner & Tackett，2017）。

最后，当理论相互竞争有助于回答关于某一现象的关键问题时，理论得到了最好的改进。新社会分析模型没有涵盖所有新兴的实证模式，但许多现有框架也没有涵盖。这意味着我们需要新的思路和理论，最好是这些理念能够为现有框架提供可行的替代方案。

2.5 人格发展中先天与后天交互作用的理论视角

2.5.1 人格特质的遗传和环境变异

"所有人类行为特征都是可遗传的"（Turkheimer，2000）被称为行为遗传学的第一定律，这意味着遗传差异对于所有人类特征中的个体差异至关重要。Polderman 等（2015）基于持续 50 年的双生子研究，针对遗传和环境对 17804 个行为特质中个体差异的影响进行了元分析，所有复杂特质的平均遗传力为 49%。因此，所有受关注特质的个体差异中约有一半归因于遗传差异（见 Kandler & Papendick，第 29 章）。平均来说，人类特质的变异中只有大约 17% 是由于环境的影响，这种影响增加了一起长大的同年龄兄弟姐妹（即同卵双生子和异卵双生子）的相似性。

这些发现有两个重要的影响。首先，有血缘的家族成员在复杂人类行为特征上的相似性主要归因于他们的遗传相关性。这被表述为行为遗传学的第二定律："在同一个家庭中长大的效应比基因的效应小。"（Turkheimer，2000）其次，复杂人类行为特质中个体差异的很大一部分是由家庭成员非共享的因素造成的，这些因素使他们不一样。这被称为行为遗传学的第三定律，具体内容为："复杂人类行为特质的很大一部分变异并没有被基因或家庭的效应所解释。"（Turkheimer，2000）

尽管遗传力估计的大小有所不同，但通常被称为"人格特质"的心理特征的平均遗传力也达到了 50%（Bouchard，2004；Johnson，Vernon & Feiler，2008）。此外，几乎没有证据表明家庭成员共享重要的环境影响，个体环境因素的强烈影响也适用于人格特质。这些发现不仅仅来自自评的形容词描述性人格，也来自行为观察（Borkenau，Riemann，Angleitner & Spinath，2001）和知情人如同伴的评定报告（Kandler，Bleidorn & Riemann，2012；Kandler，Bleidorn，Riemann，Angleitner & Spinath，2011）。除了描述性人格特质之外，研究人员还发现存在特定动机和社会认知在人格特质中的个体差异，如基本的人类动机、价值观、社会政治取向、兴趣、控制信念或自尊，也存在着相同比例的遗传和环境变异（Kandler，Zimmermann & McAdams，2014）。

关于人格特质的前两个行为遗传学定律的实证证据表明，在人格发展中，天性战胜了后天教养。然而，这种结构过于简单化。尽管在同一个家庭中长大（显然）对人格没有什么影响，但是家庭环境的重要性不应该被忽视。大多数家庭提供平等的、充分支持和丰富的环境，这是儿童发展其个体遗传差异所必需的工具（Scarr，1992）。大多数养育环境都在正常环境的范围内，这对正常发展至关重要，对儿童人格的实际差异影响很小。这同样适用于遗传效应。说人格特质中 50% 的个体差异可归因于遗传差异并不意味着一个人 50% 的人格是由其遗传构成决定的。

总之，遗传力和环境贡献的估计基本上代表了具体群体，或其具体时间点的具体特质个体差异的遗传和环境成分。它们对具体的个体、原因或发展过程没有什么影响。为了更深入地了解遗传和环境变化以及对发展的贡献，理解遗传和环境因素如何发挥其影响是至关重要的。

2.5.2 有机体内外的遗传和环境原因

借助遗传结构（即基因型）和环境复杂性的共同作用，行为遗传学研究者（Gottlieb，2003；Kendler，2001）可以描述有机体内外的途径，通过这些途径，基因和环境可以影响人格特质和相关行为（即表型）。下面将概述基因型-环境的功能、交互作用和相互交织的两种模型。

2.5.2.1 基因型-环境可加性传统模型

在传统观点中（Kendler，2001），基因表达仅发生在生物体内部（即个体的内部生理环境中）。心理特征的遗传因素通过蛋白质合成、神经解剖结构、神经和激素机制的个体差异来展现其影响。同样，我们可以认为环境影响仅仅通过文化和社会中介（如家庭、同伴和邻居）或重大生活事件（如事故、疾病、成功或失败）的个体经历在有机体之外发挥作用。遗传和环境因素都会影响人格特质的个体差异（图 2-4）。

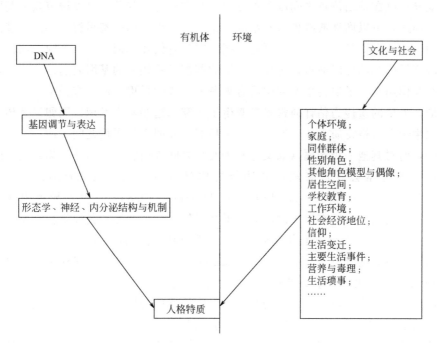

图 2-4 简化的遗传和环境因素导致人格特质的个体差异

（箭头实线代表因素之间的因果关系）

内生生理途径可以解释基因变异和人格差异之间的特定关联。尽管已经成功地鉴定了各种疾病的特定基因，这些疾病的症状包括人格改变（如阿尔茨海默病），但是发现单一基因导致复杂人格特质的实质性遗传是非常困难的。上述对人格特质的实质性和稳健的遗传力估计与特定基因变异的相当小且不太可复验的影响之间存在很大差异，这只能解释一小部分的人格差异（＜1%；基于分子遗传群体研究）(Terracciano, et al., 2010)。

遗传活动和人格之间没有直接联系。基因通过机体内蛋白质合成、解剖结构、神经生理机制和激素来展现它们对人格改变的影响，而环境则通过文化、社会、直接的社会环境和亲身经历在机体外施加影响。

这种差异被称为遗传力缺失问题，可能有多种原因（Plomin, 2013）。一方面，少数特定的基因变异，很少出现在人口中，因此很难检测到，但可能会显示出很大的效应。另一方面，可能涉及大量的基因变异，每一种变异在人格变异中的占比很小。基于后一种设想，一项研究发现，多重单核苷酸多态性的相加组合（即个体间差异最小的基因单位）解释了外倾性变异的 12% 和神经质变异的 6%(Vinkhuyzen, et al., 2012)。那些对附加基因影响的估计仍然无法与双生子和家族研究中的实质性遗传力的估计相提并论。

缺失遗传力问题的另一个解释可能是基因-基因交互作用（即异位显性），即，基因变异可以在基因位点之间以多种方式交互作用。一些基因可以调节其他基因的表达，因此，可以增加或减少这些基因的作用。结果，同一基因位点内同一基因变异的两个载体在该基因的表达上可能不同，因为它们在基因调控上不同。同样，不同基因变异的载体可以通过促进相似结果的调控显示相似的基因表达。这些上位基因的交互作用在分子遗传学研究中没有被考虑，该学科更专注于多种基因变异的叠加效应。大量的遗传力估计通常来自双生子研究，这些研究发现，同卵（遗传上相同）双生子在人格特质上比异卵双生子更相似，异卵双生子彼此间大约有一半的基因不同，而对其他一级亲属（如父母和子女）之间或被收养人与其生物亲属之间相似性的研究经常会发现有较低的遗传力估计（Loehlin, Neiderhiser & Reiss, 2003; Plomin, Corley, Caspi, Fulker & DeFries, 1998）。这种差异表明存在上位性交互作用效应，这有助于同卵双生子之间的表型相似性和其他生物亲属之间的不同性，因为基因-基因交互作用效应仅由基因相同的个体共享。因此，最近对人格特质遗传力的元分析（Vukasovic & Bratko, 2015）发现，与家庭抚养和收养研究（约 22%）相比，双生子研究出现了更高的相似性估计值（约 47%）。因此，上位基因的交互作用可以解释为何会有大约 1/2 的遗传变异和大约 1/4 的人格差异。

Vukasovic 和 Bratko（2015）的元分析也揭示了很大一部分人格特质的个体差异不能用遗传因素来解释。由于家庭成员共享的环境因素只占人格特质变异的一小部分，环境因素必须单独起作用，这表明家庭环境——即使很重要——是放大了共同生活的兄弟姐妹之间的差异。换言之，客观共享的环境因素可能实际上没有产生有效共享（Plomin & Daniels, 1987）。然而，类似于遗传力缺失的问题，特定测量的非共享环境因素（不同同伴、父母、学校教育、生活事件等）的效应在人格特质上，被发现其占比已经相对较小。一项元分析的结果显示，测量的环境差异占兄弟姐妹发展结果差异的不到2%（Turkheimer & Waldron, 2000）。这也可能有几个原因。在某种程度上，测量误差可以反映出对个体非共享环境贡献的估计。然而，环境影响在随机和非随机误差方差之外发挥着重要作用（Kandler, 2012a）。

类似于包含大量基因变异的多基因模型，对人格差异的影响非常小，多事件的累积效应可能会导致可检测的人格差异和改变。根据这一结论，几个环境变量的总和可以占到个体属性变异的影响因素的10%甚至更多（Plomin & Daniels, 2011; Turkheimer & Waldron, 2000）。超出正常范围的非常极端和罕见的事件可能会产生可检测的直接影响（Caspi, et al., 2002; Löckenhoff, Terracciano, Patriciu, Eaton & Costa, 2009）。

作为上位基因交互作用的平行角色，几个环境变量可能以多种方式相互转化和交互作用。一些事件的经历可能会增加另一个事件的概率。例如，职场晋升往往伴随着经济的改善。同一事件可能会影响一些但不是所有经历过该事件的人，或者不同的经历可能会对不同的人产生相同的影响，这取决于他们有过的其他有效经历。例如，母子亲密可以缓冲消极生活事件对负性情绪的不利影响（Ge, Natsuaki, Neiderhiser & Reiss, 2009），或者消极事件累积的关键影响可能取决于是否缺乏积极体验（Luhmann, Orth, Specht, Kandler & Lucas, 2014）。

总之，传统模式将人格特质的个体差异归因于遗传和环境影响。虽然遗传因素通过分子生物学和生理学过程内在地影响个体差异，但环境因素却是通过社会文化环境和经历重大生活事件外在地起作用。尽管承认基因和环境因素存在着可叠加性，但基因和环境的交互作用却被忽视了。关于多种基因变异和几个测量的环境因素的简单叠加影响的研究结果，使人怀疑这个模型是否能充分解释人格特质中个体差异的来源。

2.5.2.2 基因型与环境交互作用的修正模型

现代修正主义观点（Gottlieb, 2003; Kendler, 2001）废除了遗传和环境因素的简单相加性，以及环境因素只代表个体的外部环境，遗传因素只能在生物体内部起作用的观点（图2-5）。环境因素也可以在生物体内部展现其影响。例如，营养、药物、有毒物质、精神压力等会影响生物过程，如激素调节和神经递质释放。此外，环境因素可以开启和关闭基因表达，这被称为表观遗传影响。事实上，从基因调控到可观察行为的过程中的每一步都可能受到环境的影响。因此，环境会影响生物体的生理和分子生物学基础，进而影响人格特质（Roberts & Jackson, 2008）。

如图2-5所示，这种简单的生物内外基因型-环境交互作用模型是基于Kendler（2001）和Gottlieb（2003）对传统模型的扩展。基因的调节和表达会受到细胞质因子的影响，细胞质因子可以由神经和激素活性触发。生物体的外部环境可以直接影

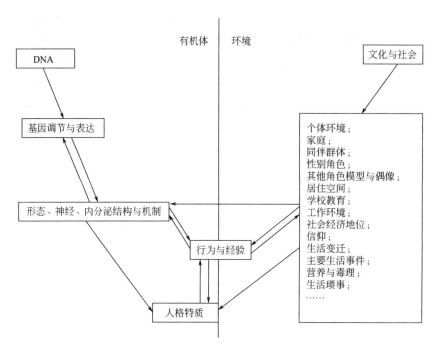

图 2-5　生物内外基因型-环境交互作用模型

响,或者通过形态、神经和内分泌的变化影响基因活动。个体基因型可以通过特定和偶然的行为影响环境,这或多或少是人格特质的个体表现(反映出特定行为相对稳定的倾向),并增加了其暴露于个体环境的可能性。反过来,环境提供了人格表达的机会,从而为人格强化甚至改变提供了基础。环境因素通过过滤或多或少与人格特质相关的个体经验结构来发挥作用。请注意,人格的定义所涵盖"行为和经验"所有倾向的范围越广,"人格特质"在遗传和生物因素影响行为和经验的过程中发挥的中介作用就越大。

相反,遗传因素可以通过或多或少与个体人格相关联的特定和偶然行为在生物体之外发挥作用(即,与一种特质更多相关,就会与另一种特质更少相关;反之亦然)。行为可以通过增加或减少暴露于特定环境的可能性(即基因型与环境的相关性)来影响个体的外部环境。换言之,人类基因型的差异会促进不同的行为,如选择或唤起与个体人格特质一致的环境和环境的多样性。遗传因素可能会导致个体友好程度的差异(与宜人性相关)。更友好的行为会引起更积极的社会反应和其他人的支持。个体基因型也可能影响对与个体人格特质不一致的情况和环境的改变(或回避)。基因效应可能会影响有序行为(与责任心相关),比如清洁自己的生活空间和避免混乱。结果,每个表面上的环境因素在某种程度上可能是由个体基因型引导的行为造成的。

基因型与环境的相关性可以解释这一有趣的发现,即,几乎所有的东西都是可遗传的。这不仅适用于复杂的行为特征(行为遗传学的第一定律),也适用于个体事件和社会经历，如家庭社会经济地位、父母支持和重大生活事件。这不仅适用于个体环境的主观感知。事件报告中的个体差异非常显著，环境的客观测量同样也会受到遗传影响（Kendler & Baker，2007）。这些遗传影响可能反映了可遗传的人格特质，这可能会通过唤起社会反应、选择和寻找环境、改变和创造环境来影响人们经历事件的方式和接触特定环境的可能性。例如，发现人格和结婚倾向之间的联系主要是由遗传因素来起中介作用的（Johnson，McGue，Krueger & Bouchard，2004）。此外，遗传因素可以解释人格和离婚风险之间的联系（Jockin，McGue & Lykken，1996）。还有许多其他例子可以表明特质与生活事件或其他环境因素之间存在遗传联系。例如，在人格特质的遗传变异对感知父母支持的个体差异的影响上，大约2/3都是遗传的影响（Kandler，Riemann & Kampfe，2009）。

除了对构建经验和暴露于个体环境的遗传控制之外，基因的影响可能在某种程度上还取决于环境因素（即基因型与环境的交互作用）（图2-6）。例如，对于受父母关心程度较低的年龄在17岁的青少年来说，基因对积极情绪和消极情绪个体差异的影响较低（Krueger，South，Johnson & Iacono，2008）。宗教影响似乎缓冲了神经质的遗传性（Willemsen & Boomsma，2008），因为受宗教影响的人对神经质个体差异的遗传影响较小。另一方面，遗传差异可能会影响对环境压力敏感程度的变化。

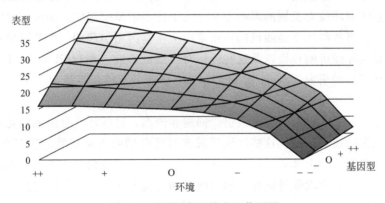

图2-6 基因型与环境交互作用图

如图2-6所示，这一假设的反应面显示基因型对表型的正向线性影响（即附加遗传影响）、环境对表型的正向非线性影响（即在"－"和"－－"之间的恶劣环境的强烈影响，而中等和丰富的环境机遇显示较小的影响）和基因型-环境交互作用（即遗传影响随着环境机遇的减少而下降，在非常恶劣的环境范围内非常小）。

例如，遗传差异可以解释为什么一些被虐待的儿童长大后会发展出反社会行为，而另一些则不会（Caspi，et al.，2002）。因此，遗传因素可以以许多不同的方式在许多不同的层次上与环境发生交互作用。

总之，修正主义模型结合了遗传和环境的交互作用，并声称环境可以通过表观遗传机制影响基因调控，遗传效应可以通过行为和个体经验的构建在生物体之外表达。遗传和环境的影响紧密而复杂地交织在一起，推动着人格特质的个体差异的发展。事实上，人们可以争论说，将基因与环境差异分开是没有意义的。然而，基因和环境可以作用的每一条特定路径，都是描绘人格差异和发展原因的复杂画面中的其中一小块拼图。特别是，基因型与环境的相关性和基因型与环境的交互作用可以单独或共同作为真正的发展机制而发挥作用（Bleidorn, Kandler & Caspi, 2014）。

2.5.2.3 人格发展中基因型与环境的交互作用

(1) 基因型-环境效应理论

通过个体行为影响环境的遗传驱动效应不仅解释了为什么即使是分开抚养的同卵双生子，也会选择并创造相似的环境或引发相似的对环境的反应，还阐明了为什么同卵双生子比异卵双生子做得更相似，以及为什么亲生的兄弟姐妹比收养的兄弟姐妹做得更相似（Wright, 1997）。如果基因型驱动经验，那么亲属产生相似经验的程度将取决于他们的基因相似程度。此外，如果这些环境内或环境中的经验反过来强化或甚至改变了人格，那么对经验构建和暴露于特定环境的遗传控制就可以作为人格发展的推进机制。

Scarr 和 McCartney（1983）在其基因型-环境效应理论中描述了这种发展机制。在该理论中，基因是个体发展的驱动力。这并不意味着发展是基因预先决定的，也不意味着环境对发展的影响完全是由个体基因型引起的。相反，它暗含了这样一个事实：有些经历不是随机的，而是由个体基因型引起的。即基因型在某种程度上影响着实际经历的环境以及这些经历对发展的影响。根据 Plomin、DeFries 和 Loehlin（1977）的研究，Scarr 和 McCartney 描述了三种基因型-环境效应，即主动型、唤起型和被动型。

主动型代表了人们对环境的吸引、回避和操纵，这些环境是由他们受遗传影响的偏好或人格特质驱动的。这些环境反过来可能会增强人格特质的稳定性。例如，我们已知，外倾性的个体差异部分受遗传影响。外倾者被聚会和更大范围的社交网络所吸引，这可能会增强外倾性，而内倾者和害羞的人被更小范围的社交网络所吸引，他们更倾向于避开保持聚会以保持内倾和害羞的性格。

唤起型是指个体从社会环境中接受受基因型影响的反应的情况。例如，受基因影响的低宜人性可能会增加与他人发生更大冲突和严重纠纷的可能性，这可能因此增强低宜人性。与这个例子相一致，Kandler、Bleidorn、Riemann、Angleitner 和 Spinath（2012）的一项纵向双生子研究发现，从低宜人性到消极生活事件的影响是由遗传中介的，这些消极生活事件反过来又负向影响到宜人性。

被动型反映了这样的情境：亲生父母提供了一个与他们的基因型和他们后代的基因型相关的养育环境。被动基因型-环境效应只能出现在亲生家庭中，因为亲生父母为他们的亲生后代提供基因和家庭环境。例如，个体在价值优先顺序上的差异部分受到遗传影响，而怀有自我导向的父母可能会提供一种自由的父母教养方式，支持他们的后代也有类似的自我导向优先顺序。一项研究发现，在确定自我导向价值观的优先顺序方面，大约 6% 的可信个体差异归因于被动基因型与环境的相关性（Kandler, Gottschling & Spinath, 2016）。

基因型-环境效应是基因型通过行为倾向在环境中的表达而体现出来的，这些行为倾向反映了人格特质或与人格特质相关联。反过来，环境可以精心设计、强化，有时还会改变这些特质。在基因型-环境负效应的情况下，人格改变是可能的。还有一些在环境中富集或被剥夺的机会以及其他成功的干预，为个体的基因型提供负相关的经验，最终可能会改变基因型预测的相关特质。例如，一个不太宜人的罪犯可能会引发社会排斥和惩罚。这些经历反过来会促使其发展更高的宜人性和更少的犯罪行为。或者，对于精神病理学症状具有遗传基因的人可能会以更积极的方式寻求心理治疗帮助来减轻他们的症状。然而，Scarr 和 McCartney（1983）坚持认为，"在幼儿期以后的正常发展过程中，个体选择并唤起与其自身表型特征正相关的经历"，特别是，活跃的基因型-环境效应，也称为生态位选择，是指根据人们的基因型选择、创造、操纵和避免环境。这是基因型在环境中最直接的表达。正相关的环境强化和巩固了最初导致这些现象的行为倾向和人格特质。

基因型-环境效应代表基因型-环境相关性的发展性表达，描述个体差异的成分。基因型与环境的负相关性将减少基因对个体差异的影响，而基因型与环境的正相关性将增加基因型对个体差异的影响。如果没有在量化遗传设计中明确建模，基因型-环境相关性的差异与遗传因素的差异就会混淆。换言之，暴露于环境影响和其受遗传影响的人格特质的强化之间的个体相似性取决于其遗传关联性。因此，基因型-环境效应理论为人格特质的遗传变异提供了另一种解释，也为双生子研究中比正常家庭和收养研究所体现出的更高的遗传力估计提供了另一种解释。

Scarr（1992）提出，三种基因型-环境效应的平衡会在毕生内改变。被动型的影响从婴儿期到青春期逐渐减弱，而主动型的重要性随着个体的自我决定的增强而增加，经历受个体基因型影响的总体程度在毕生都在增加。随着年龄的增长，积极的基因型-环境效应的重要性将会越来越明显，这将会增加遗传性和遗传对人格的稳定性的影响，这反过来又会导致人格差异的日益稳定。由于从童年到成年的遗传差异日益稳定，最近的研究也为人格特质稳定性的个体差异提供了支持（Briley & Tucker-Drop, 2014；Kandler, 2012b），但人格特质的遗传力实际上毕生都在下降，而环境贡献却在增加（参见 Kandler & Papendick，第 29 章）。因此，基因型-环境效应理论描述了一种发展机制，该机制解释了遗传对个体经历差异的重大影响，同时遗传也提高了人格特质中遗传变异的稳定性。然而，这一理论不能解释毕生人格发展模式和变异来源的全貌。

(2) 基因型与环境在毕生中的交互作用

作为随年龄变化的环境背景（例如离开父母家）的函数，或者是个体发育变化（例如青春期）的结果，基因型-环境交互作用随年龄的变化也可以解释遗传力随年龄相关的变化。当兄弟姐妹在共同的家庭环境中成长时，他们可能会根据不同的基因型对父母提供的相同环境作出不同的反应。随着个体遗传相似性的增加，它们对共享环境的反应更加相似，因此可能变得更加相似。换言之，基因型共享的环境交互作用就像遗传影响一样，如果没有在行为遗传学研究中明确建模，就会与遗传力估计混淆（Purcell，2002）。

随着儿童在生命前20年中自主性增加，与和兄弟姐妹共享的环境相比，更独特的环境出现了（如，浪漫关系、自己的朋友）。遗传影响和那些非共享环境之间的交互作用将对发展产生独特的影响。换言之，基因型与非共享环境的交互作用会降低遗传相关个体的相似性，不管这些个体遗传相关性如何，如果行为遗传学研究中没有明确建模的话，会与对家庭成员非共享个体环境影响的估计相混淆（Purcell，2002）。

随着年龄的增长，早期基因型共享环境交互作用的重要性会逐渐转变为基因型与非基因型共享环境交互作用的重要性，这可以解释童年遗传力更大的估计值和毕生遗传力的降低（Briley & Tucker-Drop，2014）。此外，由于基因型-非共享环境交互作用引起的变异与个体环境影响引起的变异混淆，基因型-非共享环境交互作用在毕生的累积影响将导致个体非共享的环境影响的方差成分增加。

(3) 表观遗传随时间漂移

表观遗传机制能够进一步解释个体之间以及兄弟姐妹之间毕生不断增加的环境差异。由环境触发的具有相同基因型的人（例如，同卵双生子）之间的基因表达差异（即，有机体内的表观遗传差异）可能由于双生子非共享环境的影响而表现出来。如果这些表观遗传效应在个体的毕生累积，那么基因相同的个体之间的（环境）差异会增加，这可能是表观遗传漂移造成的（Kandler & Bleidorn，2015）。

Fraga 等（2005）报告说，双生子在生命早期没有表观上的区别，符合表观遗传漂移假说。然而他们发现，年长的同卵双生子表现出显著的表观遗传差异（例如，5-甲基胞嘧啶 DNA 和组蛋白乙酰化的总含量和基因组分布），影响这些年长的同卵双生子的基因表达特征。在毕生中对同卵双生子和异卵双生子的表观基因组分析有助于量化表观遗传漂移的发育后果（Kaminsky，et al.，2008，2009）。未来关于人格发展的纵向表观遗传信息双生子研究将提供更多的深入理解，比如，机体内累积环境表现的作用，是如何随着时间的推移而增加复杂人格特质的个体差异的。

2.5.3 基因与环境交互作用理论小结

基因差异导致人格差异的观点不再有争议。根据行为遗传学的三项定律，研究已发现大约50%的人格特质差异受到遗传影响。其余的变异主要归于家庭成员非共享个体环境的影响。然而，正如我们已经说明的，这并不意味着50%的人格特质是由基因引起的，而另外50%是由环境引起的。遗传和环境通过许多不同的途径展现其影响——从生物微观到社会宏观（McAdams，2015）。基因和环境的影响很难被清晰地解释出来，因为它们以许多复杂的方式相互转化和交互作用。尽管如此，针对遗传和环境变异来源的净影响的分析为它们在人格发展中的作用提供了有趣的理解。人格特质中遗传和环境成分的比例会毕生变化。随着年龄的增长，遗传力稳步下降，而环境影响却越来越大。

尽管基因位于有机细胞内部，但它们也可以在生物体外部展现其影响力。同样，环境影响也可以作用于皮肤下，影响激素调节、神经递质释放或DNA甲基化。基因型可以驱动经历。人们选择并创造自己的位置，同时也构建自己的经历，并通过基因驱动的选择影响它们的发展过程。然而，这些经历和选择取决于所获得的或受限的环境提供的机会，人们对相同环境的敏感性因基因型而异。人格是基因构成和经历的产物，它们是从环境提供的机会中各自筛选和构建的（Scarr，1993）。一个更可信的人格差异和发展的遗传和环境来源模型将基因型和环境的交互作用视为人格发展的推进机制。从这个意义上说，人格特质的遗传变异主要反映基因型与环境的相关性，而个体环境变异主要反映基因型与环境的交互作用。只有当我们更深入地了解基因和环境变异来源如何以动态、协同和相互依赖的方式在人格发展的众多不同层面上合作时，我们才能理解，人格发展是一件极其复杂和多层次的事情。有关遗传与环境交互影响人格的最新理论进展，可参见下一节内容——修正的人格特质社会基因模型。

2.6 修正的人格特质社会基因模型

这一新理论试图更新人格特质的社会基因模型（Roberts & Jackson，2008）。这一修正包含了两个进化信息系统，标记为柔韧（pliable）和弹性（elastic）系统，为人格特质的发展提供了新的观点。Roberts & Jackson（2008）当初的研究目标相对温和，其任务是更新传统的艾森克（1972）生物特质模型，勾勒出一个比初始版本的社会基因模型更广泛、更全面的人格特质理论视角，将描述这种对生物和进化结构的新理解的一些含义，这种理解是所有人类表型包括人格特质的基础（Roberts，2018）。

基因组在不同物种间是保守的，人格科学家需要更加关注非人类动物的研究，因为这些发现可能对研究者们所进行的人类人格研究有很大的帮助，并且强调了状态的重要性以及特质、状态、环境和生物因素之间的关系。研究者们对传统生物逻辑模型的动态版本的论证是基于社会基因理论和研究。研究表明，尽管DNA在概念上是固定的，但DNA的表达可以通过环境中的经验来修改和重新编程（Robinson，2004）。因此，人格特质的传统生物学概念化需要予以修正，因为在人格心理学中，一些生物学的东西通常被认为是不变的和存在因果关系的。研究者们当时确定的主要表观遗传机制，如环境驱动的DNA甲基化改变和组蛋白修饰，现在已经成为人类和非人类动物研究中的常用术语。事实上，研究者们之前所展开的工作，已经发现了更多的表观遗传系统，如 microRNA (Liu & Pan, 2015)。

跨物种基因组保守性的研究现在变得更加重要，因为在过去的十年中，动物人格方面的工作已经大规模展开。在研究者们关于社会基因人格心理学的原创文章 (Roberts & Jackson, 2008) 中，研究者们提出了三个要点。首先，研究者们认为生物学方面的新工作指出了被认为是"生物"或"遗传"的变化，使得 DNA 嵌入的系统现在被认为是动态的。这意味着一个人的命运不一定写在受孕时被写入 DNA 代码中。其次，因为初始的观点是，通过对非人类动物的研究，研究者们可以更好地了解动态基因组的工作原理，因为它们为研究者们提供了人类无法使用的方法。鉴于进化的保守性，进化倾向于将遗传系统重新用于跨物种的相似表型，研究者们对非人动物人格发展的任何了解对于理解人类表型都非常重要。例如，如果研究者们理解某些蜜蜂是如何以及为什么成为最努力工作的"工蜂" (Southey, et al., 2016)，他们可能会深入了解人类遗传系统参与的表型，如责任心。鉴于动物人格方面的实证和理论工作激增，理论方面的修正随着时间的推移变得更加重要。

最后，研究者们得出了一个相对直接的结论，即特质被嵌入到一个更大的系统中，最好被认为是特质、状态、环境和生物因素的组合。第一，与大多数特质模型不同，该模型明确地识别了状态和特质之间的关系。毕竟，它们是一样的东西——思想、感情和行为。二者的本质区别是，这些特质代表了特定的、长期的状态模式，反映了这些状态相对持久、自动和系统变化的方面。这形成了特质与状态和其他结果的因果关系，这些结果是由稳定的力量产生的，这些力量为人们创造了选择和唤起的环境。第二，该模型认为经验在很大程度上作用于状态，状态是改变特质的主要中介之一。这是变化状态的压力，一旦内化、自动化和泛化，就会导致特质的改变。后者为理解人格特质的改变是如何发生的提供了渠道 (Bleidorn, 2012; Hutteman, Nestler, Wagner, Egloff & Back, 2015)。

虽然社会基因模型是有用的，至少在概念化特质和状态如何随时间改变方面是有用的 (Bleidorn, 2012)，但模型的某些方面并没有详细地说明一些内容。除了动态基因组与人格特质是发育结构的观点非常一致之外，该模型没有阐明新的生物和进化模式是如何影响研究者们对人格表型的研究的 (Roberts & Mroczek, 2008)。在此期间，新的发现和理论工作提供了一个潜在的新进化架构，研究者们可以围绕这个架构构建一个经过修正的理论。

2.6.1 人格特质的修正社会基因模型

社会基因生物学理论 (Robinson, Grozinger & Whitfield, 2005) 定义的特质是包含了改变 DNA 表达然后转化为表型的动态系统。这一观点有助于将静态的人格特质生物模型更新为生物和发育模型，例如人格特质的初始社会基因模型 (Roberts & Jackson, 2008)。在这次更新中，研究者将重点关注从对生物学科及其与发展科学的关系的深入阅读中获得的认识。特别是，基于动物人格领域的工作（Snell-Rood，2013）和生态发育生物学领域的工作（Gilbert & Epel，2009；West-Eberhard，2003），研究者将论证人类表型是建立在进化架构之上的，这种架构依赖于至少四个生物系统，这些系统受到不同进化时间尺度的指导，不同的进化时间尺度在环境冲击动物的时间上不同，从而影响表型的表现和发展。

第一个也是最熟悉的系统是 DNA。它具有最长的时间尺度，因为 DNA 的功能变化需要许多代才能实现，并且比其他系统持续更长的时间。第二个系统，为波动状态。在时间谱的另一端，是反映研究者们的生物和心理功能的状态，这些功能是针对瞬时功能而优化的。状态波动也可能是遗传性的，因为一组被称为瞬时早期基因的特定遗传因素的作用（Hughes & Dragunow，1995）在环境影响自身时会使人恢复内稳态。传统上，这两个系统——DNA 和波动状态，通常被认为反映了整合模型中的"特质"和"状态"（Fleemson，2001），已经定义了人类心理表型的概念。它们代表了人性本质主义和情境主义模型的极端（Roberts & Caspi，2001），也是典型的状态-特质模型的基础，尽管这种模型没有任何系统的发展形式。

研究者将在这一更新中补充的是表观遗传系统的更好表达，这些系统似乎在生物体毕生中的两种行为可塑性模式中发挥作用（Senner，Conklin & Piersma，2015；Stamps & Krishnan，2014）。这些表观遗传系统在代际 DNA 系统和瞬时状态系统之间设定了一个中间时间尺度。第一个补充反映在一个柔韧（pliable）系统中，由于表观基因组的环境重新编程，该系统导致 DNA 作用的永久性修饰。第二个补充反映了一个弹性（elastic）系统，表现为通过表观遗传机制对基因组进行的时间重新编程，这种机制通常只要刺激环境仍然存在的情况下就可在一段时间内保持不变。弹性系统代表的变化持续时间比状态变化中看到的要长，但不像柔韧系统中那样持久。

这些进化系统从物种范围内的半永久性影响到瞬时变化。根据进化生物学的观点，进化已经设计出能够响应多种环境输入水平的生物体。长期稳定的环境条件最终可能会在 DNA 差异中得到解决。这个长期系统中增加了一些系统，这些系统允许生物体在越来越短的时间尺度上对环境作出更大的反应（Snell-Rood，2013）。研究者会讨论这些进化反应的每一种形式，以及来自人类和非人类动物的证据。这些证据支持了它们被纳入修正的人格特质社会基因模型中。特别是，研究者将使用蜜蜂和其他非人动物研究的证据作为工具来说明表型发展背后不同的基因组结构。

2.6.2　DNA：人类和非人类动物表型的根本结构

非人动物 DNA 和表型之间的关系是进化模型中被广泛接受的组成部分。现有研究发现各种 DNA 多态性参与了各种非人动物物种的表型差异是没有争议的。例如，欧洲蜜蜂（EHBs）和非洲蜜蜂（AHBs），这两种类型的蜜蜂具有很容易被人类区分的一种表型——攻击性（Collins, Rinderer, Harbo & Bolten, 1982）。AHBs 比它们的欧洲同类更激进；它们将对威胁做出更快、更强的反应，并继续用比 EHBs 更长的时间和更大的努力攻击目标。EHBs 和 AHBs 之间的差异部分是由于 DNA 的差异（Alaux, et al., 2009）。

这并不是说环境在这两种蜜蜂的攻击性发展中不起作用。和人类一样，蜜蜂攻击性的遗传性并不能被用来解释所有的变异，而是在遗传和环境来源之间平分秋色（Alaux, et al., 2009）。在 AHBs 蜂箱中交叉培养的 EHBs 表现出更强的攻击性；反之亦然（Alaux, et al., 2009），表明一个严峻的环境变化可以调节攻击的表现，尽管它同样有遗传因素。当然，EHBs 仍然保留着一些较少攻击性的倾向（Alaux, et al., 2009）。这都表明，在某种程度上，DNA 的差异实际上决定了攻击性等表型的个体差异。更具体地说，DNA 可能设定了反应常模的范围。在这个范围内，表型可以通过环境输入来修正。

几十年来，DNA 多态性与人类特质之间的联系一直是一个有争议的话题。研究者们没有像 EHBs 和 AHBs 这样的相近物种可以用来比较人类和人类的 DNA 变异，以便对 DNA 差异和表型差异之间的联系进行明确的检验。因此，研究者们使用间接的观察方法来研究人类，例如遗传信息家庭研究，或最近开展的全基因组关联研究（genome-wide association study，GWAS）以及全基因组复杂特质分析（genome-wide complex trait analysis，GCTA）方法。因为这些方法并不像非人类动物通常使用的方法那样确定，所以当研究人类时，声称 DNA 差异"决定"一种表型往往不那么可信。

然而，缺乏将 DNA 差异与人类表型差异联系起来的明确方法并没有阻碍一些理论家对 DNA 在人类人格中的作用做出相对强烈的假设。一个极端的观点仍然经常被引用，将特质等同于完全受"生物学"指导的不变气质，这是 DNA 非动态视角的一个代表（McCrae & Costa, 2008a；Whitehurst, 2016）。这种立场通常是为了增强特质的因果意义——如果它们在生物学上是固定不变的，那么它们必须是真实的，因此是人类功能的原因，而不是直接环境的后果。例如，在一些政策范围里，人们通常会将某些特质视为预测结果的重要因素，如教育绩效，但从发展的角度来看，这些特质并不重要，因为它们是固定不变的（Bailey, Duncan, Odgers & Yu, 2015；Whitehurst, 2016）。

像蜜蜂研究一样，行为遗传学研究通过严格检验双胞胎、家庭和收养研究中的遗传结果，现在已经通过累积得到一个明确的估计结论：人格特质的遗传力以及大多数这方面的现象类型的估计值在 0.30~0.50 之间（Briley & Tucker-Drob, 2014；Vukasovic & Bratko, 2015）。这种适度的遗传力估计几乎都得到以下发现的补充：共享的环境对表型贡献很小，而非共享的环境对表型如人格特质贡献最大（Krueger & Johnson, 2008）。这些发现明确地驳斥了一种观点，即特质是不受环境输入影响的不变气质。

大多数侧重于个人特质的基因信息研究是横向的，并不解答发展问题。然而，现在有许多遗传信息的纵向研究显示了一些与以往不同和重要的内容。当人格的一致部分与纵向研究中的可变部分脱离时，故事就会发生变化。随着时间的推移，保持稳定的人格的遗传成分要高得多。此外，30岁以后，遗传效应的稳定性几乎完美无缺（Briley & Tucker-Drob，2014；Kandler，2012）。因此，在人格特质变异的相对稳定部分，很大一部分来自不变的遗传因素或过程，如基因型-环境相关性。人格不断改变的组成部分，就像对人格的总体横向估计一样，既有遗传的，也有环境的（Bleidorn, Kandler, Riemann, Angleitner & Spinath，2009）。这些遗传发现与长期纵向研究相吻合，表明人格稳定性具有非零渐近性（Fraley & Roberts，2005）。综合这些发现，研究者们可以得出这样的可能性结论，即研究者们对人格或其他结构的测量记录了一个不变的遗传标记和一个环境标记，显示了坏境压力的迹象及其不可避免地对发展产生的影响。这一结论将更好地通过大规模GWAS研究来检验纵向设计中人格特质的真实遗传力。

这些结果意味着人类表型的潜在结构之一将是人类在受孕时获得的独特DNA组合的不变标志。但是通过综合遗传信息研究，显而易见的是，这一标志虽然不微不足道，但不能得出这样的结论：人类人格特质是完全由DNA驱动的表型。这个推论提出了两个问题：造成环境影响的其他因素是什么？基因标志可以被修改到什么程度？

2.6.3 状态：短期波动系统

DNA时间谱的另一端是状态。状态具有内在的情境，因为它们反映了对环境变化的瞬时反应，即思想、感情和行为的瞬时波动。情境中的正常的瞬时变化，例如从独自一人在办公室到和同事一起去咖啡馆，自然会导致思想、感情和行为上的状态变化，因为在休闲环境中和其他人在一起会导致谈话和社交活动的迅速增加。在没有新异的或不断变化的情境下，状态和特质通常都被假定为指导行为。事实上，一些功能模型，如设定点模型，假设虽然波动是正常的，但总体平均值反映了作为状态的稳态锚的强烈倾向（Headey，2008）。例如，人们的幸福感有很大的个体差异，但是即使经历了重大的生活事件，如婚姻，他们也经常会随着时间回到他们的设定点（Lucas，2007）。这一理论在稍后将详细展开。

同样，蜜蜂会表现出像状态一样的波动，如它们会立即反应并反击针对蜂箱的威胁（Alaux & Robinson，2007）。根据定义，这种瞬时反应不能通过固定的遗传或表观遗传机制来中介，因为时间尺度太短了。在这些情况下，内稳态是通过可能被解释为"在线"（online）的系统来维护的，这些系统是由遗传和表观遗传系统预先决定的。有机体被预先准备好应对恐惧或愤怒，这样它们就可以在没有复杂的多步骤过程的情况下逃跑或攻击，这些过程依赖于正在发挥作用的更深层次的遗传影响，从生存的角度来看，这将是不适应的。例如，当蜜蜂被模拟威胁的警报信息素刺激时，它们几乎立刻被唤醒，并开始通过移动到蜂箱的开口处来保护蜂群（Rittschof & Robinson，2013）。

在得到修正的社会基因模型中，波动过程对整个系统功能的重要性很大程度上取决于一个人的假设和目标。那些处于情境主义极端假设的观点认为，可观察到的想法、感觉和行为是唯一理论上可行的研究对象，它们的波动和可塑性排除了这里讨论的其他类型结构的存在（Lewis，2001）。一个典型的推理路线是，展示一些行为的可塑性，如创造力，展示了状态的主导地位以及更稳定的长期结构的无关性，如特质（Forster，Epstude & Ozelsel，2009）。这一观点所赖以支撑的假设是，人类对情境变化的反应是有动机的。

保持人处于稳态平衡。人们对消极事件作出反应，以减轻其影响并补救消极，人们习惯于积极事件，因为他们知道一般自我意识和极端幸福感之间的差异。诸如人格特质完全是遗传的并且不变，许多人认为人类的本性主要是由环境引导的且容易被外力操纵（Bargh & Chartrand，1999），这些关于状态级波动的极端立场在某种程度上被采用更为综合模型的研究者和理论家所反驳。模态整合模型是一种状态-特质模型，它主张存在情境反应状态和长期处置特质（即特质）(Fleeson，2001)。这些状态-特质模型在形式和功能上各不相同，一些人很少假设任何一层分析的重要性（Fleeson，2004），另一些人则主张随着时间的推移，在决定行为模式时，对特质和状态给予更深层次的因果定位（Roberts，2009）。研究者们引入人格特质的初始社会基因模型的另一个目标是将经典的状态-特质模型与进化信息生物功能模型结合起来。

尽管状态-特质模型具有整合性，但其在很大程度上还是有缺陷的，因为模型往往没有具体说明随着时间的推移，特质会如何发生增长和改变（Wrzus & Roberts，2017）。该模型的支持者们通常也不具体说明人格特质的改变，只模拟特质和状态的稳定性以及每个特质和状态周围的可变性（Steyer，Schmitt & Eid，1999）。这与五因素模型一致（FFM；McCrae & Costa，2008b），认为特质是基本的倾向性，相对不受经验影响。相比之下，无数纵向研究表明，随着年龄的增长（Roberts，Walton & Viechtbauer，2006）和经验的积累（Ormel、Riese & Rosmalen，2012），人格特质趋向于以大致线性的方式成长和成熟。在研究者们最初对社会基因模型的讨论中，提出了一个自下而上的过程来长期改变人格特质，但是这个探索并没有找到人格特质可以永久增长和改变的机制或方式，甚至暂时超越了瞬时的波动。研究者现在想提出另外两个系统来区分这一过程，并作为连接未分化状态-特质模型和包含人格成长的模型的间隙结构（interstitial structures）。

2.6.4 表型柔韧性

人格特质随着时间和年龄的增长而发展，并且通常朝着积极的方向发展（Roberts，et al. 2006）。生态进化发展生物学的论点是，人格的系统性改变的存在反映了进化系统的影响，与 DNA 代际变化支配的系统相比，进化系统允许物种在更短的时间内适应环境的变化（Stamps & Biro，2016）。这些变化也反映了比流动系统更持久的东西，因为它们会永久性地或者长时间地改变一个人的特定发展方向。本质上，进化已经导致许多物种具有行为可塑性，这样生物可以在自己的毕生内从环境中学习并适应环境条件（Gilbert & Epel，2009；Snell-Rood，2013）。

研究者们称第一个新系统为"柔韧的"，因为它反映了 DNA 差异产生的稳定遗传因素之上和之外的永久性修饰。这个系统本质上是表观遗传的，因为它反映了 DNA 用于中介表型的方式的改变（Robinson，2004）。研究者们用柔韧性作为隐喻，因为 DNA 使用方式的这些改变会导致形式和功能的改变，就像管道清洁工具在没有其他干预的情况下可以弯曲和成形为持久的形式一样。在关键发育阶段发生的人格特质改变会延续到生命过程的后续阶段（Senner，et al.，2015）。

通过非人类动物 DNA 表观遗传变化表现出来的柔韧机制相对常见。最简单、最稳健的例子是老鼠的毛发颜色（Wolff，Kodell，Moore & Cooney，1998）。给定一种特定的饮食，Agouti 基因在发育中的幼崽中的表达会被改变，这将导致日后的毛发和体型发生明显变化。对 Agouti 基因进行了修饰的老鼠生来就有黄色而不是棕色的头发，这种倾向更大，而且死亡的可能性比子宫内没有接受修饰饮食的老鼠要大。尽管拥有相同 DNA 序列并且没有接触不同饮食的老鼠在成长过程中具有典型的老鼠颜色和体型，这些变化还是会发生。因此，柔韧性因素的时间尺度发生在动物的毕生内。

研究表明，比饮食或其他生理因素所引起的变化更引人入胜的是，即使孩子不在子宫里，父母的经验也可以传递给他（它）们。这种柔韧系统的一个挑战性例子是，当父亲暴露在捕食压力下时，棘鱼的生理和行为发生了变化（Stein & Bell，2014）。棘鱼是很特别的，因为雄鱼会照顾鱼卵和孵化后的鱼苗。对照实验发现，当父亲受到捕食的威胁时，它们的后代在长大后表现出明显的形态和行为差异，它们体型更小，行为活动减少（Stein & Bell，2014）。此外，遭受捕食风险的雄性后代本身表现出更强的抗捕食反应。压力下棘鱼父亲的后代们这些永久性形态和行为变化似乎是由表观遗传系统承担中介功能的（Metzger & Schulte，2016）。

虽然柔韧性因素在非人类生物学中很常见，但直到现在，柔韧性因素才被认为是人类的一种可能性，而且相关研究还没有非常普遍或令人信服。例如，有一些潜在的例子，如怀孕期间剥夺母亲的饮食影响人类几代后代（Heijmans，et al.，2008）。也有一些研究表明，柔韧性系统与冷热适应有关（Kawahata & Sakamoto，1951）。特别是，看起来人类天生就有类似数量的汗腺，但是被激活的数量来自婴儿所处的气候环境。这种柔韧性系统似乎对婴儿成年后的健康有着严重的影响，正如 Kawahata 和 Sakamoto（1951）发现的那样，它预测了士兵是否死于中暑：那些出生在寒冷气候环境下的人，活跃的汗腺更少，成年后在炎热的气候中遭受有害经历的可能性更高。此外,最近有研究将出生体重与成年期心血管疾病联系起来(Osmond & Barker, 2000),以及将早期营养不良与成年人人格联系起来(Galler, et al., 2013)。遗憾的是,这些研究都没有被复验,很少有人被明确设计用来检验早期经历是否塑造了此后永久存在的早期表型。尽管在人类中很少有具体的例子,但是研究者们假设同样的系统存在于人类中,因为其他物种,特别是其他哺乳动物中已有共同的发现。假设可塑性驱动的进化方案是进化的常模(Gilbert & Epel, 2009)。

2.6.5 表观遗传但暂时的变化:弹性系统

补充一个柔韧系统的理论本身将为人类打开新的研究课题,而这在过去的发展框架中并不常见。然而,研究者们认为,为了全面了解人类表型和表型发育,还需要考虑一个系统。在进化框架内,这种变化被描述为"反向状态效应"(reverse state effects, Senner, et al., 2015),看似固定的表型在相当长的一段时间内会发生变化,然后又会反向变化。为了避免过度使用状态这个术语,研究者将最后一个系统描述为"弹性的"(elastic)。在这种情况下,称为弹性的东西反映了一个事实,即表型可以改变,通常会持续很长时间,但不会永久改变。

在蜜蜂中,这种系统可以从它们对挑衅的反应中看出。当蜂箱受到威胁时,例如当一种警报信息素被注入蜂箱时,蜂箱会汇集一系列防御系统(Robinson, 1987)。最初,守卫蜂移动到蜂巢开口处。然后,大部分蜂箱中蜜蜂的活动水平和攻击性会增加,在真正出现入侵者的情况下蜂群会成群结队地刺痛入侵者(Alaux & Robinson, 2007)。与弹性变化的想法最相关的是,蜂箱和其中包含的蜜蜂在挑衅后会保持几个小时的躁动。就蜜蜂的生命史而言,持续几周的焦虑就像人类一次改变几个月的表型一样。挑衅减少后,蜂箱和蜜蜂最终会回到平静的状态。随后的研究表明暂时的变化是通过遗传和表观遗传系统中介的(Rittschof & Robinson, 2013)。

在抑郁症等综合征中可以看到类似于焦虑蜜蜂的人类。抑郁发作通常持续约6个月(Lewinsohn, Clarke, Seeley & Rohde, 1994)。6个月太长以至于不能被认为是一种状态,但也太短以至于不能被认为是一种特质。此外,有一些证据表明DNA系统的暂时性表观遗传修饰可能伴随抑郁症。一项对患有抑郁症的多份样本的检查发现,抑郁症患者与对照组在多种不同组织类型中的基因甲基化模式不同(Oh, et al., 2015)。同样,严重恐慌和焦虑的事件在几周甚至几个月内(而非瞬时)都有类似的过程,这就提出了一个问题,即这些过程涉及什么遗传或表观遗传系统。将这些"中期"综合征与许多形式的精神病理学生命过程模式相结合,这种模式在成年后会"崩溃",这就提出了一个问题,即哪些类型的中间表观遗传系统可能会参与这些相对持久但仍然短暂的表型变化,例如人格特质。

2.6.6 人格特质的修正社会基因模型

固定的、波动的、柔韧的和弹性的系统是如何发挥作用来产生人格特质并帮助解释长期发展的？图 2-7 是修正的社会基因模型。和初始的模型一样，状态和特质是相互关联的，环境会导致状态的变化。由于该模型旨在为典型人类毕生内的研究提供信息，因此从环境到 DNA 的线被画成虚线，表明这条路径并不在个人毕生内起作用。在人类的典型毕生内，DNA 多态性形式的遗传变异被认为是表观遗传和特质水平功能的原因。后者代表了来自持续毕生的 DNA 变异的持久标志的可能性。新模型区别于初始模型之处在于包括了柔韧系统和弹性系统的表观遗传机制，它们反过来也塑造人格特质。这样，有四个途径决定人格特质的功能：DNA（或固定因素）、柔韧系统、弹性系统以及波动状态。

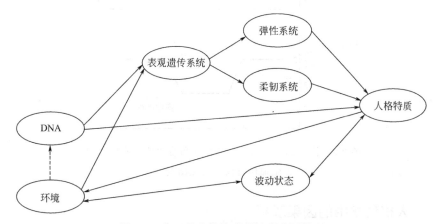

图 2-7　修正的人格特质的社会基因模型

修正的模型在几个方面不同于初始模型。状态不是环境和特质改变之间的中介机制，而是导致中长期特质改变的途径通过表观遗传系统发挥作用。表观遗传系统的变化会导致状态的明显变化，但是这些变化是通过特质改变来完全中介的。这并不是说，如果进行测量，状态的变化与特质的改变无关（Hutteman, et al., 2015），而是说，持久状态和特质改变之间的明显关联完全归因于环境对表观遗传系统的影响。状态和特质之间的双向箭头反映了事实上的在任何特定时刻，一个人的情绪可能会影响特质评定，但从长远来看，这种影响应该是虚假的。反过来，对状态的测量也应该反映只有使用纵向数据才能检测到的特质水平差异。研究者还包括一个环境和状态之间的双向箭头。因为在未来的环境中，状态的波动可能会扮演重要的角色，比如有人成功逃脱了生命的威胁。最后，有一条从特质到环境的路径反映了人们会因为他们的特质而选择或被选择到各种环境中。

图 2-8 中描述了三种假设的发展轨迹，这些轨迹是这些力量对人格特质发展的影响。由于个体固定的 DNA 差异，每个人都从不同水平的表型开始（Stamps &

Frankenhuis，2016）。随后，随着时间的推移，会发生柔韧和弹性变化的组合，使这些个体或多或少出现相似之处（Senner，et al.，2015；Snell-Rood，2013）。最后，短期波动显示为从固定的、可分离的和弹性的系统中导出的与现在动态设定点的单线偏差。柔韧和弹性的补充系统克服了初始社会基因模型的一个主要弱点，该模型没有具体说明状态的变化必然会导致特质改变。现在，研究者们有两个中介系统可以解释在柔韧系统变化的情况下，人格是如何发展的，或者看起来是如何发展的。在弹性变化的形式下，这两个系统都有助于解释生命过程中发现的个体人格发展模式。这两个新系统的加入创造了一套新的含义，研究者将在下面描述。

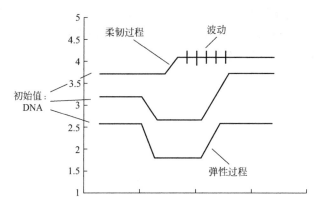

图 2-8　固定的、柔韧的、弹性的和波动的系统导致的生命历程模式变化图例

2.6.7　人格科学中的因果解释

人格特质的新社会基因模型的第一个含义是，由于使用传统的测评技术，研究者们根本不知道自己所做的测量有多少比例归因于固定的、波动的、柔韧的或弹性的系统。人们可能会问，为什么这是一个问题？特别是，这一点引发了人格特质的使用和实施方式，以及特质背后的理论和概念思维的探讨。

人格特质的典型使用方式被认为是临床、教育和工业心理学等其他领域构建的假设原因，这并不是什么刻板印象。这一事实反映在人格测量的使用方式上。因为它们被认为会导致出现抑郁、等级和工作表现等结果，所以在横向或纵向前瞻性设计中被用作预测因素。隐含的假设是，典型的人格测量抓住了人格的固定方面，然后导致出现未来的结果。

但是，如果一个人格特质的测量由社会基因概念化的所有四个方面组成，这就不是一个站得住脚的假设。有充分的证据质疑这样一种假设，即简单的、回顾性的全球视野的研究汇总将很好地接近社会基因人格特质模型的固定方面。如上所述，研究者们已经知道这些类型的人格测量中的遗传变异占比不到50%。导致结果的特质的固定部分有可能来自环境影响，这反映了环境对特质的影响是持久的柔韧系统。也可能是这样的情况，即特质改变反映了弹性系统，可能不会随着时间的推移而保持不变。因此，假设对一种特质的横向测量代表了一个固定的原因是不合理的。

研究者们还知道，典型的人格特质测量值与状态测量结果高度相关（Fleemson，2001），相关值通常为 0.50 左右。人们普遍认为，这种相关性反映了一个事实，即状态测量包含大量的特质变异。但是反过来也是很可能的，即特质测量可以在任何给定时刻反映一个重要的状态成分。现在研究者们也知道，通过干预，特质测量能够并且确实在短时间内发生巨大变化（Roberts，et al.，2017），很可能人格特质量表也包含了不成比例的状态差异。

最终，研究者们不知道这种特质的哪一方面是其所研究的相关性的原因，这一事实破坏了他们的因果假设和解释。特别是，研究者们根本不知道特质模型的哪一个方面对共变负有责任，因此他们不明白这些发现背后有什么因果机制。研究者们不知道的事实对其如何应用人格科学有着重要的影响。例如，如果人格的因果关系包含在固定的遗传成分中，那么就没有必要研究发展或研究相关的干预措施来提高某些人格品质。或者，如果这种特质的柔韧成分非常重要，那么研究者们就必须发现这些表型何时发生变化，在什么情况下发生变化，因为它们显然会对个人和社会产生影响。最后，如果是特质的状态成分导致了人们关心的结果，这将对人格特质的作用方式产生截然不同的影响，并会破坏它们的既有概念和应用的主要方式。

2.6.8 发展——人格特质系统的哪一部分正在改变，何时改变？

人格特质的新社会基因模型的第二个主要含义与人格发展的研究有关。除了少数例外，大多数心理学家都接受人格特质能够并且确实发展，尤其是在童年期和成年早期（Roberts & Mrozeck，2008）。在对人格特质的社会基因模型的初次阐述中，研究者们的主要目标之一是为更好地发展视角和对人格特质进行理解提供信息。

根据初始的社会基因模型（Roberts & Jackson，2008），状态的长期变化是人格特质改变的假设渠道之一。正如前面提到的，环境影响——顾名思义——是作用于瞬时的想法、感受和行为。在初始的社会基因特质模型中，环境导致了状态的变化，然后这些状态以自下而上的形式对特质改变产生作用（Magidson，Roberts，Collado-Rodriguez & Lejuez，2014；Roberts，2006；Wrzus & Roberts，2017）。这种自下而上的过程是初始模型的独特之处，但是回顾起来，考虑到经过修正的社会基因系统的四层模型，这种过程过于简单。随着社会基因模型的修正，研究者们现在认识到柔韧和弹性系统是负责特质随时间发展的干预系统。凭借弹性变化的形式，这些变化可能不会被认为是纯粹的"发展"，因为有人认为发展应该反映持久的收益。首先，简单地在行为上引入并训练出一个变化，直到它实现自动化，同时也不能保证这个变化是永久性的。根据经过修正的社会基因模型，这种类型的变化可能只是反映了一个弹性过程。例如，当人们住在危险的地方时，他们可能会养成反复、仔细检查他们的门窗的习惯，但是一旦他们搬到更安全的城镇，就会放弃这种习惯。这看起来像是神经质的暂时增长，这是对生活在不安全环境中的合理反应，满足了初始社会基因模型中阐明的变化过程，但并没有反映出真正的特质改变。类似地，抑郁等综合征也属于这种类型，在这种情况下，长时间的人格功能会发生系统的改变，但这不是永久性的改变。这些类型的中间综合征虽然在临床上很常见，但还没有进入人格心理学的思考范畴。研究者们为中等时间跨度内人格特质的系统性变化提供了一个最令人感到麻烦但令人信服的可选假设。这可能只是因为人们正在经历一个弹性的可坏可好的阶段，这取决于改变的方向。

柔韧的变化更符合这样一种观点，如人们在责任心等特质上获得了极少会产生损失的收益。可能是暴露在一个不同的环境中，比如压力或创伤的环境，会导致持久的变化，而不会经历自下而上的过程。当然，这是人们认为创伤后应激障碍发展的一种方式（Koenen，2006）。人们暴露于创伤事件中，并且在某种程度上半永久性地留下伤痕，这与人格特质的改变是无法区分的（如，神经质的显著增长）。初始的社会基因模型无法解释这种类型的变化，而包含柔韧过程的修正模型却可以解释。

将柔韧的过程纳入发展的另一个含义是，人格发展可能会有关键时期。一方面，关键时期的概念是依恋等人格结构的固有概念，在这种情况下，人们通常认为婴儿期和童年是依恋工作模式最佳发展的关键时期（Ainsworth & Bowlby，1991）。另一方面，对于人格特质的发展，如外倾性或神经质，还没有确定的关键时期。事实上，儿童和青少年的人格发展似乎相对不系统（Golner, et al.，2017）。相反，看起来成年早期是大五人格特质的关键时期，因为在这个时期，大多数收益都来自积极的人格特质。尽管如此，柔韧发展过程的整合提出了一个问题，即是否存在关键时期，并且是否应该为未来人格发展的研究提供信息。

包含波动过程会导致人格特质的虚假改变，而这种改变只发生在状态水平，模仿人格特质的改变，甚至可能出现在人格特质的改变中。例如，由于环境对人们提出的要求，人们可能会以不符合自身特点的方式思考、感受和行动。然而，这种类型的不一致可能对长期人格特质改变到底是影响很小还是几乎没有影响，这取决于环境的作用频率和普遍性。例如，一些旨在减少学校霸凌现象的项目集中在创造普遍的环境影响或气氛上（Olweus，1997）。鼓励教师、家长、管理人员和学生参与抵制和惩罚霸凌。换言之，这些项目的明确重点不是改变霸凌者的人格特质，而是创造一个不允许霸凌行为发生的环境。从这个意义上说，环境实际上扼杀了与霸凌相关的状态属性（尤其是行为），而忽略了特质水平的变化。因此，环境会对特定类型的行为产生普遍影响，因为它们作用于状态，而非特质。然而，一旦从这种环境中释放出来，具有攻击性的个体可能会恢复到他们潜在的霸凌倾向；或者，这些个体可能已经习惯性地变得不那么咄咄逼人，并且，在将他们的行为变化内化之后，实际上在特质层面上变得不那么咄咄逼人。

总之，经过修正的社会基因特质模型提供了发展问题的更分化的场景，这些问题推动了这个领域超越了目前占主导地位的未整合途径。例如，根据修正的社会基因模型中确定的额外领域，仅仅假设一个纵向的状态-特质模型，而不考虑增长或者哪怕是暂时但确实扩展了的变化，显然是不合理的。此外，迄今为止，人格特质增长的机制还没有被发现。通过修正的社会基因模型，可以看出环境可以直接影响状态和特质，但只能通过表观遗传机制，特别需要强调的是，环境对特质影响的转化是由柔韧和弹性系统的变化所中介的。如图2-7所示，修正的社会基因模型提供了清晰、可检验的设想，这些设想对应于柔韧和弹性机制的存在所带来的增长和波动模式。

2.6.9 研究者们需要变革评估人格和跟踪变化的方式

人格心理学家和任何对人格特质感兴趣的研究者过度依赖通过自评量表测量的全球性回溯性报告。人们对这些方法的过度使用提出了不计其数的评论和批评，典型的论点是研究者应该使用多种模式，而不仅仅是自评报告（Baumeister, Vohs & Funder, 2007; Vsazire, 2010）。研究者将在修正的社会基因模型中增加一个新的批评。对于获取社会基因模式的四个不同系统的任务来说，即使每隔几年评估一次关于人格特质的全球性回溯性报告，评估的内容及结果也并不充分。

研究者们已经提到了典型的全球回溯性报告如何不能充分代表一种特质的固定部分。不需要太多思考就可以看出，这也是模型中柔韧、弹性或波动的组成部分的一种不充分的方式。从定义上来说，全球范围内的不受时间影响的综述回顾性报告将会破坏研究者跟踪某一特质突然永久变化的能力（柔韧的），暂时但半持久的振幅变化（弹性的），或者完全偶然的、特定情境的变化（波动的）。

这个问题有一个解决方案，这也有助于解决一个定义难题，这个难题总是面临着这样的状态-特质模型。从概念上来说，除了随着时间的推移出现的模式，一种状态和一种特质之间没有区别。顾名思义，状态和特质都是由思想、情感和行为构成的，它们唯一明显的区别是，随着时间的推移，用于检验这些想法、感觉和行为而出现的模式是不同的。鉴于提出问题的措辞方式，典型的全球回顾性自评报告将状态和特质混在一起，绕过了这个问题。这个问题的解决办法很简单：只评估状态即可。

特别是，克服状态和特质运作中的概念混乱的方法是在很长一段时间内半连续地评估状态，并完全放弃评估特质。持续跟踪状态将允许人们使用模型而不是口头报告来提取特质系统的固定、变化和波动方面。研究者们已经拥有统计方面的专业知识，可以使用包含固定和波动特质成分的状态-特质模型来模拟连续测量（Steyer, et al., 1999）。这是状态-特质模型的一个简单扩展，包含了其他因素，这些因素可以获取系统中永久性或暂时性变化的部分，如抑郁。

通过持续测量来评估人格特质的另外一个好处是，可以更好地确定和区分人格系统的固定、波动、柔韧和弹性方面。随着时间的推移，通过从状态数据中提取这些成分，研究者们可以更好地检验特质系统的哪个成分实际上是对研究者们关心的结果起作用的成分。例如，在最近的一项研究中，是遗传成分而不是环境因素导致了这些成就相关变量与几年后的分数平均值的关系（Tucker-Drob, Briley, Engelhardt, Mann & Harden, 2016）。这意味着暂时的波动或有时限的变化可能与成就结果无关，这可能会对教育干预等事宜产生重要影响。相反，许多认可状态水平的人格评估重要性的研究者没有检验状态波动在预测感兴趣的结果时是否重要。长时间连续评估状态将使研究者能够更有效地区分这些不同的水平，然后检验它们的相对重要性。

对于研究者们有关应该连续评估人格的建议，一个自然的反应是，它太耗费资源了。研究者认为，鉴于个人 IT 设备的出现，研究者们现在正处于历史的某个时刻，这使得从人们身上追踪和提取信息变得更加容易（Rabbi, Ali, Choudhury & Berke, 2011）。连接到互联网的智能手机、平板电脑和笔记本电脑可以对许多不同的已有心理现象进行连续评估，包括身体活动和驾驶行为。类似的系统可以被用来评估传统的人格特质系统，如大五，以及有内在联系的思想、情感和行为，并利用它们来获得对在修正的人格特质社会基因模型中确定的特质系统的所有固定和变化成分的更准确评估。上述工作完成起来并不困难。

另一个潜在的问题是研究者们应该如何对状态的持续评估进行建模。现在有大量的多层次纵向模型，可以用各种方式来分析修正的人格特质社会基因模型的不同组成部分。连续评估方法的优点是能够对社会基因模型的所有四个组成部分进行建模，并且能够可靠地对每个级别进行建模。目前的多层次统计模型倾向于符合发展研究者进行纵向研究的模式，即在几年时间内对样本进行若干次评估。这种类型的结构很适合于描述状态-特质模型（例如 Steyer, et al., 1999）或更多复杂的模型，如潜在转换和潜变量增长模型（Ghisletta & McArdle, 2012），以及优化的连续时间结构模型（Driver, Oud & Voelkle, 2016）。更普遍的情况是，任何统计模型都必须能够检验离散时间周期内和跨时间的均值水平的变化，并且能够将这些变化与年龄、时间和经验联系起来。因此，尽管纵向统计模型可能有用，但它必须与精心设计的研究相结合，这些研究足够频繁地跟踪变化，持续足够长的时间，并能跨越关键的发展阶段，以便社会基因模型得到良好的检验。

面向使用多层次分析模型的连续评估方法的另一个原因是，目前关于人格特质改变中个体差异的研究结果对于修正的社会基因模型来说无足轻重。特别是，现有的纵向数据库已经得出结论，人格特质的改变会随着相关的生活经历在长时间内逐渐发生（Roberts, 2006）。虽然这种观点很可能是部分正确的，但是最近关于干预的元分析工作带来了这样一种可能性，即个人特质的改变有时会迅速而持久地发生，而不是渐进而缓慢地发生（Roberts et al., 2017）。鉴于通常的纵向研究是在很长一段时间内展开的，在这段时间内没有进行评估，研究者们不知道什么样的实际模式是人格发展的根本原因。根据修正的社会基因模型，人们会假设柔韧的变化会发生，但是研究者们目前的评估方法并没有检测到这些变化。相反，表明生活经历和人格特质改变之间关系的研究，如工作投入（Hudson, Roberts, Lodi-Smith, 2012）、社会幸福感（Hill, Turiano, Mroczek & Roberts, 2012）或抑郁症变化（Chow & Roberts, 2014）都可以反映出弹性过程中人格特质仅有暂时的改变。通过将持续评估与更好的多层次建模相结合，研究者们应该能够更清醒地辨别某些经历是会随着时间的推移在人格上留下不可磨灭的印记，还是只在暂时的功能上留下印记。

2.6.10 这是否意味着研究者们都必须成为生物学家

读者可以从进化生物学的人格特质模型中得出的一个潜在结论是，人们需要接受生物学的再培训，以进行检验模型所需的研究。然而，尽管研究者们可能会被基于生物学的人格科学的理念所吸引，但有多个理由可以让研究者们不用去攻读遗传学或进化生物学的第二学位。第一，大多数技术和研究已经为非人动物表型的生物和遗传基础提供了信息，但人类研究仍无法获得这些信息。像大鼠、小鼠、蜜蜂和鱼这样的物种的研究者能够直接对正处于研究中的表型组织（通常是脑组织）进行取样，这是很让人羡慕的。第二，目前对人类大脑材料的采样被归入死后研究（De Jager et al., 2014）或研究外科手术中可以收获材料（Oh, et al., 2015）。虽然有可能收集周边生物物质，如血液、尿液和唾液，但很明显，这些物质仅间接与大脑功能和与大脑相关表型相关的遗传系统相关联（Davis, et al., 2012）。因此，研究者们进行生物信息研究的能力就像对其他物种的研究一样，必须等待一些意想不到的技术突破。

因此，研究者和理论家应该放弃人格特质的社会基因模型吗？绝对不应放弃。事实上，人们可以从最初帮助建立模型的进化生物学家的立场中得到支持。正如West-Eberhard（2003）所说："研究者要提出的中心论点是，理解进化的秘密是首先理解表型，包括它们的发展和对环境的响应。"更重要的是，修正的人格特质社会基因模型中提出的模式背后的任何生理系统都不需要直接检验或理解。事实上，当研究者们等待新技术的出现，特别是这些新技术有可能使研究者们稳健地研究人类的实时基因转录、基因表达和表观遗传系统时，心理学家就可以建立必要的科学理论来正确检验修正的人格社会基因模型所固有的想法。正如West-Eberhard强调的那样，一项关于人格的生物机制研究应该从表型而不是基因型开始。

在人格特质的社会基因模型中，改进研究者们对人格的评估，可以更好地研究人格特质在整个生命过程中的发展，现在的人格心理学从业者可以帮助人格心理学领域的研究，并提供必要的数据来检验许多想法，而不是耗上未来十年的时间来重新调整研究者们的训练和深入研究人格的生物基础。实施这种"深层表型化"将不可避免地导致对发展过程和机制的更深入了解。这自然也需要编入和理解与人格特质发展有关的进化相关环境条件,这是研究者们面对当前人格科学的另一个弱点。所以,并没有必要转向生物学。相反,启动下一代优化的人格特质发展研究才是必要的。

2.6.11 修正的人格特质社会基因模型小结

总之,这部分综述修正了人格特质的社会基因模型。新的系统为增长模式和人格特质改变提供了机制解释。柔韧和弹性系统的识别和整合为初始社会基因模型遗留下来的问题提供了答案。特别是如何解释增长,当增长是永久性的时候,如何解释既不是状态也不是特质的中等变化。为此,研究者们可能无法确定,具体的生物变化路径这一事实对于检验模型来说并不是一个严重的问题。柔韧和弹性系统的确定需要具体的变化模式,同时也缺乏表型,例如人格特质。下一代纵向研究可以检验这些模式是否存在,并且在一定程度上,可以对修正的社会基因模型进行检验。

2.7 人格的进化:理解人格特质的发展和生命史背后的机制

修正的社会基因模型以动物与人的进化和基因-社会交互为背景解释了人格发展。这部分内容通过继续深入探讨人格的进化历程来理解人格发展的机制。近年来,对动物人格的研究解释了一个物种中不同行为表型的共存,并证明个体可塑性的限制。然而,指导人格毕生发展的机制应该受到更多关注,因为人格的许多要素是环境和个人遗传背景之间相互作用的新特性。在这些相互作用中,影响人格的机制(例如遗传调节网络、表观遗传过程和神经内分泌调节)可能会被修改。一种将邻近机制与毕生人格发展相结合的方法将会极大地增强对人格稳定性、可塑性和个体间变异性的理解,并阐明选择对这一现象的影响(Trillmich, Müller & Müller, 2018)。

关于动物人格的实证和理论研究,即在不同的环境和时间中表现出一贯不同行为的个体,已经接受了解释一个群体中不同行为表型共存的挑战,并证明了个体可塑性所存在的局限性(Dingemanse, 2013)。然而,显而易见,稳定的(即可重复的)(Nakagawa & Schielzeth, 2010)人格特质和这些特征之间的相关性显示出随着环境条件的变化,个体发育会发生变化(Stamps & Groothuis, 2010; Müller & Müller, 2015)。在被称为"敏感窗口"的时期(Fawcett & Frankenhuis, 2015),这种可塑性程度通常特别高。这就提出了一个问题,即个体不同人格的相对稳定性如何与个体发生的变化相协调,以响应经验。

分子研究揭示了系统发育的古老机制,为复杂形态和生理性状的发展提供了可塑性（Nijhout，2015；Wagner，2008）。这种机制在广泛的物种分类范围内是可用的和有影响的。行为特征似乎比形态特征更具可塑性。因此，进化发育生物学（evo-devo）的原理，即在个体发育的不同阶段使用相同的遗传机制来调节不同表型性状的产生，可能会很有成效地融入人格研究中（Duckworth，2015；Crews，Weisberg & Sarkar，2015）。研究者应从个体发育机制的角度来研究人格特质的早期发展和一生中的特征变化。与环境相互作用的表观遗传和神经内分泌机制可以实现终生可塑性（图 2-9）。受独特的、有时是偶然事件的影响，这种机制导致了相对稳定的人格特质的发展，这种人格特质在具有相同遗传背景的个体中可能会有所不同（Bierbach，Laskowski & Wolf，2017；Hu & Barrett，2017）。发展史需要被考虑以充分理解新出现的人格特质和潜在机制的改变。最终，这些机制和它们的可塑性而非性状可能会对选择作出反应。

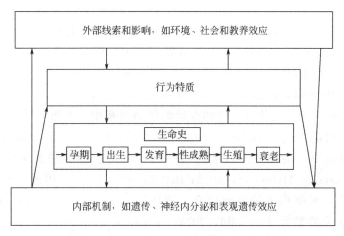

图 2-9　发展过程中内外线索交互影响反应

性别的发展表明，即使有相同的遗传背景，在与环境的相互作用中，个体之间也可能会出现稳定的个体差异。最典型的案例是，爬行动物和鱼类的性别决定从严格的基因决定转变为环境决定、热量决定（Crews，Weisberg & Sarkar，2015；Hu & Barrett，2017）。在果蝇中，性别比例的选择会导致性别决定机制的改变，而性别比例保持不变表明，在选择下，潜在的机制而不是特质可能会改变（Kozielska, et al.，2006）。在发展机制的框架内研究人格将会对人格的起源、稳定性、个体间的变异性和潜在的生命调节提供新的见解。

2.7.1 人格特质与内在机制的关系

理论模型表明，进化游戏中替代行为特质背后的机制会影响进化过程和策略的平衡频率，例如，在迭代囚徒困境中的合作程度，这一游戏显示了为什么两个"理性"个体不可能合作，即使合作能够令他们受益。出乎意料的是，进化的合作程度（即行为表现型频率）以及进化的动态变化很大程度上取决于假设的机制（van den

Berg & Weissing，2015）。

实证上，evo-devo 提供了许多例子，其中相同的机制根据环境条件而产生不同的结果。类似地，当环境和生物体的最终状态不同时，不同的、暂时稳定的人格结构可能会出现在相同的遗传背景下，来自相同的机制（Nijhout，2015；Weisberg & Sarkar，2015）。因此，通过一种自下而上的方法，研究影响个人一生中多种行为特征稳定性和可塑性的机制，有望被证明是卓有成效的。人格特质可能会改变，因为机制会导致个体发育过程中的行为改变，以响应环境（Stamps & Groothuis，2010）。例如，胚胎后的大部分发育是由神经系统产生和控制的激素来协调的。这种调节网络可以通过神经内分泌反馈回路介导的基因表达变化来重新编程，神经内分泌反馈回路响应环境和社会提示诱导激素信号的变化（Fernald，2015；Sachser，Kaiser & Hennessy，2013；Seebacher & Krause，2017）。神经内分泌机制允许行为表型发展中的高可塑性（Seebacher & Krause，2017；Hofmann，et al.，2014），我们会在下面进一步解释这一论点。单独或联合作用的候选机制是下丘脑-垂体-肾上腺（HPA）和下丘脑-垂体-性腺轴的发育、神经自组织过程和表观遗传机制（Seebacher & Krause，2017；Hofmann，et al.，2014；Schoech，Rensel & Heiss，2011；Zhang, & Ho，2011；Bohacek，et al.，2013；Hales，et al.，2017）。

当个体的状态迅速变化时，例如在动物传播过程中，在近乎成熟的或蜕变时，修饰变化极有可能出现（Müller & Müller，2015；Wilson & Krause，2012）。在这种敏感的窗口中，某些特质可能保持一致，而其他特质则显示出重大的变化（Sachser，Kaiser & Hennessy，2013；Bell & Sih，2007）。因此，个体发育提供了大量的机会，根据相关的更新信息，即环境（Fawcett & Frankenhuis，2015）或内部状态相关的提示（Fernald，2015；Schoech，Rensel & Heiss，2011；Bell & Sih，2007）来修改特质。事实上，形态、行为和生理特征的变化会非常快，就像求偶的养殖鱼一样。在赢得或输掉一场战斗后，个体的状态会发生变化，随后几分钟内，基于强大的神经内分泌机制，基因激活和行为会发生变化（Fernald，2015）。考虑到人格特质在整个人生中的潜在变化，人格在个体内部能够表现出相当大的稳定性，这一现象是相当令人困惑的。

2.7.2 导致状态变化的机制

个体发育过程中改变人格的机制可能受到基因作用的调节。它们还相互作用并与环境相互作用，反馈环境（例如生态位选择）和基因调控（图 2-9）。下面的例子强调了机制的多样性，并表明它们的特性和可塑性可能会随着以人格特质为目标的选择而迅速进化。

（1）表观遗传修饰

影响表型性状的表观遗传变异由基因和环境共同形成，进一步增加了基因×环境相互作用的复杂性。对母亲行为的表观遗传编程差异可能会在生命早期出现，并在成年后保持稳定,从而对人格特质和健康状况产生长期影响(Zhang & Ho,2011)。在其他机制中,DNA 甲基化和组蛋白乙酰化可逆地介导了基因组功能的多样化,以响应"经验"(Hu & Barrett,2017)。创伤、衰老、社会交往或母亲效应通过修改后代的 HPA 轴构成了这样的经历(Seebacher & Krause,2017;Bohacek,et al.,2013),可以(适应性地)修改人格特质。这样的修改甚至可以通过生殖系统传递给下一代 Bohacek,et al.,2013;Hales,et al.,2017)。因此,当遗传变异被证明是有限的时,表观遗传变异可能为表型选择提供原材料(Hu & Barrett,2017;Kronholm & Collins,2016)。

(2) 神经内分泌瀑布

早期的社会影响会在很大程度上改变人们对压力的反应。大脑的这种发育可塑性取决于子宫内生命开始时的社会影响。影响可能是通过母体血浆糖皮质激素水平升高影响胚胎杏仁核糖皮质激素受体密度或男性胎儿睾酮激增的时间和水平来实现的。出生后,母子关系进一步影响神经内分泌相互作用,可能会改变 DNA 甲基化和基因表达(Sachser,Kaiser & Hennessy,2013;Cameron,et al.,2008)。这些影响是在对环境影响敏感的可变遗传背景下产生的,可能导致不同的行为表型。成熟过程中也有可能进行重大的重新编程,在成熟过程中,社交活动的频率和强度可以调节睾酮分泌,进而控制对竞争对手的攻击性反应。个体发育过程中的这种内分泌效应可以适应性地塑造成人人格的差异(Seebacher & Krause,2017;Schoech,Rensel & Heiss,2011)。

(3) 人格表达跨越蜕变

昆虫和两栖动物在变态过程中经历了形态和生理的重组。令人惊讶的是,很少有研究考察蜕变中人格特质的可重复性,揭示物种、特质和性别的特定影响,并提供个体内部一致性的混合证据。青少年经历对成人行为的影响,信息的持续存在是先决条件(Blackiston,Casey & Weiss,2008)。同样,激素调节也可能参与其中,因为变态是由幼年(昆虫)或甲状腺激素(两栖动物)介导的,它们在生命的所有阶段都扮演着重要角色。此外,青少年和成年人不同表观遗传过程的影响可能是个体发育和跨代行为重复性形成的决定性因素(Hales,et al.,2017)。

2.7.3 正在演化的是什么:特质还是潜在的机制

上述例子突出表明,所谓的人格进化,可以从潜在机制的调节进化方面得到更好的理解(基因表达和其他)导致人格发展。事实上,数百个基因在不同环境中的表达可能不同(Hu & Barrett,2017;Snell-Rood,et al.,2010)。对于许多特质来说,基本的神经元和神经内分泌回路对大多数脊椎动物和无脊椎动物来说是相同的(Wagner,2008;Hartenstein,2006),它们可以类似地被跨物种使用,用于与外在和内在事件相互作用的发育调控。对于内分泌和其他具有广泛影响的分子机制的研究,应该可以在一个总体框架内解释不同人格的稳定性和可塑性。

2.7.4 人格进化理论小结

从机制上来说,观察到的相关行为特质的遗传性可能会限制导致成人特质表达的发育反馈回路的调节。如果是这样,我们需要更加重视研究这种遗传性背后的各种机制的演化。了解稳定性和可塑性背后的进化机制,将会比孤立地研究人格的演变或者作为发展终点的成年人的人格更能提高我们对人格的理解。正如理论(van den Berg & Weissing, 2015)所暗示的,后者可能会误导人,因为它将特质视为进化单位,如果特质是潜在机制的新特性,这可能是不够的。生理机制正在被选择以产生反应规范,允许灵活适应高度动态的环境(Seebacher & Krause, 2017; Levis & Pfennig, 2016)。因此,应特别关注能够适应不同类型生态挑战的发育机制和可塑性时期。环境的可变性或变化可能通过选择表型,通过改变原始机制对内部和外部线索的敏感性,建立性状的最佳平衡,并继续完善机制的适应性、可塑性,从而导致进化。

2.8 成年期人格发展的过程:TESSERA 框架

如果说社会基因模型解释了毕生发展过程中环境与生理对人格的影响,那么TESSERA 模型则提出了一个理论框架,描述了整个成年期环境作用于内在人格发展的短期和长期过程的机制与精细过程(Wrzus & Roberts, 2017)。新开发的 TESSERA 框架假设长期的人格发展是由于重复的短期情境过程而发生的。这些短期过程可以概括为触发情境、预期、状态/状态表达和反应(triggering situations, expectancy, states/state expressions, and reactions, TESSERA)的递归序列。TESSERA 序列上的反思和联结过程可以导致人格发展(即显性和隐性人格特征和行为模式的连续性和持久变化)。TESSERA 框架展示了如何促进更全面地理解不同年龄阶段的规范和差异人格发展。TESSERA 框架扩展了以前的理论,明确地将人格发展的短期和长期过程联系起来,解决了人格的不同表现,并适用于不同的人格特质,例如行为特质、动机取向或生活叙事。

人们的人格表现出连续性,同时在整个成年期都会发生变化,通常与特定的生活经历和变迁有关(Lodi-Smith & Roberts, 2007; Lüdtke, et al., 2011; Roberts & DelVecchio, 2000; Roberts, Walton & Viechtbauer, 2006)。例如,在四年的时间里,当年轻人第一次进入浪漫关系时,情绪稳定性提高了,但当他们仍然单身时,情绪稳定性却没有提高(Lehnart, Neyer & Eccles, 2010; Neyer & Asendorpf, 2001)。对这种发展模式的普遍解释通常是指日常生活中引起长期人格改变的经历。然而,关于这种日常经历的性质、与长期人格发展的联系以及一些经历预测变化的原因,以及另一些经历预测连续性的细节还没有得到具体说明。

这一理论的目标是确定日常经历和行为的基本部分和过程，这些基本部分和过程导致了持续的模式和人格随时间的变化（即人格发展）。在 TESSERA 框架中，这些部分是触发情境、预期、状态/状态表达和反应的递归序列。因此，多种特定的经历增加了一个人的特征，就像镶嵌画、小石块和马赛克。人格发展是随着时间积累的日常经历的结果，这一总的论点最近得到关注（Back，et al.，2011；Hennecke，Bleidorn，Denissen & Wood，2014；Roberts，2006，2009）。然而，研究者们以前的工作主要集中在人格状态上，没有详细说明重复的特定经历有助于发展可以用自我报告、其他报告或行为观察来衡量的人格特征的过程。

关于人格发展过程的研究已经被重复呼吁（Durbin & Hicks，2014；Hopwood，et al.，2009）。特别是目前缺乏一个关于成年期人格短期和长期发展过程之间联系的全面框架。这样一个框架可以指导研究者们更好地理解长期人格发展的实证工作，并为干预措施提供全面的理论背景，这些干预措施已经侧重于日常经历，由此可以引发长期变化，例如在临床治疗期间（De Fruyt，van Leeuwen，Bagby，Rolland & Rouillon，2006）。

这部分综述分为 5 个部分。①简要总结人格连续性的模式以及从年轻成年到老年的变化；②介绍短期和长期人格发展过程的框架，其中包含并扩展了之前提出的发展和人格发展过程，并扩展了社会认知行为理论（如 PERSOC，Back et al.，2011；CAPS，Mischel & Shoda，1995；AMP Krampen，1988），明确地将假设的短期过程与长期人格发展联系起来；③TESSERA 框架如何促进对成年期不同人格发展模式的理解；④讨论 TESSERA 框架在不同人格领域的应用；⑤讨论 TESSERA 框架对理解人格发展的贡献、独特的预测以及未来的研究方向。

2.8.1 先前关于人格的知识

作为一个起点，人格发展过程模型嵌入了全面的人格概念化（McAdams & Pals，2006；McCrae & Costa Jr，2008；Roberts & Wood，2006）。因此，人格构成了反应相对持久的典型认知、情感、动机和行为模式的特质。在这些模式中，个人与相同文化或亚群的其他人不同（DeYoung，2015；Kandler，Zimmermann & McAdams，2014；McCrae & Costa，2008）。这种持久的模式包括一般的行为倾向（例如，大五特质）、动机取向（例如，目标、价值观、态度）（DeYoung，2015；Kandler，et al.，2014；McCrae & Costa Jr，2008），以及生活叙事（即一个人的特征和经历的主观的、整合的"故事"）（McAdams & Pals，2006；McAdams & Olson，2010；Roberts & Wood，2006）。人格特征可以在不同的层面上表现出来，也可以在不同的层面上测量，包括他评外显心理表征、内隐联结表征、生物功能、可观察到的行为和声望。为了清晰起见，这部分首先以人格的显性、隐性和行为表现（例如，大五特质）为例来描述人格发展的短期和长期过程的框架。该框架同样适用于其他人格领域，如目标、自尊和叙事性描述。

规范的（变量取向的）人格发展包括相对地位的连续性，如人格的等级顺序稳定性，以及绝对均值水平随时间的持续差异变化（增加或减少）（Caspi & Roberts, 1999; Roberts & Caspi, 2003）。例如，从青春期到成年期，大五特质的等级稳定性增加到 $r=0.60\sim0.70$ 和高原期（Roberts & Deverchchio, 2000）。最近的证据表明，在成年晚期，等级顺序的稳定性可能会有所下降（Ardelt, 2000; Lucas & Donnellan, 2011; Wortman, Lucas & Donellan, 2012）。成年早期和成年中期大五特质的标准均值水平变化主要包括宜人性、责任心、情绪稳定性和社会支配性的提高（Lucas & Donnellan, 2011; Roberts & Mroczek, 2008; Roberts, et al., 2006b）。在老年时期，几项研究显示出一种相反的模式，即宜人性、责任心、情绪稳定性和开放性的纵向下降（Berg & Johansson, 2014; Kandler, Kornadt, Hagemeyer & Neyer, 2015; Lucas & Donnellan, 2011; Mõttus, Johnson, Starr & Deary, 2012b）。

这种特质的改变往往伴随着生活的变迁（Bleidorn, 2012, 2015; Le, Donnellan & Conger, 2014; Lodi-Smith & Roberts, 2012; Specht, Egloff & Schmukle, 2011; Zimmermann & Neyer, 2013）、个人关系经历（Mund & Neyer, 2014; for reviews see Neyer, Mund, Zimmermann & Wrzus, 2014; Wrzus & Neyer, 2016）以及工作经历（Roberts, Caspi & Moffitt, 2003; Hudson, Roberts & Lodi-Smith, 2012）而发生。尽管一些理论涉及长期的人格发展（Specht, et al., 2014），对于导致长期连续性和变化的潜在短期过程却知之甚少（Durbin & Hicks, 2014; Roberts, 2009; Specht, et al., 2014）。TESSERA 人格发展框架将短期和长期的过程联系起来。这里，以往来自不同研究传统的工作，如人格、社会、发展和临床心理学研究成果被加以借鉴。

2.8.2 TESSERA：人格发展过程的框架

迄今为止，实证研究主要考察了多年人格特质改变，并将这些变化与单一生活事件相关联，如新伴侣关系、离婚或首次就业，这些都发生在典型的人格评估之间的几年（Lüdtke, et al., 2011; Neyer & Lehnart, 2007; Orth, Robins & Meier, 2009; Specht, et al., 2011）。这类研究有时承认人格的改变会随着时间的推移而逐渐发生，但是生活事件如何转化为重复的日常情境和经历，最终改变行为模式和人格表现的准确的短期过程却没有被研究。研究者假设触发情境、预期、状态/状态表达式和反应（TESSERA）的重复短期序列是缺失的板块，反思和联结过程将 TESSERA 序列转化为长期人格发展（图 2-10）。

2.8.2.1 TESSERA 人格发展框架的短期成分

在短期经历和长期变化之间建立联系所必需的关键区别之一是识别过程，这些过程超越了干扰一个人行为的单一事件，而是一系列随时间改变行为模式的事件。一项研究（Penton-Voak, et al., 2013）提供了一个挑战性的例子，可以用来更好

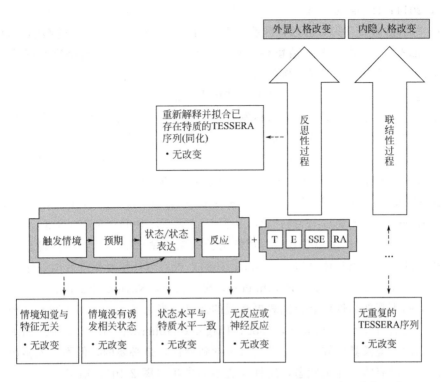

图 2-10　反应和联结过程导致人格特征改变的 TESSERA 序列条件要求

地理解 TESSERA 框架的成分。在该研究中，攻击性强的青少年在电脑上看到了模糊的面孔（触发），开始判断这些面孔是愤怒的还是不愤怒的（思考状态和表达状态），并收到了关于这些面孔是否真的是愤怒的反馈（反应）。起初，攻击性强的青少年倾向于认为模糊的面孔更愤怒而不是更友好。在实验组中，当模糊的面孔被归类为更友好的面孔时，经过重复的积极反馈，青少年的攻击性水平在两周内下降，这一点可以从日常自我报告和日常生活中观察到的攻击行为中显示出来。显然，需要更长时间的追踪评估来研究从训练到自我描述和行为的变化以及特质攻击性的持久变化的心理过程。尽管如此，最初的变化支持 TESSERA 框架背后的理念，即状态变化的累积最终会导致自己和他人可以观察到的人格改变。

（1）触发情境

发生在人之外的事件或日常情境可以作为触发因素。以往的研究讨论了发展的背景：①（生活）事件，包括一些经历（例如，离婚，包括冲突）(Filipp, 1990; Holmes & Rahe, 1967)；②汇集特定经历的社会角色（如面临领导情境的管理者）(Roberts, 2006; Roberts, et al., 2003)；③干预或治疗（De Fruyt, et al., 2006, 2012; Magidson, et al., 2014; Webb & Sheeran, 2006)；④他人的行为或言语（榜样学习）(Bandura, 2003)。思想，比如关于改变人格的目标 (Hennecke, et al., 2014; Hudson & Roberts, 2014; McAdams, Ruetzel, & Foley, 1986; Snyder & Ickes, 1985),可以在环境和个人因素对 TESSERA 序列的影响下讨论。在 TESSERA 框架内,单一情境触发预期(图 2-10)。因此,当研究与较大(生活)事件相关的人格发展时,例如婚姻,研究者需要放大视野,以找出确切的相关触发情境(例如,日常互动中的冲突及其解决方案)。

情境的概念化和评估在研究人格发展方面面临一些挑战。第一,情境的特征可以是他们的身体(例如,位置、活动、人)和/或心理属性(例如,与任务相关的内容、威胁、愉快)(Rauthmann, 2015; Rauthmann, Sherman & Funder, 2015; Wagerman & Funder, 2009)。尽管身体属性可以直接引发状态(例如情绪、习惯性行为)(Wood & Neal, 2007),但心理属性似乎更能预测状态(Fleeson & Jolley, 2006; Sherman, et al., 2015; Mischel & Shoda, 1995; Rauthmann, et al., 2015)。第二,区分情境似乎有必要理解为什么某些情境而不是其他情境会引发与特质相关的状态。当身体(Magnusson, 1981)或心理环境发生变化时,情境会有所不同(Rauthmann, 2015; Rauthmann, Sherman, Nave & Funder, 2015)。同时,情境的主观新颖性可能会偏离更客观的信息。当它们不能被纳入现有的模式中时,情境就会有所不同(Block, 1982; Piaget & Inherder, 1969)。TESSERA 框架假设触发情境及其感知的心理意义(包括新颖性)是必要的,但不是人格改变的足够部分。没有特质相关状态,这种改变不会发生(图 2-10)。情境会引发对如何在这种情境中表现、感受或思考的预期(Wood & Denissen, 2015);或者,情境可以直接触发状态(Mischel & Shoda, 1995, 1998; Rauthmann, et al., 2014; Schmitt, et al., 2013;图 2-11)。

(2) 预期

预期是指瞬间的动机结构,通过从各种可能的状态中"选择"一种反应来指导触发后发生的状态(即思想、感情和行为)(Fleeson & Jayawickreme, 2015; Heckhausen & Gollwitzer, 1987; Wood, et al., 2015; Wood & Neal, 2007; Wood & Roberts, 2006)。因此,触发情境和状态之间的联系不仅是行为主义提出的"自动"刺激反应序列(Watson, 1913),而且也可能是有意发生的。意图和目标被认为是对行为和行为变化的有力贡献(Aarts & Dijksterhuis, 2000; Bandura, 1977; Durbin & Hicks, 2014; Heckhausen & Gollwitzer, 1987; Heckhausen, Wrosch & Schulz, 2010; McCabe & Fleeson, 2016; Mischel & Shoda, 1995; Webb & Sheeran, 2006; Wood & Denissen, 2015)。通常情境包括自己和其他人对可能的、适当的或有用的行为或更一般的状态的预期(可参考 TESSERA 成分的调整以了解区别)。因此,适当或有用的行为意味着该行为有助于实现目标。例如,担任员工角色可能会反复形成纪律严明和有序的行为,部分原因是对角色适当行为的期望,这有助于成为一名可靠和成功的员工(Lodi-Smith & Roberts, 2007; Roberts & Wood, 2006)。

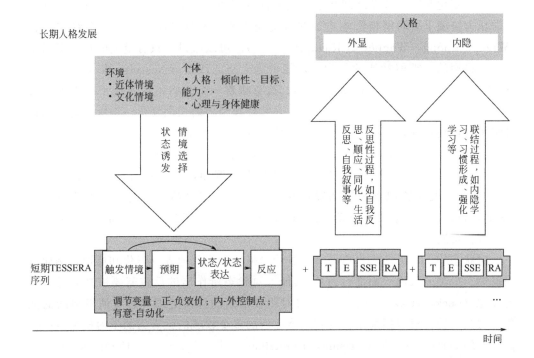

图 2-11 成人人格发展过程的 TESSERA 框架

我们假设长期人格发展的发生是由于重复短期过程。这些短期过程可被概括为一系列引发情境、期望、状态、状态表达和反应。联结与反思过程将重复的 TESSERA 序列转换为长期人格发展。

健康行为模型进一步阐述了预期对行为变化的作用（例如，变化的跨理论模型）(Marschall & Biddle, 2001; Nigg, et al., 1999; Prochaska & DiClemente, 1982)。预期会引导人们朝着期望目标的行动，比如戒烟或开始锻炼，但是上述行为可能并非总是必要的（Wood & Neal, 2007）。例如，对健康相关行为干预措施的元分析（Webb & Sheelan, 2006）显示，当干预措施没有引起意图改变时，行为也会改变。当干预措施增加了行为意图时，行为变化还是比较大的。

(3) 状态和状态表达

瞬间的想法、感觉和行为是人格和人格发展的核心方面，因为人格特征可以被定义为重复的、相对时间和情境一致的行为、想法和感觉的个体差异（Fleeson & Jayawickreme, 2015; Fleeson & Jolley, 2006; Hooker & McAdams, 2003b; Magidson, et al., 2014; Mischel & Shoda, 1995; Roberts & Jackson, 2008; Wood & Neal, 2007）。人格特质的改变大概是因为重复的状态变得根深蒂固，成为长期的、一致的模式（Fleeson & Jayawickreme, 2015; Magidson, et al., 2014; Roberts, 2009; Wood & Neal, 2007）。

状态变化和特质改变之间联系的实证证据得以开始积累。一个实证研究表明，日常压力情境下瞬时消极影响增加的重复经历预示着神经质在6年内会纵向增长（Wrzus，Luong，Wagner & Riediger，2016）。可以假设，只有重复的状态不同于一个人典型的、类似特质的行为，才能引起人格的改变（Nesselroade & Molenaar，2010；Roberts & Jackson，2008）。这意味着一个人将不得不比平时更加应激（即，争吵后消极情绪影响增加），以此来解释神经质的长期变化。否则，现有的特质水平会得到加强，从而导致人格的连续性（图2-11）。

行为，也包括想法和感觉，几乎总是会引起反应——或者在其他人身上（例如，伴侣在被呵斥后生气），或者在自己身上（例如，对伴侣心怀怨恨后感觉不好）。在其他人能够识别想法和感觉并对其作出反应之前，他们必须表达出行为（例如，言语、面部表情、行动）（Back，et al.，2011a；Mischel & Shoda，1995）。

(4) 反应

对状态的反应可能来自自己（通过情绪强化）或其他人（强化和惩罚，例如口头反馈、微笑或皱眉等面部行为）。其他人对状态所作出的反应需要被视为对个人的强化（Back，et al.，2011a）。通过对积极情绪的持续处理和避免消极情绪的强化学习是一种针对包括复杂行为和人格在内的多个领域的强有力的学习机制（Caspi & Roberts，2001；Gerlsma，Emmelkamp & Arrindell，1990；Kanfer & Grimm，1977；Kanfer & Phillips，1970；Mischel & Shoda，1995；Roberts & Wood，2006）。惩罚传达了对某些行为、想法或感觉需要改变的需求，如果行为发生或没有发生适当的改变，未来的奖励或惩罚将随之而来。当这种反应与他们的人格特质不一致时，个人可能更容易改变（Burke，1991；Caspi & Roberts，2001）。因此，反应使TESSERA序列永久化，并因此提供了一个链接来说明单个序列如何持续或随时间变化。这种过程的实证证据仍然缺乏，因为现有研究没有追踪到关于特定状态的持续反应对人格发展的影响。

(5) 重复TESSERA序列

将短期经历与长期变化联系起来的关键因素是重复（如图2-10中的"+"所示）。相似TESSERA序列重复发生的一种方式是，先前的TESSERA序列更有可能呈现未来的相似TESSERA序列，例如，通过反应或强化学习的方式。此外，特定情境后的状态可能会引发或在以后造成类似的情境：焦虑感增加了随后经历或关注威胁触发的可能性（MacLeod，Rutherford，Campbell，Ebsworthy & Holker，2002）。大家经过讨论后认为这是发展焦虑障碍的循环。其他个体也可能是两个互动伙伴之间的"情境"和回馈行为，例如在调情期间（Back，et al.，2011b），可以理解为重复的触发状态序列：人A的调情行为引发人B的调情行为，这是引发人A进一步调情行为的触发因素（Back，et al.，2011a）。不断的环境需求和人格倾向创造或寻求类似的触发情境也会导致TESSERA序列重复发生。

2.8.2.2 环境和个人因素对 TESSERA 序列的影响

我们假设环境因素可以以多种方式影响 TESSERA 过程（图 2-10）。例如，近体和文化环境（即，与随时间变化的情境相比，相对稳定的物理和社会环境）提供并限制了人们经历的情境、人们面临的期望、适当行为的范围以及外部反应（例如，其他个人的反应）(Back, et al., 2011)。尽管环境对特定状态的预期（或推动）相对恒定，但重复的类似 TESSERA 序列会被激发出来。例如，许多全职工作环境可能需要准确性和可靠性，这引发了大多数人与责任心相关的行为。然而，随着时间的推移，个人内部和个人之间的环境也可能不同（例如，工作或居住环境的差异）。一项研究考察了居住因素和生命末期特质幸福感的变化 (Gerstorf, et al., 2010)：在出现社会结构性问题的环境中（例如，较低水平的健康服务、失业），幸福感的下降加剧，这可能会带来更多消极的日常情境。跨文化研究进一步提供了关于环境如何在接受行为上有所不同的证据，例如，对不同强度外倾性的反应 (Ward, Leong & Low, 2004)，这可能会限制人格特质的变化。

此外，当个人选择或创造人格一致的情境时，个人的倾向（例如，大五特质）、目标、能力或健康状况可能会限制他们所经历的触发因素和状态（图 2-10）(Buss, 1987; Roberts & Robins, 2004; Wrzus, Wagner & Riediger, 2016)。人格特征也限制了潜在状态：例如，外倾性的特质水平限制了一个人在特定情境下外倾的程度和频率 (Fleeson, 2001; Fleeson & Gallagher, 2009)。类似地，改变目标可能有助于诸如选择触发或形成预期 (Hennecke, et al., 2014; Hudson & Frailey, 2015; Hudson & Roberts, 2014; Martin, Oades & Caputi, 2015; McAdams, Ruetzel & Foley, 1986; Snyder & Ickes, 1985)。最后，内部反应（如快乐或失望）部分与稳定的个人因素（如个性影响）有关。在心理表现水平上评估的个人因素（例如，特质、能力）会影响人格发展的过程 (Wagner, Ram, Smith & Gerstorf, 2015; Wrzus, et al., 2016)；然而，评估基因差异程度中的个人因素可能会额外影响人格发展，其中一部分是通过心理表现来中介的。

2.8.2.3 TESSERA 成分的调节变量：效价、外部-内部控制点和自动化

到目前为止，TESSERA 框架是通用的。触发情境可以是不愉快的社交互动，也可以是独自愉快的阅读。对于其他 TESSERA 成分也是如此。在 TESSERA 框架内，成分中的这种异质性可以由调节变量描述。具体来说，我们建议 TESSERA 成分可以根据正效价-负效价、外部-内部控制点和自动-有意的维度而变化。因此，人格发展的规模或方向可能会有所不同。

（1）正效价-负效价

所有 TESSERA 成分的效价都可能不同。关于触发情境，对生活变迁的研究表明，（感知的）积极和消极变迁预示着人格特质改变的不同模式 (Lüdtke, et al., 2011; Specht, et al., 2011)。我们进一步假设效价的差异会影响人格发展的

程度。总体来说,消极事件、状态(情绪、行为)和反应在各种领域都有更强的后果,如幸福感、健康、认知或人际关系结果(Baumeister, Bratslavsky, Finkenauer & Vohs, 2001)。因此,正如消极情绪适应性价值理论所预测的那样(Carver, 2004),我们假设消极的触发情境、状态或反应会引发更强烈的(不一定更有利的)人格发展。例如,Wrzus 等(2016)将负性情感中增加的困境反应性与神经质的纵向增长联系起来,我们假设对愉快的日常事件的积极情感反应会导致神经质出现不太明显的变化(即减少)。

（2）外部-内部控制点

TESSERA 成分也可以在人的外部或内部(即内部期望、想法、反应)有所不同——除了触发我们概念化为外部的情境。如果对一个情境的思考触发了更多的状态,触发的情境是内部的,但是最初是外部的。外部性的一个特殊情境存在是,当一些组成部分是社会性的,即为在一个人之外,与其他人相关。例如,人格和社会关系相互作用的 PERSOC 框架(Back, et al., 2011)认为,社会互动会导致人格特质和关系模式的长期变化。TESSERA 框架符合这一预测,并同时还关注无生命的环境(例如,当风景引发特定的想法或感觉时)以及内部的期望和反应(例如,当自己的感觉强化并且自己的想法对某一行为能够提供反馈时)。

我们预测 TESSERA 成分的外部性-内在性会调节人格发展的程度。例如,与非社会触发因素或反应相比,社会触发因素或反应会导致更大的变化,因为先前的研究表明,社会关系是人格发展的强大催化剂(Finn, Mitte & Neyer, 2015; Mund & Neyer, 2013)。相比之下,与内部期望相比,外部期望应该导致较小的变化,因为内在动机比外在动机更能够促进行为和目标的实现(Ryan & Deci, 2008; Sheldon, Ryan, Deci & Kasser, 2004; Sheldon & Schüler, 2011)。

（3）自动-有意

TESSERA 成分及其链接或多或少是有意的,并且有意识地出现。大量证据表明,情境的特征可以被感知,并且可以引发几乎无意识关注的状态,期望可以影响无意识关注的行为,并且自己和他人的反应可以自动发生(Bargh & Ferguson, 2000; Deutsch & Strack, 2006; Wilson, 2004; Wood & Neal, 2007)。此外,人格特征可以更有意识和更自动地影响状态(Back, Schmukle & Egloff, 2009)。重要的是,我们将 TESSERA 成分及其链接的自动化程度与将 TESSERA 序列到特质发展中的关联和反思过程区分开来(图 2-10)。例如,相对自动引发的行为(例如坏习惯)可以被有意识地感知和反应——改变一个人明确的自我感知。此外,刻意寻求经历新状态的情境会通过内隐学习导致内隐人格特征的改变。

最近的一些理论明确地将重点放在有意的人格发展上,并强调了个人在实现人格连续性和改变方面的积极作用(Hennecke, et al., 2014; Hudson & Roberts, 2014; Wood & Roberts, 2006)。目前只能推测,当 TESSERA 过程更有意识地发生时,人格发展会更加明显。例如,两项干预研究显示,人越努力改变人格特质,其自我感知特质在接下来的几个月里改变得越多（Hudson & Fraley，2015；Martin，Oades & Caputi，2014）。

2.8.3 将短期 TESSERA 序列转化为长期人格发展的过程

为了识别人格发展的过程，一项元分析进行了文献检索（PsycINFO，ScienceDirect），使用了人格发展、同一性发展、态度变化或行为变化等关键词，以及对中心理论工作的前后引用（Caspi & Roberts，2001；McAdams & Olson，2010；Roberts & Wood，2006），并将各种过程归类为反思过程和关联过程（Back，Schmukle & Egloff，2009；Gawronski & Bodenhausen，2006；Rothmann，Sheeran & Wood，2009；Strack & Deutsch，2004）。这种区别虽然不一定是排他的，但允许将过程与不同的人格特质表现相联系（例如，明确的或建议的、隐含的或关联的以及行为的人格表现；人格的名誉和生物学表现在关于未来研究方向的章节中讨论）。在接下来讨论关联和反思过程时，我们也会指出这些过程之间的相似性，这些相似性按时间尺度进行了总结和排序。

(1) 联结过程

重复经历 TESSERA 序列可以通过内隐学习过程导致内隐人格特质的改变（Seger，1994）。更具体地说，重复的行为状态、触发行为链接或目标行为模式在程序记忆中被编码为习惯行为（即习惯；Aarts & Dijksterhuis，2000；Wood & Neal，2007）。此外，被重复激活的状态和概念自身一起被编码为联结记忆中的隐含关联（Back，et al.，2009；Back & Nestler，2017），随着更多的重复，变得更强大、更容易接近（Higgins，1996）。例如，重复关注消极的触发因素并因此经历强烈的消极情感被认为是特质焦虑和焦虑障碍的一种途径（MacLeod，et al.，2002；Matthews & Mcleod，2002，2005；See，et al.，2009）。相反，如果在认知偏差矫正训练中，重复关注愉快的触发因素，可以减少特质焦虑（Hallion & Russio，2011）。

如果状态重复与愉快或不愉快的反应（例如，自己的感觉、他人的口头或非口头反应）相关联，强化学习就可以增加内隐学习。因此，内隐学习、强化学习和习惯形成能够在内隐表征和行为模式层面解释人格发展的联结过程。与内隐学习不同，强化学习强调愉快或不愉快反应的重要性。习惯形成可能是内隐学习和强化学习的结果，但关注的重点是行为，而不是认知或情感状态。

TESSERA 框架并不将持续的情境下的重复状态（即慢性行为或影响）等同于人格发展。人格发展需要在不同的层面上表现出来（例如，内隐自我概念，他人基于外在行为的感知），在比单一行为更广泛的行为领域以及在不同的背景下的重复状态才会被 TESSERA 框架确认为是人格发展。在上文训练攻击性的青少年将模糊的面孔视为不那么愤怒的例子中（Penton-Voak，et al.，2013），可以观察到训练组在日常生活中的自评和他评的攻击行为的变化。因此，训练的状态（对面孔的愤怒感知）被推广到其他状态（例如，言语和身体攻击），跨越了情境和人格评估。据推测，学习将模糊的面孔解释为中性的（而不是敌对的），为中性的面孔创造了新的、相对持久的认知图式。因此，中性感知的面孔极少引发感知的威胁，这也减少了自发表现出的攻击性行为和自我感知为攻击性（Penton-Voak, et al., 2013）。新的图式可以通过寻找或创造强化原有人格特质的环境来促进未来的人格发展（见对应原则）（Correspondence principle, Caspi & Roberts, 2001; Roberts & Wood, 2006; for similar arguments on cognitive traits see Dickens & Flynn, 2001; Durbin & Hicks, 2014）。

（2）反思过程

反思过程可能通过有意识地思考自己过去的经历、行为、想法和感受来改变和保持人格。例如，作为意志发展的一部分（即，作为自身发展的代理人）（Greve, Rothermund & Wentura, 2005; Hennecke, et al., 2014; McAdams, 2015）或治疗干预（Tang & DeRubeis, 1999），这种反思过程可能会发生。记忆、（重新）构造、评估和重新评估经历是反思过程的组成部分，例如生活反思（Staudinger, 2001）、自我叙事（Datan, Rodeheaver & Hughes, 1987; Hooker & McAdams, 2003a; King, 2001; McLean, Pasupathi & Pals, 2007; Pals, 2006）、自我反思（Bem, 1972; Caspi & Roberts, 2001; Robins & John, 1997; Wilson & Dunn, 2004）、顺应和同化（Brandtstädter, 1989），或特定治疗干预（Mayer, 2004）。这些反思过程的范围不同。反思可以涵盖非常短暂的经历，例如思考与配偶的特定压力互动或积极经历；或者更长时间的多重经历，例如婚姻最初几个月的进步、冲突和愉快经历（McLean, et al., 2007; Pals, 2006）。生活反思和自我叙事通常涵盖迄今为止生活中最重要的事件（Hooker & McAdams, 2003; King, 2001; Staudinger, 2001）。

我们假设单个TESSERA序列要么立即被反思（即被记忆、重组、评估），要么在某件事或某个人触发形成一个人人格特征的明确描述后被唤起。例如，当个人报告困难的经历（即生活叙事）时，尽管经历的复杂性、连贯性和反思量不同（McAdams, 1995; Pals, 2006），他们通常遵循触发情境、状态和反思的结构。然后，个体通过确认或调整倾向（即外显的）的表征，将记忆和评估的TESSERA序列整合到外显的人格特征中（Back, et al., 2009; Bem, 1972; Gawronski & Bodenhausen, 2006; Krampen, 1988）。TESSERA序列的哪个组成部分在反思期间被关注，取决于自我效能的一般观点（Krampen, 1988）、态度（Gawronski & Bodenhausen, 2006）、行为倾向（Back, et al., 2009）或自尊形式（Hutteman, Nestler, Wagner, Egloff & Back, 2014c）。

在TESSERA序列的反思过程中，该事件被记住并赋予权重，成分被重组和评估（Flückiger, Grosse Holtforth, Del Re & Lutz, 2013; Mayer, 2004; Staudinger, 2001）。理论模型假设，对特质水平的自我感知应该在很大程度上追踪特质指示状态的实际比例（Buss & Craik, 1983; Fleeson & Gallagher, 2009）。然而，除了实现准确性之外，以一致性、自我提升或受欢迎度为目标也可以控制自我感知（Robins & John, 1997; Wilson & Dunn, 2004）。

当目标是达到准确性时，对状态和特质水平的自我感知与其他（准确的）观察者的感知一致。在重复差异的情境下，个体将假设的特质水平调整到感知状态水平（与顺应过程相比）（Brandtstädter, 1989; Piaget & Inhelder, 1969）。当个人旨在实现一致性时，其（重新）解释或同化（Piaget & Inhelder, 1969; Robins & John, 1997; Sadler & Woody, 2003）根据现有假设特质水平对状态的自我感知。当寻求自我提升时，个人（重新）根据比其他人更积极的假设特质水平来解释对状态的自我感知（Kwan, John, Kenny, Bond & Robins, 2004; Vazire, 2010）。当以受欢迎度为目标时，个人会根据自己对他人的假设印象来感知和评估状态（Back & Vazire, 2012; Robins & John, 1997）。自我感知过程中的这些不同目标有助于解释为什么重复的状态水平不一定转化为人格特征的特质水平的匹配变化。如果这种差异令人不快，如果人格特质的改变被认为是重要的、可取的和可能的，那么自我认知就会发生变化（Brandtstädter & Renner, 1990; see Denissen, van Aken, Penke & Wood, 2013, Hennecke, et al., 2014）。

由于 TESSERA 序列很短，而且通常情境很小，因此单个序列不太可能引发持久的人格改变（图 2-11）。当使用单一（创伤性）经历预测人格特征的变化时，例如对退伍军人的报道（Jongedijk, Carlier, Schreuder & Gersons, 1996），创伤性经历的重复想法和伴随的情绪可能会实际上推动人格改变（Jayawickreme & Blackie, 2014）。

总之，重复的触发情境、预期、状态/状态表达和反应的短期序列，在重复类似的 TESSERA 序列期间，通过联结和/或反思过程导致人格发展（图 2-10）。图 2-10 省略了 TESSERA 成分之间的递归路径，以增强清晰度。然而，框架中存在递归路径。例如，对某一情境的思考可能会触发并引发进一步的预期和状态（Fleeson & Jayawickreme, 2015; Mischel & Shoda, 1995; Lickel, et al., 2014）才收到反应。这种想法可能也发生在反思过程中，并引发进一步的内部 TESSERA 序列，包括状态和情绪反应。

2.8.4 人格发展过程的方向和时间进程

普遍的理论立场是，大多数人都努力追求被认为是积极的人格发展（Greve, Rothermund & Wentura, 2005; Hennecke, et al., 2014）。因此，对理想的未来自我的研究证明了人们在规范价值方向上改变的愿望（Markus & Nurius, 1986; Williams & Gilovich, 2008）。此外，关于人格特质改变动机的第一次研究证实，年轻人想要增加规范的行为倾向（例如，责任心、情绪稳定性）（Hudson & Roberts, 2014; Hudson & Fraley, 2015）。对成年早期规范人格成熟的研究支持了许多人向期望的方向转变的观点（Bleidorn，2015；Roberts，et al.，2008）。这些发展模式可能与成功完成规范的生活转变有关，如承诺稳定的浪漫关系、承担父母责任或承担工作责任（Hutteman，et al.，2014；Lodi-Smith & Roberts，2007；Neyer & Asendorpf，2001）。TESSERA框架提供了解释这种规范发展的短期和长期过程。

TESSERA框架也能够解释没有变化或被认为不适应的变化。与同龄人群相比，当生活没有发生变迁和相关的触发情境时，例如，当年轻人不参与承诺的伴侣关系时（Neyer & Asendorpf，2001；Wagner，Becker，Trautwein & Lüdtke 2015）或不参与正规就业（Lüdtke，et al.，2011；Lodi-Smith & Roberts，2007），人格没有变化（图 2-11）。此外，如果情境没有引发与某人格特征相关的状态，或者如果状态水平对应于特质水平，则某人格特质不会发生变化（图 2-11）。例如，日常生活中的压力情境重复预测消极情感的瞬间增加，这预测了神经质的变化，但是其他大五特质改变却没有被一致预测（Wrzus，et al.，2016）。此外，保持自我观点或同一性的过程可能不会导致个人外显自我表现的改变，即使在生活发生变迁时也是如此（Brandtstädter & Greve，1994；Roberts & Caspi，2003）。在这种情境下，新的经历被（重新）解释（或同化，Piaget & Inhelder，1969；Robins & John，1997）与现有的自我观点一致（图 2-11）。总之，这些预测表明，人格改变需要许多步骤，而许多"退出点（exit points）"却排除了改变（图 2-11；Roberts，2006；Roberts，et al.，2008）。这些导致改变的路径和排除改变的路径之间的差异可以解释，为什么人格特质通常非常稳定（也就是说，不会有更多的改变），以及为什么很难改变特质，例如，受改变目标和治疗期间的激励。

被认为不适应的变化，例如情绪稳定性或外倾性的下降，经常与生活事件一起发生，这些事件大多是不愉快的（例如，工作或财务问题、严重的健康问题或抑郁）(Chow & Roberts，2014；Lüdtke，et al.，2011）。不愉快的生活事件可能包含消极状态的特定触发情形（Roberts，et al 2006），或者避免积极状态的发生（例如，享受与朋友愉快的互动）。此外，相同的人生变迁会导致不同的人格发展方向，这主要取决于变迁的效价。例如，在向为人父母变迁的过程中，当作为父母感到压力和挫折时，会出现不适应的人格发展（责任心和情绪稳定性下降），而当作为父母感到胜任时，会出现积极的人格发展（责任心和宜人性增长）(Hutteman et al.，2014a；Paris & Helson，2002）。

内隐和外显人格表征有可能在不同的方向上改变吗？理论上，联结和反思过程可以分开，并且应该会显著影响内隐和外显人格特质（图 2-10）。关于内隐和外显态度变化的发现证实了这一立场（Gawronski & Bondenhausen，2006）。联结假设评价模型（associative-propositional evaluation model，APE模型）详细描述了内隐和外显态度在相同方向或彼此独立变化的条件（Gawronski & Bodenhausen，2006）。正如大量关于内隐和外显自尊、动机和自我概念差异的文献所表明的那样,单向和独立的改变针对其他人格概念也是可行的(Asendorpf, Banse & Mücke, 2002; Briñol, Petty & Wheeler, 2006; Schröder-Abé, Rudolph & Schütz, 2007; Spalding & Harding, 1999)。然而,联结和反思过程通常是协同工作的(Egloff, et al., 2008)。当积极检索与特质相关的经历信息时,内隐和外显人格测量之间在一般情况下原本较小的关联(Hofmann, Gawronski, Gschwendner, Le & Schmitt, 2005)会增强(Egloff, et al., 2008; Gawronski & Bodenhausen, 2006)。

外显人格特征的累积变化的时间过程经过理论化之后包括非线性变化,例如逻辑的、不连续和可逆的模式(Durbin, Hicks, Blonigen & Johnson, 2016; Krampen, 1988; Luhmann, Orth, Specht, Kandler & Lucas, 2014)。抑郁症心理治疗研究的第一个证据显示,大约1/3的患者经历了突然的成长,也就是说,从一个疗程到下一个疗程,抑郁症状明显减少(Lutz, et al., 2013; Tang & DeRubeis, 1999)。在治疗过程中,这种突然的收获往往会进一步增加,并在几个月和几年后持续进行后续评估(Tang & DeRubeis, 1999)。仍然很难理解突然成长的原因以及与反思过程的可能关系。与此同时,复发在治疗中也很常见,而且对于非临床水平的神经质和其他人格特征来说,复发是非常合理的。然而,这种不连续的人格发展模式很少被看到,因为要发现这些模式,需要进行相对多且密集的人格评估。例如,与婚姻和鳏寡相关的主观幸福感的变化显示出曲线模式,这取决于个人的初始变化率(Bisconti, Bergeman & Boker, 2004; Lucas, et al., 2003; Luhmann, et al., 2012)。

相反,联结过程应该会导致内隐人格表征的增量变化,因为当相同的概念被重复激活时,联结会持续建立。只有当不一致的激活发生时,人们才会期望找到非线性轨迹。关于行为模式,行为的变化看起来像是突然的变化。然而,行为的突然变化可能是由有助于行为表达的意志人格过程引起的,因为冲动性和反思性人格过程都会影响行为(Back, et al., 2009; Back & Nestler, 2017)。

2.8.5 从TESSERA框架看毕生人格发展

到目前为止,这部分综述介绍了人格发展过程的总体框架,并参考了以前的工作;之前的工作过分关注成年早期。接下来介绍TESSERA框架如何促进对成年生活中人格发展的理解。具体来说,有三种广泛的发展模式:在成年早期逐渐成熟、成年中期的累积连续性以及成年晚期的可塑性和多样化。成年晚期可能是一个特别有趣的时期,到目前为止,人格研究很少涉及这个时期。

2.8.5.1 在成年早期逐渐成熟

在成年早期,人格均值水平会朝着更成熟和更有调节力的方向发展(Roberts & Mroczek, 2008; Roberts, et al., 2006; Staudinger & Kunzmann, 2005)。Roberts和Wood(2006)将情绪稳定性、宜人性和责任心的提高描述为人格发展的成熟原则

(Maturity Principle)。投资于按年龄分级的社会角色（社会投资原则）可能有助于人格成熟（Bleidorn，2015；Roberts，Wood & Caspi，2008）。在成年早期，投资主要发生在新的社会角色上，如配偶、父母和雇员（Hutteman，Hennecke，Orth，Reitz & Specht，2014）。

就 TESSERA 框架而言，新的社会角色意味着许多新的触发情境和预期会发生，这些情境和预期会引发超出正常范围的人格状态强度。例如，向第一份工作变迁的学生可能会面临可靠、准确和及时地完成艰巨任务的情境和要求，而无法完成任务的后果会比在校期间更加严重（Helson, Mitchell & Moane，1984）。正如成熟原则所描述的那样，成年早期的许多新的社会角色都是年龄分级生活变迁的结果（Havighurst，1972；Hutteman，et al.，2014），人口中的大多数成员在这一时期表现出规范的人格发展模式。与此同时，年龄分级角色（如配偶、雇员）的缺失与非规范的人格发展有关，如情绪稳定性和责任心的缺失增加（Lehnart，et al.，2010；Roberts，et al.，2006）。据推测，触发情境和预期缺失将无法引发状态，例如可靠、按时完成任务，而状态的引发才能导致情绪稳定性和责任心的提高（图 2-11）。

对规范经历和角色的不同投资有助于提高成年早期的等级顺序稳定性（Lucas & Donellan，2011，Roberts & DelVecchio，2000）。因为即使是相当规范的生活变迁也会有部分是由人格决定的，并且会对这些人格产生反作用（Hutteman，et al.，2014），人格差异得到巩固（生态位选择原则）(Roberts & Damian，2019)。

2.8.5.2　成年中期的累积连续性

与其他年龄段相比，成年中期的特点是更高的等级顺序连续性和更小的均值水平变化（Lucas & Donellan，2011；Roberts & DelVecchio，2000；Roberts，et al.，2006，van Aken, Denissen, Branje, Dubas & Goossens，2006）。这种模式被描述为累积连续性原则（cumulative continuity principle, Caspi, Roberts & Shiner，2005；Roberts & Wood，2006）。人格的累积连续性可能来自基本稳定的环境和社会角色（角色连续性原则）(role continuity principle, Roberts & wood，2006)，不断增长的自我认识（同一性发展原则, identity development Principle）(Roberts & Wood，2006)，以及随着时间的推移帮助稳定人格的自我选择的生活经历（生态位选择原则)(niche-picking principle, Roberts & Damian，2017；Dickens & Flynn，2001 来自认知领域的支持证据)。TESSERA 框架有助于详细说明与这些原则相关的短期过程。

与人生早期相比，成年中期的社会角色和环境更加稳定，因为大多数向新的社会角色和经历的转变发生在成年中期之前（Hutteman，et al.，2014；Specht，et al.，2011)。在成年中期，稳定的社会角色（例如配偶、父母或雇员）和伴随的环境（例如邻里、工作场所）比成年早期维持的时间更长（Hutteman，et al.，2014）。因此，日常生活、其中发现的情境以及积极和消极的事件在多样性上更加稳定和有限（Brose, Scheibe & Schmiedek，2013；Wrzus, Müller, Wagner,

Lindenberger & Riediger, 2013b; Wrzus, et al., 2016)。更稳定的环境和更少的引发 TESSERA 序列的触发情境可能有助于成年中期更大的人格连续性。

成年中期同一性的强化可以进一步促进人格的延续（同一性发展原则，Roberts & Wood, 2006）。在毕生中，人们寻求、承诺和发展他们的同一性以及他们对自己特征的主观元认知。人们这样做是通过根据他们当前的自我观点反思过去的经历（Swann, 1983; McAdams & Pals, 2006）以及通过回顾和解释部分符合现有人格特征的新经历来获得一致性（Caspi & Roberts, 2001; Roberts, et al., 2008; Robins & John, 1997）。对同一性和自我概念的研究表明，一个人的同一性清晰度在成年中期达到顶峰（Diehl & Hay, 2007; Lodi-Smith & Roberts, 2010）。这种日益增强的心理社会稳定性的一个含义是，与生活中的其他时期相比，TESSERA 序列应该更强烈地受到成年中期当前人格特质的影响。

除了根据现有的人格特征回顾经历外，新经历也是根据个人现有的人格特征部分选择或唤起的（Buss, 1987; Dickens & Flynn, 2001; Roberts, et al., 2008; Roberts & Damian, 2019）。生态位选择原则的一个含义是，个人经历了更符合人格的情境（即触发因素）和随年龄增长的状态。然而，到目前为止，这一假设只得到生活经历研究的间接支持（Denissen, Ulfers, Lüdtke, Muck & Gerstorf, 2014; Jackson, Thoemmes, Jonkmann, Lüdtke & Trautwein, 2012; Roberts, et al., 2003）。一项关于日常生活中的人格-情境互动的经验抽样研究证实了大五特质与社会情境和活动之间的联系，但是发现了关于年龄差异的不一致证据。大多数人格-情境关联与人的年龄没有区别，一些人在青春期和成年早期更明显，另一些人在成年晚期更明显（Wrzus, et al., 2016）。

总之，成年中期更大的人格连续性尤其与更稳定和不变的情境下的短期 TESSERA 过程（Brose, et al., 2013）、更多人格一致状态（Noftle & Fleerson, 2010），以及同一性确认反思相关。如果在成年中期寻找更多人格一致性状态，并引发与特质相关的状态，与习惯形成相关的联结过程会进一步促进更大的人格连续性（Rothman, et al., 2009; Wood & Neal, 2007）。

2.8.5.3 成年晚期的可塑性和多样化

在老年时期，与成年中期相比，人格特质的等级顺序稳定性似乎减弱了（Ardelt, 2000; Lucas & Donnellan, 2011; Wortman, et al., 2012）。这可能是由于人格均值水平变化的多样化（即均值水平变化的巨大变异）（Kandler, et al., 2015; Mõttus, et al., 2012b; Small, Hertzog, Hultsch & Dixon, 2003）：许多老年人的人格特质下降（Gerstorf, Ram, Lindenberger & Smith, 2013; Kandler, et al., 2015; Mõttus, Johnson & Deary, 2012a; Specht, et al., 2011; Terracciano, McCrae, Brant & Costa, 2005），一些老年人的人格特质显示没有明显变化（Mõttus, et al., 2012a），而还有一些老年人的一些人格特质有所增长（如对新经验的开放性）（Jackson, Hill, Payne, Roberts & Stine-Morrow, 2012;

Mühlig-Versen, Bowen & Staudinger, 2012)。因此，可塑性原则（Roberts & Wood, 2006）传达了适应变化的潜力，也适用于生命的这一阶段，尽管最普遍的变化似乎是消极的，例如认知下降以及发病率和体弱的增加（McArdle, Ferrer-Caja, Hamagami & Woodcock, 2002; Smith & Baltes, 1997; Steinhagen-Thiessen & Borchelt, 1999）。这些下降可能导致人格特质的下降（Wagner, et al., 2015）。TESSERA 框架有助于识别这种人格发展的基本过程。

与生命早期相比，TESSERA 过程的几个组成部分在成年晚期可能会发生变化。首先，社会、健康或环境损失（例如，配偶或朋友的死亡、疾病、体弱、搬到养老院、放弃运动）(Wrzus, Hänel, Wagner & Neyer, 2013a; Steinhagen-Thiessen & Borchelt, 1999) 可能会引起触发 TESSERA 序列的其他成分的情境。人格多样性的发展之所以会出现，是因为个人在不同时间触发情境或根本没有经历过这种触发情境。其次，对履行特定社会角色的期望更加开放，因为成年晚期与之前的生活阶段相比，结构性更差（Freund, Nikitin & Ritter, 2009）。同样，这也为不同的人格发展模式提供了可能性，取决于社会、认知和健康相关的资源和限制。最后，认知能力普遍下降（Ghisletta, Rabbitt, Lunn & Lindenberger, 2012; McArdle, et al., 2002）也损害了记忆和评估事件、个人和他人对事件的反应以及学习效率的过程（Hofer & Alwin, 2008; Vukman, 2005）。因此，与成年早期相比，反思和联结过程可能会呈现出独特的模式，这也增加了成年晚期人格发展模式的差异。

一般来说，成年早期是更大变化的时期，成年中期是更大连续性的时期，成年晚期是人格发展多样性和异质性的时期。后者只是在最近才引起关注，因为对老年人的人格连续性和变化没有进行太多的研究，人们认为年轻人成年后人格基本稳定（McCrae, et al., 2000, McCrae & Costa, 2008）。关于成年早期后人格特质发展的多样性以及人格与毕生发展理论的联系的新发现表明，人格特质与人类功能的其他领域一样，具有相同的终身可塑性（Bates, 1987）。

2.8.6 TESSERA 框架对不同人格领域的适用性

大多数人格模型包含更多的特质，而不是目标、自尊和生活叙事等特征（Dunlop, 2015; Kandler, et al., 2014; McAdams & Olson, 2010; McCrae & Costa Jr, 2008; Roberts & Wood, 2006）。TESSERA 是一个适用于这些不同人格特质的通用发展框架，其中 TESSERA 序列的具体内容可能会有所不同，例如，触发情境和特定状态的相关特征可能会因目标或自尊等构建的发展而有所不同（Leary & Baumeister, 2000; Leary & MacDonald, 2003）。此外，关于反思和联结过程的修改也是可信的：也许自尊的变化需要更少的 TESSERA 序列重复，因为自尊被认为比特质或能力更具可塑性（即不太稳定）（Kandler, et al., 2014; Leary & Baumeister, 2000; McCrae & Costa Jr, 2008; Roberts & Wood, 2006;

Trzesnieski，Donnellan & Robins，2003)。

一项关于自尊变化的纵向研究显示了 TESSERA 框架对自尊发展的适用性。在一个学术交流年中，状态自尊的增加预示着一年中特质自尊的不同变化（Hutteman, et al., 2014c）。此外，更大的社会包容预期会预测更高的状态自尊，反之亦然。从 TESSERA 框架的角度来看，社会包容（社会活动）引发了状态自尊，未来的社会包容强化了这种自尊。这项研究没有评估反思过程，因为特质自尊的驱力增加了，因此无法区分反思和联结过程。

还有，自我叙事。发展生活叙事的过程（Hooker & McAdams, 2003b；King, 2001；McLean, et al., 2007；Pals, 2006）可以用 TESSERA 框架来描述：特殊情境（触发）下，诸如灾难、生日或询问重要经历的人可以触发对以前经历的记忆（状态思想及其表达）。复述这些记忆可以获得其他人的反应（例如轻蔑、幽默），或者引发自己的情感反应（例如内疚、快乐）。匹配这些不同的记忆会导致一个稍微不同的生活故事，下次会以不同的方式讲述。随着时间的推移和对故事的重复讲述，生活叙事本身也发生了变化，一部分是内容的变化，另一部分是讲述方式的变化（McAdams & Olson, 2010；McLean, et al., 2007）。与人格、与自我相关的图式和其他人格特征一样，这种变化可能是逐渐发生的，不一定是线性的。

一个有趣的问题涉及一个领域的人格发展转移到其他领域。例如，自尊或责任心的增强是否预示着外倾性也会随之变化？第一个纵向证据发现了人生目标和大五特质之间的相互影响（Bleidorn, et al., 2010）以及与大五人格改变相关的自尊变化（Wagner, Lüdtke, Jonkmann & Trautwein, 2013）。相比之下，大五特质本身的变化似乎在很大程度上是不相关的（Klimstra, Bleidorn, Asendorpf, van Aken & Denissen, 2013；Mõttus, et al., 2012b；Soto & John, 2012）。这两种模式都与 TESSERA 框架一致。如果情境引发与不同特征相关的状态，人格特征之间可能会发生相关的变化。例如，如果重复愉快的社交互动，重复引发更高的状态自尊和更高的外倾但非有序的行为，自尊和外倾性都会增长，但责任心不会增长。这种观点与功能性观点（Wood et al., 2015）和人格的网络方法（Cramer, et al., 2012）一致，原因在于：某些状态更有可能同时出现，因为它们与相同的引发情境相关联，或者实现兼容的功能，而其他状态经常彼此排斥（例如，健谈和高效地完成工作）。因此，我们认为，如果相应的状态被同时和重复地激发和强化，不同人格领域中的相关变化可能会发生。

总之，TESSERA 框架对于研究和理解其他人格特征（如自尊、目标或生活叙事）的发展同样有价值。在描述框架及其调节变量时，我们关注的是行为倾向，因为这一领域的连续性和变化有更丰富的实证证据。关于目标或生活叙事纵向发展的类似发展研究目前仍然很少（Bleidorn, et al., 2010，Lüdtke, et al., 2009；Roberts, O'Donnell & Robins, 2004），特别是关于成年中晚期的研究（Wrzus & Lang, 2010）。

此外，由于特质、动机取向和生活叙事都存在于同一个人体内，研究它们的相互影响将促进对人格发展的整体理解（Dunlop，2015）。TESSERA 框架提供了这种纵向并行发展的短期和长期过程的概念。

2.8.7 小结：TESSERA 框架和独特预测能力的贡献

TESSERA 框架对人格发展研究有 4 个主要的贡献。第一，该框架推进了以前的工作，如社会投资原则（Lodi-Smith & Roberts，2007）和新社会分析人格模型（Roberts & Wood，2006），侧重于短期过程及其与长期发展的联系。TESSERA 框架采用了社会认知行为功能模型，然而，这种模型并不注重人格发展（Ajzen，1991；Back，et al.，2011；Cervone，2005；Fleeson，2012；Kanfer & Phillips，1970；Mischel & Shoda，1995，1998）。例如，CAPS 模型（Mischhel & Shoda，1995，1998）旨在解释人格和行为一致性，也包括情境和预期。同样，PERSOC 框架重点关注人格如何影响人际知觉和社会行为，将他人的行为视为人际知觉和行为的情境线索，这可以被他人强化。这两个模型都通过重复的经历来简略解释人格特质的发展（Back，et al.，2009，2011；Mischel & Shoda，1995）。然而，这两个模型都没有讨论前因、后果和人格发展调节因素的作用，也没有区分联结和反思过程。因此，TESSERA 框架将人格的社会认知模式和人格发展的特质模式结合起来，尽管该方法在学术界里还有争议（Roberts，2009），且还没有完善，但仍可一用。

第二，TESSERA 识别了先前人格发展理论中没有涉及和组织的过程的特定组成部分（Hennecke，et al.，2014；Roberts & Wood，2006）。因此，纵向和多方法地评估人格特征，以及所有短期成分、重复的关联和反思过程的测量爆发研究设计（measurement burst study designs，Nesselroade，2004；Sliwinski，2008），如果不是检验 TESSERA 框架所必需的，将是理想的。例如，Wrzus 等（2016）将引发更高消极情感（状态）的一系列瞬间争吵情境（触发因素）与 6 年来情绪稳定性的长期变化联系起来。仅仅重复发生争吵并不能预测情绪稳定性的变化。Hutteman 等（2014c）将社会包容和状态自尊的每月重复经历与一年多来特质自尊的变化联系起来。然而，增加对预期、自己和其他人在这种情境下的反应、对经历的不同类型的反思以及人格特质的内隐或外显行为的评估，将会更好地理解这两项研究的长期变化。这意味着，目前的框架规定了应该评估的精确变量群，但是研究者仍然根据所研究的特定人格特征（例如，特质、生活叙事）来调整变量。

第三，TESSERA 框架的一般性质导致了对共同过程和潜在调节变量的识别，而以前的理论只关注人格发展的特定领域，例如，叙事发展（McLean，et al.，2007）、动机人格特质发展（Hennecke，et al.，2014；Wood & Denissen，2015），所以无法解决这些问题。通过应用于各种人格特征（例如，特质、目标、生活叙事），这些特征中的发展过程可以被拿来比较和联系。例如，考虑 TESSERA 过程会引发关于何时需要通过外显因素、内隐因素或两者来表现发展变化的问题。例如，与联结过程相比，一些特征，如自尊，通过反思会更强烈改变吗？人格特质和目标是否在引发人格发展所需的重复 TESSERA 序列的数量上有所不同？调节变量，例如外部-内部位点，在多大程度上不同地影响某些特质的发展？通过使用一个框架来比较不同人格特征的发展过程，可以更全面地理解人格不同方面发展的一般和独特条件（Hooker & McAdams, 2003a; Hooker & McAdams, 2003b）。

第四，TESSERA 框架导致对现有发展现象的新见解，这在以前的理论中没有涉及（Back, et al., 2011a; Hennecke, et al., 2014; Mischel & Shoda, 1995; Roberts & Wood, 2006）。比如，为什么大五特质和动机取向之间的相关变化不同？为什么在成年人的一生中观察到不同的人格连续性和变化模式？除了由于具有相似情境和期望的规范生活变迁而导致的人格发展的规范模式之外（Bleidorn, et al., 2013; Neyer, et al., 2014），发展强度和方向的个体差异可以通过影响 TESSERA 成分的个人或环境因素的差异来解释。

最后，有三组可检验的预测，这些预测是从 TESSERA 框架中独立导出的。

重复的 TESSERA 序列会导致人格发展。减少瞬时预期或状态与个人当前人格特质之间差异的反思过程应该预测外显表征的变化，这些变化应该比内隐表征更强。相比之下，联结过程（即，状态重复的次数以及反应）应该预测内隐表征的变化，并且这些变化应该比外显表征更强。先前的理论预测重复状态预测人格特质的发展（Back, et al., 2011; Mischel & Shoda, 1995; Roberts, 2006, 2009），因此没有具体说明联结和反思过程，也没有区分内隐、行为和外显特质表现的发展。

如果有充分的"机会"经历新情境（例如，成年早期进入职场时通常经历的生活经历）；与成年早期相比，发生更多的重复以引起内隐关联的变化；新的状态被反映为新颖的，而不是同一性确认期间的人格一致，那么实质性的人格改变就会发生。与此同时，新的情境可能对老年人的影响较小，因为老年人通常更成熟（情绪稳定、有责任心），这也有助于更好地适应变化的需求。

以前的人格发展理论将成年中晚期不太明显的人格改变归因于更加巩固的同一性和更好的人格-环境拟合（Caspi & Roberts, 1999, 2001; Roberts & Wood, 2006），但是这些理论并没有预测什么时候会发生实质性的变化。

与冲突的情境和状态相比，共享相似情境和状态的人格领域之间的相关变化将会更强。例如，与工作相关目标和一般自尊或责任心的变化相比，从属目标、外倾性和一般自尊的相关变化应该更强，因为后者与社会情境和社会行为相关。以前的理论侧重于（大五）特质之间的相关变化，而没有考虑人格的其他方面，如动机取向。这些研究要么将相关变化归因于共同的潜在生活变迁，要么归因于生物机制（Klimstra, et al., 2013）或共享功能（i.e., Wood, et al., 2015）。

未来的研究方向尽管将人格特质的短期和长期变化联系在一起，解决联结和反思过程，包括行为、情感、认知和动机领域，但是 TESSERA 框架的一些局限性应该被考虑。

第一，人格发展的生物因素只是隐含地包含在框架中。我们讨论了个人的特征，如特质、目标、认知能力和健康，这些都是 TESSERA 过程的潜在调节变量。无可争议的是，这些特征具有神经生物学基础，因此具有遗传基础（Bouchard & McGue, 1981; DeYoung & Gray, 2009; Johnson, Vernon & Feiler, 2008; Tucker-Drob, Briley & Harden, 2013）。

因此，尽管在测量和功能水平上与心理结构不同，神经生物学和遗传差异依然可以被视为人格发展过程中 TESSERA 过程的调节变量。有研究表明，遗传因素对人格连续性（即等级顺序稳定性）的影响以及人格均值水平变化的差异很重要，但在毕生内可能会减少（Bleidorn, Kandler & Caspi, 2014; Briley & Tucker-Drob, 2015; Kandler, et al., 2015）。环境影响对于人格的连续性和均值水平变化的差异变得更加重要（Bleidorn, et al., 2014; Bleidorn, Kandler, Riemann, Angleitner & Spinath, 2009; Blonigen, Littlefield, Hicks & Sher, 2010; Briley & Tucker-Drob, 2015; Kandler, et al., 2010; Loehlin, 1992）。尽管如此，遗传和环境因素在人的一生中对人格发展的相对重要性很难判断，因为遗传因素会对环境产生影响（例如，生活变迁）（Bemmels, Burt, Legrand, Iacono & McGue, 2008），环境因素也会对遗传因素产生影响（例如，基因-环境互动）（Caspi, et al., 2005; Dickens & Flynn, 2001; Roberts & Jackson, 2008; Tucker-Drob & Briley, 2014）。需要进一步的工作来详细研究生物物理因素（包括遗传变异）如何促进人格发展的心理过程，以及心理过程如何影响生物物理因素（Roberts & Jackson, 2008; Slavich & Irwin, 2014）。

第二，其他人感知到的人格特征的变化没有在 TESSERA 框架中描述。可以使用知情人报告（例如，来自浪漫伴侣、朋友或家庭成员的报告）（Soto & John, 2009; John, et al., 2008）有效地评估人格特质。基于知情人报告的发展变化在很大程度上反映了来自人格特征自我报告的模式（McCrae, et al., 2004），可能是在相关触发情境下重复观察个人行为的结果（Back, et al., 2011a）。因此，知情人（例如，浪漫伴侣、朋友）观察行为变化，并将这些感知融入他/她对个人的看法（即，声望）（Back, et al., 2011a）。人际感知结合声望也可能会受到感知偏差的影响（Leising, Gallrein & Dufner, 2014; Letzring, 2008; Wood, Brown, Maltby & Watkinson, 2012）。因此，除了外显和内隐表征之外，TESSERA 框架还可以扩展到声望的变化。然而，扩展的框架需要考虑知情人的人格以及人际感知和判断过程的感知者、目标和关系影响（Back, et al., 2011a）。

第三，长期的人格发展应该是持续几分钟的短期情境过程的结果，TESSERA 序列就是这样的过程。然而，这些短期过程很可能与微观过程层面有对应关系（Nesselroade & Molenaar, 2010）。在通过观察和解释模糊面孔来减少攻击性的研究中（Penton-Voak, et al., 2013），状态愤怒，包括面部感知和愤怒引发的微观过程，可能会被仔细研究类似地，有研究通过分子水平上的炎症出现过程将压力反应与抑郁行为联系起来（Slavich & Irwin, 2014）。未来的研究可能会针对心理相关情境特质的编码、行为的诱发或情感反应是如何在感知或生物过程的微观层面上发生的（例如毫秒）。将这种微观过程与长期发展联系起来，目前看来是一项极具挑战性的研究工作，毕竟我们现在仍在努力理解短期过程。

第四，未来的研究还可以超越个人发展，解释社会因素如何影响人格发展的 TESSERA 框架。总的 TESSERA 过程在不同文化和群体中预计是可比较的，但是这些组成部分在水平和重点上可能有所不同。比如，不同文化对如何表现、感受和表达情感的期望不同；又比如，不同文化其 TESSERA 过程随着个人主义-集体主义的不同而不同（Oyserman, Coon & Kemmelmeier, 2002; Ward, et al., 2004）。

总之，这一人格发展框架将长期的人格发展归因于重复的短期，即所谓的 TESSERA 序列。根据所提出的触发情境、预期、状态/状态表达和反应的框架序列，通过与 TESSERA 序列相关的联结和反思过程，导致人格发展。回顾以往关于人格发展的理论和实证研究，我们发现了这一总体框架的成分。该框架能够解释不同层次人格发展的规范模式和个体差异，即特质、动机取向和生活叙事。现在，它正在等待实证工作来检验其假设，并提供数据来评估模型，这有望在未来几年带来积极的发展。

2.9 设定点理论与人格发展

2.9.1 人格：发展的视角

在设定点理论框架下，人格依然被定义为个体之间在思想、感情和行为上的持久差异，这些差异不是特定情境下的（Specht, 2015）。人格反映了人们对环境线索作出反应的无意识、反射的方式（Allport & Odbert, 1936; Magidson, Roberts, Collado-Rodriguez & Lejuez, 2014）。传统上，五个高阶人格特质被识别出来（"大五特质"）：外倾性、神经质、宜人性、责任心和对经验的开放性（Kotov, Gamez, Schmidt & Watson, 2010）。人格通常通过自评问卷或访谈（John, Robins & Pervin, 2008）来评估，使用的项目具有频率、强度和持续时间的非特异性描述。例如，在 NEO-PI-3（McCrae, Costa, Paul & Martin, 2005）中，神经质是用"我经常担心可能发生的事情"或"有时我觉得自己完全没有价值"这样的项目来评估。这些调查问卷旨在捕捉人们思考、感受和与他人互动的独特方式，显示个人在特定人格特质上的总体水平。

2.9.2 发展模型

McCrae 和 Costa 的人格特质五因素理论是一个通用的发展模型。它假设人格特质遵循一个共同的生活轨迹，即特质在生命早期出现，在成年早期达到成熟，随后随着与年龄相关的大脑成熟和基因表达的变化而逐渐变化（McCrae & Costa，2003；McCrae，2010）。然而，纵向证据表明，人们在这些人格发展轨迹和毕生变化上可以有很大的不同（Luhmann, Orth, Specht, Kandler & Lucas, 2014；Roberts & DelVecchio, 2000；Roberts, Walton & Viechtbauer, 2006）。

当前，理论家们认为人格特质的改变是由基因和经历驱动的（Plomin, DeFries & Loehlin, 1977；Scarr & McCartney, 1983），但是成人人格发展的确切过程目前仍存有争议（Cramer et al., 2012b；Roberts, Wood & Caspi, 2008；Specht et al., 2014）。一些理论强调生活经历对人格稳定性和变化的重要性（Jeronimus, Riese, Sanderman & Ormel, 2014）。最著名的理论就是新社会分析理论或社会投资原则，它强调社会角色对人格的影响，并假设环境驱动的人格改变可能会在一生中发生（Roberts & Wood, 2006，Roberts, Wood & Smith, 2005）。这是强调环境影响的第一个视角。

强调环境影响的另一个视角是 Ormel、Riese 和 Rosmalen（2012；以及 Fleeson & Gallagher, 2009；Fraley & Roberts, 2005；Luhmann, et al., 2014）最近提出的特征设定点（或动态平衡）模型。根据这一观点，人格特质有一个个人特定的设定点，特质水平会随着生活经历而波动。因此，人格水平会因生活经历而暂时改变，但最终人们会回到他们特有的设定点水平。重要的是，重大生活事件或社会环境的持久变化也可能会长期甚至永久地改变人格特质的设定点。

第三种视角由 Cramer 等人（2012b）提出，将人格视为情感、认知和行为要素的系统（或网络）。网络模型表明这些要素是互为因果的，而不是在这些要素之间产生协变的共享潜在因素（如人格特质的潜在因素模型中假设的那样，见图 2-12）。人格维度"从存在于人格各组成部分之间的连接结构中显现出来"（Cramer et al., 2012a）。这些成分受到遗传和环境因素的共同影响，因此同步发展。在因素分析中，相互关联产生了潜在因素。

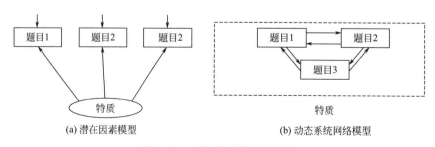

图 2-12　两种特质模型示意图

2.9.3　人格发展和生活经历

经历生活后，人格会发生微小但有意义的变化，这一点已被公认（Jeronimus,

et al.，2014；Luhmann，et al.，2014；Riese，et al.，2014；Specht，Egloff & Schmukle，2011；Sutin，Costa，Wethington & Eaton，2010）。随着与年龄相关的发展角色的变迁，人格改变也被观察到（Bleidorn，et al.，2013；Lodi-Smith & Roberts，2007；Roberts & Mroczek，2008）。例如，Specht 等（2011）发现已婚者变得更加内倾，而离开糟糕婚姻的人其宜人性和责任心增长。男性，而非女性，在分居后开放性增长。生育后和退休后责任心下降，而开始第一份工作后责任心增长。配偶去世后，女性的责任心下降，而男性的责任心上升。结婚、再婚、经历令人满意和令人投入的工作都与神经质的降低有关。相比之下，人们发现冲突、糟糕的关系质量以及长期或反复的失业与神经质的增长有关（Lucas，Clark，Georgellis & Diener，2004；Lüdtke，Trautwein & Husemann，2009；Robins，Caspi & Moffitt，2000）。个人疾病或受伤降低了同卵双生子之间神经质的一致性（Middeldorp，Cath，Beem，Willemsen & Boomsma，2008）。Jeronimus 等（2013，2014）发现，积极生活事件后，神经质有小幅但持续的下降。

2.9.4 主观幸福感与设定点理论

主观幸福感（SWB）是一个经过充分研究的结构，指人们对自己生活的感受和思考（Diener，1984）。SWB 常用的衡量题目包括："你对你的整体生活满意程度如何？" SWB 结构包括情感判断（我通常感觉如何）和对生活满意度及其主要领域（如工作和人际关系）的认知评价的混合。人们的感受和他们对自己生活的判断有着重要的区别。在 SWB 研究中，快乐、生活满意度和幸福通常被概念化为持久的特质（Cummins，2015；Davern，Cummins & Stokes，2007）。被要求评估幸福或生活满意度的人倾向于将他们的情绪作为信息（Cummins，2015），这一过程被 Kahneman（2011）称为"情感启发式"。因此，主观幸福感与神经质、外倾性以及责任心高度相关并不意外（DeNeve & Cooper，1998；Steel，Schmidt & Shultz，2008；Weiss，Bates & Luciano，2008）。

与人格特质相似，SWB 随着时间的推移表现出了实质性的连续性（Lucas & Donnellan，2007）。对 SWB 的长期研究产生了一些数据，这些数据允许评估关于 SWB 发展及其决定因素的关键假设。虽然对人格特质动态变化的研究有限，但有一些与主观幸福感相关的理论构建和实证研究可以帮助评估人格特质的稳定和变化的组成部分。稳定可能是源于遗传因素和其他持久的影响，而变化可能受到社会环境和一个人身体或心理健康变化的影响。研究并没有评估这些人格本身的动态过程，但对 SWB 来说却是如此。一个解释 SWB 稳定性和变化之间关系的重要理论模型是设定点理论（图 2-13）。

2.9.5 设定点理论的历史

设定点理论源于生理学中稳态的概念。在 Canon（1932）的经典论文《身体的

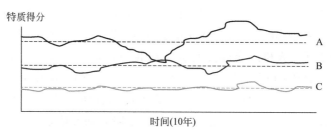

图 2-13　三个人（A、B、C）的 SWB 轨迹，具有个人特定的设定点和敏感性

智慧（The Wisdom of the Body）》中，设定点指的是身体的稳定状态，这些状态由矫正生理和行为机制（也称为负反馈回路）主动维持。这种主动防御机制或动态补偿在其调节的因素，例如血压、体温、血糖水平或体重（Keesey & Powley，1986）中产生一定程度的稳定性。在此之前，心理学家冯特和詹姆斯已经将当时占主导地位的体液气质理论转变成了一种多维心理特质的概念，这种理论结合了固定内环境的原则（即，具有内稳态的设定点）（Dumont，2010；Jeronimus，2015）。设定点的关键特征是，它通过补偿机制来抵制变化，补偿机制将内部或外部事件导致的短期波动调节回其典型状态（即设定点）。重要的是，生理设定点（如血压）经常随年龄变化。

在过去 40 年里，设定点理论在 SWB 研究中发挥了突出的作用，因为这种适应变化环境的想法可以解释 SWB 的违反直觉的特性。例如，健康、收入和人际关系的获得对主观幸福感只有暂时的影响。这种适应性过程也解释了这样的现象，即拥有大量资源的人平均来说并不比那些资源有限的人快乐多少。因此，最初的主观幸福感理论建立在这样的理念之上，即人们对生活经历的预期和反应会暂时改变主观幸福感水平，但不会永久改变（Brickman，Coates & Janoffbulman，1978）。这导致一些人得出结论，"试图变得更快乐（可能）和试图变高一样是徒劳的"（Lykken & Tellegen，1996，p.189）。

Cummins（2010，2015）明确指出，一系列心理过程以类似于血压或体温的稳态维持的方式主动控制和维持主观幸福感。这些稳态过程特别适用于 SWB 的情感成分。SWB 的动态平衡理论认为，SWB 中的这种连续性是基于人格，特别是神经和外倾性，而变化则归因于生活经历（Headey & Wearing，1989；Headey，2006）。

2.9.6　人格心理学与设定点理论

尽管设定点理论在主观幸福感的心理学研究中很受欢迎，但它只是偶尔应用于人格心理学中（Costa & McCrae，1980；Jeronimus, et al.，2013；Lykken & Tellegen，1996；Lykken，2007；Ormel, et al.，2013；Vachon & Krueger，2015）。例如，Williams（1993）提出了一个设定点假说来解释人格特质的稳定性：

"在这个设定点假说中,心理功能被视为具有特定水平的生理学基础,并且对于特定的个体来说,这是一种具有典型行为的周围'带宽'。有必要确定一种主要的人格模式,无论是否稳定,是否受到适当的行为或心理调适的主动保护。"

人格特质的网络观点也描述了人们在一个潜在的大行为空间的相对固定的区域内运作,从而导致稳定的状态。因果关联的情感、认知和行为要素"与其自身及其环境处于相对平衡状态"(Cramer, et al., 2012a, p.416),显示出某种特质设定点。从网络的视角来看,生活经历可能会支持特质稳定性(因为它们会影响各要素的整体复杂性),但也可能会在系统找到替代稳定状态时引发人格改变(参见"内稳态稳定状态的替代解释"一节)。假设 SWB 可能是潜在人格特质的表现,正如设定点理论中假设的那样,考虑设定点理论是否有助于解释人格特质在毕生中的稳定性和变化似乎是及时的。

2.9.7 不可变的、依赖经历的和混合的设定点模型

在考虑将设定点理论应用于人格特质的稳定性和变化研究时,很有必要区分三种设定点模型(Ormel & Rijsdijk, 2000; Ormel, et al., 2012):不可变的设定点模型;依赖经历的设定点模型;混合设定点模型。图 2-14~图 2-16 描述了这三种模型。描述这些模型稳定性和变化的时间尺度是以年为单位,而不是以天或周为单位。

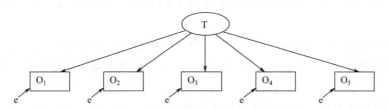

图 2-14 不可变设定点模型

T—潜在特质因子;O_1~O_5—5 波特质观测得分;
e—特定时间和测量误差方差

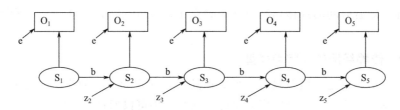

图 2-15 依赖经历设定点模型

O_1~O_5—5 波特质观测得分;e—特定时间和测量误差方差;S_1~S_5—潜在变化成分;
b—自回归系数;z_1~z_5—未观察到的变化决定因素的影响

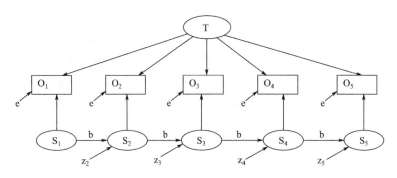

图 2-16 混合设定点模型

T—潜在特质因子；$O_1 \sim O_5$—5 波特质观测得分；e—特定时间和测量误差方差；$S_1 \sim S_5$—潜在变化成分；b—自回归系数；$z_1 \sim z_5$—未观察到的变化决定因素的影响

2.9.7.1 不可变的设定点模型

不可变的设定点模型假设人格特质的各个设定点是"像石膏一样固定的"（James，1890）。这种不可变的人格特质设定点的概念与 Costa 和 McCrae 的经典（FFT）特质模型（1990；McCrae，2010）一致，由内部决定，基本上不受环境影响。在这个模型中，随着时间的推移，稳态的力量使个人的特质设定点保持不变。偏离设定点可能是由于生活经历，而被认为是暂时的，并且特质水平最终会回到设定点。因此，不可变的设定点模型既符合 FFT，也符合人格发展的基因型-环境理论。

人格发展的"环境视角"（例如新社会分析模型）与不可变的设定点模型不相容，后者只允许暂时的经历驱动的变化。此外，"网络视角"也肯定与不可变的设定点模型不一致。

与不可变的设定点模型相对应的统计模型是公因子模型。该模型断言，由于有本质上不可变的潜在特质，特质量表上的题目及其总得分随着时间的推移而相关。不可变的设定点模型预测，重测相关实际上与评估间隔的时间长度无关。虽然永恒不变的设定点的概念符合人格特质高度稳定性的证据，但它与大量证据不一致。这些证据显示随着时间的推移和经历驱动的变化，人格特质的差异稳定性逐渐且持续下降。

2.9.7.2 依赖经历的设定点模型

依赖经历的设定点模型假设：当受到具有长期行为后果的生活经历的推动时，设定点会毕生改变。依赖经历模型假设：这些结果可以通过三种机制导致设定点的改变（见图 2-13 中的 C），即，认知、生物和环境嵌入。当这种后果导致对自我和他人的信念持续改变，以及评估和应对压力事件的方法发生变化时，认知嵌入就会发生（Laceulle，Jeronimus，van Aken & Ormel，2015；Ormel & Rijsdijk，2000）。生物嵌入的一个例子是当环境因素触发化学变化时，这些化学变化通过表观遗传过程激活或沉默基因，例如 DNA 甲基化和染色质重塑（van der Knaap，et al.，2015；Weaver，et al.，2004；Zhang & Meaney，2010）。这种表观遗传变化在生命早期最常见，但在毕生中持续发生（Fraga，et al.，2005；Kanherkar，Bhatia-Dey，& Csoka，2014）。如果认知改变导致调节性神经生理系统的持续变化，例如通过表观遗传过程，生物嵌入就可能伴随认知嵌入（McEwen，2012；Zhang & Meaney，2010）。当行为习惯的变化能够被相应变化的环境所维持时，环境嵌入就会发生。

与环境依赖的设定点相对应的统计模型是自回归（或单纯形）模型，它支持持续的、累积的差异变化。也就是说，特质以非常缓慢的速度不断变化。自回归模型预测，重测相关性随着时间的推移逐渐下降，理论上下降到零相关（Ormel & Rijsdijk，2000；Roberts & Jackson，2008；Roberts & Mroczek，2008）。

2.9.7.3 混合设定点模型

混合设定点模型结合了前两种模型，并且通过结合不可变设定点的特征，基本上扩展了依赖经历的设定点模型。混合模型试图将人格特质改变区分为稳定的特征成分（图 2-14 中的 T）和时变成分（$S_1 \sim S_5$）。与依赖经历的模型不同，混合模型允许两种可能性：第一，有些人（实际上）有不可变的设定点，但其他人的设定点会改变；第二，特质设定点很复杂，部分是不可变的成分，部分是可变的成分。因此，在混合模型中，设定点本身的变化是可能的，例如，对长期困难和显著改变的生活环境的响应。与不可变的设定点模型相反，混合设定点模型假设特异的稳定性相关会随着时间而下降，但是由于稳定的人格成分的持久影响，永远不会达到零。所以，这在依赖经历模型中是可能的。

2.9.8 被试间和被试内模型

这些设定点模型主要用于分析被试间的差异，不能直接概括为理解被试内部的变化（Barlow & Nock，2009；Molenaar，2008；van der Krieke，et al.，2015）。与不可变的或依赖经历的设定点模型相比，混合模型可以提供更好的纵向数据拟合，因为在总体水平上，它可以更灵活地对被试内部的变化建模。新的统计方法（如潜类别分析和混合增长模型）已经被开发出来，可用来正式测试个人特定发展轨迹的差异（Borsboom，et al.，2016）。

在人格特质稳定性和变化的分析中，考虑被试内部的变化仍然很复杂。每个人特质设定点和对环境的敏感性都不同。如果个人对环境的敏感性不同，最敏感的人可能会经历持久的人格改变，以应对重大生活经历和长期困难（Boyce & Ellis，2005）。对环境敏感性低的个体可能会抵制环境事件对人格特质的影响。

2.9.9 解释设定点变化的理论

社会投资原则理论和社会生产功能理论可能有助于解释人格特质改变与生活经

历或（以年龄分级的）角色变迁之间的关联。Roberts 等（2005）引入社会投资原则来解释为什么角色变迁和相关的生活事件会改变人格。相反，社会生产理论被发展出来解释主观幸福感的个体差异，特别是生活经历对主观幸福感的影响（Ormel，Lindenberg，Steverink，& Vonkorff，1997）。注意，此两项理论都不排除基因对人格改变的影响；相反，它们特别关注有助于人格发展的互动和随机因素。

2.9.9.1 社会投资原则

根据社会投资原则，人们通过承诺不同年龄的社会角色，如工作、婚姻、家庭和社区等，来建立同一性。每一个角色都有一系列的期望和偶发事件，这些期望和偶发事件创造了一种奖励结构，促使人们变得更具社会支配性、更宜人、更具责任心以及更低神经质。这些期望和偶发事件导致并维持着改变后的行为模式，反过来又会以自下而上的方式改变人格特质。越来越多的证据支持社会投资原则（Bleidorn，et al.，2013；Hudson & Roberts，2016）。然而，证据主要局限于对上述角色体验的粗略流行病学调查，而不是心理体验。因此，仍然有必要证明是角色期望驱动人格发展，而非人格发展驱动角色期望。

2.9.9.2 社会生产功能理论

虽然社会投资原则似乎特别适合用来理解角色变迁如何改变人格特质，但是 SPF 理论可能有助于解释为什么特定的经历会产生长期的行为后果，进而可能改变自我感知及人格。此外，与社会投资原则相比，SPF 理论似乎更适合阐明非规范性人格改变。然而，缺乏证据支持 SPF 理论在理解人格发展中的效用，SPF 仍然局限于 SWB。SPF 理论认为人们追求身体和社会幸福（Lindenberg，1996；Ormel，et al.，1999；Steverink，Lindenberg & Ormel，1998），这是他们通过增强自己的地位、情感和行为确定性的行为来实现的。身体幸福感是通过刺激或激活的行为来实现的，这些行为提升了身体的舒适性。在一个成年人的毕生中，工作、婚姻幸福、拥有好朋友和家人会给一个人带来地位、行为确定性、情感和安慰。

SPF 的观点表明，人格改变的最初规模和持久性可能取决于生活环境改变的后果如何影响一个人实现身体和社会幸福感的能力。例如，和谐的亲密关系为产生舒适、情感和行为确定性的活动提供了机会。此外，SPF 理论认为，资源和创造身体或社会幸福感的能力持续受损，应该会对人格发展产生不利影响。关于社会生产如何影响人格的实证证据完全来自将主观幸福感的变化与重大生活事件联系起来的研究。因此，不清楚社会环境对除了与主观幸福感相关的特质（神经质、外倾性以及狭义的责任心）以外的其他特质有什么影响。

2.9.9.3 生活事件与抑郁

关于生活事件和主要角色变迁对人格发展的影响的研究仍然有限，特别是 SPF

理论。这与大量关于生活事件和心理状态之间关系的研究形成了对比,尤其是抑郁。抑郁的核心症状是抑郁心境和失去兴趣,症状持续至少 2 周。抑郁与低水平的主观幸福感和高神经质有着密切的联系。

重要的是,抑郁的发作和缓解往往伴随着神经质、外倾性和责任心的改变。这些改变通常是暂时的,因为它们随着抑郁状态而消长(Ormel, Oldehinkel, Nolen & Vollebergh, 2004)。尽管数量有限,但最近的一些研究表明,心理治疗干预与更持久的人格改变相关联(Clark, Vittengl, Kraft & Jarrett, 2003; De Fruyt, van Leeuwen, Bagby, Rolland & Rouillon, 2006; Tang, et al., 2009)。例如,Tang 等发现认知疗法和抗抑郁药物的结合不仅与抑郁的缓解有关,还降低了神经质。重要的是,抑郁的改善似乎是由神经质的降低驱动的。De Fruyt 等(2006)调查了一项类似的综合治疗,报告显示治疗后有更高的外倾性、经验开放性、宜人性、责任心以及大幅降低的神经质。因此,与抑郁发作和缓解相关的生活事件可能会让人们对什么样的经历会改变人格特质有深入的认识。

2.9.9.4 稳态的替代解释

Cramer 等(2012)已经提出动态系统可以替代稳态,也称为"动态状态"(Scheffer, et al., 2009)"机制性能群(mechanistic property clusters)"(Kendler, Zachar & Craver, 2011)。对于湖泊生态系统、气候、金融市场以及情绪等各种复杂的动态系统,从一种动态状态到另一种动态状态的显著转变都可以被观察到(van de Leemput, et al., 2014)。一个主要特质领域中的相关元素之间的正反馈循环可能会产生替代性的稳定状态。这对复杂的动态系统如何应对稳态的偏离有影响。当系统接近临界点时(由于重大冲击或累积增量变化),系统变得脆弱。它失去弹性,变得不稳定。然后,小扰动可能会导致转换到另一种稳定状态。

这种观点如何有助于人格稳定性和可变性的建模?如果分布上有特定的稳定特质位置,人们会期望群体分数的多峰分布,稳定状态位置的频率相对较高,之间区域的频率较低。在现有的数据库中,没有观察到多峰特征分数分布(van der Krieke et al., 2015)。在个人层面上,问题变成了,一个人是否可以有两个或更多个人特征稳定的特质水平?目前我们缺乏数据来检验这个问题。尽管如此,我们确实知道,人格特质改变分数往往是正态分布的,经常发生微小变化,显著变化较少。然而,如果个体之间的稳定特质水平不同,这既不会证伪也不会证实多重人格特征稳定特质水平的理念(图 2-13)。

2.9.10 未来方向

足够的被试、评估和时间覆盖范围来正式检验设定点模型中的预期差异的数据库还不可用。我们需要优化的研究设计来:①比较被试间的设定点模型;②确定重大生活事件和改变的社会情境对人格的影响,包括变化的幅度和适应的速度;③确定重大生活事件或社会情境变化前后典型的被试内轨迹。但是首先，重要的是要考虑人格特质得分的变化必须持续多长时间才能表明设定点的变化。

2.9.10.1　比较被试间的设定点模型

三个基本的设定点模型有不同的含义，可以通过实证研究检验。第一，不可变的设定点模型预测不依赖于时间间隔的恒定差别稳定性。相反，依赖经历模型预测，即使相隔10~20年，稳定性也将持续下降。混合设定点模型预测，随着时间的推移，差别稳定性下降会趋于平缓。第二，由于混合模型假设部分特质得分变异不受生活事件的影响，因此预测在连续追踪中，主要生活事件和特质得分之间的预期关联在混合模型中比在依赖经历模型中下降得更快。第三，如果特质完全是可塑性的，这意味着没有特质成分，依赖经历模型应该比具有大的不可变方差成分的混合模型更好地拟合纵向数据。

然而，需要足够的统计检验力来区分依赖经历和混合设定点模型。假设重测特质与时间的相关性稳步下降，25年的重测相关性介于0.40和0.50之间，那么至少1200个人的样本将是区分模型所必需的（Ormel & Rijsdijk，2000）。此外，需要长期（10年较适宜）进行多次评估（至少4次）（Kenny & Zautra，1995；Ormel & Rijsdijk，2000）。

2.9.10.2　确定重大生活事件和改变的社会环境对人格的影响，包括变化的幅度和适应的速度

由于大部分人口中主要生活事件和重要的社会环境改变的平均发生率较低，因此评估它们对人格特质的影响可能需要新的研究设计。例如，对大型企业倒闭计划的影响的研究，可以评估倒闭前和倒闭后相对于没有经历失业的类似人群的人格特质改变。为了获得非线性变化模型的可靠有效数据，事后评估的间隔应该从1—2个月逐渐增加到3~6个月，并持续至少5年。测量间隔的时间很重要，理想情况下，应该与基于理论对人格发展轨迹、事件影响和适应速度的预测相匹配（Luhmann，et al.，2014）。有了足够的测量频率，就有可能估计测量误差变异，并根据测量误差调整短期和长期的均值水平和等级顺序的稳定性和变化。

2.9.10.3　典型被试内轨迹的识别

以上建议的设计，在至少5年内进行10~25次评估，不仅可以进行不同被试间的分析，还可以进行被试内面板回归分析。后者可以解决各种问题，比如，在设定点带宽，适应速度以及相关的个体特征方面，典型轨迹是否存在。这将解决对环境敏感性这一重要问题（Boyce & Ellis，2005），并有助于识别有可能改变人格特质设定点的环境变化和个人事件。另一种可能性是检验人格特质改变是否与生活事件暴露水平的同时变化有关（Heady，2006）。如此多的长期评估的另一个优点是有可能检验关于事件和个人特征的假设，这些假设决定了重大生活事件对人格的影响。

2.9.11 设定点理论小结

依赖经历和混合设定点模型因其适用于现有的证据，可以为未来的研究提供了一个有前景的框架，以更好地理解成人人格发展的稳定性和可变性。将关注被试间人格特质差异的研究与评估被试内稳定性和可变性的纵向研究相结合是一个重大挑战。

2.10 人格特质的改变：心理治疗过程中有意人格改变干预效果

最近在人格发展领域有一场辩论，讨论是否可以以及如何在短时间内改变人格特质。传统观点突出了成年后人格特质的相对稳定性，而最近的研究调查了有意的人格特质改变，即改变人格特质的愿望和尝试。这部分综述的主要目的是将人格心理学中最近的活动和干预努力与心理治疗过程-结果研究联系起来。心理治疗研究中 4 个凭实证得出的共同变化因素可能会为正常人群中的人格改变干预提供一些有用的启发性原则，为未来的研究和实践提出一些理念（Allemand & Flückiger，2017）。

人格发展领域的横向和纵向研究表明，人格特质会随着时间的推移而改变，从成年后持续到老年（Allemand，Zimprich & Hertzog，2007；Lucas & Donnellan，2011；Roberts，Walton & Viechtbauer，2006；Terracciano，Mc Crae，Brant & Costa，2005）。总体来说，人格特质改变相对于特定的年龄阶段来说幅度很小。然而，大多数特质在毕生中表现出接近一个标准差的变化，这在心理学中通常被认为是一个很大的效应（Roberts, et al.，2006）。人格特质改变伴随着个体变化的差异，这表明由于特定的生活经历，在毕生中存在着独特的变化模式（Roberts & Mrozek，2008）。对人格和人格的改变研究的坚持可能是必然的，因为他们预测工作和家庭会更成功，更好的健康状况和长寿（Allemand，Steiger & Fend，2015；Mroczek & Spiro，2007；Roberts，Kuncel，Shiner，Caspi & Goldberg，2007；Steiger，Allemand，Robins & Fend，2014）。

事实上，人格特质的确会随着时间的推移而改变，人格特质的改变可能会带来积极的结果，这导致了一个重要的后续问题，即人们是否可以以及如何在相对较短的时间内有意和永久地修正或改变他们的人格特质。这部分理论的重点是有意改变人格，这是指改变人格特质的期望和尝试（Hudson & Fraley，2017）。这并不是指在没有来访者意愿的情境下，主动改变来访者人格特质的专业尝试。此外，它侧重于通过短期干预努力实现预期的永久性变化，而不是随着年龄增长而自然发生的缓慢而渐进的发展变化。

2.10.1 人格特质的概念化

人格特质是相对持久的思维、情感和行为模式，这些模式将人与人区分开来，并在给个体差异留有余地的情境下被激发出来（Roberts & Jackson，2008）。这些个体差异通常是在大五框架内组织的（John，Naumann & Soto，2008）：神经质、外倾性、经验开放性、宜人性和责任心。神经质或者情绪稳定，将平和与焦虑、担忧、愤怒和抑郁的经历形成对比；外倾性是指个人在社交、积极、自信和体验积极情感的倾向上的差异；经验开放性是指个人在原创性、复杂性、创造性和对新想法开放的倾向上的差异；宜人性是指反映个人利他、信任、谦虚和热情倾向的特质；最后，责任心反映了自我控制、任务和目标导向、有计划和遵循规则的倾向（John & Srivastava，1999）。

2.10.2 变化的层次

在人格发展中，一些研究者提出了一个可改变性的理论层次（Hooker & McAdams，2003；Roberts & Pomerantz，2004；Wrzus & Roberts，2016）。一些人格特质，如广泛和持久的人格特质，被认为是相对稳定的，反映了缓慢的变化过程（Roberts & Jackson，2008）；其他属性，如行为、心理状态或生理过程的快速波动，可能会在几天内或几天内的瞬间发生（Fleerson，2001）。

这两个概念模型似乎特别有用，因为它们区分了不同层次的变化。第一个概念模型包括三个层次的人和情境广度（Roberts & Pomerantz，2004）。在最广泛的描述层次上，广泛而持久的结构（例如，人格特质）被认为比中层结构（例如，广义的情感体验、角色认同或习惯）更不容易改变，也更不具有环境可塑性。在最狭义的层面上，诸如瞬间想法、感觉和行为等特质的状态/状态表达可能是最可变和环境可塑性最强的结构。同样，广义的文化不像中层的组织气氛或最狭义的近体情境那样多变。状态层次可以被视为最动态的人格描述层次，因为它反映了人们在日常生活中的特定情境下的思考、感受或行为。这一层次包括作为内部因素（例如，动机和目标）和外部情境（例如，给定情境下的压力）(Fleerson，2001；Hooker & McAdams，2003）。

第二个概念模型最初是为了描述情感过程，重点是时间维度（Rosenberg，1998）。该模型包括三个层次的分析，范围从广泛和持久的情感特质（例如特质焦虑）到中间情绪（例如焦虑情绪），再到给定情境下的情感（例如引发焦虑的情境下的焦虑）。提议的层次被认为是暂时不同的：情感特质，如特质焦虑或神经质持续时间最长，指 Roberts 和 Pomerantz（2004）在模型中的广义层次。情绪的持续时间比情绪或情感特质短得多。此外，该模型假设了层级之间的双向关系，但表明清晰的组织影响力从更持久的情感特质流向更短暂的情感，表明了自上而下过程的趋势。因此，一个特质焦虑水平较高的人在特定的情境下往往会表现出更焦虑的想法和感觉。然而，从瞬间情绪到情感特质，通过情绪的自下而上的影响显然存在机会。某些情绪的频繁体验可能会在情绪方面变得更加习惯，最终可能会在特质层面上带来变化（Rosenberg，1998）。这一想法与新开发的 TESSERA 框架理论一致，该框架理论表明，由于在状态/状态表达层面反复的短期情境过程，人格特质层面的长期人格发展会发生（Wrzus & Roberts，2016）。

2.10.3　干预层次

这两个概念模型的广度和时间维度与干预努力相关，因为干预可以集中在一个非常具体的层面上，或者集中在建立在同时连接几个层面上的更广泛的视角上。

第一个干预策略旨在最大程度上直接针对和改变人格特质。较高水平的变化总是通过自上而下的过程影响较低水平（Rosenberg，1998）。然而，由于两个原因，这种方法似乎不太适合在短期内带来变化。第一个原因，更广泛和更持久的结构，如特质，被认为在更短的时间内变化不大。从干预的角度来看，直接改变人格的努力将会太耗时和昂贵。第二个原因，针对特质直接需要非常强有力的干预，因为这些干预必须针对思想、感情和行为模式，而不仅仅是人格的单一、特定属性，比如具体和严格限定的行为或特定体验。在给定的情境下，开始修改单个行为似乎比改变包括各种情境下相互关联的行为的整个特质更容易。

第二种干预策略旨在针对和改变特定情境下的状态/状态特质表达。由于状态比更广泛的结构（如特质）更易变化，可能对预期的变化更敏感，一些研究者最近表示，瞄准和改变特定的行为和经历将比直接瞄准特质更成功（Chapman，Hampson & Clarkin，2014；Magidson，Roberts，Collado-Rodriguez & Lejuez，2014）。然而，短期变化可能不会自动带来持久的变化，因为较低水平的变化可以但不一定会影响较高水平（Rosenberg，1998）。只有通过不断的练习和强化，新的行为和经历才会变得有学问、习惯和自动化。这一中等层次将是第三个干预策略的目标，重点是改变习惯（更多细节见 Wood & Renger，2016）。习惯形成的过程可能最终会带来永久的变化，这种变化可能会在特质层面上表现出来（Chapman et al.，2014）。基本思想是，状态一级的变化积累最终会通过自下而上的变化和习惯化过程，导致特质一级的人格改变（Wrzus & Roberts，2016）。

2.10.4　人格状态

2.10.4.1　特质改变

短期内人格特质改变的实证证据来自三个研究领域。第一，研究大量（自然）生活经历和社会文化环境如何影响人格特质。第二，在临床和亚临床试验中，人格改变是干预措施的"伴随效应"，这些干预措施不是为改变人格特质而明确开发的，而是主要针对精神健康问题而设计的。第三，从具体的干预措施来看，这些干预措施主要是为了帮助人们改变他们的人格特质。

2.10.4.2 "自然"环境下的生活经历和人格特质改变

人格特质的改变可能是由于暴露于特定的生活经历、环境和事件中而发生的。这意味着生活经历反映了可以改变人格特质（社会化效应）的"自然"环境。有一些实证证据表明，生活经历，如服兵役（Jackson, Thoemmes, Jonkmann, Lüdtke & Trautwein, 2012）或从大学到成人生活的变迁（Lüdtke, Roberts, Trautwein & Nagy, 2011）会导致人格特质的改变。此外，特定的重大生活事件，如结婚和离婚，也可以解释个人变化的差异（Allemand, Hill & Lehmann, 2015; Specht, Egloff & Schmukle, 2011）。然而生活事件对人格特质的影响通常相对较小，取决于事件的类型和特质（Bleidorn, Hopwood & Lucas, 2016）。社会化效应与干预努力相关，因为参与干预可能反映了一种场景，会激发预期的变革进程。

尽管生活经历可能会引发自然的人格改变，但对特定人格特质的认同也可能预示着特定生活事件和经历的发生（选择效应）。研究表明，人格可以预测生活经历的发生（Luhmann, Orth, Specht, Kandler & Lucas, 2014; Specht et al., 2011）。例如，在成年早期非常善于交际会增加开始第一次浪漫关系的可能性（Neer & Lehnart, 2007）。高神经质可能会导致焦虑和抑郁经历的发展（Zinbarg, Uliaszek & Adler, 2008）。选择效应与干预努力相关，因为个体差异可能与治疗动机和反应相关。

人格特质的改变也可能会随着人们对生活中的事件的感知和理解而发生，而不是仅仅因为事件的发生而改变。生活事件可以用多种方式来解释。理解生活事件的一种方法是将它们解释为转折点（turning points）。自我报告的转折点是对人们如何看待自己和他们的生活，以及了解自己和他人的新情境的长期变化的主观看法（Wethington, 2003）。由于转折点是主观的，导致转折点的事件可能从看似无害的事件到客观创伤的事件不等。另一种方法是从成功和失败的经历中学习（Ellis, Carette, Anseel & Lievens, 2014）。成功和失败可能会提供引发反思过程和活动的机会。早期证据表明，将压力生活事件视为转折点或"经验教训"与某些人格特质改变有关（Sutin, Costa, Wethington & Eaton, 2010）。总之，人格特质的改变可能会发生在对生活经历和事件的发生和解释的反应中。

2.10.4.3 人格特质改变作为心理干预的"伴随效应"

临床干预通常针对特定的（例如恐惧症）或广泛的精神健康问题（例如人格障碍）以及临床症状所带来的心理紧张。虽然人格特质可能是心理健康问题的一部分（例如焦虑障碍中的特质焦虑或抑郁中的自尊），但临床干预的主要目的不是改变人格特质。在这种情境下，人格特质的改变可能反映出一种"伴随效应"。事实上，有新的证据表明，通过跨多个领域的各种心理治疗干预，伴随着对人格特质的影响。例如，Smith, Glass 和 Miller（1980）在一项关于心理治疗效应的元分析中发现，除了主要结果（如心理机能、幸福）之外，治疗还可以改变人格特质。最近的研究表明，心理治疗和咨询干预，有时结合药物治疗，可以改变或改变人格特质（DeFruyt，van Leeuwen，Bagby，Rolland & Rouillon，2006；Santor，Bagby，& Joffe，1997；Tang，et al.，2009）。此外，研究表明，真正的心理治疗干预，即以改变人格障碍方面的"问题"人格特质似乎是有效的（Kivlighan，et al.，2015；Perry，Banon，& Ianni，1999）。最近的一项元分析检验了临床干预导致人格特质改变的程度（Roberts，et al.，2017）。研究结果表明，在平均24周的时间里，临床干预与人格特质的显著变化（例如，神经质的降低、外倾性的增长）相关。

除了这些临床干预，一些针对不一定患有心理障碍的人的亚临床或其他类型的心理症状通过干预，例如，正念训练（Krasner，et al.，2009）、技能培训（Nelis，et al.，2011；Piedmont，2001）和冥想（Sedlmeier，et al.，2012）显示了人格特质改变。除了预期的结果变量之外，还与一些人格特质改变有关。一项研究表明，旨在改变认知技能的认知训练显示，随着时间的推移，一群老年人对经验的开放性有所提高（Jackson，Hill，Payne，Roberts & Stine-Morrow，2012）。总之，目前的工作表明，人格特质可以通过各种心理干预来改变，尽管这些干预并不是专门为改变特定的人格特质而设计的。

2.10.4.4 有意改变人格特质的干预

根据适度的证据，人格特质可能会随着生活经历和心理干预的伴随效果而改变，研究者可以额外检验人们是否能够在短时间内有意和永久地修正或改变他们的人格特质。当变化是由想要变得不同、行动不同和感觉不同的期望所驱动时，变化可以是有意的，也可以是自愿的，例如，由于故意干预而产生的变化，通常是由一个陷入困境的人发起的。然而，人们愿意并有动机改变他们的人格的至少某些方面，而不一定会遭受与他们的人格相关的心理和/或社会问题。有意的改变也可以是独立于治疗、咨询或辅导的自我改变努力的结果。这种努力可以通过自助或自助团体的自我改善来实现（Andersson & Cuijpers，2009；Cuijpers，Donker，van Straten，Li & Andersson，2010）。自助通常利用公开的信息（例如，在互联网上）或支持团体（例如，处于类似情境和/或有类似目标的人联合在一起）。

最近有关于干预努力的讨论，目的是有意改变特定的人格特质，使其朝着理想的方向发展（Chapman，et al.，2014；Hudson & Fraley，2017；Magidson，et al.，2014；Martin，Oades & Caputi，2012；Mroczek，2014）。然而，迄今为止，除了一些显著的例子，缺乏关于这种干预措施有效性的实证证据。Martin，Oades和Caputi（2014a）引入了辅导干预（coaching intervention）概念，为那些想要改变人格特质的人提供了一个有意的人格特质改变的逐步过程。他们对一组教练/心理学家进行了半结构化的访谈，为大五人格特质的低阶或层面水平制定具体的辅导方法。一项为期10周的结构化人格改变辅导项目的初步评估研究（人格辅导组 $N=27$，控制组 $N=27$）为预期的人格特质改变提供了第一个实证证据（Martin，

Oades, & Caputi, 2014b)。参加辅导项目与被试所选择的人格方面的积极变化相关联,并且这些进步在 3 个月后保持不变。对这些被试的后续研究表明,人格特质改变可以持续 4 年（Martin-Allan & Leeson, 2016）。此外, Magidson 等（2014）提出了一套指导原则,通过自下而上的改变过程,对目标人格特质进行理论驱动的改变。该方法通过基于证据的行为干预（即行为激活）明确关注责任心的特点。最后, Hudson 和 Fraley（2015, 2016a）进行了三项为期 16 周的深入纵向研究（N_s = 135, 151 和 158）,以考察人们是否能够根据自己的变化目标,自愿改变自己的人格特质。这些研究的结果表明,人们能够成功地实现期望的人格特质改变。此外,培训人们产生实施意图（即,特定和具体的"如果—那么"计划）特别成功地提升了人们实现特质改变的能力（Hudson & Fraley, 2015, 2017）。总之,虽然有关有意人格特质改变的现有研究很少,但仍是有希望的,并且表明有意的人格特质改变在期望的方向上是可能的。虽然短期研究中观察到的人格特质改变是否可以保持,或者更确切地说,反映出可能会随着时间的推移而回复的暂时变化,这还是一个悬而未决的问题。然而,早期的证据表明,这种情形可能会持续几年。

关于预期的人格特质改变,应该考虑几个先决条件。Hennecke, Bleidorn, Denissen 和 Wood（2014）提出了人格特质改变发生的三个先决条件。第一个先决条件,人们需要改变自己的经历和行为的愿望,或者作为目的本身,或者为了实现其他目标。换句话说,改变特质的状态表达被认为是可称许的或必要的。对大多数大学生样本进行的研究发现,大多数人希望至少改变他们人格特质的某些方面（Allan, Leeson, & Martin, 2014; Hudson & Fraley, 2015; Hudson & Roberts, 2014）。最近的研究表明,改变人格特质的愿望不仅在年轻人中普遍存在,老年人也表达了对人格特质改变的强烈愿望（Hudson & Fraley, 2016b）。第二个先决条件,人们必须考虑执行新的体验和行为是可行的,他们必须能够实现期望的改变。这两个先决条件大致反映了价值和期望,这些价值和期望决定了人们在表现或忽略经历和行为时的承诺和成功的可能性（Chapman et al., 2014; Magidson et al., 2014）。第三个先决条件表明,经历和行为变化需要成为习惯,以构成人格特质的稳定变迁,并带来持久的变化。自我调节机制,如某些环境的选择或情境特质的改变,以及习惯形成等变化过程可能是这一变迁的驱动力（Denissen, van Aken, Penke & Wood, 2013; Wood & Rünger, 2016; Wrzus & Roberts, 2016）。这一先决条件符合自下而上的理念,即通过习惯从状态到特质的变迁过程（Chapman, et al., 2014; Magidson, et al., 2014）。

针对预期人格特质改变的干预努力仍处于起步阶段,需要根据概念框架来制订理论驱动的干预计划。如何发展这一领域有各种先前存在的科学范式。心理治疗研究提供了丰富的干预专业知识,可能有助于人格特质改变干预的发展和实施。例如,一种临床范式可能在于引用已经被广泛采用的真诚（bonafide）心理治疗方法,如心理动力学、认知-行为或人本/体验心理治疗以及咨询传统。除了循证实践运动之外，另一个可行方法可能在于针对特定人格特质的特定治疗，以及在随机对照研究条件下严格遵守精心开发和测试的手册/治疗指南（见 Magidson, et al., 2014，用于使用循证临床治疗方法的特定治疗）。最后，还有一种范式可能在于制定更普遍的干预原则。下面几节特别关注共同的变化因素，作为改变人格特质的干预努力的潜在启发性原则。

2.10.5　心理治疗的几点思考

2.10.5.1　研究

心理治疗研究者试图确定人们在治疗过程中如何以及为什么会发生变化，以及哪些因素可以最大限度地提高了治疗效果。重点从研究特定方法独有的特定因素（例如，暴露疗法、识别阻抗和转移、空椅技术）、研究治疗外因素（例如，社会支持、自发缓解、来访者动机和卷入）到识别大多数疗法中常见的一般因素（例如，移情、工作联盟、期望）(Lambert, 2013)。在下文中，我们关注心理治疗中的共同因素及其与人格改变干预的潜在相关性。

尽管治疗过程通常涉及许多特定的治疗行动、任务或目标，这些行动、任务或目标依然可以由各种治疗方法（例如，行为疗法、心理动力疗法、模式疗法）共享，但是用于实现这些行动、任务或目标的干预措施可以因心理治疗方向而异。综合心理治疗研究范式定义了不同方法中普遍存在的前提和因素（Castonguay & Beutler, 2005; Grawe, 2004; Orlinsky, 2009; Prochaska & Norcross, 2010; Prochaska & Prochaska, 2010; Wampold & Imel, 2015）。假设心理治疗的结果在很大程度上可以由共同的原则或共同的因素来解释，而不是由特定的治疗技术或特定心理治疗取向所特有的因素来解释（Lambert, 2013; Orlinsky, Rønnestad, & Willutzki, 2004; Wampold & Imel, 2015）。因此，在治疗过程中实现这些原则是泛理论心理治疗整合的一个基本目标（Castonguay, Eubanks, Goldfried, Muran, & Lutz, 2015; Grawe, 2004）。

一个示例性的综合框架可以为人格特质改变干预措施的开发和实施提供有用的启发性原则，重点关注心理治疗的一般改变机制（Grawe, 1997, 2004; Grawe, Donati & Bernauer, 1994; see also Caspar & Grosse Holtforth, 2010）。一般的变化机制被认为是对来访者的人格特质、技能、经验和行为的中间变化负责，并导致治疗的最终结果或目标的改善。该框架由4种实证驱动的一般变化机制组成。这4种机制基于对受控心理治疗研究和自然过程-结果研究结果的广泛元分析研究（Grawe, 2004; Grawe, et al., 1994; Orlinsky, Grawe & Parks, 1994; see Prochaska & Prochaska, 2010 for similar ideas）：①问题驱动是指在治疗过程中问题的实际情感体验；②资源激活是指有目的地利用来访者的个人能力和优势进行治疗性改变；③意义澄清/动机澄清涉及意识到变化的动机决定因素，如（无）意识的目标、价值观和动机，以更好地理解或情感体验事件、生活环境或关系；④掌握

/应对指的是学习如何使用行为策略来应对特定问题情境的具体经验（Grawe, 1997, 2004; Grawe, et al., 1994）。共同变化因素的支持者认为，实现每一个一般变化机制可能会增强治疗师对人们可以用来改变自己的许多积极主动的途径的理解，并可能有助于将干预措施精确地对应于来访者所处的情境（Flückiger, Grosse Holtforth, Znoj, Caspar & Wampold, 2013; Grawe, 1997; Orlinsky, et al., 2004; Wampold & Imel, 2015）。下面，我们将更详细地讨论这些启发式原则。在调整这些一般因素以适应有意人格特质改变的领域时，我们使用了更恰当的术语（体现在括号中的词语）。

2.10.5.2 问题驱动（差异意识）

这种支持机制有助于治疗变化过程。关键的想法是，当人们真正体验到问题或期望的变化时，这些问题或期望的变化可以得到最有效的定位和改变。来访者需要直接接触痛苦的感觉和想法来克服其自身的问题（Gasmann & Grawe, 2006）。在行为治疗中，让来访者接触以前所避免接触的刺激，在情感治疗中关注情感核心主题，或者在心理动态治疗中解决来访者的问题转移，这些都是问题驱动的例子。

这里，我们更喜欢用差异意识一词，以强调意识到或对实际人格和期望人格之间的差异十分敏感可以促进变化过程，而不一定遭受与实际人格相关的心理和/或社会问题。因为这种变化机制是特定于环境的，所以它被认为主要在狭义和中等程度的干预工作中运行。例如，如果一个人想要变得更加开放地去体验，那么在对他来说很重要的特定情境下，在实际体验低开放性的代价时进行干预会有所帮助（Martin, et al., 2014）。

资源激活（优势导向）这种支持机制在干预措施中得以实现。这些干预措施侧重于来访者能力、技能、资源和优势的健康部分，而不是来访者的问题和缺陷（Flückiger, Caspar, Grosse Holtforth & Willutzki, 2009; Gassmann & Grawe, 2006）。假设使用激活的力量来启动和维持正反馈回路，促进治疗关系，增强来访者对变化的积极期望，并可以增加来访者对治疗过程的开放性（Flückiger, Wüsten, Zinbarg, & Wampold, 2010）。此外，咨询师和来访者之间具有目标和任务一致的信任协作品质可能是促进人格改变的另一个先决条件。工作联盟是这种协作质量的一个指标，它与心理治疗的治疗结果密切相关，也与其他干预环境如教育干预、医疗和社会工作密切相关（Horvath, Del Re, Flückiger & Symonds, 2011; Wampold & Imel, 2015）。

我们也更喜欢优势导向这个术语，强调个人和社会优势（例如，改变动机、社会支持）在改变人格特质的干预努力中所起的支持作用。这种变化机制可以在干预工作的每一个层次上运行。例如，如果一个人想变得对经验更加开放，其他高开放性的人可以充当榜样，从而代表社会优势。在特定情境下表现出比平时更开放性的行为后，受到奖励和强化，这反映了力量导向的启发式原则。

2.10.5.3 含义澄清/动机澄清（洞察）

这种以学习为导向的机制让来访者意识到其自身不愉快的感觉和想法的动机决定因素（例如，意愿、恐惧、信念、期望、标准、目标、价值观、动机），重新评估他或她最初的消极评价（初级评估）(Lazarus, 1991) 的情境和事件，并在清晰度、方向或力量等方面改变意图（Grosse Holtforth, Grawe & Castonguay, 2006）。对意义的澄清有助于来访者以不同的（新的）方式理解或体验事件或关系。Grawe（2004）认为，新理解的经验也可能导致新的行为（掌握经验），例如新的应对方式（即，自上而下的变化过程）。例如，一个人更好地意识到自己对某一特定特质的立场（例如，"我的强迫倾向限制了我的自发性"）可能会影响掌握经验（例如，"随机选择的周五是可以的，也是学习与人格相关的新行为的机会；这是有趣的，而并非不必要的事件"）。掌握行为、问题和/或更好地应对它们的经验代表了来访者对压力源可控性的评价的变化，以及应对情境或事件的资源和选择（二级评估)(Lazarus, 1991)。对意义的澄清可能发生在各种干预的背景下，如经典精神分析、其他精神动力学疗法、情感聚焦疗法或图式疗法。

这里，我们更喜欢"洞察"一词来强调反思过程（例如，自我反思）和学习因素（即，对信念、期望或动机的认知和情感理解）在改变人格特质的干预努力中的主要作用。这种变化机制主要在中等和广泛级别的干预工作中运行。例如，如果一个人想变得更加开放地去体验，通过自我反思来瞄准可能阻碍变革进程的潜在信念和期望会有所帮助。

2.10.5.4 掌握/应对（练习）

这种面向行动的机制指的是给予来访者更好的自我效能感以及应对策略和行为变化的经验。它基本上与通过学习新的行为和技能来改变行为有关。经典的行为疗法代表了一种典型的方法，主要是概念化掌握/应对干预（Grosse Holtforth, et al., 2006）。掌握行为、问题和/或更好地应对问题的实证可能会导致来访者对问题的评估发生变化，从而澄清含义（即，自下而上的变化过程）。

"实践"一词，强调了行动因素在改变人格特质的干预努力中的作用。这种变化机制主要在干预努力的狭义层次上运行。例如，如果一个人想要变得对经验更加开放，则开发特定的行为治疗方法，例如行为激活，以针对行为并实现实践（Magidson, et al., 2014）。

2.10.5.5 内部视角与人际视角

每个一般性质的机制都可以从个人内部和人际关系的角度来看。一些变化过程主要发生在个人内部，而其他过程发生在几个人之间或与几个人相关（例如，与咨询师或治疗师、朋友或家人或其他人的互动），甚至包括两种观点（例如，如何更好地与他人联系这一个人技能）。

2.10.6 有意人格特质改变干预的干预框架

根据 Grawe（1997，2004）的建议我们提出了一个框架，用于开发和实施有意识的人格特质改变干预措施。该干预措施主要具有启发性功能。该框架包含六个独特但相关的干预视角，表明人格特质改变可以通过不同的视角同时或按顺序进行测量、观察和定向。四个视角指的是实证得出的一般变化机制，它们可以被折叠成两对类似语义差异的视角（Grawe，2004）。差异意识和优势导向形成一对由支持机制组成的视角，而学习视角（洞察力）和行动视角（实践）形成另一对视角。该框架还包括个人内部和人际关系的观点，因为人格改变过程可能发生在人内部和/或人与人之间。关于干预的级别，该框架被认为在所有级别上运行，但重点是狭义和中等级别。

2.10.6.1 多种干预观点

启发式框架的基本思想是，每个视角都提供：特定干预策略和技术的独特目标；关于正在进行的变革进程的独特信息。因此，干预主义者应该从多角度进行干预，在整个干预过程中同时或依次实现一般的变化机制。这种多视角方法针对的是自下而上和自上而下的变化过程，这些过程最终会随着时间的推移影响个人内部和个人之间的所有变化机制。尽管这四种一般的变化机制强调了对干预过程的不同观点，但这些机制在干预过程中可能会高度相互关联（Flückiger, et al., 2013；Mander, et al., 2014）。例如，资源（优势导向）可能有助于探索行为（实践），这可能会导致新的认知或情感学习体验（洞察），以应对预期的人格改变（差异觉知）。或者，立即激活实际人格和期望人格之间的差异（差异觉知）可以增强改变的动机（洞察力），可能导致更好地协调现有资源（优势导向）来改变特定的行为或经历（实践）。

2.10.6.2 多重变化过程

总的来说，一般的变化机制被认为会刺激变化过程，从而导致一系列持久的探索、协调和适应（Grawe，2004）。变化过程可以以不同的方式表现出来，包括来访者努力参与新的体验和行为，对自己和他人形成更积极的看法，或者采用更健康的方式与他人交往（Castonguay & Hill, 2012）。这些多重变化过程可能会被调整成两条基本的持久性变化路线（Prochaska & Norcross, 2010；Prochaska & Prochaska, 2010）。一条路线：以学习为导向的变化过程主要涉及认知和情感方面，这有助于提高对问题、需求或个人能力的认识。主要目标是中等干预水平的认知-情感/反思功能。这里的干预目标是促进新理解的体验，改变自我、他人和世界的不适应观点或图式，并增加自我反思（洞察力）。另一条路线：面向行动的变革过程促进了对问题、需求或个人能力的积极工作。这些过程主要针对狭义干预水平下的特定行为和体验。这里的目标是帮助来访者学习和加强新的行为和技能，如补偿或应对技能，并学习在新的社会角色中的行为（实践）。来访者和干预主义者的偏好可能会决定他们最初使用的改变路线（Cheavens，Strunk，Lazarus & Goldstein，2012；Flückiger & Grosse Holtforth，2008）。然而，最重要的是，两条路线都可能导致持久的变化（Flückiger，et al.，2013；Grawe，2004）。

一方面，更高层次的学习导向的改变过程被认为是通过自上而下的过程来促进更低层次的人格特质改变（例如，对特定人格特质的功能的认识可能有助于探索和调整新的行为）。另一方面，较低层次的面向行动的改变过程可以通过自下而上的过程促进较高层次的人格特质改变（即，新行为习惯的形成可以引发对自己人格的基本假设的适应）。自上而下和自下而上过程之间的区别与先前的变化概念密切相关，例如一阶和二阶变化（Watzlawick，Weakland & Fisch，1974），或者认知同化和顺应（Piaget，1977）。就目前的目的而言，重要的是要注意到，根据 Piaget (1977)，同化和顺应是两个不可分割的互补过程，它们是永久互动的。例如，类似特质的行为或日常自我归因的小的同化例外（例如，"成为休闲星期五的一部分"）可能会影响特定人格特质的整体适应能力（例如外倾）。反之亦然，以不同的方式处理事情的意图（迁就）以及，诸如接管更多的责任，可能会影响反映责任被委托（同化）的单一日常情境的意愿。这些例子表明，自下而上和自上而下的变化过程及其相互作用可能在干预过程中发挥关键作用。

2.10.7 人格心理学的努力

提议的框架为人格心理学提供了什么？它提出了一种关于人格改变干预措施的发展和实施的综合思维方式。该框架并不关注改变人格特质的特定干预技术或特定治疗方法所特有的特定途径。然而，它通过强调不同治疗方法中共同因素的作用，在干预努力的战略层面给出了具体建议。它提供了一种思考与一般变化机制相关的多种干预观点和多种变化过程的方式。更好地理解改变和改变人格特质的许多途径可能有助于将干预精确地定位于个人。也许过程-结果研究中最具挑战性的发现之一是个体变化轨迹的巨大变化。在统计模型中，这种变化经常表现为一个"错误术语"，有时有一个必须防止的负面含义。尽管如此，这种差异也可能表明，在自我反应的成年人中，自由的程度必须在道德上得到保障。

人格发展和心理治疗过程-结果文献中的概念和发现对人格心理学中的干预工作有重要意义。第一，关于不同程度的改变和干预的知识将有助于研究者和干预主义者发展理论驱动的干预概念和策略，促进预期或期望的人格特质改变。尽管一些研究者建议在最狭义的层面上瞄准和改变实证和行为（Chapman，et al.，2014；Magidson，et al.，2014），但考虑自上而下和自下而上的变化过程可能会更有效。所描述的一般变化因素可以作为连接各级干预努力的机制，尽管重点是狭义和中等水平。

第二，人格特质改变干预可以明确考虑一般的改变机制。如前所述，我们更喜欢关于预期人格特质改变的差异意识一词，而不是问题驱动。我们假设，人们主要想探索和改变他们人格中的某些特定方面，不管他们在日常生活中是否"遭受"思想、感情和行为模式的影响。这明确区分了改变人格特质的干预努力和心理治疗干预。在后一种情境下，人们会因为心理压力而接受治疗干预。因此，对个人负担的情感意识是问题驱动的焦点，而对实际人格和期望人格之间差异的驱动是对坚持一个或多个人格特质的成本和益处的意识，这可能会引发改变探索。

第三，干预概念应明确实施干预策略和改变技术，以帮助实现整个干预过程中的总体改变机制，从而最大限度地加大干预力度。在心理治疗过程领域，结果研究始终表明，成功治疗的特点是实现了所有常见的变化因素。然而，重要的是要考虑改变人格特质应该是期望的，或者是必要的和可行的（Hennecke，et al.，2014；Hudson & Roberts，2014）。改变人格特质的干预措施只有在人们有欲望并且能够改变人格的某些方面时才有意义。

2.10.7.1 测量变化过程

迄今为止，只有少数研究明确检查了人们是否可以有意改变或改变他们的人格特质（Hudson & Fraley，2017）。由于大多数先前的干预研究都集中在较短的时间内，所以不清楚前述干预研究中观察到的人格特质改变是反映了永久的变化还是可能会随着时间的推移而回复的暂时的变化。为了更好地理解有意人格特质改变干预的持久性，需要更长时间的纵向干预研究。

此外，为了更好地理解现有和未来干预措施对改变人格特质的影响，区分更广和更窄的过程和结果测量是很重要的。在评估具体情境和生活背景时，仅在广义的层面上评估不太符合背景的结构可能无法捕捉到重要的细微差别（Allemand & Hill，2016；Roberts & Pomerantz，2004）。人格特质改变过程在不同的时间间隔上运行（即慢变化过程与快变化过程），这取决于人们所考虑的结构的宽度（即宽与窄）。因此，人格特质和相关状态/状态表达的纵向评估应该结合不同时间间隔的纵向方法。这将有助于捕捉响应干预努力的变化过程的细微差别。同样，为了更好地理解人的内部过程和结果影响，重要的是通过深入的纵向方法在干预过程中应包含多个评估和监测过程（Borger & Laurenceau，2013）。

2.10.7.2 理解共同变化原则

关于一般的改变机制在人格特质改变干预的背景下是如何工作的，还有很多要学习的内容。除了使用随机对照试验设计研究整体治疗效果外，一个有希望的途径是检查自我调节过程（Denissen，et al.，2013）和其他潜在人格发展的短期过程（Wrzus & Roberts，2016），通过微干预设计进行更详细的研究（Flückiger，et al.，2012；Strauman，et al.，2013）。这种设计反映了受控的实验室以及对特定治疗方面的自然研究，以产生和检验关于改变机制如何有助于改变人格特质的假设。

两种研究方法对于解释一般变化机制的作用特别有用。方法一：实验模拟。旨在模拟或模拟给定变化过程中的变化（通过实验或建模模拟），以了解自然发生过程的机制（Linden Berger & Bates，1995）。这种方法对于研究人格改变的常见机制特别有用。方法二：极限测试法。旨在评估最大性能（Lindenberger & Baltes，1995）。这种方法最初是为了研究认知功能而开发的，但是可以用来研究行为和实证的极限或潜在范围。一种可能的人格特质改变机制是离开习惯性的"舒适区"，并测试行为极限，例如，通过与一个人的习惯性和特质性行为背道而驰的方式。研究表明，展示反特质行为比习惯行为和特质典型行为需要更多的努力和自我控制（参见反特质假设；Gallagher，Fleeson & Hoyle，2011）。换句话说，一个高度神经质的人可能会发现相较于神经质的行为，自己更难做出情绪稳定的行为。然而，定期测试极限可能会扩大行为范围，随着时间的推移，可能会变得学习、习惯和自动化，并最终通过自下而上的变化过程导致人格特质的改变（Chapman，et al.，2014；Wood & Rünger，2016；Wrzus & Roberts，2016）。

2.10.7.3　实际演示

在下文中，我们将会提供研究者和从业人员如何在心理干预中实施和实现四种一般变化机制的实例。为了说明的目的，我们假设一个对新经验不太开放的人想要变得更加开放。为了讨论变化的一般机制，我们假设与开放相关的实证和行为的变化是可取且可行的。

（1）启动差异意识

这个想法是，当人们实际上启动和体验站在某一人格特质上的成本和好处时，人格特质可以被最有效地定位和改变（例如，低开放性）。这样做的一种可能性是探索实际人格和期望人格之间的差异（Martin，et al.，2014b）。突出差异可能有助于制定现实的改变目标和制订行动计划，也可能有助于人格特质的改变（Hudson & Fraley，2015，2017）。以策略行动的形式来减少当前状态和一些参考标准之间的差异的自我调节机制被认为是人格改变的驱动力（Denissen，et al.，2013）。事实上，研究表明，对于那些愿意改变自身人格特质的某些方面的人来说，帮助他们产生实施意图（即具体和具体的"如果-那么"计划）尤其成功（Hudson & Fraley，2015）。

（2）激活优势和资源，实现优势导向

实现优势导向主要是利用个人和社会的优势和资源。这些资源可能与知识和技能、动机准备和变革准备有关，也可能与朋友或家人等其他重要人士的社会支持有关。在心理治疗和咨询中，有一个以资本化为导向的策略的广泛传统，例如明确表达希望（Wampold & Budge，2012）或理解来访者的功能行为（Flückiger，et al.，2010；Grawe，2004）。

（3）瞄准信念、期望和动机来实现洞察力

为了实现洞察力，有必要主要针对人们的认知-情感/反射功能。仔细挑战个人的基本假设、信念、期望和动机可能是获得洞察力的关键因素。例如，人们可能对其人格不同方面的可塑性有特定的态度或心态，这可能加强或削弱他们朝预期方向改变的能力（Dweck，2008）。例如，一些人认为他们的人格特质是固定的（"实体"理论），而另一些人认为他们是有延展性的，可以通过努力和教育来改变（"增量"理论；Dweck，2008）。然而，第一个证据表明，想要改变特定人格的人倾向于这样做，而不必在意他们认为人格特质是可塑造的还是固定的（Hudson & Fraley，2017）。然而，挑战性的信念、期望或价值观可能允许自我反思、自我探索和自我叙述，这可能会产生新的想法，而不是旧的自组织系统的"黏结"。这样做的一种可能方式是从成功和失败的实证中学习。通过对实证和行为的系统分析，以及对它们对成功和失败实证的贡献的评估，这种自我反思的过程可能会更容易（Ellis et al.，2014）。洞察力通常伴随着不同方向的想法和自我反思，个人从拓宽自己的思想焦点中受益。洞察往往需要比快速流畅的答案需耗费更多的时间。

（4）练习有针对性的行为

为了在现实世界中实现变化，有必要确定适当的行为，并加以实践。实践的重点是人的具体行动和行为。有几种心理治疗技术可以帮助人们学习和加强新的行为和技能（如补偿或应对技能），并学会扮演新的角色。这样做的可能方式是通过模拟其他行为（观察他人）、观察和改变自我感知（观察自己）以及接收他人的反馈（倾听他人）(Wrzus & Roberts，2016)。其中一项策略是战略角色选择。如果社会角色在改变人格方面是有效的（Lodi-Smith & Roberts，2007），那么从战略上投资于能持续唤起期望人格的角色可能是有效的。另一项策略是测试避免的行为或反特质行为（Gallagher, et al.，2011）。通过行为测试。最后，（认知）行为治疗中的暴露技术或自信训练项目或行为激活中的角色扮演技术是以实践为目标的策略的典型例子。一般来说，反复练习和强化新的行为、角色和经历可能会随着时间的推移导致习惯化，并最终改变人格（Chapman, et al.，2014）。

2.10.8 有意人格改变小结

这部分综述从心理治疗过程-结果研究中提供了一些示例性的考虑，这些考虑可能对人格心理学的干预工作有重要意义。这些考虑没有提供如何改变人格特质的具体干预途径，也没有提供如何治疗与人格相关的疾病的具体干预途径。然而，它确实在干预努力的战略层面给出了具体建议，并为人格干预的发展和实施提供了一些启发性原则。主要论点包括，诸如一般变化机制之类的共同因素是心理干预的潜在价值目标，目的是在更短的时间内有意识地改变人格特质。因此，在干预措施中实施和实现一般性变革机制将有助于最大限度地提高干预努力的成功。我们希望所提出的启发式框架可以刺激未来的干预研究和实践工作，并说明人格科学和心理治疗研究如何能够相互受益（表2-4）。

表 2-4　部分人格发展理论比较

理论	视角	核心假设	主要术语概念	主要观点	预测与假设
CAPS	人格处理系统的表征，在该系统中，人们以特定的方式对情境特征作出反应。CAPS 试图解释跨情境一致性和可变性	人格特质的情境变异。可变性不应被视为测量误差，而应被视为关于人们何时在行为上有所不同的信息。变异被概念化为一种行为模式，代表了认知情感单元（CAUs）之间的潜在关系	人格特质的情境变异；认知-情感单元（CAUs）——心理表征，在制定时导致行为（如目标、期望、信念、影响、自我调控标准、能力、计划、策略）如果-那么剖面用来解释个人如何对情境特征作出反应的行为特征，例如，如果情境 A，那么这个人会做 X；但是如果情境 B，那么这个人会做 Y，也称为情境-行为剖面	个体差异是由于 CAUs 的可达性，以及 CAUs 之间的关系	认为自己是一致的人会有相对稳定的情境-行为剖面 跨情境变异性反映了人格系统的稳定组织
Sociogenomic model	将人格概念化为一个由特质、状态、环境和生物因素组成的系统	环境可以影响 DNA 编码信息表达的方式（表观遗传人格系统）动物人格模型研究对人类人格模型的适用性	弹性系统，柔韧系统	特质是状态的长期模式，状态中介特质改变	人格稳定性很大程度上是遗传的人格的改变是基于遗传和环境的环境导致状态的变化
TESSERA	理解人格改变/人格发展	环境因素通过限制经历来影响"TESSERA"过程 正/负效价的差异影响人格发展，而负效价引发更强的人格发展	触发情境——作为预期触发的外部情境 期望——从触发后的可能状态中选择的响应 状态/状态表达——与期望相关的瞬间想法、感受和行为 反应——对状态行为的反应	重复的行为状态，触发-行为链接或目标-行为模式作为习惯性行为编码到过程记忆中，TESSERA 则作为强化学习	TESSERA 成分的外部或内部位点调节人格改变的幅度
WTT	一个完整的特质模型，包括对个体行为差异的描述、个体差异产生的原因以及特质的内部运作	特质作为状态的密度分布，状态随时间变化 特质的两个部分——解释性和描述性 描述性部分是解释部分的因果关系中的结果 解释性部件输出是一种行为或状态	密度分布——随时间形成的状态水平分布	说明稳定性和可变性的特质模型	密度分布模型允许特质描述部分的动态过程 密度分布的变异性（宽度）允许特质解释部分的动态过程 状态的变化

2.11 小结

本章介绍了五因素理论框架下的人格发展理论，着重阐述了基本倾向和特征性适应的二象性原理，遗传与环境交互作用的几种机制如社会投资定律、新社会分析模型、修正的人格特质社会基因模型、人格的进化理论、成年期人格发展的 TESSERA 框架、设定点理论，人格改变的潜在核心因素以及有意人格改变等内容。以上理论基于实证研究，深化了遗传与环境因素及其交互作用对五因素人格发展的机制的认识，对于引发新的实证研究，解释和预测人类行为，整合人格发展理论均有新的启发。下一章将介绍具体的五因素人格发展的影响因素。

M2-1　参考文献

3

五因素人格的具体影响因素与相关变量

3.1 遗传对人格发展影响

人格特质通常被定义为个人在感情、思想和行动上的一致性，跨情境、背景和场合。虽然不同的特质模型对表征人格差异的关键特质（或特质维度）的数量存在分歧，但他们普遍认为存在有限数量的基本特质，这些特质显示出遗传基础（通常被标记为性情特质、核心特质或基本倾向）。在许多其他模型中，大五特质分类是这方面最有影响力的概念模型，因为它涵盖了 5 个维度上的人格特质。这 5 个人格维度在许多不同的语言、文化和物种中被描述；它们表现出跨时间和情境的相对的稳定性，可以在生命早期被观察到，具有生物基础，并预测几种特定的行为和生活结果（McAdams，2015；McCrae，2009）。大五特质维度的标签有所不同，但最常见的仍是我们熟悉的：神经质（相对于情绪稳定性）、外倾性（相对于内倾性）、对经验的开放性、宜人性和责任心。

大五特质模型在一个共同的框架内整合了各种其他的气质和人格特质模型（John，Naumann & Soto，2008）。因此，5 个特质维度中的每一个都在等级上包含或可以被分配给一组更广泛、更具体的特质，称为方面（例如焦虑、冲动、社交、活动性、直率或尽职）。此外，一些研究者提出，在小的方面之下也有一个有意义的特质层次，被标记为细微差别（nuances；Mõttus，Kandler，Bleidorn，Riemann & McCrae，2016）。其他人则认为，基于所有或特定的大五人格特质之间的系统关联，更抽象的人格特质层次更有实质内容（DeYoung，2006）。大五特质维度经常作为人格特质差异和发展的描述和理论分析的最经济单位（即研究广度和简约性之间的最佳折中）(Kandler，Zimmermann & McAdams，2014；McAdams，2015；Specht，et al.，2014）。沿着这一思路，该部分综述主要回顾基于大五特质维度的遗传基础上的遗传信息研究，作为描述和遗传病因特质差异的基础。

为什么人格的个体差异如此持久？一个显而易见的可能原因是遗传，但是人格连续性也反映稳定环境的力量。遗传和非遗传因素对人格稳定性的相对贡献可以在行为遗传学研究中评估。

依据 Briley 和 Tucker-Drob（2014）在对纵向双生子和兄弟姐妹研究的元分析中得出的结论，遗传对表型人格本身的影响显示，直到 30 岁左右，稳定性不断增强；此后，遗传影响变得非常稳定。基因占观测特质得分稳定性的一半多一点：在 5 年的时间间隔内，老年人的稳定性系数估计为 0.71，基因对其的贡献占大约 0.38。由此得出了一个显而易见的结论（但可能存在误导），即 33% 或略少于一半的观测到的稳定性是由环境造成的。使用行为遗传学研究的传统术语来说，这是一个恰当的推论，因为环境只是意味着没有遗传。尽管大多数心理学研究者可能会假设这个术语必须指的是家庭、邻居、职业等，但重要的是，环境中也包括测量误差。Briley & Tucker-Drob 仔细处理了随机误差的问题，但是，和大多数行为遗传学者一样，他们忽略了方法变异的系统误差。方法偏差（例如，个体对其外倾性水平的系统性高估）在单一来源评估中贡献了高达 40% 的变异，并且保持稳定多年（McCrae，2018）。很多观测到的自评或知情人评定的稳定性，都归因于稳定的方法偏差，而非基因。

一项研究已经解决了这个问题。Kandler 等（2010）对德国同卵和异卵双生子进行了三次共历时 13 年的五因素人格自评；他们同时从自己的两个同伴那里获得了人格评分。通过这种设计，他们能够控制随机误差和方法偏差，从而估计真分数的稳定性和变化。他们发现了遗传对真分数稳定性的强大贡献；遗传对于非共享环境也有显著的影响，但是它们比 Briley & Tucker-Drob（2014）分析所显示的影响效果要弱得多。Kandler 等（2010）得出结论，"环境因素主要影响短期稳定性和人格的等级顺序变化。"

但是，像这样的设计实际上没有提供对什么是有效环境因素的理解。可能涉及的环境因素包括工作经历、创伤事件或不断发展的关系，但也有可能最重要的影响因素是生理性的，如饮食或疾病。

虽然没有具体说明相关的环境因素，但是对应原则（Roberts & Nikel，2017）提出了一种机制，认为人们选择环境（部分）是基于他们的特质，而选择的环境强化了这些特质。这可能有助于稳定，尽管也可能导致变化。例如，Jeronimus 等（2014）报告说，神经质导致长期生活困难，这反过来又增加了神经质。Mõttus 等（2016）认为，对应原则的累积效应会使个体差异加剧，例如，外倾者会变得更外倾，内倾者会变得更内倾。这一特点主要表现在年龄较大的被试的特质测量变异较大。然而，在爱沙尼亚、捷克共和国和俄罗斯的样本中，没有发现 50 多岁的被试比 20 多岁的被试变异更大的证据。也许对应原则只是简单补偿了个体无法控制的生活事件导致的特质水平的随机变化，因此，最终的效果是保持而不是强化这种特质（Costa Jr，P T，Robert. R，McCrae & Löckenhoff，C E，2019）。

3.1.1 人格特质的遗传基础

遗传差异解释了所有人类特质的个体差异，如人格特质，研究者们对这一点已经达成共识：大约40%~50%的变异归因于遗传来源。对于更准确的人格特质测量，遗传力估计值甚至更大。综合考虑分子遗传研究结果和来自不同遗传信息家庭研究的发现，人格特质的遗传基础反映了许多小影响的基因变异，这些变异相互之间和与环境因素之间以复杂的方式交互作用。此外，基因构成的个体差异驱动个体经验的差异，从而在环境提供的机会范围内影响个体特质的发展过程（Kandler，Christian & Richter，Julia & Zapko-Willmes，Alexandra，2017）。

基于对双生子的研究，Polderman等（2015）对17804个人类特质个体差异的遗传贡献进行了元分析，他们估计所有特质的平均遗传力为49%（即49%的可观察到的个体差异可归因于人类之间的遗传差异）。他们还报告了遗传力估计值的变异，这取决于所研究的具体特质。尽管他们发现人体测量特征（如身高和体重）的遗传力很高，但他们报告的心理特质（如精神障碍或社会特征）的遗传力较低。对于人格特质，Polderman等的元分析评论和另外两个元分析（Johnson，Vernon & Feiler，2008；Vukasovic & Bratko，2015）得出了可比较的平均遗传力估计值：人格特质中约40%~50%的个体差异归因于遗传差异。无可争议的是，遗传差异确实是人格差异的原因。然而，遗传因素是如何导致人格特质发展中的个体差异的，这一点还没有被彻底理解。

3.1.2 行为遗传学：基因与环境的交互作用

理解表型变异的行为遗传学方法突出了心理学从历史性的先天与后天的争论中走出来，并朝着更准确地认识自然与后天之间复杂的交互作用的方向发展。毫无疑问，人类的心理和行为（在不同程度上）是可以遗传的（Plomin，DeFries，Knopik & Neiderhiser，2016）。所有表型性状都是可遗传的，这是行为遗传学的第一定律（Turkheimer，2000）。根据行为遗传学第一定律，综合元分析报告了近18000个复杂人类特质的平均遗传力估计值为49%（Polderman, et al.，2015）。具体来说，对于人格特质，个体之间的遗传变异占心理学研究中表型变异的约50%（Bouchard，2004；Johnson et al.，2008）。因此，复杂人类特质的个体差异约50%归因于基因型差异，约50%归因于环境差异。

然而，并非所有环境对表型变异都有相同的影响。行为遗传分析提供了对复杂人类特质的遗传和环境影响的认知，提供了由遗传因素和环境因素解释的表型变异的估计（Plomin，DeFries，Knopik & Neiderhiser，2013）。表型变异由三个因素组成，其中两个是不同的环境因素。解释表型变异的遗传变异被称为遗传力（h^2），它使两个拥有更多基因的个体比两个拥有较少基因的个体更相似。环境对表型变异的影响被拼接成两个部分：共享环境（c^2）和非共享环境（e^2）。环境成分（统称为环境性，c^2+e^2）是指通过环境经验造成的表型变异。共享的环境经验，如家庭层面的变量，是环境的一个方面，使兄弟姐妹（或其他人）在一起长大，彼此相似。非共享的环境体验，例如独特的同伴群体，是环境的一个方面，使得在一起长大的兄弟姐妹（或其他人）彼此不同（注意，非共享成分也包括测量误差）。

Polderman 等（2015）的元分析表明，复杂人类特质中只有17%的变异归因于共享的环境经验。共享环境经验对解释表型变异的相对微不足道的影响支持了行为遗传学的第二定律：生物亲属之间的相似性主要是由于遗传相关性，而不是共享经验（Turkheimer，2000）。复杂人类特质的其余解释变异来自非共享或独特的经历。对于大多数人类特质来说，非共享的经历具有很大的解释力，通常超过基因或共享的经历——被称为行为遗传学的第三定律（Turkheimer，2000）。行为遗传学的（非官方）"第四定律"是，复杂的人类特质受到许多（数百甚至数千或数万）基因的影响（Plomin，2013）。每个单个基因可能独立地具有微不足道的解释影响（<0.5%的解释方差），但基因在个体差异特质的方差中占很大比例。复杂人类特质的非零遗传力补偿了对个体差异的进化途径无法解释的个体间的遗传变异（Penke，2011）。

行为遗传学方法能够在给定的人群中识别特定特质的影响来源。也就是说，给定一个群体，行为遗传分析可以估计一个特质表型群体中个体差异有多少比例（例如外倾性），可归因于群体内的遗传变异，以及有多少比例可归因于群体内的环境变异（共享和非共享）。行为遗传学方法估计个体之间的差异在多大程度上是由于个体之间的遗传差异（任何种类）和个体之间的环境差异（任何种类）。双生子和收养子女的自然"实验"通过将人格的表型变异分成三个影响因素来理解复杂人类特质的变异来源（Plomin et al.，2013）。

将表型变异分成三个部分是行为遗传学方法理解个体差异的一个显著目标：理解个体差异的来源（Plomin, et al.，2013）或者推断进化史上某一特质的选择强度（Keller, Howrigan & Simonson, 2011）。然而，表型差异的划分只是行为遗传学能够提供理解个体差异的认识的一个组成部分。对特质变异的分析也与心理学家历史上研究的特质发展相关（Bean & Turkheimer, 2017）。将时间作为一个变量纳入遗传分析，可以为遗传和环境影响对人类发展和成人心理结果的复杂交互作用提供信息，并引起争论。

基因和环境都会产生复杂的人类特质，如人格和智力（行为遗传学家研究最多的两个特质）(Plomin, et al.，2013)。确切地说，基因和环境如何交互作用以产生心理结果，以及这种交互作用的含义，仍然是这个领域内的众多讨论主题。两种主要方式——基因-环境相关性（rGE）和基因-环境交互作用（$G×E$）——被用来研究基因和环境之间的交互作用。

基因与环境的相关性可以解释行为遗传学研究的几项基本发现（Kandler & Zapko-Wilmes, 2017），也可以为主流发展心理学发现提供替代性解释（Barbaro et al., 2017a; Barnes, Boutwell, Beaver, Gibson & Wright, 2014）。基因-环境相关性是指可遗传的表型特质和非随机暴露于与相同表型特质相关的环境经历之间的关联（Plomin, DeFries & Loehlin, 1977）。换言之，基因型通过外显行为和心理特质在环境中（或有机体之外）表达（Kadler & Zappo-Wilmes, 2017）。这并不是说行为是由基因决定的，而是说环境经历不是随机的，而是由个体的基因型引起的。基因型通过外显行为对环境有着可测量的影响，这对于个体差异的发展前景有几个影响，包括共享环境对大多数复杂特质的最小影响（Polderman, et al., 2015），随着发展，遗传力增加（Plomin, et al., 2016），环境的遗传力（Kendler & Baker, 2007），表型关联的遗传混杂（Barnes, et al., 2014）。

基因-环境相关性（rGE）可以有几种形式（Plomin, et al., 1977; Scarr & McCartney, 1983）：主动、唤起（或反应）和被动。当有机体主动寻找、避免或改变其不受基因型随机影响的环境体验时，就会发生主动的 rGE。环境经验可以强化或稳定个体差异。例如，外倾的人比内倾的人更有可能参加社交聚会，这可能会导致外倾的人随后被邀请参加更多的社交聚会，从而强化个体的外倾倾向。

当有机体从其环境中的非随机受基因型影响的其他人那里接收到反应或引发反应时，就会发生唤起性 rGE。然后，这些诱发的反应可以强化对这些反应负责的个体差异的作用。例如，一个聪明、积极的学生渴望参与课堂，更有可能得到老师的反馈和支持；反过来，学生参与课堂的动机和渴望也会得到强化。

当个体居住的环境——比如一个儿童成长的环境——与他们的基因组相关时，就会发生被动的 rGE。父母赋予后代一个生活环境，一个由每个（生物）父母一半基因组成的基因组，这样儿童经历的环境与他们从父母那里继承的基因型相关联（Kendler & Baker, 2007）。被动 rGE 的一个后果是，儿童经历的教养类型或家庭环境是可适度遗传的（即，大约 0.4）（Kendler & Baker, 2007）。例如，两名大学教授抚养他们的孩子，可能会提供给孩子一个智力丰富的家庭环境；同时，这个孩子也继承了父母的"智力"基因。

上述三种类型的基因-环境相关性对个体差异毕生的发展有影响。基因-环境相关性的主导类型被认为在发展过程中改变（Scar, 1992）。被动基因-环境相关性在婴儿期和幼儿期具有更大的解释力。由于人类婴儿在出生后的头几年严重依赖看护者，考虑到看护者对儿童环境的控制，外显基因-环境相关性很可能是被动型的。随着个体决策和环境控制的增加，主动的基因-环境相关性的重要性也随着年龄的增长而增加。在整个发展过程中，显性类型的基因-环境相关性的这种变化所带来的影响，可以在一定程度上解释许多人格特质（最显著的是智力）的遗传力估计值超过后天发展的原因（Kandler & Zapko-Willmes, 2017; Plomin, et al., 2016）。

基因与环境的相关性是关于父母养育和早期家庭环境是否以及如何随着时间的推移对人格和个体差异的发展产生持久或有意义的影响的持续辩论的基本组成部分（Harris，1995）。在进化心理学领域，生命史理论通常被用来解释个体差异的发展。特别是人们认为早期的经历对（主要是性）心理和行为结果产生了持久而有意义的影响（Belsky, et al., 1991）。这是一个因果假设：早期的环境经历会导致外显发展结果。例如，童年父亲不在会导致女孩青春期早熟，这是一个源自生命史理论的经过充分研究的假设（Ellis，2004）。在表型关联的层面上，这一假设得到了支持。然而，另一方面，鉴于表型关联通常是由遗传介导的，表型关联可能会混淆到支撑特质的基因相互关联的程度（Plomin, et al., 2016）。特别是针对这种表型关联的遗传混淆的实证研究已经获得了支持（Barbaro, et al., 2017a），暗示父亲不在和青春期发育之间的所谓因果表型关联可能是虚假的。

基因-环境相关性对个体差异的发展有几个影响。如上所述，基因-环境相关性会导致表型关联的遗传混淆（Barbaro, et al., 2017；Barnes, et al., 2014）。不同类型的基因-环境相关性的主导地位（Scar，1992）也可以解释为什么某些个体差异存在共同的环境影响，例如依恋风格（Barbaro, et al., 2017），仅在婴儿期外显，在青春期和成年期则没有外显影响。在规范发展过程中，越来越强调活跃的基因-环境相关性，这可能解释了为什么智力等个体差异的遗传率会随着年龄的增长而增加（Plomin et al., 2016）。随着个体对发展的自主性越来越强，随着非共享经验的增加，小的基因型差异通过活跃的基因-环境相关性被放大，这一过程被称为基因扩增（genetic amplification）（Plomin & DeFries，1985）。最后，基因与环境的相关性可以解释为什么像家庭一级变量这样的外显环境因素可以跨人群遗传（Kendler & Baker，2007）。这进一步导致了发展研究中的基因混淆问题。

基因与环境的交互作用（G×E）也可以解释个体差异。基因与环境之间的交互作用是指环境对表型结果的差异影响，这取决于基因型差异（Gottlieb，1995；Plomin et al., 1977）。换言之，由于潜在的遗传差异，个体对同一环境的反应可能不同。基因与环境的交互作用被认为是兄弟姐妹之间差异的一个重要解释概念，因为兄弟姐妹只共享大约一半的基因，所以相同的养育方式可能会对每个儿童产生不同的影响。例如，尽管同样受到父母惩罚，但一个遗传倾向于难养的儿童可能比遗传倾向于易养气质的其兄弟姐妹更沮丧。

基因与环境的交互作用可以使兄弟姐妹或多或少地相似，这取决于基因分别与共享的环境变量或非共享的环境变量交互作用（Kadler & Zapko-Wilmes，2017）。因为共享的基因和共享的环境都使两个个体更加相似，所以基因与共享的环境之间的交互作用将类似于基因影响，兄弟姐妹因此变得更加相似。相比之下，基因和非共享环境体验之间的交互作用将会使两个兄弟姐妹更加不同。如果没有明确统计建模，基因和共享环境之间的交互作用将被遗传主要效应掩盖，而基因和非共享环境之间的交互作用将被非共享环境主要效应掩盖（Purcell，2002）。

然而，对于解释个体差异的基因与环境交互作用方法也有批评。例如，有人认为，基因与环境的交互作用无法解释同卵双胞胎的个体差异（Harris，2011），因为两个双胞胎拥有相同的遗传物质，同卵双胞胎的个体差异只需要（非共享的）环境差异——这是主要影响。特别是，如果同卵双胞胎确实发生了基因与环境的交互作用，他们将处于共同的环境中，起到使双胞胎更相似而非更相异的作用（Purcell，2002）。基因与环境交互作用的其他问题与可复验性和统计检验力有关（McGue & Carey，2017）。具体来说，候选基因与环境之间的交互作用很难复验，因为最复杂的利益相关特质受几个基因的影响，而不是单个基因的影响（Plomin，et al.，2016）。每个候选基因只能解释不到0.5%的基因利益相关特质的差异（Park，et al.，2010），这是一个非常小的效应，因此增加了许多公布的候选基因与环境交互作用可能是假阳性的可能。使用聚合遗传效应而非单一候选基因效应的潜在变量方法，不太容易受到复验性和检验力问题的影响（McGue & Carey，2017）。

最后，基因和环境的交互作用对个体差异特质在毕生中的稳定性和变化都有影响。行为遗传学领域一个不断复验的发现是，年龄的稳定性主要由遗传学来解释（Plomin，et al.，2016）。个体差异的连续性主要是由于相同的基因在毕生中影响着特质（Plomin，1986）。在毕生中，人格的突然变化是由于非共享的经历，而这些非共享的经历是年龄特有的，也就是说，在不同的人生阶段，非共享的经历是不同的。遗传学解释了发展稳定性，而非共享经验解释了人格特质的变化（即，80%的表型稳定性是遗传介导的）（Briley & Tucker-Drob，2017；McGue，Bacon & Lykken，1993；Turkheimer，Pettersson & Horn，2014），精神病理学（Bornovalova，Hicks，Iacono & McGue，2009；Kendler，Gardner & Lichtenstein，2008）和认知能力（Cherny，Fulker & Hewitt，1997）。行为遗传方法有利于理解个体差异的来源，也有利于理解哪些因素对个体差异在毕生中的发展影响最大。

3.1.3 双生子研究和遗传力估计

在对人格特质定量遗传研究（如双生子、收养和家庭研究）的元分析中，Johnson等（2008）报告了大五双生子之间的平均相关性，从这一研究设计中得出的遗传力估计值依赖于同卵双生子（MZ）和异卵双生子（DZ）相似性的比较。MZ双生子是遗传上完全相同的兄弟姐妹，他们共享其所有的遗传组成，包括可因人而异的相加和非相加遗传影响。相加性遗传因子（G_A）反映了在任何给定的基因位点用一种基因变体替代另一种基因变体的平均效果。他们在家庭成员中是相关的，这是他们遗传关系的函数。因遗传优势效应而产生的非加性遗传影响只能由具有特定概率的兄弟姐妹共享。遗传优势效应描述了一种特定特质上一种基因变体的表达取决于一种或多种其他修饰基因变体的存在的情况。这可以发生在相同的基因位点（gene loci，G_D）内，称为等位基因交互作用，也可以源于不同基因之间的多重交互作用，称为上位基因×基因交互作用（G_I）。因为遗传上相同的 MZ 双生子共享了他们所有的遗传组成，对特定特质的所有潜在遗传影响导致了 MZ 双生子的特质相似性，只有那些不共享的环境影响（E_{NS}）和测量误差（ε）可以导致他们在特质测量上的不同（图 3-1）。

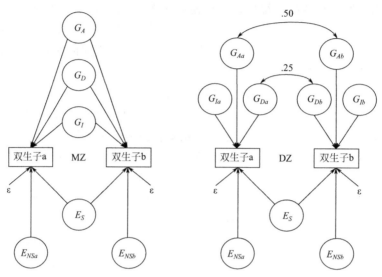

图 3-1　MZ 与 DZ 的遗传与共享环境

MZ 双生子和 DZ 双生子（或其他一级兄弟姐妹）在一起抚养的相关特征 $r=0.45$，而其他生物亲属（如同父异母兄弟姐妹）或生物学上不相关的家庭成员（如被收养者或继兄弟姐妹）之间的相关性甚至更小。不同血缘关系的关联度随着血缘关系程度的增加而增加，这表明人格特质有很大的遗传性。遗传力估计范围在 $h=0.37$（宜人性）和 $h=0.48$（外倾性）之间，表明大五特质和相关人格特质的遗传力有一些但很小的变化。

MZ 双生子人格特质的相关性通常是 DZ 双生子兄弟姐妹之间以及其他一级亲属之间（例如，其他兄弟姐妹之间或者父母和儿童之间）相关性的两倍多，这表明，不仅是加性遗传因素，同时还有非加性遗传因素导致 MZ 双生子的人格相似性，从而最终导致人格特质的个体差异。非加性遗传因素（特别是上位基因×基因交互作用效应）的显著贡献的有力证据来自最近对人格特质遗传性的元分析（Vkasović & Bratko，2015）。作者比较了基于包括 MZ 双生子（$h^2=0.47$）在内的研究的人格特质的广义遗传力估计（加性＋非加性遗传成分）和基于其他遗传信息设计的狭义遗传力估计（仅加性遗传成分），如扩展家庭和收养研究（$h^2=0.22$）。这种相当大的差异表明，非加性遗传因素对人格特质的个体差异有很大的贡献，因为这些影响只会增加双生子的相似性，特别是即上位基因×基因交互作用的情况下；如图 3-1 所示，为遗传上相同的 MZ 双生子的相似性。因此，孪生研究在估计特质差异的遗传贡献总量（即广义遗传力，包括加性和非加性遗传影响）方面发挥着非常重要的作用。

在存在对人格特质个体差异的非加性遗传贡献的情况下，估计加性遗传成分的更精细和更稳健的方法是分析来自扩展双生子家庭设计（即双生子及其父母、伴侣和/或孩子）或来自几代以内的多对（例如，双生子、兄弟姐妹、同父异母兄弟姐妹和表兄弟姐妹）和代际亲属（例如，父母-子女和祖父母-孙辈）。这些研究对人格特质产生了广义遗传力估计，与经典双生子设计得出的结果非常相似（Hahn, et al., 2012）。

DZ 双生子是同年龄的兄弟姐妹，和其他生物一级兄弟姐妹一样-共享加性遗传因子（G_A）的概率为 50%，共享基因位点内优势效应（G_D）的概率为 25%，因为它们从每一个亲本的任何给定基因位点上获得两种基因变体中的一种，导致一级兄弟姐妹基因位点内基因变体的四种可能组合。然而，由于基因位点之间的基因变体之间的潜在组合数量是无限的，DZ 双生子和其他生物亲属（除了遗传上相同的 MZ 双生子）在基因位点之间共享基因×基因交互作用效应（G_I）的概率接近于零。因此，对特定特质的所有潜在遗传影响只是 DZ 双生子特质的一部分相似性（图 3-1）。

由于 MZ 和 DZ 双生子也可能共享或经历过与年龄相关的共同环境影响（假设他们是一起长大的），环境因素也可以解释他们的相似性（Es）。假设共享的环境因素起作用增加 DZ 双生子的相似度，就和他们对 MZ 双生子相似度的贡献一样（同等环境假设），并假设遗传和环境因素（相加性假设，尽管相加性假设不可信，因为遗传和环境影响以多种方式交互作用和互动，这个模型假设有助于估计遗传和环境来源对个体特质差异的净贡献），从双生子设计的逻辑来看，MZ 和 DZ 双生相似性之间的差异揭示了特质的遗传性：双生相关性以及 MZ 和 DZ 双生相关性之间的差异越大，对个体特质差异的遗传贡献就越大。根据经验，遗传力可以被广泛估计为 MZ 和 DZ 孪生相关系数之差的两倍：$h^2 = 2 \times (rMZ - rDZ)$。然而现在，遗传力通过结构方程建模来估计，该模型基于具有已知成分（例如特质变异和双生相关）和未知参数（例如遗传力和共享环境影响）的方程组，这些方程组必须基于已知信息来估计。这允许更精确地估计遗传力。

为简单起见，我们将遗传力估计方法的描述限制在一起长大的双生子最常用的设计上。当然，还有许多其他可供选择的设计和方法可以估计遗传力，例如收养研究、对分开抚养的双生子的研究或扩大双生子家庭的研究。在任何情况下，比较不同遗传相关度家庭成员相似性的逻辑都是一样的。然而，遗传力估计的精度随着已知参数的数量而增加（即不同两个家族内的相关性），这也随着遗传信息研究设计的复杂性而增加（Hahn, et al., 2012; Keller, Medland & Duncan, 2010）。

大多数研究和提到的人格特质遗传力的元分析都没有纠正人格特质测量中的测量误差或非随机偏差。如果不考虑上述误差，测量的随机误差（ε）将与非共享环境因素（E_{NS}）的估计值混淆，并会增加家庭成员在特质测量上的不同（图 3-1）。因此，遗传力估计值通常会被削弱到无法可靠测量人格特质的程度。在对随机误差变异（$h^{2*} = h^2/[1-\varepsilon^2]$）进行校正后，大五人格特质的遗传力估计值通常较大，介于 50% 和 60% 之间（Loehlin, McCrae, Costa & John, 1998; see also Kandler & Papendick, 2017）。

尽管对随机测量误差的校正可以提供更可靠的遗传力估计，但是依靠一种测量方法（或评价者视角）的研究不能排除系统的非随机方法（或评价者）偏差扭曲遗传力估计。大多数关于人格特质的行为遗传学研究都依赖于自评，尽管自我评价经常会因为自我评价者的反应方式（例如，宽容、中庸、严厉或极端反应倾向）或不愿意提供准确的人格得分（例如，由于社会称许而产生的印象修饰）而被扭曲。鉴于印象整饰或反应倾向在某种程度上也是可遗传的，人格自评中的遗传变异不仅反映了实际测量的人格特质的真正遗传变异，也反映了系统性自我评价者偏差中不必要的遗传成分。事实上，双生子研究使用自评以及来自知情同龄人的评级发现，精确人格特质分数中的遗传成分和自评残差中的遗传成分都有证据，前者被建模为基于自我同伴趋同的潜在特质变量（即自我和同伴报告之间的相关性）（Kandler, Riemann, Spinath & Angleitner, 2010）。然而，潜在特质分数的遗传力估计值随着自我-同伴的汇聚而增加，这随着同伴评估的信息准确性（即同伴评价者对被评估双生子的熟悉程度）而增加，导致自评残差中的遗传成分下降（Kandler, 2012）。换言之：随着测量精度的提高，人格特质的遗传力估计值增加，方法特异性成分的遗传变异减少。这表明，关于人格特质的自评中的遗传差异主要反映了真实的基于遗传的人格差异，而不是遗传评分者偏差中的人为因素。

更大的平均遗传力估计值被发现可以更准确地衡量大五人格特质和相关方面，如对行为的开放性（Kandler, et al., 2010）以及更具体的细微差别，例如对不同食物的开放性（Mõttus, et al., 2016），但不包括潜在的高阶人格特质维度，如可塑性（Riemann & Kandler, 2010）。后者表明，并非广泛的人格特质等级中的每一个特质等级都反映了遗传锚定的特质差异，而是由于邻近的环境或偏远的文化差异造成的变异（Turkheimer Pettersen & Horn, 2014）。

总之，以往的遗传信息研究——特别是双生子研究——为人格特质个体差异的遗传基础提供了强有力的支持。尽管大五人格特质的遗传力估计值有所不同，比如外倾性往往表现出最大的遗传力，而宜人性最小（Kandler & Bleidorn, 2015），但这些差异在统计学上并不重要（Vukasovic & Bratko, 2015）。人格特质的平均广义遗传力为 $h^2 = 0.50$，因此遗传力估计值通常较大，可以更准确地衡量大五人格特质和相关方面（Kandler, et al., 2010; Kandler, 2012）。然而，50% 左右的遗传率并不意味着一个人 50% 的人格是由其基因构成决定的。遗传力基本上代表了在特定时间点、特定群体或人口中特定特质个体差异的遗传贡献。遗传力估计对特定个体、因果关系或发育过程几乎没有影响。为了更深入地理解特质变异的遗传基础，我们需要理解遗传因素如何发挥其影响，推动人格特质个体差异的发展。

3.1.4 人格特质中的基因表达

基因不会直接影响人格特质。遗传差异通过蛋白质合成、神经解剖结构、神经系统以及激素系统的个体差异来展现。超过 2/3 的人类基因在大脑和周围神经系统中展现出它们的作用，即人类心理的神经基础和个人在感觉、思维和行为上的一致性。这种内部途径可以解释基因变异和人格特质之间的特定联系。虽然分子遗传学研究已经成功地鉴定了各种症状包括人格改变（如阿尔茨海默病）的疾病的特定基因，但要鉴定导致大五人格特质或相关人格特质个体差异的单个基因变体却变得极其困难。特定基因变异的几乎不可复制的效应只能解释人格差异的微小比例（<1%；基于大样本量的全基因组关联研究）(de Moor, et al., 2012)，以及上述人格特质的大量和稳健的遗传力估计。这两者之间有很大的差异，这种差异被称为缺失遗传力问题。

分子遗传学研究中缺失遗传力有一些可能的解释。第一种解释是，一个群体中少数罕见的基因变异可能会显示出巨大的影响。在随机抽取的无关个体样本中很难检测到这些基因变异，但 MZ 双生子完全共享这些基因变异，其他生物亲属也部分共享这些基因变异，这是因为它们具有相似性。然而，到目前为止，还没有找到这种解释的证据。第二个也是更可信的解释是，复杂人格特质的遗传性是由许多影响较小的基因造成的。根据这一假设，研究发现了多种单核苷酸多态性（Single Nucleotide Polymorphisms，SNP；即人类之间差异最小的基因单位）可以解释复杂人格特质中超过 5% 的个体差异，例如外倾性 18%，神经质 12%，开放性 11%，责任心 10%，宜人性 9% (Lo, et al., 2016)。尽管如此，这些基于 SNP 的遗传力估计值仍远小于遗传信息丰富的双生子和家庭设计得出的实质性遗传力估计值。

分子遗传学研究中缺失遗传力的第三种解释可能是非加性遗传影响，特别是已经引入的上位基因×基因交互作用现象。一些基因可以调节其他基因的表达，从而增加或减少这些基因的影响。由于这个基因调控的差异，导致的结果是，同一基因变体的两个载体在该基因的表达上可能不同。同样，不同基因变体的携带者可以通过促进相似结果的调控显示相似的基因表达。这些上位基因×基因交互作用在全基因组关联研究中没有被考虑，这主要集中在基因变异和特质之间的主效应关联（即线性关联）上。人格特质的遗传力估计约为 50%，这通常是针对双生子研究的结果。双生子研究也一直显示，MZ 双生子在人格特质上是 DZ 双生子的两倍多，这表明存在非加性遗传影响。特别是上位基因×基因的交互作用只能导致同卵双生子中的特质相似性和其他生物亲属之间的差异，因为这些影响只有遗传上相同的 MZ 个体共享。如前所述，最近对人格特质的遗传性进行的元分析（Vukasovic & Bratko, 2015）发现，与没有 MZ 双生子的其他定量遗传设计（平均 $h^2=0.22$）

相比，包括 MZ 双生子在内的研究得出了更高的遗传力估计值（平均 $h^2 = 0.47$）。差异（$0.47 - 0.22 = 0.25$）揭示了上位基因×基因交互作用的潜在贡献。因此，这些影响可能占遗传成分的一半左右，个人人格特质差异的 1/4 左右。上位基因×基因交互作用因此是缺失遗传力最有前途的解释之一。

人格特质的分子遗传学研究很少使用纵向表型数据，因此人格发育变化和稳定性的分子基础仍有待探索。我们使用现代潜在变量方法，研究了单胺氧化酶 A 基因（MAOA）在青春期至成年期外倾性和神经质中的作用。从英国国家出生队列 MRC 国家健康和发展调查（NSHD）中抽取了 1160 名男性和 1180 名女性参与者的样本，这些参与者拥有完整的基因分型数据。预测变量基于一个潜在变量，该潜在变量代表由 3 个 SNPs（RS3788862，RS5906957 和 RS979606）测量的 MAOA 基因的遗传变异。潜在的表型变量是用心理测量学方法构建的，以表示在 16 岁和 26 岁时测量的外倾性和神经质的横截面和纵向表型。在男性中，MAOA 遗传潜变量（AAG）在 16 岁时与较低的外倾分数相关（$\beta = -0.167$；CI：$-0.289, -0.045$；$p = 0.007$，$FDRP = 0.042$），以及 16~26 岁外倾得分的更大增长（$\beta = 0.197$；CI：$0.067, 0.328$；$p = 0.003$，$FDRP = 0.036$）。经过多次测试调整后，没有发现神经质的遗传关联。尽管我们在女性中多次测试校正后没有发现统计上显著的关联，但是由于女性中 x 失活的相关问题，这个结果需要谨慎解释。潜在变量法是模拟基于表型和遗传的变异的有效方法，因此可以改进复杂心理特征的分子遗传学研究方法（Xu et al.，2017）。

基因的影响不仅取决于其他调节基因的存在，还取决于个人的环境影响。例如，我们已经发现，对于父母关爱程度较低的 17 岁青少年来说，内外倾和神经质两种人格特质的遗传效应较低（Krueger, South, Johnson & Iacono, 2008）。相反，遗传差异可能会影响个体对环境压力敏感性的差异。例如，负性生活事件的经历对缺乏积极经历时抑郁倾向的影响，对于遗传易感性较高的人来说更大，主要是由神经质中介的（Kandler & Ostendorf, 2016）。此外，环境因素可以在不改变 DNA 序列的情况下打开和关闭基因表达，这被称为表观遗传影响。因此，遗传因素可以通过许多不同的方式与环境因素交互作用。这些基因×环境交互作用效应进一步使检验特定基因变异对人格特质差异的主要影响变得复杂，并为分子遗传学研究中缺失的遗传力提供了进一步的解释。

总之，对于基于分子遗传研究的小遗传力估计和基于双生子研究的人格特质的大遗传力估计之间的巨大差异，有许多有希望的解释。这些解释涉及基因如何在个体的生理内部环境中表达的多种方式（许多小影响基因和基因×基因交互作用），以及它们如何与外部环境因素（基因×环境交互作用和表观遗传影响）交互作用，这些因素使得寻找导致个体人格差异的特定基因变体变得复杂。

个体环境会影响基因的表达，但是遗传差异也会影响个体的环境背景。人的基因构成的差异促进了不同的行为，这可能或多或少地与人格特质的个体差异相关，并增加或减少暴露于某些环境的可能性,即基因与环境的相关性。个体基因构成可能会驱使人们积极选择或唤起与其人格特质相一致的情境和环境。例如,遗传因素会使人宜人性更高,这可能会吸引他们去寻找其他宜人性高的人,并引起更积极的社会反应和他人的支持。个体遗传差异也可能促使人们改变或规避与其人格特质不一致的情况和环境。例如,使人们责任心更高的遗传影响可能会促使他们改变或避免混乱的情况或环境。这些例子表明,每个看似对人格特质个体差异的环境影响实际上在一定程度上反映了遗传影响,基因与环境的相关性可以解释一个有趣的发现,即几乎所有的东西都是可遗传的,不仅是复杂的人格特质,也包括个人环境的特征。

在经历过的环境中,例如生活事件或家庭环境中,遗传因素对个体差异的影响可能部分由人格特质来介导,这可能会通过唤起社会反应、选择和寻找环境、改变和创造环境来影响人们经历事件的方式和暴露于特定环境的可能性。一些研究为这一假设提供了支持。例如,人格特质的遗传变异约占对感知父母支持个体差异的遗传影响的 2/3(Kandler, Riemann & Kämpfe, 2009)。基因与环境的相关性也可以作为人格差异发展的推进机制,以防基因驱动的个人经历和暴露于特定环境,进而强化甚至改变个人人格特质。

3.1.5　遗传影响人格特质发展的形式

在基因型→环境效应的理论中,Scar 和 McCartney(1983)将基因-环境相关性描述为发展机制。基因是个体发展的驱动力,而个体环境和相关经历则决定了个体的发展。这一概念考虑了以下事实:经历不是随机的,而是由具有特定(部分可遗传)偏好和特质剖面的个体诱发的。也就是说,个体的基因构成(即基因型)通过行为倾向(在某种程度上由人格特质反映或与人格特质相关联)展现其影响,并影响环境的实际经历,以及这些环境或经历对个体发展的影响(方向)。反过来,环境可以精心设计、强化,有时还会改变最初诱发它们的特质。特质增强或稳定与基因-环境正相关性有关,而基因-环境负相关性可能伴随特质改变。不管是正向的还是负向的,Scar 和 McCartney 进一步区分了主动、唤起和被动类型的基因-环境相关性(或基因型-环境效应)。

主动的基因-环境相关性表示人们被吸引到或避开与其(部分可遗传的)人格特质匹配或不匹配的环境的情况。它也指人们创造或操纵他们的环境来增加个人与环境的契合度。无论他们是被选择、回避、创造还是操纵,环境反过来又强化了个人的人格特质,从而稳定了人格特质的个体差异。例如,正如我们所知,外倾性是部分可遗传的,外倾者通常会被聚会和更大的社交网络吸引,这可能会加强他们的外倾性,而内倾者会被更小的社交网络吸引,他们会避开聚会,反过来稳定他们内倾性。在这种活跃类型中也有基因-环境负相关性的例子。如,对焦虑和抑郁症状有遗传素质的人可能会寻求心理治疗帮助,这反过来不仅可能减轻他们的症状,也有可能降低潜在的高度神经质。

唤起的基因与环境的相关性反映了这样一种情况，即个体从社会环境中接收到由自身（部分可遗传）特质引发的反应。一方面，基因驱动的低宜人性可能会导致更多的社会冲突经历，这可能会强化低宜人性；另一方面，低宜人性通常表现在社交和犯罪行为中。这增加了社会排斥和惩罚的可能性。反过来，伴随着宜人性增加，又存在着可能减少的社会和犯罪行为。同样，对经验的高度开放可能会增加获得更多不同经验的可能性。积极的经历可能会增加开放性，而消极事件的经历可能会降低个人的开放性。

被动的基因-环境相关性是指生物父母提供了一个与他们的基因构成和他们的一个后代相关的抚养环境。这种被动类型只能出现在生物核心家庭，因为只有生物父母与其子女有遗传关系（养父母不会），并为其子女提供家庭环境。例如，开放性的个体差异在一定程度上受到遗传因素的影响，对新的和不寻常的经历更加开放的父母可能会提供更加民主、灵活和自由的育儿方式，这可能会加强他们后代的相似开放性水平。

根据基因型→环境效应的理论，个体之间在暴露于环境影响和发展其遗传影响人格特质方面的相似性取决于他们的遗传关联性。换言之，由于基因-环境相关性导致的个体特质差异反映了遗传差异，因此如果不在定量遗传学研究中明确建模，就会与遗传力估计值混淆。基因-环境负相关性将减少个体差异中的遗传成分，而基因-环境正相关性将增加对个体特质变异的遗传贡献。因此，基因型→环境效应理论为人格特质的遗传差异提供了一种替代性解释，超越了加性和非加性遗传影响，并且与其他定量遗传研究（如扩展家庭和收养研究）相比，双生子研究得出了更高的遗传力估计。

由于基因-环境相关性导致的变异与遗传变异的混淆，人们可以认为在定量遗传设计中，将遗传与环境变异分开是没有意义的。然而，这种混淆有助于理解最初看起来似乎是不可信的几个实证现象。第一，大五人格特质的遗传率在生命的头 20 年有增加的趋势（Kandler，2012b；Kandler & Papendick，2017；cf. Briley & Tucker-Drob，2014）。Kandler 和 Papendick 的研究已经表明，在校正测量误差后，所有大五特质的平均遗传力从出生到 20 岁之间的 50% 增加到 60%。第二，遗传因素对人格特质个体差异的稳定性从童年到年轻成年都有所提高（Briley & Tucker-Drob，2014；Kandler，2012b；Kandler & Papendick，2017）。给定相等的 4 年时间间隔，Kandler 和 Papendick 报告说遗传因素的连续性从出生后的 $r<0.80$ 增加到 30 岁后近乎完美的稳定性（$r=0.90$）。这两个发现都符合基因型→环境效应的理论，因为个体基因型对经历的影响程度应该随着个体从儿童到成年早期的自我决定不断地增加。因此，个体的遗传基础差异会导致个体在经历环境中的差异，这反过来又会形成个体人格特质差异的发展。

其他实证现象，如毕生人格特质的遗传力估计值普遍下降，不能用基因型→环境效应的理论来解释。因此，必须考虑其他解释。从童年到成年遗传力的增加和成年期间遗传力的下降也可以用另一种已经提到的遗传因素和环境因素交互作用的现象来解释，这种现象叫做基因×环境交互作用。如前所述，大多数关于人格特质（特别是纵向趋势）遗传性的发现来自对双生子一起长大的研究。当双生子在共同的家庭环境中长大时，他们可能会根据不同的基因型对父母提供的相同环境作出不同的反应。由于 MZ 双生子在基因上是相同的，他们对共享环境的反应类似，因此在人格特质上可能比 DZ 双生子更相似。因此，遗传因素和共享环境因素之间的交互作用就像遗传影响一样，如果不是在双生子研究中明确建模，就会与遗传力估计相混淆。因此，随着生命最初 20 年的不断发展，当双生子兄弟姐妹共享许多环境背景（如父母的家）和与年龄相关的经历（如入学），MZ 双生子可能会变得比 DZ 双生子更相似，这是由于他们共同的基因构成。

随着年龄的增长、离开父母家后的自我责任心的增强和增加的自主性，双生子经历了越来越多个人独特的环境（例如，同伴、工作或自己的家庭），而那些和他们共享环境的双生子兄弟减少了。每个兄弟姐妹都会像 MZ 和 DZ 双生子兄弟姐妹一样，对自己独特的环境作出反应。因此，遗传因素和环境影响之间的交互作用不是双生子所共享的，而是单独作用的，并且会对发展产生独特的影响。换言之，这些非共享基因×环境交互作用会导致双生子的相似性降低，而并不会考虑他们的遗传相关性如何；同时，如果双生子研究中没有明确建模的话，会与双生子非共享的个人环境影响的估计相混淆。因此，随着不断地发展，遗传和环境因素之间的交互作用已经从共享的重要性转变为非共享的重要性。这种转变可以解释儿童时期更大的遗传力估计值，以及基于毕生双生子研究的个人人格特质差异的遗传贡献的下降。

3.1.6 遗传影响人格小结

定量遗传研究（特别是双生子研究）发现，大约 50% 的人格特质个体差异受到遗传影响，大五人格特质和特质维度等级的差异较小。遗传力估计值随着人格特质测量准确度的提高而增加。然而，人格特质的实质性遗传性并不意味着 50% 的个人人格特质是由基因引起的。基因通过许多不同的途径展现其影响：从有机细胞内部的分子生物学机制，到心理生理和行为途径，再到生物体外部的个体环境。单个基因或基因变体对复杂人格特质个体差异的影响很难检测，因为许多影响较小的基因都参与进来，并且它们以许多复杂的方式交互作用（基因×基因交互作用）以及与环境（基因×环境交互作用）。或者是 Turkheimer 等（2014）指出的："基因和环境都很重要，但在较低的分析水平上，基因和环境影响都不能分解成离散和可指定的机制。"

随着时间的推移，遗传因素可以通过遗传驱动的偏好、选择和行为模式来驱动经历和特质的发展。人们选择并创造自己的生态位，他们被环境吸引或回避环境，引发社会反应，从而构建自己的经历。通过这种方式，遗传基础影响了特质的发展过程。然而，基因的展开取决于环境所提供机会的获得或限制，而人们对相同环境的敏感性取决于他们的部分遗传特质。人格特质的个体差异是个体基因构成和经历的产物，这些都是从环境提供的机会中筛选和构建出来的。并且这些机会可以在个体的近端环境（例如，家庭环境）以及远端环境（例如，文化背景）之间变化。到目前为止，我们对文化变异在遗传和环境影响对人格特质的交互作用中的作用知之甚少，因为遗传信息（或环境敏感）的跨国研究很少（Dar-Nimrod & Heine，2011）。人格差异和发展病因学研究的一个有希望的方法是，将基因之间以及遗传因素与不同微观和宏观环境来源之间的复杂交互作用视为在毕生中个体人格差异发展的推进机制。

正如综述已经展示的，对遗传力估计值的分析，以及遗传因素在毕生中的稳定性和变化，为遗传因素可以影响人格特质的发展这一作用提供了有趣的见解。但是在任何情况下，遗传因素都不应该在没有或超过环境条件和影响的情况下被考虑进去。同样，遗传信息纵向研究表明，人格特质的遗传差异可能部分反映了基因与环境的交互作用。人格特质个体差异的发展是一件错综复杂的多层次事情，只有当我们致力于更深入地了解遗传和环境来源是如何一起工作的，并以多种不同的方式在不同的层面上交互作用时，我们才能理解。

3.2 神经生理基础影响人格发展的规律与研究原则

人格是情感、行为、认知和欲望的稳定模式（Affect，Behavior，Cognition and Desire，ABCD；Reverle，2007），人格理论的目标是为这些行为和经历的规律提供解释。神经科学家也会接受 ABCD 的长期模式是显而易见的。当我们认识到 ABCD 的重复模式，或者调用一个可靠地预测新的重复模式集的构造时，神经科学家会期望这是一些稳定的神经原因的结果。这就提出了一个问题：人格神经科学是否只是当前人格研究中神经科学技术的补充？或者，神经科学至少能对一些人格结构的本质提供新的、根本的见解吗？

人格神经科学的理论必须力求与多层次的解释相一致。位于心理层面的理论构建仍然必须与较低层面的数据和理论（如基因或神经元）相一致。那些位于神经层面的理论只能将预测转化为心理层面时提供有用的解释。考虑到神经和心理两方面的选择，我们应该在哪个层面定位我们的主要解释结构（至少对于一些人格结构来说）？答案是神经水平。这部分综述的目的不是提供人格特质和神经水平数据之间的关联的摘要（对于这样的摘要，建议阅读 Allen & deyong，2017；Kennis，Rademaker & Geuze，2013），而是旨在发展和阐明元理论原则，这些原则可能有助于指导人格神经科学的理论和研究。

3.2.1 解释层次

我们可以在逐渐降低的分析水平上重新表述所有科学解释,直到达到物理学的标准模型。在遗传学中,特别是在点突变的情况下,观察豌豆是褶皱的/圆形的还是紫色的/白色的花,并注意这些表面特质在世代之间的转移模式是非常好的,但是深入到碱基对的 AGCT 水平提供解释更有用。然而,更高层次的定律存在,是因为更低层次的分析不仅往往过于复杂,而且往往缺乏信息。虽然较高的水平应该与较低的水平一致,但是量子力学不会帮助我们理解遗传问题,甚至生物化学也可能没有特别的用处。同样,生态学通常不需要基因层面的细节来解释。

所有心理学至少使用了三个层次的解释(Fajkowska, 2018; Polc, 1995; Smolensky, 1988),所有这些处于不同层次的解释原则上都能够解释我们观察到的 ABCD 模式。如图 3-2 所示:顶层(既有描述性的,也有解释性的)是认知性的,这里的理论结构将是心理学的;最底层(心理学将主要解释)是神经的,理论构建将是生理学的(包括生物化学、药理学,尤其是系统解剖学);正如 Smolensky(1988)论述的那样,

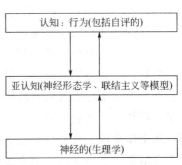

图 3-2　心理学的解释层次

为了联系顶层和底层,我们通常还需要一个中间层次的解释——亚认知。这里的理论结构通常是联结主义的,并嵌入到计算模型中。关键的是,相关的中间模型将涉及神经形态计算(Economist: Science and Technology, 2013)。它们将受到大脑的启发,打算分析大脑,或者打算模仿大脑,但是需要以一种带有自己符号的简化概要形式。

这一部分综述只考虑这三个层次之内的解释。解释的神经水平本身可以降低到更低的水平,如生物化学和遗传学;但是,这些(像量子力学一样)对解释人格本身是没有用的。人格的精确外显表达也将取决于个人的文化。生物和社会/环境路径的所有不同层次都将有助于我们外显观察和描述的人格(Zuckerman, 2005),但是我们认为某些类型的特质可以说存在于神经层面。这些通常也是可以跨物种识别的特质(Weiss, 2018)。

3.2.2 概念化特质

什么是人格特质?接下来我们将研究心理学家对人格和特质的一些定义(另见最近一期关于特质概念的特刊,Fajkowska & Kritler, 2018)。很大程度上,这些定义将特质等同于个人或观察者口头报告的行为和经验模式。然而,对一种模式的描述,例如"高度特质性恐惧",可以将一种特质中完全不同的行为组合在一起,这也可以被视为一种解释性的构造,即用于预测、理解和建模各种实体(Oze &

Benet-Martinez，2006）。重要的是，这种结构可以进行比较分析，并唤起对其解释的深刻理解（Weiss，2018）。

即使被用作完全解释性的结构，我们也可以看到一些在认知水平上运作的结构特质。然而，经过刻意训练的神经科学家总是会问：一个更高层次的心理结构是否可以简化成更低层次的神经结构，同时还不会丧失解释力。神经科学家会期望一个解释性的特质结构是观察到的行为和经验模式的神经层面原因。"这种'特质'的感觉似乎是外行人在谈话中提到某个特质时通常的意思；他们试图找出某人行为的原因"（DeYoung，2015）。重要的是，这种神经水平的特质可能在所有人类群体中分布相似；通过系统演化上古老的调节系统来控制行为；并且在非人物种中有同系物（Weiss，2018）。问题是我们是否能在神经层面上识别出这样的解释特质结构。或者，所有的特质都必须是突现的特性，即依赖于神经互动，但只有在亚认知水平或更高的层次上作为单一的解释是连贯的（Fajkowska，2018）。

当然，我们必须从高层次的描述开始。就像错觉或颜色感知一样，如果神经科学家不首先从某种形式的对高阶分类框架中相关模式的表面描述开始，他们就无法研究一种特质。我们需要一套连贯的观测数据（数据结构），然后才能试图解释它们；从个体来说，数据是不连贯的。从大脑的海量数据开始，只会导致混乱——当然不会给你一个很好的理由来集中精力理解稳定的个体差异。因此，很容易用心理（例如认知）特质构建来解释，并且只使用生物工具来分析神经相关性。

然而，神经科学家预计，至少会有一些长期的、文化上的、个人行为或认知或神经冲动模式的差异，是适应特定功能情况的生物控制机制造成的（Matthews，2018）。这种期望不同于神经科学家对记忆或行为可塑性的看法。神经可塑性的一般机制需要生物学解释（纯关联＝长时程增强、联合强化＝多巴胺等）；但是，一个特定的人说英语而不是德语（或者两者都说）这一事实需要归因于他们的历史而不是大脑。相比之下，进化的、保守的特质可以通过特定的进化神经系统来识别，两者都受到特定的适应性要求的约束。

如果这是真的，那么人格神经科学应该用生物结构来解释一些特质。对于这些特质，较低层次的网络属性将改变反复出现的环境状态类型，从而产生某种程度的ABCD规律性。我们将这些称为神经水平的特质，识别它们的解释水平，并将其与认知水平的特质区分开来；认知、次认知和神经层面的人格特质被合并到简单的术语"特质"中。换言之，我们区分了几个类似特质的机制，这些机制位于多种解释层次，并产生了分类模型中描述的人格特质，如"大五"。在所有这些情况下，我们都会接受这样一种观点，即"特质表示形成其结构模式的潜在、反复出现的机制，并解释了个体特质的稳定性/可变性"（Fajkowska，2018）。这意味着一种自上而下的描述，这种基本的神经处理规律会导致 ABCD 中观察到的规律，我们可以用特质的名字来加以鉴别。这些神经水平的原因可能产生 ABCD 变异，这些变异具有统计特性，不能直接映射到现有特质分类中描述的规律。次认知水平的特质

3.2.3 心理学家的人格观

人格是一种抽象，用来解释个人情感、认知、欲望和行为模式的一致性和连贯性。一个人的感受、思考、想要和所做的事情会随着时间的推移和情况的变化而改变，但是会显示出一种跨情况、跨时间的模式，这种模式可以用来识别、描述甚至理解一个人。人格研究者的任务是识别个体内部和个体之间的一致性和差异（个人的感觉、思考、想要和做什么），并最终尝试用一套可检验的假设（个人为什么感觉、思考、想要和做什么）来解释它们（Revelle，2007）。

批判性地说，虽然这种模式的一般形式对许多人来说是共同的（允许我们辨别它并在社会交往中有效地使用它），但它的具体环境因物种个体而异。我们不会认为只有物种之间的模式有所不同才能够反映人格。特别是在人类中，人格被认为是：一个人对人性总体进化设计的独特变异；表现为倾向特质，特征性适应；在复杂和不同情境中的自我定义的生活叙事；在文化和社会背景中的自我定义的生活叙事等。

大五预言的新特质心理学可以说是人格心理学在当今社会对整个心理学学科以及行为和社会科学做出的最显著的贡献。但是人格心理学应该做得更多，尽管人格心理学最近有所复兴，但它仍有所欠缺，因为它仍然在背离其独特的历史使命。这一历史使命是提供一个整合框架来理解人——物种——本性的典型特征（个人与所有其他人的相似程度），共同特征的个体差异（个人与其他一些人的相似程度），以及个人生活的独特模式（个人与所有其他人的都不相似的程度）(McAdams et al，2006)。

在大五人格（John，Naumann & Soto，2008）提供的描述性范式中，人格科学家们正在努力满足 McAdams 等对整合框架的要求。例如，控制论的大五理论（DeYoung，2015）认为："试图通过目标导向的适应性系统的研究，提供一个全面的、综合的和机制性的解释模型"，并认为"人格特质是相对稳定的情绪、动机、认知和行为模式的概率描述，对人类文化中随着进化时间出现的刺激类别作出反应"。

即使控制论的大五理论"也不依赖于完全或立即转化为生物机制来发挥其效用"，尽管它关注进化的适应性系统。然而，它承认"完整的人格机制理论应该包含负责人格机制的生物学基础，以及旨在与人格神经科学的现状实现完全兼容"（DeYoung，2015）。关键是，它也认识到，我们不应该仅仅因为一个五因素系统在心理测量上是最优的，就期望在较低的分析水平上找到精确的五个结构。这不仅仅是因为它认为人格特质是分层结构的，更广泛的"领域（domains）"中包含更狭义的"方面（aspects）"，甚至更窄的"面（facets）"。相反，假设一个复杂的因果映射是合理的，这样多个因果机制可以独立或交互作用于任何特定的特质。

3.2.4 神经科学家的人格观

在实践中，人格科学必须从心理分析层面对 ABCD 的描述开始。因此，人格神经科学现在可能只是确定对人格的一致描述的神经科学关联，或者解释 ABCD 规律产生的神经细节。也就是说，在弄清楚什么是人格，以及如何使用"大五"这样的系统来组织人格之后，我们可以对模型至少一些组成部分进行生物学解释。如果你认为人格只是 ABCD 中的规律，那么你所需要做的就是获取相关类型的规律，并询问神经科学能提供什么新的信息（Allen & DeYoung, 2017; Smillie, 2008）——包括"精神生理学、精神药理学、大脑神经病学和遗传学"（Zuckerman, 2005），所有这些都被视为同样的信息。

当然，神经科学家希望生物学能为任何人格理论的机制提供有用的信息。生物学上的理解会强烈影响我们对心理学所有领域的高级理论解释中的机制的理解。例如，我们目前对突触水平上的长时程增强和活动依赖性促进的理解使得在我们的认知和行为可塑性理论中包括纯粹的联想和强化作为学习机制更有吸引力。事实上，可以将强化进一步分为基于刺激和基于反应两种不同的类型。

我们在此集中讨论控制论的大五理论有两个原因。第一个原因，它试图综合以往神经科学启发的人格理论，明确纳入这些理论中更稳健的既定机制，例如，奖励加工回路作为一种机制，可以部分解释外倾性的变化（Depue & Collins, 1999; Pickering & Gray, 2001; Rammsayer, 1998）。第二个原因，大多数其他受神经科学启发的人格理论假设的人格结构不像人格心理学中的大五理论假设那样被普遍接受，前者没有明确阐述作为本文主题的元理论原则（McNaughton & Corr, 2009）。这种在神经层面上的不同学习过程的演示是有用的，因为它在次认知层面上向联结主义者和在认知层面上向学习理论者提供了反馈（图 3-2）。这种有用性并不意味着神经科学对于学习行为的理论解释是必要的；但是，对于某些人格特质，神经科学能够对它们进行正确识别是必要的。

在实践中，人格神经科学的核心任务比 McAdams 等论述的使命"了解整个人"（2006）更受限制。正如他们所说，一个人的人格反映了"一个人在人性的总体进化设计上的独特变异"。独特的变异包括"个人与其他人不同的程度"。有着独特的差异，就不可能制定一般规则来解释它们的具体形式。在这种情况下，神经科学可以帮助我们理解，学习可以产生详细的、基于突触的、针对个体的变化；但是，这根本无助于我们理解这个特定的人所学到的使其独一无二的东西，因为我们需要了解类似这个特定的人的人群独特的历史。然而，有些人只是在量上不像其他人。在这里，神经科学家会关注他们独特的变异来源价值，McAdams 等（2006）说这是"个人与他人的相似程度"。也就是说，个人可能占据一个特殊的独特（"不同"）位置，但这是由人与人之间差异的共同来源所定义的空间，我们用人格特质来描述。然而，进化设计中的这种共同特质变化必须从"物种-典型特征"和物种一般特征的角度来理解：我们如何和为什么不同于倭黑猩猩？以及我们如何和为什么与许多多细胞物种分享导致所有类型特质的神经系统的某些方面。神经科学家（习惯于跨物种比较）也会关注特质的生物途径，认为它们是个体刺激输入的稳定转变。他们会认为社会途径（Zuckerman，2005）是一种稳定的文化，是对个体的环境依赖输入，这不属于主流的神经科学的解释。

  无论是在心理层面还是神经元层面，特质都是状态现象的规则，最终取决于大脑（先天与后天的一个重要分支）。人格科学家研究的长期表面特质规律必须依赖于神经系统功能的某种一致性，或者至少是输出，神经系统介导遗传、表观遗传和长期环境对行为的影响。即使在近交实验室小鼠中，遗传和表观遗传变异也可能导致相关行为组的个体差异显著（Lathe，2004）。然而，神经水平的特质是神经回路对输入的一致类型的转换。例如，恐惧的增加会导致风险评估行为的增加或减少，这取决于威胁的程度。在这种情况下，人们可能会认为控制恐惧的神经规则是主要的（它们的参数值一致地将每个人与其他人区分开来），而行为本身是次要的，取决于环境。这不是为了用神经科学替代心理学；正如我们将会看到的，纯粹自下而上的方法和纯粹自上而下的方法一样不可行。两者都需要同步进行，这就要求我们在讨论更高层次的同时还要理解更低层次的本质。

  如果人格理论家要严肃对待生物学，他们必须问："为什么会有人格存在？"也就是说，为什么大脑会在 ABCD 中产生可识别的、长期的个体差异？这种"为什么"有两个组成部分。第一个组成部分是经典的进化问题，即（从历史意义上来说）一种适应能实现什么功能。我们应该注意到，我们在这里并不是在问，"它的预期目的论是什么？"（如眼睛是为了看而设计的）。相反，我们会问"它的追溯目的论是什么"，这是在系统发育历史上逐渐适应的结果（Pittendrigh，1958）。也就是说，经常可以方便地询问各种进化产物的设计类问题，将其视为盲人钟表匠（Dawkins，1986）。第二个组成部分涉及的问题是，给定一个特定的功能需求，进化如何产生一个能够满足这个需求的系统？一定发生了一系列特殊的适应性突变。正如我们将会看到的，这并不要求传递单一表面功能实体的大脑系统本身应该是单一的。这里的人格来自对所有进化产物的机会和必要性的共同要求（Nettle，2006；Penke，Denissen & Miller，2007）。因此，神经科学家的目标是识别决定个体在群体特质数值空间中位置的生物过程（包括可能反映精神病理学的数值）。探讨这些生物过程可能具有的特质，以及这种低级别的分析对我们针对出现的高级规律的看法的影响是必要的。

3.2.5 元理论分析

  生物学的一些理论和研究结论对于神经科学家有关特质的解释类型很重要。应构建一种理论将包含的要素的元理论（Fajkowska，2018），这既应该突出人格理论家可能想要关注的特定类型的生物过程,也应该强调这些过程可能会传达表面 ABCD 模式的意想不到的方式。

3.2.5.1 进化、功能、适应和遗传学

人格理论家认为人格是"一个人在人性总体进化设计上的独特变化"(McAdams, et al, 2006),具有嵌入"目标导向的适应性系统……随着进化时间的推移,这些特质已经出现在人类文化中"(DeYoung, 2015)。这个表达隐含着这样的理念,即特质出现在进化的系统中,并反映了功能适应的关键调整。智力或外倾性等特质在同卵双生子中显示出 40%~70% 的一致性,在异卵双生子中至少低了 30%(Bouchard & McGue, 2003)。这表明,强遗传/表观遗传控制提高了一致性,而出生后环境影响则降低了一致性。这提出了两个问题:首先,我们可以期待对特质进行何种遗传控制?其次,我们可以预期自然选择会产生什么样的特质?虽然我们会得出结论,基因的解释水平低于我们想要定位的特质,但是我们对它们的考虑会导致我们对特质解释的第一个元理论结论。

人性进化特质中个体特质变化的最重要特征是它们的变异。也就是说,一个特定物种的特定种群显示出每个人格特质相对稳定的个体数值的广泛分布。这对于基于特质遗传控制证据的更高层次的解释有着重要的影响,即特质必须反映控制系统的设置,其中高值和低值都表示适应成本。例如,高智商依赖于一个庞大的大脑,在人类中,这个大脑在高能量需求(Navarrete, van Schaik & Isler, 2011)和因大脑体积增大而导致的出生并发症的风险方面是代价高昂的。否则,种群将迅速进化到一个极端,几乎没有个体特质变异(Johnson, 2010)。这就是我们期望特质来自"平衡选择(选择本身保持遗传变异)"(Penke, Denissen & Miller, 2007)。特质价值变异的性质也很重要。有些点突变可以传递(像甜豆中的颜色)极端的特质,如苯丙酮尿症患者的注意力缺陷多动障碍样的特质(Stevenson & McNuughton, 2013);但是,在整个群体中表现出更多的遗传效应的特质(并且表现出群体平均值随着选择而逐渐变化)必须是多基因的(Holmes, et al., 2012)。甚至在我们考虑环境影响之前,这种情况使得任何一个基因都不能很好地解释一种特质(Chabris, Lee, Cesarini, Benjamin & Laibson, 2015)。因此,虽然遗传学无疑对人格有着因果关系(Zuckerman, 2005),但基因并不是我们想要识别特质结构的解释水平。

人性进化特质中个体特质变化的第二个重要特征是它们的进化。适应性选择对一系列表型起作用,每个表型都将基因传递给下一代。这些基因必须通过神经功能控制特质(从而影响行为)。然而,基因无法直接改变行为模式,这也受到表观遗传学、胎儿发育和后来的环境影响。所有这些远端原因只能通过神经系统对行为产生长期的个体特异性影响。这给我们提供了积极的理由,让我们倾向于用神经来解释特质。

集中于神经解释的决定并不意味着我们应该忽视进化和遗传的影响。这里有两

个有用的问题要问。第一，进化会选择什么？这将如何影响神经水平？第二，"盲人钟表匠"（Dawkins，1986）可能会产生什么类型的机制来控制特质？然后我们希望将特质构建到什么水平？

我们可以认为表型选择直接作用于特定的 ABCD 模式，这种模式是针对特定类别的刺激或环境而产生的。由此产生的反应会影响基因向下一代的传递。当 ABCD 的一致方面反映了基因的运作时，我们可以看到随着系统发育时间的推移，平衡选择是对特质的运作（Penke，Denissen & Miller，2007）。和人类一样，低神经质可能意味着老鼠在繁殖前死亡；低外倾性可能意味着天堂鸟无法获得高质量的配偶，从而影响其后代的生存；低宜人性可能意味着黑猩猩无法以有利于生殖健康的方式维持社会和谐。这些特质的高取值也是不适应的（Netle，2006）。因此，选择控制特质的基因必须产生一种神经变化，这种神经变化能够可靠地产生这些一般类型的表型变化。ABCD 的广泛模式很可能会涉及系统层面的神经控制，当然也有所需类型的调节激素和神经系统。我们将在下文中考虑这一点的机制含义。

然而，特质的表型选择必须在适应性要求的背景下进行，这种适应性要求在进化时间尺度上是一致的，并且通过适应性的增量变化来进行。从情绪的角度来看，这是最容易理解的。每一种情绪都可以被看作是一组反应，这些反应是为了满足某些反复出现的需求而进化的（McNaughton，1989）。如果没有一些反复出现的功能方面，例如危险的情况，那么相关的适应性表型就不会有进步的变化，即你的个体生存不会对你后代的生存产生任何影响。在这种情况下有多种要求，每一种都有助于适应。恐惧涉及一系列身体变化，并非所有这些变化都有助于心理体验（Cannon，1936）。

重要的是，这些变化在各种不同威胁的背景下都是适应性的。最为重要的是，这也是为什么我们会有情绪反应的原因，这些变化的代价高昂，因此在没有威胁的情况下不适应。这也为我们提供了一个理由来期待一种特质的存在，这种特质捕捉了个体恐惧的差异。如果一个人受到的威胁程度超过了其应对威胁情况的能力所能承受的程度，这种反应将是不适应的。

同样重要的是，询问我们如何期望大脑实例化人格。必须有大量的状态系统（每个系统都实现了一个可识别的功能或一组功能），需要在功能失调的极端之间对其足够的刺激有一系列的敏感性。正是由于神经控制系统的高度一致性，我们能够感知到的任何 ABCD 中的任何规则都必须出现。然而，我们也必须为 ABCD 中的规则性做好准备，以反映一个功能规则（它驱动了多个神经系统的并行进化），而不是让它反映单个系统的多个输出。例如，在理论上，面对不确定的食物供应，坚持是最理想的行为，许多物种都这样做。然而，实际使用的"经验法则"可能与最理想法则大相径庭；同时，面对失败，我们有证据表明至少有三个神经上不同的系统，每个系统在有限的环境中提供自己独立的经验法则。由于这些都提供了相同的可观察行为模式，许多表面上单一的特质很可能是由多个独立的系统支撑的。因此，我们应该更喜欢人格理论中的解释性多元主义，并对心理层面的描述保持警惕，因为这些描述可能会在更低的层面上融合多个不同的机制。

通过观察人工选择的案例，我们可以了解我们的特质 ABCD 包是如何从自然选择中产生的，至少从表面上看，这些案例会影响特质恐惧。先看看狐狸的驯化选择，然后再看看老鼠的情感选择。狐狸实验是为了检验这样的假设：因为行为根植于生物基础，选择驯服和抵抗攻击意味着选择控制身体激素和神经化学物质的系统中的生理变化；反过来，这些变化可能会对动物自身的发展产生深远的影响，这些影响很可能解释了为什么不同的动物在受到相同种类的选择性压力时会以相似的方式作出反应。（在实践中）创造了一群性情和行为与野生祖先截然不同的驯化狐狸，生理、形态和行为发生了一些惊人的变化，反映了其他家养动物的变化（Trut，1999）。

这些影响似乎至少部分取决于个体发育的延迟，导致发育速度的改变，从而导致应激激素减少、血清素增加，甚至可能导致软绵绵的耳朵仍保留在成年期，以及皮毛颜色发生改变（Trut，1999）。

对老鼠的"情绪性"的选择尤其有趣。它与狐狸实验的关键区别在于，它涉及选择一种单一的客观测量方法（沉积在单一威胁装置中，即开阔场地中的粪便排泄物数量），这种方法在与人类反应的同源性方面具有表面效度。这种差异选择将一个最初的中间老鼠种群分成两个（高情绪排便和低情绪排便）亚群。与威胁相关的排便发生在各种各样的物种中（McNaughton，1989），包括在人类中，如 20% 受到轰炸的士兵和约 5% 在战斗中的空勤人员（Stouffer, et al., 1949）。由此产生的"Maudsley 反应性"（Maudsley reactive，MR）大鼠排便略多于亲代品系，而 Maudsley 非反应性（MNR）大鼠根本不排便。重要的是，在纯粹选择露天排便后，种群在许多其他指标上有所不同，但是这些不包括迷宫学习，而被选择进行迷宫学习的老鼠"在情绪性的测量中没有显示出差异"。由此得出结论，情绪反应性与老鼠的智力是正交的。在这里，人们可以问，情绪化（如所选择的）是否反映了恐惧。也就是说，如果我们强迫老鼠学会在水下游泳，并让它们遭受不同程度的空气剥夺（因此害怕窒息），这两个种群会不会在某种程度上有所不同，这与 MR 老鼠在功能上更缺乏空气是一致的。Broadhurst（1957）通过这一程序获得的结果表明，MR 情感反映了相对于 MNR 更广泛的情感反应（更大的动态范围），而不是对恐惧更敏感（Birdslee, Papadakis, Altman, Harrington & Commissaris, 1989）。图 3-3 显示了数据的关键方面。像驯服的狐狸一样，MNR 老鼠对压力的反应比 MR 小（Blizard & Liang, 1979；Buda et al., 1994）。但这似乎更多地与去甲肾上腺素的变化有关，而不是像狐狸一样，与应激激素或血清素有关（Blizard, 1981；Buda, et al., 1994）。

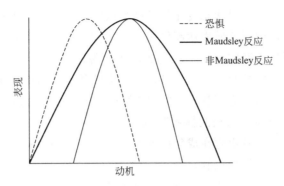

图 3-3　不同情绪状态下老鼠动机与表现的关系

狐狸和老鼠的饲养实验都表明，我们可以联系到恐惧等概念的功能需求进行驱动选择。然而，结果特质剖面的性质可能取决于与可选择的变异源相关的遗传限制和与可用神经靶标相关的系统因素，而不是能够提供适当的变异（目的论而非目的论）。Trut（1999）认为，对于狐狸而言，选择多基因产生的表型受到了限制，因为选择多基因是有问题的（可能会产生有害的变化），这使得选择偏向于改变发育速度（同时也改变了一系列不同的形态特征）。对于被选择用于单一测量以应对单一挑战的大鼠，去甲肾上腺素能神经系统已经适应了。在任务的高动机水平上，这与用于选择的水平相匹配，这导致了我们预期的类型变化。然而，在任务中动机水平较低，与选择条件不匹配的情况下，去甲肾上腺素能的变化导致了与我们预期相反的行为变化。综合这些观察，我们得出了第一个元原则。

元原则 1：体现特质的系统机制是以小步骤进化的，每个机制都受到现有突变和突变正在改变的现有系统性质的限制；因此，一种机制可能是"经验法则"，而不是直接反映它似乎控制或被选择用于的表面特征。

3.2.5.2　激素调节

鉴于到目前为止我们对特质的神经水平控制所做的进化论证，一个问题出现了，一个特质如何在神经系统中被实例化。如果一个特质是一个人感觉、思考、想要和做什么的一致模式，它必须反映相当广泛的神经系统反应性的共同变异。这种共同变异的一个明显候选来源是激素的调节，激素释放到血流中后，可以针对任何已经获得相关受体的系统，在这些系统中，共同变异将由单一激素水平的共同控制而产生。

激素对人格特质的控制有两个关键的进化要素：释放控制神经系统长期敏感性的化学物质的系统，以及获得适当受体的特定神经靶标。一类特殊的自适应函数将塑造化学系统（控制该类输入敏感度的变化）及其当前神经目标（定义协变量的一组响应）的演变。这也适用于各状态的激素控制，激素的短暂释放预示着一个需要应对的事件，例如，肾上腺素表明有必要采取紧急行动，并立即引发身体和精神上的变化。然而，与状态相反，对特质起作用的控制过程需要更长期、相对稳定的相关化合物浓度来改变系统对状态变化的敏感性或能力，就像睾酮对肌肉组织的影响一样。重要的是，任何对特质表达起作用的化学控制都可能会有一定程度的中期调整，即将人调整到他们通常的环境。例如，在准备比赛的运动员中，睾酮会上升，在获胜的运动员中，睾酮会进一步上升，而在失败的运动员中，睾酮会下降。这种上升会影响信心和冒险行为等状态，"即使在财务冒险行为的情况下，睾酮水平每天都与个人在股票交易中的利润挂钩"（Cotes & Herbert, 2008）。考虑到睾酮在发育中的作用，很容易看出它在成年后如何保持调节一系列特质的能力，这些特质由已经含有睾酮受体的结构控制。

特质的化学控制需要有能力调整系统对正常输入的敏感度。这不同于由神经元或激素产生的短暂的状态级特异性反应。睾酮可以产生我们已经描述过的形态变化，类似于长时程增强时观察到的树突变化（Hosokawa, Rusakov, Bliss & Fine, 1995），或者通过神经递质合成或分解的相关调整。其他激素也是如此。例如，抑郁症（即极端特质抑郁）被描述为压力系统的失调（Pariante, 2003; Pariante & Miller, 2001）。然而，也有证据表明激素可以更直接地控制神经功能的敏感性。

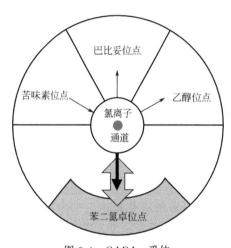

图 3-4　$GABA_A$ 受体

控制神经系统敏感性的化学物质最明显的例子是 $GABA_A$ 受体。$GABA_A$ 受体通过氯离子通道介导神经抑制。这通常会发生在 GABA（γ-氨基丁酸）与 GABA 位点结合时（图 3-4），打开通道（黑色箭头），产生以毫秒为单位的变化。通道也可以在两个部位被打开（并且立即产生抑制）：一个结合巴比妥酸盐，另一个结合乙醇（产生松弛，并且在足够高的剂量下导致死亡）。结合苦味素的位点可以将其关闭（黑色箭头的相反方向），失去抑制会导致抽搐。虽然这些直接作用位点直接改变背景抑制水平（保持其高或低），但它们也可以像 GABA 位点一样，在非常短的时间尺度上（如果它们结合与 GABA 结合的化合物）或相当短的时间尺度上（如果它们结合与肾上腺素同样作用的激素）。GABA 受体有一个额外的、不寻常的位点，在特质控制方面特别有意义，即，会有一个结合苯二氮卓类的位点。与其他位点不同，苯二氮卓位点对通道没有直接影响。相反，如图 3-4 所示，它改变了 GABA 位点的构象，从而改变了 GABA 结合。因此，它充当受体的一种放大旋钮，特别是，它可以（双头灰色箭头）增加 GABA（苯二氮卓激动剂）的效果或减少 GABA（苯二氮卓反向激动剂）。正是它们长期微调 GABA 系统的能力使得苯二氮卓类药物作为抗焦虑药具有吸引力。

外源苯二氮卓类的人工抗焦虑作用也直接显示了内源性配体水平如何控制类似于"特质焦虑"的事情。

我们可以认为 $GABA_A$ 受体是特质系统中长期调节的一个可能的节点。对于各种现有的化学物质来说，可能存在选择压力来获取它们可以调节受体的位点，对于各种现有的神经系统来说，可能存在选择压力来表达受体。在输入和输出方面，$GABA_A$ 受体介导了这种关系，这一事实将会限制适应性。让我们假设一种特殊的化学物质能够表示一种特殊的功能需求。如果突变导致该化学物质在控制特定需求的区域的 $GABA_A$ 受体中出现一个位点，并且结果是适应性的，那么该位点将会在后代中得到保存。相反，只有那些发出相同（或相容）要求信号的化学物质才会获得受体上的位点。

如果我们能够确定苯二氮卓的位置，特别是控制类似特质焦虑的东西，那么我们可以得出一些有趣的结论。请注意，这是一组假设的"如果……那么……"结论，而不是对经验事实的陈述。没有人证明这个位点是一个特质的基础；但是它显然存在并且具有适当的特性。我们在这里用它作为模型，让我们得出元原则。

我们的第一个结论是关于焦虑和恐惧之间的区别。许多人认为焦虑和恐惧是同义词。正如在其他地方讨论过的（McNaughton, 2018），当我们试图在两种语言之间翻译时，它们的含义会变得非常明显。然而，药理学上有一个明确的区别：苯二氮卓类药物（和其他抗焦虑药）影响被动回避、风险评估、应激激素释放，以及一系列其他反应，这些反应是在避免威胁与其他目标冲突时产生的（我们会将其与"焦虑"联系在一起），但不会影响纯粹威胁产生的反应（我们会将其与"恐惧"联系在一起）。因此，相较于把恐惧和焦虑视为高度相似的术语，我们更应该分别从所谓的防御退缩和防御方式（例如，风险评估行为的形式）来区分它们。也就是说，恐惧是人类进化出的一系列反应，允许个人远离危险；焦虑是一组信息收集反应，这些反应演变成允许个人面对不确定性/危险并生存下来（McNaughton & Corr, 2004）。这里，生物学与词典不匹配。当然，这并没有证据来证明我们描述为"焦虑"的人经常和我们描述为"恐惧"的人是同一个人。这些词汇和其他描述性词汇（例如，"抑郁"）按照单一的大五构造，即神经质来组织也没有错。然而，正如我们已经预见的那样，这确实表明描述性水平的特质不会与神经水平的特质参数一一对应。换言之，大五（和其他人格分类）试图在人格特质描述中指明共变的主线，但是我们不应该期望它们也代表可能会导致影响特质的神经系统的组织结构。

元原则 2：体现特质的系统可能已经随着功能（控制论意义上的）(DeYoung, 2015) 的限制而进化，而这些限制并没有被正常的语言使用所捕获。

我们的第二个结论是关于特质的进化。苯二氮卓受体似乎出现在脊椎动物（但不是无脊椎动物）的系统发育早期，存在于高等脊椎动物中，如骨鱼，但不存在于黑鱼中，并且在所有脊椎动物的行为控制中具有类似的作用。压力激素似乎也是如此，针对斑马鱼的研究表明，人类抑郁、焦虑和创伤后应激障碍似乎涉及高度保守的系统（Griffiths et al.，2012）。我们可以通过"生存回路"来期待这种保护，在这种回路中，低级别的变化可能是灾难性的。当然，更高级的处理，特别是大脑皮层中决定我们焦虑或恐惧的回路，以及我们对焦虑或恐惧的准确感知，会在物种之间产生详细的表面差异，但这些差异会叠加在古老的保守系统上（Ledoux，2012）。

元原则3：**系统发育通常会保存对特质起作用的控制过程，因此反映系统发育古老约束的特质及其基本控制机制可能在脊椎动物物种间相似。**

推论：我们可以用比较的方法研究影响特质的控制过程；但是详细的外显表达（引发刺激、ABCD模式等）可以是物种特异的。

3.2.5.3　神经调节

最明显的调节中枢神经系统涉及生物胺（例如乙酰胆碱、多巴胺、组胺、去甲肾上腺素和血清素）。胺类系统大致上具有类似的一般神经解剖学特征（图3-5）。关键的一点是，非常少量的尾状细胞（在系统发育的古细胞核中）可以有效地将相关神经调节剂喷洒到大部分前脑上。Aston-Jones等认为，在这方面，中枢去甲肾上腺素能系统是外周交感神经系统的一种类似物（Aston-Jones, Chiang & Alexinsky, 1991；Van Bockstaele & Aston-Jones, 1995）。该系统可以清楚地控制广泛人格特质所需的类型和时间。

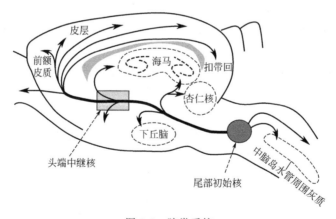

图3-5　胺类系统

以血清素为例，人类饮食中色氨酸缺失对血清素的简单控制具有广泛的影响，这与这种缺失减少了对学习的厌恶控制的想法相一致（Faulkner & Deakin, 2014），特别是在惩罚诱导的反应抑制方面（Crockett, Clark & Robbins, 2009）。相反，我们可以看到特异性血清素再摄取抑制剂的临床应用，虽然缓慢，但可以改变特质抑郁。类似地，血清素被仔细研究与它对多种特质测量的贡献相关，但是似乎没有直接映射到任何一种高阶特质（Carver, Johnson & Joormann, 2008）。然而，有一种观点认为，血清素基本作用在较低的解释水平上更容易理解：它决定了神经系统的整体水平，也就是在任何时候的控制行为。从这个角度来看，高水平的血清素偏向于最近进化的前额叶控制，这可以"超越或抑制对行为的低水平影响"。结果是，"具有低血清素能功能的人（从而减少了执行控制）对当下的联想和情感线索特别敏感"（Carver, Johnson & Joormann, 2008）。因此，我们可以将血清素视为特质高水平偏见的潜在来源，这种偏见会与其他神经水平的特质交互作用，例如奖励敏感性，从而产生抑郁。这种观点表明，将血清素系统的敏感性等同于神经水平的特质可能更有用，而不是试图解释它对多种心理水平特质的贡献。

元原则 4：大脑包含调节系统，对神经过程产生类似特质的控制；我们应该把它看作是定义一些神经水平特质的基础。

例子：目前证据的尝试性映射包括血清素（高水平控制）、去甲肾上腺素（动态范围）和多巴胺（探索）（DeYoung, 2013）。

注意，可用前体的变化（如色氨酸耗尽）会影响到整个胺类系统，例如单胺氧化酶（MAO）的变化会同时影响到不止一个胺类系统。然而，血清素系统有两个不同的组成部分（出现在中缝和背侧），它们支配着稍微不同的区域，因此分别反映了安全信号和行为抑制（Gray & McNaughton, 2000）；类似地，多巴胺系统可以分为不同的价值编码和显著性编码成分，分别与外倾性和开放性/智力相关联（DeYoung, 2013）。主胺系统的这些不同部分可能会产生高阶特质的方面，但两者都没有清晰地映射到现有的表面特质和方面的测量。

大脑也可以直接控制激素系统，从而控制激素的特质敏感度，然后决定特质表达的性质。这方面最明显的例子是海马体。尽管海马体在学习和记忆中有着明显的作用，但它"受体表达的密度和多样性异常……超过 60 种激素样因子，例如，盐皮质激素受体即使不是几乎完全位于海马体，也基本上被限制在海马体中"（Chlode, 2001）。大量数据表明，这允许海马体控制身体生理，特别是通过对压力激素的负反馈控制。这种形式的控制对特质心理学家来说很重要。

众所周知，大脑中的认知过程在很大程度上控制着身体生理。类似反射的行为很常见——捕食者的存在会引起应激激素的分泌。在我们认为这只是一种反射之前，必须认识到，这种反应是对捕食者的感知（Lathe, 2001）。

相反，慢性压力会导致大脑回路的广泛重塑，特别是海马、杏仁核和前额皮质。这种重塑似乎是我们可以描述为情绪和焦虑障碍的慢性变化的基础（Brown, Rush & McEwen, 1999；McEwen, Eiland, Hunter & Miller, 2012），类似但不太极端的变化可能为人类的特质抑郁和特质焦虑以及啮齿动物的情绪化提供了基础（Costa-Nunes et al., 2014）。控制应激激素的海马体中与应激相关的变化增加了恶性循环的可能性（Sapolsky, 2004；Yehuda, 2001），这将会产生非常长期的类似特质的变化。

元原则 5：大脑可以控制激素，我们应该把它视为定义一些神经水平特质的

基础。

元原则 6：慢性激素水平可以在大脑系统的形态和功能上产生宏观和微观变化（就和身体系统一样），允许表达的特质涉及多个大脑系统。

元原则 5 和元原则 6 的推论：特质可能涉及大脑和激素的交互作用。

3.2.5.4 特质互动与非正交性

在神经系统中，一种特质对任何个体的特定价值通常是特定生物调节者（激素或胺类系统）的水平或敏感性。然后，这种稳定的敏感性将传递由调节者控制的神经系统介导的 ABCD 的特定模式。我们将首先考虑生物系统固有的表面非正交性的两个来源。然后，我们将考虑一些不是特别"生物学"，而是生物学方法可以提供清晰性的问题。

非正交性的第一个生物学来源是，具有相当独立敏感性的神经水平特质可能在行为控制中交互作用。从生物学水平来看，它们可以满足心理测量纯粹性的标准，但是会产生心理测量不纯粹的行为模式。这可能有助于解释许多人格分类中明显存在的一些心理测量复杂性，例如大五开放性/智力（DeYoung, Grazioplene & Peterson, 2012）的内容的异质性，以及关于攻击性/易变到底是高神经质的一部分（John, Naumann & Soto, 2008）还是低宜人性的分歧（Ashton, Lee & de Vries, 2014）。更一般地说，这也可能是因为缺乏"简单结构"，而这几乎是所有人格维度的特征。

神经水平的特质可能以各种方式交互作用来控制行为。前文将应激激素、内源性苯二氮卓受体配体和血清素视为不同的。当然，长期操纵这些系统中的任何一个都不会产生与其他系统相同的变化（例如，与血清素操纵不同，苯二氮卓类不会影响抑郁）。然而，在有些情况下，所有三个系统都参与了对行为的控制；事实证明，它们在那里交互作用。焦虑（但不是恐惧）释放皮质酮/皮质醇（corticosterone/cortisol, CORT），并且（和其他紧张性刺激一样）释放血清素。5-羟色胺（5HT1A）受体的激活有助 CORT 的释放（de Boer, Slangen & Van der Gugten, 1990; Lorens & Van de Kar, 1987），而苯二氮卓受体的激活可以减少 CORT 的释放（de Boer, Slangen & Van der Gugten, 1990; de Boer, van der Gugten & Slangen, 1990）。尽管苯二氮卓和 5HT1A 受体配体对 CORT 的释放有相反的影响，但它们都可以减少焦虑；而 CORT 起作用，基本上是抗焦虑的拮抗剂。短期内，这些效应可以结合起来控制观察到的焦虑相关行为（McNaughton, Panickar & Logan, 1996），虽然在大鼠身上得到证实，但与人类抗焦虑作用的临床动态相一致，特别是 5HT1A 受体激动剂治疗作用的延迟开始。因此，虽然慢性压力会在血清素系统中产生特定的特质样变化（Natarajan, Forrester, Chiaia & Yamamoto, 2017），但由此产生的行为变化可能包括由 CORT 和苯二氮卓系统介导的间接变化。

非正交性的第二个生物学来源是神经水平的特质可能不总是完全独立的；我们

可能不得不把它们视为斜交因素，而不是正交因素。如果它们分享部分长期控制，这将会发生。当两个神经/激素系统完全分享它们的长期控制时，我们会认为它们控制着相同特质的不同输出。这个结论可能会让我们想修改之前对特质构建本身的心理测量纯度的看法（与它们测量的纯粹度无关）。

有许多不依赖于这些特质本身的可能来源。我们已经强调了胺类系统的神经解剖学相似性。这种相似性只表明它们的运作方式是相似的。然而，单胺（多巴胺、去甲肾上腺素和血清素）有更深层次的关系。MAO 酶分解所有单胺（因此得名）。因此，MAO 的基因变异可能会同时影响多巴胺、去甲肾上腺素和血清素的长期控制，从而在这些系统的特质控制中产生一些非正交性。然而，这种常见的 MAO 成分可能会与更具体的成分交互作用，以确定例如特定的多巴胺周转（Grigorenko, et al., 2010），因此保持了三种单胺类特质的高度独立性。

最后，即使独立性没有因为已经提到的生物学原因而不成立，我们也可以期待特质值和它们通过形态特征表达的某种程度的非正交性。这里重要的一点是，在一个个体中，生物特质可能是一般行为控制的特定独立来源，而在整个群体中（或者在一个个体的毕生内），它可能与第二个生物特质不正交。当不同的环境因素影响两个生物学上独立的特质时，这种情况将会非常明显，并且由于一些外部原因，这些因素在环境中是相互关联的（例如，战争地区的心理创伤和饥荒）。当一种特质是其他特质变化的诱发因素（可能与环境交互作用）时，也会发生这种情况。例如，在澳大利亚男性消防队员中，神经质是"创伤后应激障碍发病率的更好预测因素，而不是暴露于丛林大火灾难的程度或遭受的损失"（McFarlane, 1989; Ogle, Siegler, Beckham & Rubin, 2017）。当感兴趣的特质的表达是两个独立特质结合的结果时，它们也可能会被共同控制。例如，神经质（可能反映出低血清素）是一系列神经症的一个普遍易感因素（Andrews, Stewart, Morris-Yates, Holt & Henderson, 1990），我们可以将其视为一种极端特质变化的形式。神经质可能会与环境压力交互作用，产生紊乱。然而，它也可能与特质焦虑/苯二氮卓类系统或特质抑郁/应激激素或特质恐慌/胆囊收缩素类系统交互作用（Bradwejn & Koszycki, 1994; Scherrer, et al., 2000; Wang, Valdes, Noyes, Zoega & Crowe, 1998），这些附属系统决定了所表达的神经错乱的特定形式。

元原则 7：在表达过程中，具有独立价值的神经水平特质可以交互作用，产生 ABCD 模式，从现有分类模型的角度来看，这种模式是因子复杂的或"不纯粹的"。

元原则 8：生物特质因素可能是斜交的，而不是正交的。

元原则 9：个体内不仅生物控制的独立性，而且人格特质的表达也不保证这些特质在整个群体中的表达测量的统计独立性。

3.2.6 神经生理基础影响人格发展小结

以上综述试图提出有哪些种类的神经水平特质，并推断它们将如何用 ABCDs

来表达。这里没有争论任何特定的激素或神经实体是人格特质。研究者们已经在生物层面上了解了很多类似特质的控制。因此可以说，"这个系统以这种方式运行，所以一个神经层面的特质构建原则上也可以做到这一点"，并推导出元理论原则。这些原则可以完善当前的理论，并指导未来的理论。然而，基于神经科学得出元理论结论并不意味着这些途径在 ABCD 水平上在理论上是完全中立的。其中有一系列不同的特质（例如多巴胺能、去甲肾上腺素能、5-羟色胺能等），在 ABCD 水平上，这些特质可能是多因素斜交的。

人格心理学和神经科学之间的关系应该被看作是双向的。人格心理学有助于指导神经科学假说，并组织和综合神经科学发现。神经科学数据可能会影响人格心理学家发展特质模型。使用神经科学方法来研究人格有可能为特质分类产生解释生物模型，这些模型起初纯粹是描述性的，且可能有助于实现人格理论的目标，这是一个动态的、交互作用的要素系统，产生持续不断的行为和经验（DeYoung，2010）。

我们可以用以上方式识别神经水平的特质，这对于目前研究这些特质的方法有所启示。我们可以期待它们与其他物种显示出强烈的同源性，为我们提供了新的有力工具，用于人格的遗传分析（Broadhurst，1957）和神经分析（Gray & McNaughton，2000）。在神经层面上，已经证明有可能识别大鼠的关键系统，开发人类同源物，并有人类生物标志物来锚定人格神经科学（McNaughton，2018）。重要的是，如果一个神经水平的特质包括一些特定的神经加工的长期调节，我们可以用例如血清素、去甲肾上腺素或多巴胺来识别，并解释与现有心理结构相同的 ABCD 规律，那么我们可能需要修改对心理水平结构的解释。例如，如果"神经质"从根本上来说是血清素系统的敏感性，那么在认知水平上，从特质的高度控制（Carver，Johnson & Joormann，2008）而不是从消极情绪的角度来看，这可能是最好的理解。同样，如果去甲肾上腺素系统产生类似特质动态范围的东西，或者多巴胺类系统产生探索性特质（DeYoung，2013），这可能会导致重新解释与行为（外倾性）或认知（开放性）探索相关的大五特质的本质。如果从目前定义的心理层面的特质开始，我们可以预期"特定的特质和特定的大脑系统之间不会有一一对应关系或同构"（Matthews，2018）。

3.3　人格和个体差异的进化视角

个体差异对自然选择进化过程至关重要。自然选择是唯一已知的能够创造和维持适应性的过程。遗传、变异和差异繁殖的特性是适应进化所必需的（Sela & Shackelford，2015）。生理和心理特质必须是遗传的，并可靠地从父母传给后代，以便自然选择对其起作用。一些人比其他人更成功地传播了他们的基因，导致差异生殖。最终，成功后代的数量（以及他们成功后代的数量等）决定群体中特定特质的基因频率。因此，生存决定了它对基因繁殖成功的贡献程度。然而，适应是一个适用于特定情境的术语,因此在一个环境中"适应"的个体不一定在另一个环境中"适应"。在不同的环境中,某些特质可能会有不同的获益。生理和心理特质的自然选择取决于有机体与环境的交互作用。环境输入的相对一致性对于显著的等位基因频率偏移(即进化)和适应性的构建至关重要。持续存在的环境变量对许多代人的生存和生殖构成挑战,被称为选择压力。选择压力因地理区域和生态系统而异,包括有生命和无生命的自然环境(Sela,2017)。

生命科学长期以来一直认为,性状的可遗传变异提供了可供选择的原材料。自然选择通常被视为导致物种典型特征的同质化驱力。的确,进化框架在人类研究中的应用,即通过一种相对新的元理论被称为进化心理学的范式(Toby & Cosmides,1990)已经发现了许多这样的人类共性(Buss,2015)。进化心理学是一项生成性的科学努力,研究领域包括诸如生存(如进化方向;Jackson & Cormack,2007,2008)、为人父母(例如,当男性察觉到父亲身份不确定或其他交配机会的暗示时,他们会做出调整,以减少投资)(Anderson,Kaplan,Lam & Lancaster 1999;Anderson,Kaplan & Lancaster,1999;Marlowe 1999)、亲属关系(例如,利他主义作为遗传相关度的函数,优先被引导向亲属)(Jeon & Buss,2007;Michalski & Shackelford 2005)、合作(例如,发现反对搭便车的适应性和欺骗者检测)(Price,Cosmides & Tooby,2002;Sugiyama,Tooby & Cosmides,2002)、攻击性(例如,可预见的情况以及在这种情况下,男人会采取危险的社会策略)(Buss & Shackelford,1997)、交配策略(例如,普遍的性别-配偶偏好的差异)和性冲突(例如,可预测的性欺骗模式)(Haselton,Buss,Oubaid & Angleitner,2005)。

进化心理学传统上试图解释物种典型的进化适应(Tooby & Cosmides,1990),其理论和实证进步主要是在典型物种和性别差异适应的水平上实现的。然而,进化论在人类心理和行为研究中的应用相对较少关注对人类个体差异的进化解释(Buss,2009)。历史上,个体差异被认为仅仅是噪声或误差差异,需要剔除(Buss & Hawley,2011)。直到最近,研究者才开始系统地探索人格和个体差异,认为它们是进化的心理机制的重要组成部分。这部分综述首先回顾了通过自然选择进化过程中创建和维持的个体差异,巩固了进化框架对研究人格和个体差异的重要性;其次回顾了用于理解人格和个体差异的主要进化途径,包括性别差异(通过性冲突和父母投资理论)、发展方法(通过生命史理论)以及基因和环境的交互作用(通过行为遗传学);最后总结了应用进化框架来研究人格和个体差异的实际应用和未来的研究方向。

3.3.1 自然选择创造并维持个体差异

跨学科的证据网络支持这种观点,即人口中的个体差异是由自然选择创造和维持的。调查个体差异的研究,如人格维度——被五因素人格模型(Costa & Mc-

Crae, 1992; Digman, 1990; Goldberg, 1990) 或六因素 HEXACO 人格模型 (Ashton & Lee, 2001) 捕获——记录个体差异是适度可遗传的 (Polderman et al., 2015), 随时间稳定 (Plomin, et al., 2008) 和跨文化 (McCrae, Costa, Del Pilar, Rolland & Parker, 1998), 跨物种的连续性 (Gosling, 2001), 对行为的有力预测 (Fleeson & Gallagher, 2009), 以权衡的方式影响与进化相关的适应方面 (Nettle, 2005, 2006), 并可靠地解决适应性问题 (Buss, 2011)。个体差异的这些核心特征表明, 自然选择的进化是许多观察到的心理和行为个体差异的根本原因。

对个体差异核心特征的最大实证支持来自对人格维度的研究, 这可以说是人类个体差异中研究最充分的。文献中出现了几种人格模型。人格的五因素模型（或"大五"）评估一个体在多大程度上表现出与神经质（以恐惧、焦虑和移情为特征）、外倾性（以社交和寻求关注为特征）、宜人性（以宽恕、灵活性、利他和耐心为特征）、责任心（以组织性、努力工作和冲动抑制为特征）和对经验的开放性（以创造性、新颖性和好奇心为特征）(Costa & McCrae, 1992; Digman, 1990; Goldberg, 1990)。人格的六维模型（或"HEXACO"模型）评估了一个体在多大程度上表现出与大五模型中测量的维度一致的特征, 并增加了第六个体格维度: 诚实-谦逊。这解释了道德上相关的亲社会行为, 代表了互惠利他主义的一些方面 (Ashton & Lee, 2007)。被称为"黑暗四合一"的邪恶人格特质包括自恋（以自大、权利、支配和优越为特征）、马基雅维利主义（以操纵和玩世不恭为特征）、精神病性（以冷漠、冲动和缺乏同情心、亲密和良心为特征）和虐待狂（以伤害他人为乐的特征）(Buckels, Jones & Paulhus, 2013; Furnham, Richards & Paulhus, 2013)。这些模型包含了进化的观点 (de Vries, Tybur, Pollet & van Vugt, 2016; Jonason, Li & Buss, 2010; Nettle, 2005), 提供自然选择创造和维持个体差异的实证支持。

个体差异的一个核心特征是它们是可遗传的 (Polderman et al., 2015)。行为遗传学研究记录了不同人格维度的遗传力估计值, 平均范围从 0.40 到 0.50, 跨越不同的人群和人格量表 (Bouchard, 1994; Loehlin, 1992; Tellegen, Lykken, Bouchard, Wilcox, Segal & Rich, 1988)。研究还表明, 个体差异在非人类哺乳动物中是可以遗传的, 例如黑猩猩 (Weiss, King & Figueredo, 2000)。行为遗传学研究发现人格维度和其他个体差异显示出适度的遗传性的聚合结果, 巩固了个体差异研究中进化遗传学的作用和必要性 (Penke, 2011; Plomin, DeFries, Mc-Clearn & Rutter, 2008)。

不同文化间的个体差异相对稳定 (Ashton & Lee, 2007; McCrae & Costa, 2008; Saucier, 2009), 并在非人类中被记录在案。例如, 五因素人格模型已经在几类西方和非西方文化中得到确认, 表明这些因素并不特定存在于任何特殊的语言或文化 (McCrae & Costa, 2008; McCrae, et al., 1998)。在非人类身上观察到的个体差异，如人格结构，揭示了人类和非人之间有意义的进化连续性（Gosling，2001），例如，大五人格因素概化到黑猩猩身上。一项研究使用动物园工作人员对黑猩猩的形容词性人格描述符进行评估（King & Figueredo，1997）。人格的"大五"因素已经被记录在其他几个物种中，从章鱼到狗（Gosling & John，1999）。比较证据表明，人格维度并非人类独有，可能在现代人出现之前就有进化起源。

个体差异有力且一致地预测了外显行为。例如，对15项实证抽样研究的元分析表明，大五人格特质强烈预测行为中的特质表现（例如，外倾性特质水平预测状态水平外倾的健谈行为的平均水平，即大胆和自信）（Fleerson & Gallagher，2009）。自评的"大五"预测了表现出的行为状态的平均水平，其相关性介于0.42到0.56之间（Fleerson & Gallagher，2009）。特质的个体差异很可能与外显行为的个体差异平行，因此，人类进化史上的生存和繁殖也存在差异。

个体差异会不同程度地影响与生存和繁殖相关的进化结果，这是自然选择发挥作用的一个重要组成部分。个体差异已被证明与生存、交配成功、地位提升、后代生产和养育等领域相关（Buss & Greiling，1999；Nettle，2006；Ozer & Benet-Martinez，2006）。例如，自评的外倾性程度与个体一生中性配偶的数量和个体的不忠行为正相关（Nettle，2005），这表明短期交配成功的行为。然而，短期交配策略的适应益处也与一些适应成本相关，例如减少了父母的投资（相对于交配努力投入的时间和资源），降低了后代的生存预期（Netle，2005）。

个体差异对进化相关结果的影响在社会领域尤为明显，个体的人格特质和共同特征与社会环境中适应性问题的产生和解决相关联（Buss，2011）。人格和个体差异影响个体社交生活的关键方面，包括友谊、竞争、亲属关系和配偶关系。例如，当选择朋友或配偶时，物种典型的适应或为常数（例如，双足行走、直立步态），根本不为友谊或交配决定提供信息。相反，人类对个体不同品质的差异很敏感，比如智力、吸引力、或令人敬畏。我们与之交往的其他人的个体差异对历史上生殖成功相关的结果产生了重大影响，比如推迟竞争、在社交中作弊、在联盟中搭便车，或者采用成本昂贵的策略来取得成功。因此，识别和预测同类行为的能力将会比了解人类进化史更有优势。专门用于跟踪、识别和处理个体差异的适应被称为差异检测适应（Buss，2011）。

以上例子说明了个体差异进化研究中的一个关键概念：权衡。权衡是指个体在任何特定人格维度上的适应成本和收益（Buss & Greiling，1999；Nettle，2006）。因为在各种人格维度上没有普遍的最佳标准，所以在每个环境中没有单一的有利的人格剖面；因此，个体差异在人群中得以保持。例如，外倾的人有更多的性配偶（适应获益），但也有更严重的身体伤害（适应代价）（Nettle，2005）。此外，如果一个特质的两个层次总体上具有大致相等的适应状况，并且如果特质的变化增加了适应的某些组成部分，那么这些特质的变化也会改变适应状况的其他组成部分（MacDonald，1995；Nettle，2006）。特质变化带来的好处也会产生相关的成本，否则就不会发生权衡，定向选择会选择更高价值的特质，即许多物种观察到的进化过程——典型的适应（Toby & Cosmides，1990）。不同的结果和基本的权衡对于个体差异的选择、演变和维持是必不可少的。

个体差异的各种核心特征包括诸如非零遗传力、跨时间和文化的稳定性、跨物种的连续性、对外显行为的预测效用、与适应性因素的关联以及解决适应性问题的能力等，使得自然选择进化提供了创造和维持个体差异的观点站得住脚。接下来将讨论如何在进化框架内实证研究和理论理解个体差异。

3.3.2　人格和个体差异的进化途径

人的人格和行为各不相同。然而，不太清楚的是，为什么人类彼此间不同，是什么因素导致了个体之间的表型差异。一些基本的理解个体差异的进化途径被概述，从行为遗传学的角度来理解男性和女性之间的人格和个体差异。这些方法都提供了从进化心理学角度研究人类个体差异的互补和有益的研究途径。

3.3.2.1　性别差异：性冲突与父母投资

进化科学家在历史上成功地检验了两性之间的心理和行为变化，尤其特别关注性策略的变化。检验性策略性别差异的基础是父母投资理论（Trivers，1972）。父母投资理论为理解性策略的性别差异提供了一个丰富且有创造力的框架，该框架基于特定物种的男性和女性的最低强制性父母投资的不对称性（Trivers，1972）。在大多数有性繁殖的物种中，包括人类，内部受精和怀孕发生在女性，而不是男性。因此，男性对后代的贡献可能比女性少，即只需一次射精。而女性则至少必须孕育下一代，直到出生，并且通常会哺育下一代一段时间（典型物种）。对男性和女性来说，生殖的这些生物不对称性，即父母最低限度的强制性投资，对更广泛的性策略有着深远的下游影响（Buss & Schmitt，1993）。

交配策略可以从短期交配和长期交配两个维度来概念化（Jackson & Kirkpatrick，2007）。相对短期交配取向的个体会被激励去追求与几个配偶的随意的、未承诺的性关系。相对长期交配取向的个体更有动力在很长一段时间内追求一夫一妻制，保持与一个配偶的忠诚关系。由于男女之间的生殖不对称和父母最低限度的强制性投资（Trivers，1972），对女性来说，追求短期交配策略的平均成本更高。使得相对于女性而言，男性通过寻求短期的交配策略可能会获益更多。例如，如果一个男人在一年内与 20 个不同的女人交配，他有生育能力，可以生育 20 个以上的后代。相比之下，如果一名女性在一年内与 20 名不同的男性交配，她的生育能力也只能怀孕一次。正是这种生殖差异的不对称性（Bateman，1984），使得相对于女性而言，男性在追求短期交配策略方面有更大的潜在复利（平均而言）。因此，在人类的交配策略中，平均而言，男性更倾向于短期，女性更倾向于长期（Buss & Schmitt，1993）。

父母投资理论解释了交配策略的性别差异，并且已经得到了包括人类在内的各种哺乳动物物种的有力实证支持。Trivers（1972）提出，投资较大的性别（通常是女性）在选择配偶时应该更加有歧视性，而投资较少的性别（通常是男性）应该更激烈地竞争异性有价值的高投资个体的性接触机会。这些来自父母投资理论的原则的结果是，交配偏好的可靠的性别差异应该会出现（Conroy-Beam，Buss，Pham & Shackelford，2015）。Buss 和 Schmitt（1993）在他们关于人类性策略的基础理论中概述了男女之间的不同投资是如何形成适应来解决人类进化史上的适应性交配问题的。男性和女性面临的不同选择压力，即男性和女性有一些不同的适应性交配问题需要解决，以优化其繁衍成功，因此形成了配偶偏好和性别内竞争领域。

形成配偶偏好适应性的一个基本的交配问题是识别合适配偶的问题（Buss & Schmitt，1993）。因为男人的繁衍成功最终受限于与有生育能力的女性成功交配的次数，性选择已经塑造了男性的交配适应能力，使其更喜欢有生育迹象的配偶。例如，男性倾向于选择相对年轻的配偶，因为年轻意味着生育能力和更高的生殖价值（Conroy-Beam，et al.，2015）。相比之下，女性在交配方面有一个不同的基本问题需要解决：因为女性更注重投资性行为，所以性选择决定了女性对交配的偏好，更倾向于那些显示出持有和获得资源潜力的配偶。因此，女性倾向于选择社会地位相对较高的配偶，因为社会地位赋予了她们更大的直接和潜在的未来资源，这些资源可以投资到她的后代身上（Conroy-Beam，et al.，2015）。

鉴于女性更注重投资性行为，相对于男性，女性在择偶方面更具选择性（Trivers，1972），因此，女性选择性的择偶导致男性为了获得有限的可生育女性而进行更大的性别内竞争（Smuts & Smuts，1993）。父母在人口层面不对称投资的另一个下游后果是，男性作为一个群体，相对于女性而言，在许多心理特质上表现出更大的表型差异。最值得注意的是，男性的生育差异比女性大：在女性的一生中，几乎所有人都有机会生育后代，而男性的后代生育却没有保障。然而，男性的潜在后代数量远远大于女性的潜在后代数量（Bateman，1948）。换言之，女性生育后代的平均数量和范围相对较低和狭窄，而男性生育后代的范围则大得多，在极端情况下，可能相当大。

就心理特质平均而言，男性倾向于占据诸如智力（例如，数学推理）（Geary，1996）、病态人格特质（例如，精神变态）（Cale & Lilinfield，2002）和精神障碍（例如自闭症）（Baron-Cohen，2003）等特质。男性作为一个群体显示出相对于女性更大的表型差异的一个解释是，与女性相比，男性在特定个体差异方面的选择压力更小（Arden & Plomin，2006；Darwin，1882；Wallace，1975）。男性必须为了女性激烈竞争，因此，在人类居住的各种生态环境中，没有一种男性表型能够可靠地赋予最佳的繁殖益处。相反，有许多表型（即不同的策略）可以优化男性的繁殖成功。换言之，男人有更多种类的"配偶价值生态位"，他们可以占据这些优势来成功吸引配偶（Wallace，1975）。相比之下，对于女性来说，在显示生育迹象方面，特别是因为对后代的生育和生存有着可靠的优势，进化史上的选择压力相对更大。因此，与男性相比，女性拥有较少的配偶价值生态位，这导致了更高质量的配偶获取概率，因为她们具有生殖价值。

生殖不对称的另一个后果是亲子关系的确定性，这在浪漫关系中产生了性别间嫉妒和配偶保持努力的差异。因为女性体内受精和怀孕，男性配偶无法确定后代是否亲生。相比之下，女性生育有确定性。父亲身份的不确定性使男人面临"戴绿帽子"的风险——不知不觉地将资源投资到遗传上不相关的后代身上。跨文化、历史和行为证据表明，在进化史上，父亲身份的不确定性可能是祖先面临的实质性适应问题（Anderson，2006；Buss，2000；Daly，Wilson & Weghorst，1982；Euler & Weitzel，1996；Goetz & Shackelford，2006，2009；Platek，Keenan & Mohamed，2005；Shackelford，2003；Shackelford & Goetz，2007；Thornhill & Gangestad，2008；Voracek，Haubner & Fisher，2008）。由于父子关系的不确定性是进化史上反复出现的适应性问题，男性很可能已经进化出心理机制来应对与父子关系不确定性相关的问题（Pham & Shackelford，2014）。

实证研究表明，嫉妒情绪反应的性别差异是一致的（Buss, Larsen, Westen & Semmelroth，1992）。尤其是男人，对配偶的性行为而不是情感上的不忠，更嫉妒。相比之下，女性对配偶的情感不忠而非性不忠更为不安。这不是说男人和女人一点也不为任何形式的配偶不忠而难过（当然是这样），但是研究已经记录了关于哪种类型的不忠会更令人难过的持续和强烈的性别差异。男人对性不忠更不满意，而女人对情感不忠更不满意，这最终归因于父亲身份的不确定性。与许多其他物种的雄性相比，男性倾向于投资超过最少一次射精。因此，女性的不忠向男人发出信号，如果他有机会"戴绿帽子"，他的资源投资可能不会"有回报"。后代的生存在一定程度上受到男性配偶投资的影响，因此，男性的情感不忠向女性发出信号，表明她的配偶可能正在为另一名女性及其后代提供时间和资源。

男人和女人从他们的配偶的性或情感上招致特定性别的代价，即，男人会面临妻子不忠的风险（Buss & Shackelford，1997），女性可能会因为配偶的情感不忠而失去配偶提供的资源（Schutzwohl & Koch，2004）。随着进化时间的推移，配偶不忠的性别成本已经产生了不同性别的配偶保持行为以吸引异性（Buss，1988；Buss & Shackelford，1997；Sela，2016）。配偶保持行为是旨在降低配偶不忠的风险。特别是对男性来说，配偶保持、维系了女性排他的性卷入的功能，从而降低"戴绿帽子"的风险（Buss，1988；Buss & Shackelford，1997）。因为妇女优先考虑获得长期配偶的地位和资源，男性更有可能（相对于女性）采用配偶保持策略是表明他们的资源、地位和实力。因为男人优先考虑年轻和生育能力，女性更有可能（相对于男性）采用的配偶保持策略是通过强化外表增强技术来增加其生殖价值（Buss，1988；Buss & Shackelford，1997；Buss, Shackelford & McKibbin，2008）。

总之，对个体差异的进化途径主要集中在性别差异上，特别强调与交配相关的心理特质和外显行为。父母投资理论（Trivers，1972）自创立以来，一直是性别差异进化心理学方法的基础。由于男女之间生殖和投资的基本不对称，我们在性策略方面看到了一致的并且经常是稳健的性别差异，如性策略（Buss & Schmitt，1993；Jackson & Kirkpatrick，2007）、配偶偏好（Conroy-Beam，et al.，2015）、嫉妒（Shackelford，et al.，2004）和配偶保持（Buss，et al.，2008）。接下来的问题是，这些性策略如何发展，以及对性别间和性别内变异发展的解释。

3.3.2.2　发展途径：生命史理论

心理学研究历来关注个体差异的发展。关于个体差异的发展研究的一个主要焦点是，毕生经历如何以及是否会影响发展的后期阶段，并表现出个体差异（Belsky，Steinberg & Draper，1991）。在进化科学中，生命史理论被用作理解个体差异发展的主导方法（Del Giudice，Gangestad & Kaplan，2015；Ellis，Figueredo，Brumbach & Schlomer，2009）。生命史理论位于策略变异的框架内（Hagen & Hammerstein，2005），研究内容包括人类在内的有机体如何在毕生中将有限的资源（例如时间、能量）分配给相互冲突的生命任务（Kaplan & Gangestad，2005；Roff，2002；Stearns，1992）。

在整个发展过程中，有三种基本的生命史权衡，人类必须分配资源（Kaplan & Gangestad，2005）。当前和未来繁殖之间的权衡需要分配资源给：以持续的身体生长和维系为代价的早期繁殖；或者是以延迟繁殖为代价的持续生长和发育。数量与后代质量之间的权衡需要将资源分配给：生产更多数量的后代，这增加了这些后代中的一个或多个存活到繁殖年龄的机会，但代价是每个后代的投资减少；或者通过对每个后代投资更多，但以生产更少的后代为代价来生产更高质量的后代。交配努力和养育努力之间的权衡需要将资源分配给：增加后代数量的高交配努力；或者增加后代质量的高养育努力。

资源分配策略需要权衡，因为个体分配给这些任务的资源有限。策略性资源分配"决策"贯穿毕生。这些决定随后被反映为心理特质和外显行为（Kenrick，Girskevicius，Neuberg & Shaller，2010；Simpson，Griskevicius & Kim，2011）。人类进化史选择了在毕生优化资源使用的分配策略（Ellis，et al.，2009）。自然选择有利于基本生命史权衡的祖先适应性解决方案。资源分配策略是通过遗传变异和表型可塑性的结合产生的（Ellis，et al.，2009；West-Eberhard，2003），心理机制据此"决定"如何分配资源来增强祖先的生存和繁衍（Chrisholm，1999）。

具体来说，应用于人类的生命史理论的中心前提是，表型的变异可以被概念化为外显适应性策略，在整个发展过程中优化资源分配决策（Del Giude & Belsky，2011）。因此，表型变异反映了适应性资源分配策略，或生命史策略，通过这些策略，个体可以优化基本生命任务的资源使用。尽管人类的特征是物种典型的生命史策略，这种策略在进化史上相对成功（即婴儿期高度依赖，幼年期延长，长寿）

(Hawkes, 2004), 生命史策略的相当大的个体差异在人类群体中被广泛识别 (Gross, 1996; Promislow & Harvey, 1990; Roff, 2002; Stearns, 1992; West-Eberhard, 2003)。

生命史理论最初由 MacArthur 和 Wilson (1963) 在他们的论文《岛屿动物地理学的平衡理论》中提出"不同的进化适应预期需要不同的系统行为选择才能成功"的理念，通常被概念化为慢-快连续体 (Griskevicius, Tybur, Delton & Robertson, 2011; Promislow & Harvey, 1990)。每种策略都表现出不同的性、心理和行为特征 (Belsky, et al., 1991; Del Guidice, 2009; Kaplan & Gangestad, 2005)。这些系统行为倾向于分为两大类生殖策略：r 策略和 K 策略。r 策略指的是依靠高生态增长率取得成功，即相对较快的生命史策略，特点是将更多的资源分配给交配努力。平均来说，r 策略者在更小的年龄就开始生育，有许多短期的浪漫关系或许多随意的性关系，并且在每个后代身上投入的资源更少 (Egan, et al., 2005; Weiss, Egan & Figuerdo, 2004)。典型的 r 策略物种寿命短、死亡率高，为了应对生存困境，并成功地将基因传递给下一代，r 策略物种试图在短时间内尽可能早地生育更多的后代。这为 r 策略物种提供了一个相对于高死亡率的数量优势，希望其后代中的一小部分能够快速生长和繁殖以继续这一循环。r 策略物种的经典例子是蜉蝣。每个个体在短暂的生命周期内生产和孵化数百万枚卵 (Brittain, 1990)。另一方面，K 策略是指生产接近其栖息地承载能力的人口即相对较慢的生命史策略，特点是将更多的资源分配给躯体成就，即生长、维持和养育。平均来说，K 策略者在较晚的年龄开始繁殖，拥有较少但更稳定、更持久的浪漫关系，并在每个后代身上投入更多资源。K 策略物种的后代数量少，间隔时间比 r 策略物种长得多。而典型的 K 策略物种寿命长、死亡率低。K 策略物种在它（他）们为数不多的后代身上投入了大量资源，为他们提供父母的支持，直到年轻个体能够自食其力。相比于蜉蝣，人类可能被认为是 K 策略物种 (Kaplan, Hill, Lancaster & Hurtado, 2000)，通常一次只生一胎，并且在他们出生后照顾他们多年。追求慢或快的生命史策略在很大程度上取决于个体发展的生态条件 (Ellis, et al., 2009)。

生命史理论也可以应用于物种中的个体层面 (Biro & Stamps, 2008; Figueredo, Va'squez, Brumbach & Schneider, 2007)。对未来对成功有很高期望的个体，如果受伤或死亡降临到他们身上，将会损失很多，他们应该比那些期望较低的人更不愿意冒险。这种风险规避适用于许多常见情境，导致不同的个体以不同的方式对相同的刺激作出有倾向性的反应。最终，这些倾向和可预测的行为模式可以被合理地称为人格。作为这种人格进化理论的结果，我们期望大多数物种的人格结构包含一些与规避风险相关的因素，事实的确如此。胆怯/勇敢一次次出现在各物种的人格结构的基本层面上 (Carere & van Oers, 2004; Sinn, Gosling & Moltschaniwskyj, 2008; Sneddon, 2003)。

作为核心，生命史理论所代表的是资源的战略性配置，以最大限度地实现生殖成功。为了最大限度地适应，物种必须在如何分配能量方面进行权衡。在不能保证生存的环境，更谨慎的做法是投入精力尽快达到性成熟，然后以牺牲寿命为代价将精力投入生殖。然而，当安全更有保障时，投资于自己的寿命和几个受良好照顾的后代的寿命可能会更好，这样才能生产出许多成功的后代。这些可变的生殖策略为我们提供了一个解释，说明人格的起源及其在不同类群中的普遍性。

对当地生态作出反应的心理机制促进了生命史策略的个体差异，使得策略的条件调整导致更大的祖辈生存和繁衍（Ellis, et al., 2009）。生态因素的变化（例如病原体负载）改变了策略性分配决策所涉及的相对成本和收益。人类生命史策略的当前模型（Ellis, et al., 2009）关注两种外在风险特征，即环境恶劣性和不可预知性，每种都导致表型修饰导致人类生命史策略加速（Barbaro & Shackelford, 2017; Ellis, et al., 2009; Quinlan, 2007）。环境恶劣是指当地环境中的外在发病率-死亡率。当地环境中较高的死亡率加速了生命史策略，其特点是第一次生育时年龄更早（Low, Hazel, Parker & Welch, 2008; Wilson & Daly, 1997）、首次性行为更早（Ellis, et al., 2003; Kotchick, Shaffer, Prernand & Miller, 2001），以及每个孩子较少的父母投资（Belsky, et al., 1991; Ellis, Mc Fadyen-Ketchum, Dodge, Pettit & Bates, 1999）。相比之下，环境的不可预知性是指外在发病率-死亡率的随机变化，在个体发展过程中会有更大的波动，加速生命史策略（Ellis et al., 2009）。在恶劣的和不可预测的环境中，考虑到在毕生中可能遇到的各种可能的环境条件，一般化的策略不太可能有效。在这样的生态系统中，生命史策略被加速，因为不能对死亡风险做出准确的估计。暴露在不可预测环境中的个体报告了较早的初次性行为、更多的性配偶、更具攻击性和违法行为（Belsky, Schlomer & Ellis, 2012; Simpson, Griskevicius, I-Chun Kou, Sung & Collins, 2012），并减少对每个后代的投资（Ellis, et al., 2009）。

因为表型被概念化为解决基本权衡的外显适应性策略，应用生命史理论的实证性工作试图识别心理特质的模式，并外显包含相对快速或慢速生命史策略的行为。生命史策略通常通过实施一系列个体差异测量来评估，其中最常见的是亚利桑那州生命史库（Arizona Life History Battery, Figueredo, et al., 2005）或 Mini-K（Figueredo, et al., 2006）。由 K 因素操作化的生命史策略包括未来规划、父母关系质量、社会联系和支持、亲密关系中的依恋和亲社会行为等特质。这种观点认为，这些个体差异在心理上加载到或聚集在一起，形成一个单一的"K 因素"，代表了特质和行为的适应性模式。因此，K 因素是产生慢-快、单维连续生命史策略的基础。

生命史策略的其他表型关联也出现了。研究已经将各种人格特质映射到生命史策略上，包括规范的人格特质，如大五人格（Figueredo, Vasquez, Brumbach & Schneider, 2007）、精神病性的"黑暗"人格特质（Jonason, Icho & Ireland,

2016)以及精神病理学分类（Del Giudice，2016）。其他一套特质也已经被确定映射到生命史策略上，例如代表健康和幸福的"共资本"成分（Figueredo et al.，2007）和生理相关性，包括雄激素、雌二醇和睾酮（Del Giudice & Angeleri，2016；Eisenegger，Haushofer & Fehr，2011；Pollet，van der Meij，Cobey & Buunk，2011）。将个体差异映射到生命史策略慢-快连续体上已经为理解人类的适应性表型变异带来了巨大的实证成果。

然而，人类生命史策略的心理测量结构一直是争议的主题。传统的心理测量结构保持了一个单一的因素，表型变异最终由一个单维的、慢-快连续体来解释——K因素（Figueredo，et al.，2006）。然而，Richardson等（2017）对单因素生命史模型提出了挑战，并为两个正交的生命史因素提供了实证证据：K因素和新的"交配竞争"因素。解释人类生命史策略的两个因素，而不是一个因素的证据（Richardson，et al.，2014，2016，2017）可能会使单维慢速模型站不住脚，此外，这两个因素的独立性不符合人类生命史理论关键根本的权衡观点（Kaplan & Gangestad，2005）。需要更多的证据来理解和确认人类生命史策略的心理测量结构，这一情况似乎比最初提出的理论本质上更复杂（Richardson et al.，2017）。

尽管有心理测量上的争论，大多数理论家都同意以下关于人类生命史理论的命题：①在进化史上，自然选择偏好于最适应随机环境波动和最佳资源分配的表型（West-Eberhard，2003）；②随后随着进化时间的推移，选择与表型修改相关的遗传变异（或构成特定生命史"策略"的心理和行为特质群集）（Kuzawa & Bragg，2012）；③生态条件的变化与心理机制的可塑性一起提供了个体生命史策略的条件性适应发展。人类生命史理论的这些关键特征是人类种群内部和种群之间观察到的生命史策略的相当大的种内变异的结果（Del Giudice & Belsky，2011；Ellis，et al.，2009）。然而，关于生命史策略的发展，文献中出现了各种模型和观点（Belsky，et al.，1991；Del Giudice，2009）。

传统的发展生命史模型侧重于早期儿童环境在校准（calibration）生命史策略中的作用，特别是在发展的最初五到七年（Belsky，et al.，1991；Ellis，2004）。从这一角度来看，父母在早期发育期间的投资是儿童获得当地环境外部风险信息的主要线索（Belsky，1999；Chisholm，1993；Ellis，et al.，2009；Simpson & Belsky，2008）。因此，父母的投资随着当地环境中外部风险的变化而变化，为后代的发展提供了一条可以加速或减缓的间接途径。假设的逻辑是，在不太恶劣和更稳定的环境中，父母更有能力投资后代，而在恶劣和不稳定的环境中抚养孩子的父母则更没有能力投资后代。后代可以潜在地利用父母投资的程度来推测他们将来可能投入的环境（Del Giudes & Belsky，2011）。

有几项研究记录了早期环境风险和加速生命史策略之间的关联（Albrecht & Teachman，2003；Belsky，et al.，2012；Capaldi，Crosby & Stoolmiller，1996；Simpson，et al.，2012；Szepsenwol，Simpson，Griskevicius & Raby，2015；

Woodward，Fergusson & Horwood，2001；Wu，1996；Wu & Martinson，1993），这可以说是 Belsky 等（1991）研究得最充分的应用。生命史模式关注女孩的青春期成熟，特别是在没有父亲的家庭中长大的结果。这种观点的支持者认为，一个缺席的父亲确实预示着女孩处于更大的环境风险；如果生命史策略由于环境风险而加速，那么女孩应该在更早的年龄进入青春期。月经初潮年龄越早被认为是一种更快的生命史策略的标志，在这种策略中，通过在更早的年龄开始繁殖的能力，将更多的资源分配给交配努力（Belsky, et al.，1991；Ellis，2004；Barbaro，Boutwell，Barnes & Shackelford，2017a）。

早期环境是否可靠地影响了后期成熟和心理发展仍在争论中（Barbaro et al.，2017a）。例如，早期环境可以为后代的未来提供相对稳定的环境特征（例如，街区犯罪率）的有效线索。然而，人类的毕生，尤其是人类延长了幼年时期，可能会使在生命早期通过父母投资获得的信息变得可疑。如在最初的 5 年里，通过父母投资的线索获得的关于当地环境的信息，在以后的发展阶段，比如青春期或成年期，可能是不可靠的。研究者已经提出了一些理论上的修改，以解决发展早期获得的信息可靠性的潜在问题。

人类生命史的一个关键特征是延长的幼年时期（Hawkes，2004）。而最初的生命史发展模式非常强调后代发展的最初几年是有帮助的（Belsky, et al.，1991）。随后的发展生命史模型将童年中期和青少年早期作为调整生命史轨迹的关键或变迁阶段（Del Giude，2009，2014）。童年中期开始于 6～8 岁左右，其特点是在喂养和保护方面相对独立于看护者，但后代还没有性成熟。童年中期由于一些个体差异，如人格特质、依恋风格和社会行为，出现了性别差异。肾上腺在这一时期也变得活跃。肾上腺开始活动引发了许多激素介导的性别差异，这些差异在这个生命阶段开始出现。童年中期以变迁到青春期结束，此时子女们开始产生性激素，并经历以性成熟为标志的青春期发育变化。

中晚期儿童的生命阶段已被纳入发展生命史模型（Del Giude，2009，2014）。发展转折点（Developmental Switch Points）的概念是 West-Eberhard（2003）首次提出的，被认为是生命史发展的关键特征（Del Giudice，2009）。发展转折发生在发展的特定点，通过调节机制，有机体处理来自外部环境或有机体内部状态的输入，以改变个体发展，优化其结果。Del Giude（2014）提出了童年中期，特别是作为发育的一个关键转折点，即激素变化（如肾上腺、青春期）触发了与表达的表型相关的各种基因的协同激活。多阶段发育生命史模型的主要特征是整合环境信息和遗传变异，以产生生理发育、外显行为和心理特质方面的个体差异。因此，发育转折点允许有机体通过用关键生命阶段的当前信息"更新"其生命史策略，来"解决"在生命最初几年获得的关于当地环境的不可靠信息的问题（Del Giude，2009，2014）。

发展转折点的概念与可塑性概念交织在一起，可塑性是有机体改变其表型以符合（当前）当地环境的能力。因此，生命史策略被认为展示了适应可塑性（Ellis, Jackson & Boyce, 2006），通过这种适应可塑性，表型可以在遗传限制的反应规范内进行调整，从而优化各种生态系统中的繁殖成功（Del Giude & Belsky, 2011）。可塑性被认为是信息可靠性超过发展的适应性解决方案（即发展早期获得的信息是否与后期生命阶段相关）。适应可塑性为有机体提供了在发展的关键点"修正"其生命史策略的能力，如童年中期。

随后关于适应可塑性的观点认为，可塑性本身可能是一种自然选择的特质（Del Giudes, 2015）。可塑性可能被视为一种心理特质，是信息可靠性问题的产物。因为从早期环境中获得的信息可能无法预测未来的环境，可塑性的变化可能是在人类进化史中被选择的（Del Giude & Belsky, 2011）。结果是，遗传变异可以解释表型变异，一些个体相对更开放，对环境信息更敏感，而其他个体的策略可能更"固定"。更大的生态变异倾向于增加表型变异（Roff, 2002）。因此，个体可能会因增加其生命史轨迹所需的门槛而有所不同（West-Eberhard, 2003）。个体对"修改"他们的生命史策略持开放态度的持久性也可能有所不同（Belsky, et al., 2007；Belsky & Pluess, 2009）。最后，各种策略在相同的环境中可能都是成功的（例如，不同的交配策略）。

与适应可塑性作为一种特性的假设紧密交织在一起的是对外部风险因素的不同敏感性的观点（Belsky, et al., 2009）。差异易感性理论源于一些个体在可塑性和环境因素对功能的影响方面似乎有所不同。换言之，并不是所有的人都对相同的环境输入作出类似的反应。差异易感性理论假设不同的基因型或多或少对环境信息敏感，因此，由于基因的差异，个体对同一环境的反应可能不同（Belsky & Pless, 2009）。因此，结果是两个个体暴露在相同的环境风险因素下，可能会对适应性问题或不同的生命史策略产生不同的解决方案。

生命史理论已经成为理解生命各个阶段个体差异的功能和发展的主导框架（Ellis, 2009；Kaplan & Gangestad, 2005）。适应可塑性（West-Eberhard, 2003）和多阶段发展（Del Giude, 2009, 2014）是人类生命史现代视角的关键理论概念，为人类群体内部和之间的个体差异提供了新的视角。除了认为选择有利于优化资源分配策略的表型而非发展之外，遗传学与生命史理论的明确整合仍有待实现。假设构成 K 因素的关键生命史变量是可遗传的（Figueredo, et al., 2004），包括人格特质（Bouchard, 2004；Johnson & Vernon, Feiler, 2008），理解个体差异的遗传方式可以是互补的。事实上，对于全面理解个体差异是有必要的（Penke, 2011）。

3.3.2.3 平衡选择（Balancing selection）

然而，生命史理论只是人格进化的开始。在大多数人类文化中都存在的 5 种人类人格因素（McCrae, et al., 2005），这比胆怯/勇敢更复杂。人格因素水平的变化被认为是通过一种或多种形式的平衡选择来维持的（Buss, 2009；Nettle, 2006）。平衡选择发生在人格特质的变异持续超过几代人的时候，因为一个特质的不同水平在不同的环境中具有相似程度的适应性。平衡选择可以通过几种不同的机制来保持人格的变化（Penke，Denissen & Miller，2007）。

一个机制是环境异质性，或者更直接地说，人格差异是由不同地理位置的差异选择的。不同的环境选择不同的人格特质，这反过来又选择群体的变化。遗传分析表明，具有移民血统的人比定居人群的人更容易出现与寻找新奇事物或外倾性相关的等位基因（Chen，Burton，Greenberger & Dmitrieva，1999；Eisenberg，Campbell，Gray & Sorenson，2008；Matthews & Butler，2011）。这支持了一种观点，即人格的变化是由不同地理位置的环境要求所决定的。当社会角色受到环境影响时，平衡选择也可以与社会结构的影响相互作用。

还有一种可能更有影响力的平衡选择是频数依赖选择。这种选择形式发生在特定策略或行为的进化适应度与其在群体中出现的频数成比例的地方。频数依赖选择的一个主要例子是"社会惰化（Social Loafing）"现象（Latane，Williams & Harkins，1979）。游手好闲者是指指望他人完成实现目标所需的大部分工作的人。然而，如果人口中游手好闲者的频数发生变化，这种策略就不再有效。因此，为了使游手好闲成为一种可行的策略，必须平衡人口中游手好闲者的频数。

另一种可行的策略是人格特质各有优缺点。例如，神经质可能会从提高对危险的警惕中获得一些好处，但最终会因压力增加而对长期健康产生负面影响（Nettle，2006）。同样的机制也适用于衰老和发展。随着年龄的增长和人口动态的变化，行为可塑性及其与同类相互作用的本质也在变化，这可能会改变所选择的特质出现的频数（Wolf & Weissing，2012）。这为人格随着这些变化而发展的个体提供了一个理想的环境，利用他们增加的适应性传播遗传倾向，使其适应人格因素的发展轨迹。

虽然这一理念可能为基本人格的进一步进化提供了解释，但它并没有完全解释这种进化在多大程度上遵循个体随着时间推移的一致性发展轨迹（关于人类的情况，请参见 Roberts、Walton 和 Viechtbauer，2006 年的综述）。除了将生命史策略和频数依赖选择应用于人格进化，具有复杂人格的物种的另一个共同特质也促成了我们今天看到的结构——社交能力（Wolf & McNamara，2012）。

3.3.2.4 社交能力（Sociability）

任何人格特质的一个关键属性是一致性。随着时间的推移，个体的人格可以而且确实会发生改变，但是变化的方式是一致的和可预测的，因此重测的相关性往往很高（Bell，Hankison & Laskowski，2009；Roberts & DelVecchio，2000）。关于为什么会出现这种情况的一个理论与描述人格所伴随的社会情境有关。成为一个群落的一部分意味着定期与特定人群互动，一些人必然会对刺激作出不同的反应，这是由于随机、人格或许多其他看似合理的原因。当这涉及社会互动时，个体可能会对彼此的行为作出反应，随后基于这些互动获得的信息修正自己的行为。这种现象被称为社会反应，是有利的，因为它允许个体以一种将来可能更有利的方式来调整他们的反应（Dall，Houston & McNamara，2004；Johnstone，2001；Johnstone & Manica，2011；Wolf，Van Doorn & Weissing，2011）。例如，如果某一个体知道他的攻击性会导致另一个体不太可能分享食物，不管食物是否存在，将来他们可能会收敛攻击性。这种行为的改变增加了合作的机会，减少了竞争带来的负面影响，从而使个体受益。然而，只有当所涉及的行为有跨时间的一致性，并且可以从以往的观察和互动中获得实用的信息，社会反应才是可能的。这样，只有当行为一致时，社会反应才有价值（Dall et al.，2004）。同样，当其他人作出社会反应时，保持行为一致的价值会大大增加（Wolf et al.，2011）。这种互动，再加上频数依赖选择，随着时间的推移，会导致一致的行为倾向的出现。还应该注意的是，社会反应或许可以首先进化，产生频数依赖选择，从而产生一致的人格。

社会反应能力和社交能力特异化也会对人格发展产生巨大影响。随着减少社会同伴之间冲突的选择性压力和年龄的增长，社会角色的变化以及最有利于这些角色成功的人格特质的变化，强烈支持了人格在毕生中的发展（Bergmuller & Taborsky，2010）。从频数依赖选择和社会反应理论的角度来看，很明显，人格和人格发展是适应性特质，这些特质已经进化了数百万年，并且在今天仍能适应大量物种。

3.3.3 比较方法（The comparative method）

到目前为止，大多数关于人格进化的证据都是理论的、模拟的，或者基于我们对动物行为的知识。问题是，我们如何更直接地研究人类人格的进化？这个问题的答案在于比较研究（Gosling & Graybeal，2007；Harvey & Pagel，1991）。通过研究黑猩猩等相关物种的人格结构，我们可以利用演绎推理，开始拼接出一个我们早期人类祖先的人格可能在几百万年前是什么样子的模型（Gosling & Graybeal，2007）。这种方法也可以并且已经被用来解决关于人格发展的问题（King，Weiss & Sisco，2008；Weiss & King，2015）。具体来说，通过比较类人猿和其他非人灵长类动物的人格发展与人类人格发展的关系，我们可以开始推断出人类人格的特定方面是何时进化的，以及在这个过程中有哪些相关的选择性压力可能会产生影响。虽然我们还不能确定是否有哪些相似之处反映了共同的进化遗传，但这是最简约的解释（Harvey & Pagel，1991）。

3.3.3.1 非人动物的人格发展

这部分内容我们继续沿着进化心理学的框架思路考察人格发展的进化渊源。乍看之下，人格似乎对进化成功所起的作用适得其反。一个有人格的个体在暴露于类似情况下会从事可预测的行为，这限制了其行为的灵活性。理论上，行为灵活性更强的个体应该比灵活性更不强的个体更有优势，能够适应更广泛的潜在场景（Wolf，van Doorn，Leimar & Weiss，2007）。但实际情况却是相反，我们不仅在人类身上看到不同程度的人格结构，而且在种类繁多的物种身上也看到不同程度的人格结构（Gosling，2001）。必然有一些进一步的过程在起作用，人格才能像看起来的那样成功和广泛地适应。正如之前证明的那样，现代人的人格毕生变化。这些发展曲线不是突然发展起来的，而是通过自然选择在数百万年后形成的。当考虑到与基因传递相关的其他因素时，如生殖策略和生命史，人格的进化及其发展轨迹似乎是不可避免的（Figueredo et al., 2005）。在这里我们探讨了为什么人格进化以及人格的发展轨迹如何有利于个体进化适应的主要理论（Vonk, Weiss & Kuczaj, 2017）。

3.3.3.2 非人灵长类动物的因子结构

该工作起点是确定一组共同特质的协变（或结构）的差异和相似性。这项工作的出发点是 Goldberg（1990）的大五分类中确定可以用来评估黑猩猩人格的特质（King & Figueredo, 1997）。从那以后，一份包含这些特质的问卷，以及包含其他特质的该问卷的后期版本，被用于评估几种非人灵长类动物（Adams et al., 2015; Konecna et al., 2008; Konecna, Weiss, Lhota & Wallner, 2012; Morton et al., 2013; Weiss, Adams, Widdig & Gerald, 2011; Weiss, King & Perkins, 2006）甚至鹿（Bergvall, Schapers, Kjellander & Weiss, 2011）的人格。其他研究者从不同的特质集开始，也收集了各种物种的数据。最突出的例子是 Joan Stevenson-Hinde 等开创的工作（Stevenson-Hinde & Hinde, 2011）。为了探索恒河猴的人格结构，他们使用了 Sheldon 对人类人格和体型的研究（Sheldon, 1942）中的一组特质。Joan Stevenson-Hinde 和 Marion Zunz（1978）开发的"Madingley 问卷"已经在多个物种中广泛使用。

我们不想详细讨论不同物种之间人格结构的差异。然而，描述一些发现来说明物种间的差异如何让我们有机会理解人格领域的起源，这样的工作还是很有价值的。在黑猩猩身上，最可信的人格结构由五个类似人类的因素和第六个被称为支配性的因素组成，而不是人类身上常见的五个因素（McCrae & Costa, 1997）。支配性是一个广泛的因素，表明个体倾向于在与特定种群的社会交往中表现出支配行为。在互动中，支配性高的个体往往比其他人更独断，而且在社会秩序中往往会上升得更高（King & Figueredo, 1997）。这些因素中的四个，即支配性、外倾性、责任心和宜人性，已经在对这些特质进行测量的其他样本中得到复验（King, Weiss & Farmer, 2005; Weiss et al., 2009; Weiss, King & Hopkins, 2007）。此外，用其他系列的特质来评估不同黑猩猩样本的研究（Dutton, 2008; Freeman et al., 2013）已经确定了神经质和开放性因素，与 King 和 Figueredo（1997）最初确定的相似。

Weiss 等（2006）后来对猩猩的研究，发现了五因素的证据。外倾性、宜人性和神经质在人类和黑猩猩中相似，支配性与黑猩猩的支配性相似，智力明显地结合了与人类责任心和经验开放性相关的特质。最近，一项使用同一工具对倭黑猩猩人格的研究发现了五个因素（Weiss et al., 2015）。这些因素包括：果断，这相当于黑猩猩和猩猩的支配性；责任心和开放性，这类似于人类和黑猩猩中的同名因素；

外倾性因素在人类、黑猩猩和猩猩中的一个狭义变式；以及专注，这迄今为止只在棕色卷尾猴中被发现（Morton et al.，2013）。

这些研究以及对使用有重叠的特质集的其他物种的研究，允许我们大致推断某些人格因素何时出现或消失。例如，在用各种方法测量非人灵长类人格的研究中，被标记为支配性、果断或自信的人格因素持续出现（Freeman & Gosling，2010）。尽管这些因素与人类外倾性有着共同的标签，并且相似（Costa & McCrae，1995；John，Naumann & Soto，2008；Roberts et al.，2006），但它们通常外延更广。例如，黑猩猩和倭黑猩猩——我们最近的非人类亲戚——的这些因素也包括与低宜人性、低神经质和高责任心相关的特质（King & Figueredo，1997；Weiss et al.，2015）。因此，这些发现表明，支配地位在灵长类进化早期（甚至在此之前）是一个独立的因素，它在人类中的缺失可以追溯到大约 500 万～700 万年前人科和泛物种祖先分离后的某个时候（Hobolth，Christensen，Mailund & Schierup，2007）。

除了可以帮助研究者了解人格因素何时出现之外，比较人格结构还可以排除对其出现原因的其他解释（Gosling & Graybeal，2007；Harvey & Pagel，1991）。例如，外倾性在名义上与社交、合群、活跃有关。进化心理学研究者因此为外倾性提出了适应性解释，这些解释关注外倾性的社会方面（例如，Nettle，2006）。事实上，外倾性也已经在猩猩中被发现，猩猩是一个与人类密切相关的物种，顶多可以算作半化石（Galdikas，1985a，1985b，1985c），这应该让这些研究者停下来。

对于评定方法的使用以及基于从五因素模型中抽取题目的这些研究一直存在争议（Uher，2013）。然而，动物人格评定的可靠性与人类评定以及行为测量的可靠性相当，甚至超过人类评定的可靠性（Freeman & Gosling，2010；Gosling，2001；Vazire，Gosling，Dickey & Schapiro，2007），几乎没有证据表明拟人化产生了偏见（Kwan，Gosling & John，2008；Weiss，Inoue-Murayama，King，Adams & Matsuzawa，2012），类似的推论可以通过使用其他一些被评定的特质来研究人格，比如 Madingley 问卷（Stevenson-Hinde & Zunz，1978），或者广泛抽样的一系列行为（如 Neumann，Agil，Widdig，Engelhardt，2013）。

3.3.3.3 非人灵长类动物的人格发展

比较方法已经被用来解决为什么人类的人格特质会发展到更成熟的程度，如神经质的降低，外倾性、责任心和宜人性的提高以及随后经验开放性的降低这一问题了吗（McCrae & Costa，2003）？已经有两种理论来解释这些趋势。一方面，五因素理论声称，这些发展趋势有生物和遗传起源（McCrae & Costa，2003）。支持这一理论的证据包括跨文化的与年龄相关的趋势，在方向和数量上都相似（McCrae et al.，1999，2000，2005）。人格领域的遗传力在 0.4～0.6 之间（Bouchard & Loehlin，2001），不同文化中人格结构的共同遗传基础的存在（Yamagata et al.，2006），以及作为人格因素及其发展轨迹稳定性基础的共同遗传效应的存在（Bleidorn，Kandler，Riemann，Angleitner & Spinath，2009；McGue，Bacon &

Lykken，1993；Viken，Rose，Kaprio & Koskenvuo，1994）。

另一方面，社会投资原则指出，与年龄相关的人格改变是个体投资于特定社会角色的结果，这些角色在人们的生活过程中会发生变化。据信在这方面很重要的社会角色的例子包括开始工作、结婚和成为父母（Roberts，Wood & Smith，2005；van Scheppingen et al.，2016）。已经有证据支持社会投资原则。例如，针对横向研究的元分析发现，人们对工作、家庭、宗教信仰和志愿服务的投资程度与更高的责任心和宜人性以及更低的神经质有关，这些关联在那些更致力于这些社会角色的人中更大（Lodi-Smith & Roberts，2007）。进一步证据来自最近对62个国家人格的年龄差异的研究（Bleidorn et al.，2013）。该项研究发现，在初次就业更早的国家，神经质下降得更快，责任心增强得更快，而在成家更早的国家，开放性增长得更慢。最后，社会投资原则的支持者引用了与反对者相同的行为遗传学研究，尽管前者强调了非共享环境影响人格发展的发现（Roberts et al.，2005）。

在根据对非人灵长类动物的研究讨论以下理论之前，重要的是要注意到这些相互竞争的理论并不是相互排斥的，而且迄今为止，所进行的研究并没有彻底地排除哪个理论。因此，问题仍然存在：哪种理论为我们提供了对人类人格发展更完整的理解？比较方法虽然还没有给出明确的答案，但是，它使我们能够排除一些解释，这些解释依赖于人格发展轨迹受到当今人类社会和文化的制约的前提。

尽管其他研究已经研究了不同种类的非人灵长类动物（Sussman，Mates，Ha，Bentson & Crockett，2014）和其他动物（Class & Brommer，2016）的人格发展，我们仍要看两项研究，直接比较人类、黑猩猩和猩猩在相似人格维度上的发展轨迹。第一项研究调查了黑猩猩年龄和人格之间的横向关联，并将这些关联与人类年龄和人格之间的横向关联进行了比较（King et al.，2008）。弥补了黑猩猩比人类发展和成熟快50%的问题后，King等发现年龄和五种类似人类的黑猩猩其人格因素之间的关联程度与人类相似。正如他们所指出的，这些基本上可比的年龄效应根本不能解释为与工作、家庭、志愿服务或宗教信仰相关的社会角色的产物，鉴于文化对人类生活的影响之巨大早已无可争辩，这种效应的大小不是人们所能预测的。除了这些相似之处，这种模式还有一些有趣的偏差。特别是，尽管轨迹在方向上与人类相似，但雄性和雌性黑猩猩在这些效应的大小上有所不同：随雌性年龄增加，宜人性增加，活跃性（外倾性的一个方面）减少，温顺性（责任心的一个方面）增加。正如作者所指出的，这些差异似乎反映了雄性黑猩猩长期攻击倾向，这与该物种雄性间的攻击性增强是一致的（Wrangham，Wilson & Muller，2006）。

这些结果似乎支持五因素理论，但当然，它们并不排除人类和黑猩猩共同的更广泛的社会效应也起作用的可能性。为了排除这种解释，Weiss和King（2015）将黑猩猩人格因素的发展轨迹与猩猩人格因素的发展轨迹进行了比较，正如之前所指出的，猩猩人格因素是半化石的，不像黑猩猩那样高度社会化。由于不同的人格结构，比较仅限于四个重叠的人格因素，即支配性、外倾性、神经质和宜人性，其中只有后三个与人类有共同之处。Weiss 和 King（2015）发现，年龄效应的大小与人类和黑猩猩相当。此外，和人类和黑猩猩一样，老年猩猩的外倾性和神经质较低。另一方面，与对人类社会和黑猩猩的发现相反，年长的猩猩很宜人性高。最后，与黑猩猩不同，没有证据表明雄性猩猩有长期攻击性。除了宜人性之外，雄性猩猩的发展趋势类似于雌性猩猩、雌性黑猩猩，因此也类似于男性和女性人类。

这些发现表明，无论是猩猩还是黑猩猩，外倾性和神经质的下降都遵循着系统发育的轨迹，而不是社会压力的结果。同样，如果这些发展趋势是社会性的，而不是基于进化的，我们会期望变化，尤其是那些与外倾性相关的变化，在半化石物种中会减少甚至不存在。因此，这里所看到的相似之处排除了这些变化是由于个体在高度社会化的群落中对其特定社会角色的投资而产生的可能性（Roberts et al., 2005）。研究者们还排除了与维持家庭有关的社会角色的影响，因为与人类不同，这两个物种的雄性都没有帮助照顾他们的后代（Galdikas, 1985a, 1985b, 1985c; Goodall, 1986）。

与宜人性相关的发展轨迹之间的对比可以最直接地解释为：宜人性随年龄增长的趋势反映了在个体受益于在成年后发展和保持内聚性纽带的社会中，对增加的非宜人性的排斥。或者，这可以反映宜人性因素的组成，在猩猩中，宜人性因素包括一些与外倾性相关的特质（Weiss & King, 2015）。在白脸卷尾猴中，宜人性随年龄下降的发现（Manson & Perry, 2013）与先前的解释相矛盾，因为该物种的社会结构与黑猩猩相似（Aureli et al., 2008）。然而，鉴于白脸卷尾猴是一个新大陆物种，因此与人类、黑猩猩和猩猩只有远亲关系（Steiper & Young, 2006），我们需要收集更多数据，才能明确排除黑猩猩和猩猩不同的社会结构造成这些差异的可能性。

正如 Weiss 和 King（2015）所指出的，关于黑猩猩和猩猩人格发展的发现表明，频数依赖性选择可能也在人格发展轨迹的演变以及 Bleidorn 等（2013）观察到的跨文化差异中发挥了作用。简言之，选择可能不利于那些人格轨迹不同于群体的人。例如，在物种层面上，没有保持强烈攻击性人格特质的雄性黑猩猩比保持这种特质的雄性黑猩猩更不可能生存和繁殖。在文化层面上，生活在一个充满"积极进取者"的国家里的人类，如果他们的责任心的增长速度低于他们的同胞，将处于不利地位。这些人除非搬到更"悠闲"的牧场，否则不太可能留下后代。

我们可以看到，这可能是因为人格发展的曲线在我们的进化历史中根深蒂固。然而，人格发展不可能是单一一种进化压力或环境的产物。从生命史理论和成功生殖等基本的遗传观点，到社区内社会角色逐渐转变的微妙细节影响，这是多因素的结果。确定所涉及的环境及其对人格发展的贡献是一项艰巨的任务。然而，随着非人类人格研究的进步，有可能开始超越理论框架，并开始探索这个问题，在非人类动物的系统发育和社会结构之间进行演绎比较。在这些动物中，人格和发展轨迹已经被确定。因此，要想更全面地了解人格是如何和为什么发展的，就需要进一步研究非人类灵长动物以及其他物种的发展轨迹。幸运的是，这种研究正在进行中，我们毫不怀疑该研究会产生有趣的结果。

3.3.3.4 黑猩猩人格的毕生发展

以下具体介绍一个进化视角下的毕生人格发展的实证研究。优化个体健康的生命史策略可以最大限度地长期提高生育力和保持身体健康。一系列的策略是可行的，不同的人格特质组合进化来支持这些策略。利用来自538只圈养黑猩猩的数据，一个研究测验了黑猩猩人格的维度，包括宜人性、责任心、支配性、外倾性、神经质和开放性等是否与寿命相关联，这是缓慢生命史策略的一个属性。鉴于灵长类动物相对较长的寿命，这一属性在灵长类动物中尤为重要。研究发现较高的宜人性与雄性寿命有关，较弱的证据表明较高的开放性与雌性寿命有关。该结果将人类和非人类灵长类动物生存的文献联系起来，表明对于雄性来说，进化偏好于低攻击性和高质量社会纽带的保护作用（Altschul et al.，2018）。

和人类一样，动物也有独特的人格（在此由于 personality 一词代表心理与行为的个体差异，既指人类个体，也可以指动物个体，且个体差异的五因素结构都相似，因此姑且将动物个体差异也称作动物人格）。我们在进化上的近亲黑猩猩甚至表现出与我们相同的五种主要人格特质，即外倾性、神经质、责任心、开放性和宜人性，以及一种独特的特质支配性。

这些独特的人格特质是如何在不同物种间进化和持续的？最终，每种特质都必须提供一些适应获益，帮助动物繁殖并将这种特质传给后代。寿命是影响适应的一个重要因素；寿命更长的动物将有更多的繁殖机会。以往对人类和其他动物的研究表明，一些人格特质与寿命有关。然而，很少有研究大到足以测验动物物种的所有主要人格特质。

Altschul等（2017）利用对538只圈养黑猩猩的长期研究数据，调查寿命和人格特质之间的可能联系。黑猩猩的人格在7～24年前就开始被评定。从那时起，187只黑猩猩已经死亡。Altschul等发现不同的人格特质与雄性和雌性的寿命有关。具有较高宜人性的雄性黑猩猩通常能活得更长。宜人性是一种人格特质，以低侵略性和积极的社会互动为特征，如合作。对新经验更加开放的雌性黑猩猩似乎其寿命也更长，但是这种表面的联系可能会受到年龄的影响。和人类一样，黑猩猩随着年龄的增长，对经验的开放性会降低。

黑猩猩没有其他人格特质与寿命相关。然而，证据表明，责任心和神经质会影响人类的寿命。因此，这两个特质可能会独特地驱动影响健康的人类行为。

Altschul等的研究结果表明人类和猿类的宜人性是通过能够通过寿命获得更高健康的个体进化而来的。他们还提供了关于人格和生命史对圈养动物的健康和生存有多重要的见解。为了更全面地了解猿的人格是如何进化的，未来的工作应该探索野生黑猩猩以及我们的其他近亲倭黑猩猩的寿命和健康。

生命史理论认为，随着生物体年龄的增长，提高个体健康水平的策略建立在一个连续体上,描述了在最大化生殖努力和保持身体健康之间的能量平衡(Stearns,1976)。在这个连续体的一端是"r 选择"群体。这些群体中的个体的特征是早期频繁的繁殖、快速的衰老和较短的寿命。在这个连续体的另一端是"K 选择"群体。这些种群中的个体的特点是繁殖较晚、频率较低,但衰老较晚、寿命较长。这种连续体的两端都是可行的健康策略,根据生态和社会的不同,这两个极端之间的生命史策略也是可行的。这些策略得到了行为适应的支持(Stearns,1976)。

生命史策略的差异已经被提出作为一种可能的解释,解释为什么群体中的个体在行为、情感和认知处理上表现出稳定的差异,即人格特质(Dingemanse and Reale,2005;Reale et al.,2010)。一项模拟研究表明,这一理论是可信的(Wolf et al.,2007)。一项对昆虫、鱼类、鸟类和哺乳动物的胆量、探索和攻击性研究的元分析提供了不一致的实证支持(Smith and Blumstein,2008)。这项元分析显示,更大胆的动物将自己置于更大的风险中,并在更小的年龄死去,但与胆小的动物相比,它们享有更大的生殖成功概率,因为胆小的动物没那么多的交配机会,但寿命更长,因此能够在后代身上投资更多(Smith and Blumstein,2008)。因此,大胆与"更快"(r-selected)的生命史策略相关联。探索和攻击性元分析的结果不太明确:攻击性较强的个体比攻击性较弱的个体有更大的生殖成功,但这并没有被寿命缩短所抵消;更倾向于探索环境的个体比恐惧新奇者能够活得更长,但是没有减少生殖成功(Smith and Blumstein,2008)。两项综述显示,在一系列物种中,更大胆、更活跃、更具侵略性、更不善于社交和探索与更快的生命史策略有关(Reale et al.,2010;Biro and Stamps,2008)。

有研究发现,人类和非人类灵长类动物人格特质的变化也与生命史策略相关。对人类的研究在此文献中占主导地位,尽管也有例外(Alvergne et al.,2010;Gurven et al.,2014),这些人类文献源自人格心理学、健康心理学和流行病学。因此,这些研究并没有刻意检验人格改变是否反映了生命史中的个体差异。

上述对人类人格的研究倾向于集中在五个特质,即外倾性、宜人性、开放性、神经质和责任心中的一个或五个,统称为"大五"或"五因素模型"。这五个特质作为几个相关的低阶特质丛的维度来操作(Digman,1990)。五种人类特质中的四种对应于行为生态学家研究的人格特质。外倾性和宜人性是人类在社交世界中航行的频率和效果的特征(Digman,1990)。除此之外,外倾还以社交性和活动性为特征(Costa and McCrae,1995),这与行为生态学中研究的同名特质相当;宜人性与攻击性相反(Reale et al.,2007)。开放性包括好奇心、独创性和发现新奇想法和对情境的兴趣(Digman,1990),并对应于探索(Reale et al.,2007)。最后,神经质与恐惧、警惕和情绪反应有关(Digman,1990),因此似乎与大胆相反,即害羞或胆怯(Reale et al.,2007)。责任心描述了自我控制、延迟满足和深思熟虑的计划方面的个体差异(Digman,1990)。在一些非人灵长类动物中出现了责任心的动物类似特质,例如黑猩猩(King and Figueredo,1997)和亚洲象(Seltmann et al.，2018）。然而，责任心只是最近才被行为生态学家以所熟悉的方式操作，也就是自然发生的行为或对行为测验的反应（Delgado and Sulloway，2017；MacLean et al.，2014；Altschul et al.，2017）。责任心也常被称为"自我控制"（MacLean et al.，2014）。

除了关注大五特质之外，在人类文献中最常研究的生命史变量是健康结果，尤其是寿命。元分析表明，健康状况更好、寿命更长的人，在宜人性、外倾性和责任心方面往往更高，而在神经质方面则更低（Strickhouser et al.，2017；Roberts et al.，2007）。这个领域出现的解释理论认为，与健康相关的行为，包括饮食，中介了人格和健康之间的关系（Turiano et al.，2015；Graham et al.，2017）。宜人性、外倾性和责任心与较慢的生命史策略相关，神经质与较快的生命史策略相关，这些可能性在文献中大多没有被考虑。

非人类灵长类动物的人格和生命史研究通常比人类的研究范围更窄。具体来说，研究者们主要测验与社会互动相关的一个或多个人格特质是否与健康和/或死亡结果相关。这种狭义的焦点可能归因于这些物种的两个特征。第一，非人灵长类动物的生命史策略相对较慢，寿命相对较长，生殖率相对较低（Jones，2011）。因此，健康和寿命是灵长类动物，包括人类有影响力的健康指标。第二，大多数灵长类动物都是群居的，社会性很强（Napier and Napier，1967）。到目前为止，不管他们使用的是人格的等级和/或编码标准，对非人灵长类动物的人格和生存的研究已经表明西部低地大猩猩（Weiss et al.，2013），狒狒（Silk et al.，2010；Archie et al.，2014；Seyfarth et al.，2012）和雌性恒河猴（Brent et al.，2017）中社交能力较高的个体寿命更长。然而，一项对雌性蓝猴的研究发现，社交能力和死亡率之间的关联仅适用于与群同伴保持长期联系的个体（Thompson and Cords，2018）。

除了这些研究中除了一项以外，所有的研究都集中在一组狭义的特质上（Weiss et al.，2013），灵长类人格和寿命的研究集中在少数物种上；特别是，新大陆猴子没有被计入上述研究中，只有一项研究是关于一种巨猿的（Weiss et al.，2013），包括人类在内的进化路线。我们希望进一步了解非人类灵长类和人类中人格特质和生命史策略之间的联系。为了做到这一点，我们研究了黑猩猩的这些联系，黑猩猩是我们最亲密的现存巨猿亲戚之一。

这项研究之所以得以展开，是因为存在一个数据库，其中包含了生活在美国、英国、荷兰、澳大利亚和日本动物园、研究设施和禁猎区的大量圈养黑猩猩样本（$N=538$）。这个样本中的人格是通过两个类似问卷的评分来评估的，这两个问卷评估了一系列的特质。这些评级是由饲养员、研究者和其他认识这些黑猩猩并与它们一起工作了相当长时间的人做出的。此外，从黑猩猩的人格被评估到现在（7～24年）的长期追踪时间意味着有足够的死亡人数，可以提供足够的统计数据来检测人格和死亡率之间的联系。

对于黑猩猩或倭黑猩猩是否是祖先人类的最佳模式这一观点，目前仍存在一些分歧（Stanford，2012；Sayers et al.，2012）。然而，在圈养黑猩猩和倭黑猩猩群体中使用类似人格测量的研究发现，黑猩猩人格特质与其自身的维度（King and Figueredo，1997）比倭黑猩猩更类似于人类维度（Weiss et al.，2015）。具体来说，人类并不存在反映竞争力、社会能力和无畏精神的支配性维度（King and Figueredo，1997；Murray，1998；Dutton et al.，1997；Freeman et al.，2013；Weiss et al.，2009；Weiss et al.，2007）。除此之外，黑猩猩的人格由五个维度来定义，这五个维度与人类的大五人格相似。这些维度已经在许多研究中得到确认，包括那些用不同的问卷来测量人格的研究（King and Figueredo，1997；Murray，1998；Dutton et al.，1997；Freeman et al.，2013；Weiss et al.，2009；Weiss et al.，2007；King et al.，2005；Martin，2005；Buirski et al.，1978）和那些使用编码行为观察代替评级的人（Freeman et al.，2013；Massen et al.，2013；Koski，2011；Vazire et al.，2007；Pederson et al.，2005；van Hooff，1970）。在倭黑猩猩中，基于问卷和基于编码的方法揭示了人类和黑猩猩一样的宜人性、责任心和开放性维度，一个类似黑猩猩支配性的维度，以及一个不同于责任心的额外维度——专注性（Weiss et al.，2015；Staes et al.，2016）。然而，这些研究几乎没有发现神经质和外倾性的证据。取自其他类人猿的比较研究结果（Weiss et al.，2006；Gold & Maple，1994），一个看似合理的结论是倭黑猩猩的人格不同于黑猩猩和其他类人猿，包括人类。

考虑到拟人化投射的可能性，一些人质疑使用评级来衡量动物人格（Uher，2013）。对于非人灵长类动物的研究，评级和行为测量产生了类似的人格特质。此外，一项综述发现，有证据表明，不同的评分者提供相似的评分，这些测量结果是可遗传的，并且它们是可重复的（Freeman and Gosling，2010），后者最近在相隔35年的评分中得到证明，由两组独立的评分者在两个不同的问卷上做出（Weiss et al.，2017）。此外，评价者的拟人化投影的影响（如果存在的话）很小（Weiss et al.，2012）。这些发现可能归因于大多数调查问卷上的项目不是由一个单词（通常是一个形容词）组成，而是包括行为定义，这限制了解释特质和评级的主观性程度（Uher and Asendorpf，2008；Stevenson-Hinde and Zunz，1978）。

另一个问题是所捕获黑猩猩样本的使用。尽管它们限制了我们对祖先的推断，但是通过捕获样本，我们能够消除许多外在的死亡来源，例如食肉动物和传染病。因此，诸如本研究中使用的封闭样本，控制了野生样本研究中可能出现的潜在混淆。此外，除了人格和健康相关行为之间的联系（这是人类人格研究特有的），圈养样本特别适合于测验人类人格和死亡风险之间的联系是否反映了个体遵循的生命史策略。

该研究用这些数据来测验6个假设，每个黑猩猩的人格特质都有一个假设。该研究将首先描述黑猩猩外倾性、宜人性、开放性和神经质人格特质的假设，这些假设与行为生态学家研究的特征密切相关。然后，该研究将描述基于将要讨论的文献中关于责任心和支配性的假设。

因为社交能力和攻击性分别与较慢和较快的生命史策略相关联（Reale et al.，2010；Brent et al.，2017），该研究预计更高的外倾性和宜人性将与更长的寿命相关。在非人类中，较低的大胆性与较慢的生命史策略有关。在人类中，虽然整体神经质与健康状况较差和寿命较短相关，但神经质的某些方面与焦虑和警惕相关，与胆小相关的关键特征（Reale et al.，2007）与更好的健康和更长的寿命相关联（Gale et al.，2017；Weston and Jackson，2018）。因此，该研究期望神经质应该与更长的寿命相关联。动物的探索与较慢生命史的某些特征有关，因此该研究预计黑猩猩的开放性会与长寿有关。

该研究预计，责任心将与较慢的生命史和较长的寿命相关。这种期望是基于上述发现，即越负责任的人越健康，寿命越长。如果该研究没有发现这种关联，这将表明责任心和人类更好的健康之间的关联可能归因于人类特有的健康行为，例如锻炼，这种行为与更高的责任心相关，并导致个体更健康（Turiano et al.，2015）。对这些结果的解释源于被捕获的黑猩猩没有很多（如果有的话）机会来控制自己的健康，而事实上这是由人类维持的。

最后，在灵长类动物中，社会地位与生理应激反应有关（Sapolsky，2005），高支配性与更高的应激以及黑猩猩更快、精力更旺盛的生长有关（Pusey et al.，1997）。高等级的个体也更频繁地交配，支配资源来支持他们的成长和生殖努力（Ellis，1995）。因此，黑猩猩的等级越高，生命史策略就越快。因为对黑猩猩和其他灵长类动物的支配性特特质的评定与它们的等级相关，包括在野外（Buirski et al.，1978），该研究预计支配性将与更短的寿命有关。研究结果如下。

(1) 比较圈养黑猩猩和野生黑猩猩的死亡率

在追踪期间，187只黑猩猩死亡。Kaplan-Meier图显示了该研究的样本和野生样本的生存函数（Bronikowski et al.，2011）。与婴儿死亡率很高的野生黑猩猩群体不同，圈养黑猩猩群体显著降低了婴儿死亡率，寿命更长，并且在老年时死亡率更高。这些结果表明，圈养黑猩猩受益于外部死亡来源的保护，例如免受自然因素和掠食者的伤害、良好的医疗保健和丰富的食物。

(2) 人格与年龄的关系

检验黑猩猩的6个人格维度，以及先前的研究（King et al.，2008）表明，随着个体年龄的增长，人格会发生改变，这使得人格和寿命之间的联系可能会被混淆。这不一定是不可取的，因为它表明人格和寿命是联系在一起的，但为了保守起见，该研究对年龄和人格得分之间的潜在混淆进行建模并加以控制。该研究为每个人格维度拟合了广义可加性模型（generalized additive models, GAMs），对人格和年龄进行回归分析。除了神经质之外，所有维度的年龄和人格之间都呈现出曲线关联，在神经质中，只有线性关系。

因为人格确实会随着时间的推移而改变，所以一些原始的人格得分差异可以归因于年龄差异。或者，调整后的人格分数因此被计算为每个 GAM 回归函数的残差。在随后的分析中，调整后的分数被拟合为独立于原始分数的生存模型中的预测因子。

（3）决策树生存模型

该研究用决策树来检验性别、出身（野生或其他）或任何人格维度是否与寿命相关。一个条件推断生存树在程序上确定，在雄性中，较高的宜人性与较长的生存时间相关联。具体来说，与均值相比，宜人性得分低于 0.063 个标准差的雄性风险更高（$p < 0.027$）。这些结果也适用于年龄调整后的宜人性分数。

（4）加权参数风险回归模型

参数风险模型证实了雄性的宜人性和生存率之间的联系：在 AIC 加权模型中，包括所有协变量和脆弱效应，每增加一个标准差雄性的风险比为 0.66（95% CI：0.49~0.89），在该研究调整人格分数以控制年龄的模型中，与标准差增加相关的风险比为 0.61（95% CI：0.42~0.89）。在只有雌性的模型中，开放性和生存率之间的正相关性也被揭示，未调整分数的风险比为 0.77（95% CI：0.59~0.99），但是当使用调整后的开放性分数时，这种相关性并不显著。雄性所具备的较高的开放性与寿命无关，雌性也不具有较高的宜人性。

这些数据发现了人格和寿命之间的明确关系模式：在雄性中，更高的宜人性与更长的寿命相关，即使宜人性随着年龄而调整。换言之，长寿的圈养雄性黑猩猩是那些参与积极的社会互动的成员，其特点是合作、友善和受保护。这些发现与预测相符，尽管不一定期望只在雄性身上发现这种关联。然而，这一发现与文献一致：在野生黑猩猩中，雄性对同种的联合攻击会增加繁殖后代的机会（Gilby et al.，2013）。宜人性，与侵略性相反，应该存在于生命历史规范的另一端，并与更长的寿命相关联。更讨人喜欢的雄性可能会采取更合作的支配方式（Foster et al.，2009），最终在漫长的生命过程中提供更少但更稳定的生殖机会。

外倾性和寿命之间没有关联。猴子的研究（Silk et al.，2010；Seyfarth et al.，2012；Brent et al.，2017）已经显示出与外倾性的积极保护关系。值得注意的是，外倾性和寿命之间的积极联系在一项对大猩猩的研究中被发现，这些大猩猩也被关在笼子里，并通过评级来评估其人格（Weiss et al.，2013）。和它们的近亲黑猩猩一样，圈养大猩猩也表现出外倾性随年龄的强烈下降（Kuhar et al.，2006），然而外倾性仍然与寿命有关。然而，灵长类之间的高度社交能力并不支持在所有情况下长寿（Thompson and Cords，2018）。大猩猩和黑猩猩之间的剩余差异可以解释对外倾性的无效发现，这是因为这些物种的交配系统。具体来说，大猩猩有严格限定的"后宫"数量，其中一两个雄性只与多个成熟雌性有性接触（Harcourt et al.，1981）。另一方面，黑猩猩有一个杂乱的交配系统（Tutin，1979）。

寿命和责任心之间没有关联。这一发现可能反映了圈养样本，其中责任心更强的外在好处已经被移除。例如,尽管已知黑猩猩利用野生植物进行自我药物治疗(Huffman and Wrangham,1994),同时有责任心的圈养黑猩猩更勤奋(Altschul et al.,2017),但个体没有资源用于圈养期间的自我药物治疗。因此,结果表明,在人类中,责任心和长寿之间普遍存在的联系与生物体的内在特征无关,而是与这一特质有关的健康相关行为有关(Turiano et al.,2015)。

开放性较高的雌性寿命更长,但在纠正因评级年龄而造成的混淆时,这种影响并不存在。这是源于年龄和开放性之间强烈的曲线关系。年轻黑猩猩的开放性更高,开放性低与年龄有关联。因此,无法断定雌性的开放性和寿命之间是否有保护性联系。

胆小类似于人类神经质的一个方面,因此预测神经质会与更长的寿命有关。然而事实是,两个方向都没有关联。黑猩猩寿命没受任何神经质的影响,这可能是因为神经质对健康有害和有益的作用,就像责任心一样,是由健康行为和环境介导的。例如,神经质较高的人倾向于吸烟,这种行为解释了神经质和寿命较短之间的一些关系(Graham et al.,2017)。另外,在某些疾病发作后,一些高度神经质的人更有可能戒烟(Weston and Jackson,2018)。然而,吸烟并不能解释人类的全部关联,因为高度神经质也与对应激源更大反应(Chapman et al.,2011)和能量昂贵的生理反应(Re'ale et al.,2010)有关,这可能会抵消神经质对慢生命史的潜在获益。此外,由于圈养中没有掠食者,警惕性即使没有完全消除也会降低,因为竞争性的社会交往仍然存在对健康的威胁和风险。

支配性,以及圈养黑猩猩以其竞争能力和勇敢为特征的程度,以及享受等级战利品的能力,与个体的寿命无关。具体来说,在黑猩猩中,高等级个体通常压力较小(Goymann and Wingfield,2004),但是当等级不稳定时,高级个体压力更大,不稳定和重组在野生黑猩猩群体中很常见(Muller and Mitani,2005)。支配性可能不会对圈养种群的寿命产生重大影响,因为裂变-融合动态没有在野生环境中发挥同样的作用,因此群体稳定性会更强,压力性扰动会减少。此外,圈养黑猩猩不太需要相互争夺资源,因此与等级相关的优势等特质可能与这种环境中的死亡率无关。这项研究有几个局限性。该数据没有衡量社会变量,如等级或社会网络;也没有衡量心理变量,如智力。这些黑猩猩只生活在圈养环境中,这限制了对人格和生存之间的关系进行进化推断的能力。然而,圈养样本也是一种优势,因为它能够识别被圈养环境淘汰的外在影响因素,并测验关于黑猩猩人格和生命史策略之间关系的新假设。

该研究也只考察了一个物种。而通常情况下,未来的研究包括多种灵长类动物,可以利用系统发育方法,这种方法考虑了物种差异在社会组织和生态中的重要性(MacLean et al.,2012;Cornwell and Naka-gawa,2017)。系统发育分析可以让研究者识别特定物种之间的差异,缓冲某些人格特质与健康和生存指标之间的关系,以及更广泛的生殖成功和健康。这项研究提醒我们,黑猩猩的人格和性别、社会关系以及生命历程的复杂性和多面性。研究还展示了我们的生物亲属的人格如何揭示,就像人类一样,重要的不是社会关系的数量,而是质量。

3.3.4 进化策略小结

以上综述提供了令人信服的证据,证明自然选择的进化是创造和维持个体差异的原因。对个体差异研究的主要方法突出了将进化框架应用于性别间变异(通过性冲突和父母投资理论)、发展(通过生命史理论)和表型变异来源(通过行为遗传学)研究的重要性和实用性。如同生命科学(包括心理学)的许多其他领域一样,进化途径是解释现有发现和产生新假设的有力框架。根据这个框架,适应性推理可以对人格的结果进行先验的、特定领域的预测(例如 Dennissen & Penke, 2008)。通过这种方法,人们可以合理地定义和预测一些特质(或特质簇)如何以及为什么符合一些适应性领域,而不是其他领域。例如,"五个体反应常模"(Five Individual Reaction Norms, FIRN)模型(Denssen & Penke, 2008)展示了"大五"背后的动机反应常模。对应该受到特定人格维度影响的特定领域进行预测。例如,在需要在为他人牺牲资源或最大限度地提高自身收益之间做出决定的情况下,宜人性应该是关键,而在需要在放弃追求有吸引力的短期选择的目标或坚持与目标相关的任务之间做出决定的情况下,责任心应该是关键(Dennissen & Penke, 2008)。

进化观点关注个体差异如何以及是否可靠地与生存和生殖相关联,如健康和长寿、亲密关系和社会互动(Buss & Greiling, 1999; Nettle, 2006; Ozer & Benet-Martinez, 2006)。进化的观点可以预测人格维度的不同水平在某些适应领域可能是有益的,但在其他领域却是昂贵的(de Vries et al., 2016),由此也提供了新的实证发现框架(Netle, 2005)。HEXACO 人格模型的情境提供模型(de Vries et al., 2016)演示了不同水平的每个人格维度如何激活不同的环境,并被不同的环境激活,以解释人格如何在不同的情境下发挥作用。这些视情况而定的人格模型(Denissen & Penke, 2008; de Vries et al., 2016)提供了对群体间个体差异的维持和功能性的解释,并允许对个体差异如何有利地在不同环境中外显产生新的预测。

然而,人格心理学中一个有争议的问题是对人格和其他个体差异结构的有用和准确的定义。尽管许多人格心理学家使用范围狭义的结构(例如,大五维度的各个方面),这些结构往往具有优越的预测能力,但这些狭义的结构和定义是数据驱动的,而不是理论驱动的(Block, 1995; McAdams, 1992)。然而,研究也记录了广泛的人格维度对行为结果的预测能力(Fleeson, 2001; Ozer & Benet-Martinez, 2006; Roberts et al., 2007)。纯粹描述性的、数据驱动的模型,如大五模型,无法解释这种外显冲突。进化的观点可以隐讳地澄清为什么狭义和广义的个体差异结构都预示着外显行为:个体差异是特定领域的(即,它们被选择来解决特定的适应性问题),但是因为有多种多样的特质组合,或者选择一系列特质的环境类型,特定领域的特质集合在发展过程中可能变得不可分割（Netle，2011）。换言之，特定个体差异特质级别的遗传或与其他在某些水平上特定个体差异特质（类似于相关性）共存的可能性更大。这也可以解释观察到的一些个体差异的等级结构，例如人格特质：狭义特征以可预测的方式聚集在一起。这些狭义领域的特质聚集在一起，然后被概念化为广阔领域的"超级因素"（Digman，1997；Musek，2007）。

进化的方法可以指导新预测的构建，这些预测涉及不同特质组合的适应性结果，或者个体差异的超级因素剖面（例如，人格的一般因素，K 因素）。从这种方法中，可以得出新的预测，即特定的人格特质（即特质簇）对健康的影响会随着环境背景而变化。例如，Nettle（2011）认为，在开放性的想象力方面保持高水平是有益的，因为这个体在智力维度得分也很高；得出这样的预测，即想象力高（或低）而智力低（或高）的人，其结果应该不如两个特质都高或两个特质都低的人好。在个体差异的（最佳）超级因素剖面中，应该有对这种会聚的适应回报。

个体差异的超级因素剖面是否反映了人类进化史上选择的实际特质，这是一个有争议的问题。超级因素——比如人格的一般因素、生命史的 K 因素或者一般智力的构建——可能只是一个统计结果。超级因素进化为"真实"特质的观点类似于进化领域一般心理机制的观点（与特定领域心理机制相比）。例如，超级 K 因素不能可靠地与生存和繁殖的结果相关联（Richardson et al.，2017），即发现对于超级因素结构（和进化）的有效性是必要的。行为遗传学的概念可以部分解释超级因素的统计存在。特定领域特质之间的遗传相关性可能是众多超级因素的积极多样化，如一般智力。虽然超级因素在统计上可能有用，但是在讨论提议的超级因素的进化起源时，需要仔细考虑。

在旨在揭示因果发展过程的研究项目中，特质之间的遗传相关性也应该得到仔细考虑。基因混杂（类似于"第三变量问题"）可能会使所谓的因果发展关联变得虚假（Barbaro et al.，2017a；Barnes et al.，2014）。研究个体差异的发展方法应该考虑或控制遗传变异，以准确理解发展过程。发展研究的一个有趣途径是调查和综合环境经验对发展成果的影响。正如总体遗传效应比候选基因效应更能预测发育结果一样（Park et al.，2010），综合环境影响可能会提供信息。然而，当务之急是考虑到经验因年龄而异，如何准确可靠地测量总体环境影响（Plomin et al.，2016），这不同于基因（它们是恒定的）。行为遗传学有潜力为发展心理学的进化途径提供实质性的信息，这是未来研究的必要方向（Barbaro et al.，2017a；Penke，2011）。

总之，理论论据和实证证据支持自然选择在人口中创造和维持个体差异的观点。个体差异的核心特征，包括非零遗传力、长期稳定性和跨文化稳定性、跨物种连续性、对外显行为的预测效用、与适应性成分的关联以及解决适应性问题的能力等，为个体差异的进化观点提供了有力的支持。研究个体差异的进化途径，如性冲突理论、父母投资理论、生命史理论和行为遗传学等，对心理学领域做出了相当大的贡献。这些科学上的成功预示着个体差异进化心理学的前景。

3.4 网络神经科学与人格

除进化渊源外，人格和个体差异源于大脑。尽管情感和认知神经科学取得了重大进展，但是，人们仍然不清楚人格和单一人格特质是如何在大脑中表现出来的。大多数关于大脑-人格相关的研究要么集中在大脑的形态学方面，比如局部灰质体积的增加或减少，要么研究人格特质如何解释不同任务中激活差异的个体差异。可以通过增加大脑结构和功能的网络视角来推进人格神经科学，我们称之为人格网络神经科学（Markett，Montag & Reuter，2018）。随着静息状态功能磁共振成像（fMRI）的兴起，连接组学作为结构和功能连接性建模的理论框架的建立，以及数学图论在大脑连接性数据应用方面的最新进展，一些新的工具和技术已经应用于人格神经科学。遵循上文提到的神经生理基础影响人格发展的规律与研究原则，这部分综述介绍网络神经科学的概念，回顾它们在个体差异研究中应用的最新进展，并探讨了它们在促进对人格神经实现的理解方面的潜力。特质论者长期以来一直认为人格特质是生物物理实体，而不仅仅是人类行为的抽象和隐喻。特质被认为实际上存在于大脑中，可能以概念神经系统的形式存在。概念神经系统是指试图用与心理和行为相关的功能术语来描述中枢神经系统的一部分。人格网络神经科学可以在功能和解剖学的层面上描述这些概念神经系统的特征，并有可能将神经倾向与实际行为联系起来。

3.4.1 人格网络神经科学

自从情感和认知神经科学开始探索认知、动机/情感和行为的生物学基础以来，新技术和范式已经塑造了研究的道路。技术方面的标志性发展之一是 MRI。它使研究者能够无创地评估清醒人脑中的神经过程（Turner & Jones，2003）。MRI 并不完美，这和任何其他科学方法一样，但是它对人类大脑的研究具有无可争议的价值（Turner，2016）。在空间层面，MRI 以往所未有的空间细节描绘了活体人脑的解剖结构。在功能层面，它可以跟踪大脑动态中正在进行的活动。此外，MRI 已经被批准用于健康的人类研究被试，被试们自愿抽出时间进行科学研究。在这方面，MRI 优于其他技术，如颅内记录、光遗传成像或基于放射配体的成像，这些技术要么不被批准用于健康的人类志愿者，要么根本不被批准用于人类，要么由于有害辐射的排放而受到严格限制。自 20 世纪 90 年代初问世以来，MRI 已经将自己定位为认知神经科学的方法论支柱，并对心理过程的神经基础提供了独到的见解（Raichle，2009）。

从范式的角度来看，过去 10 年来，连接组学和网络神经科学的兴起是一种研究大脑的新方式。Patric Hagmann 和 Olaf Spons 在 2005 年独立引入的新词连接体

（Hagmann，2005；Sporns，Tononi & Kötter，2005），将术语"连接"和后缀"-ome"结合在一起，意为"某事物的整个类别"。类似于术语基因组（"gene"和"-ome"），它描述了一个物种或有机体的整体和遗传信息背后的组织原则（Winkler，1920），连接体描述了整个神经系统的连接组织。大脑是一个复杂的网络，其复杂性可以在许多不同的分辨率级别上理解。在微观层面上，神经元会长出轴突，这些轴突会通过突触联系到达其他神经元的密集树突树。在宏观层面上，成千上万个神经元的轴突合并成主要的白质纤维束，从一个大脑区域投射到另一个区域。MRI技术可以应用于无创地映射人脑中的这些纤维束，并根据功能成像数据估计信息处理是如何沿着这些路径展开的。MRI连接组学显示，尽管神经连接非常复杂，但它们遵循某些组织原则，能够实现高效和面向目标的信息处理。近年来，网络科学领域取得了重大进展。复杂的网络建模工具已经被开发出来，越来越多地应用于大脑连接数据，以揭示组织原则，并理解它们与心理过程和临床状况的相关性。人格神经科学作为认知和情感神经科学的一个新的研究领域，已经将神经影像学、心理药理学、分子遗传学和心理生理学方法作为研究人格生物学基础和推导个体差异解释模型的工具（DeYoung & Gray，2009）。神经网络建模技术应该加速加入人格领域的主流方法论。

3.4.2 先天与后天相遇的地方

人格神经科学的关键假设是，一个人不了解自己的大脑就无法被理解（DeYoung，2010）。因此，人格神经科学利用情感和认知神经科学的技术将大脑过程与人格特质联系起来。

人格心理学已经发展出复杂的分类法来描述个体差异。分类系统，如大五/五因素模型（Costa & McCrae，1992；Goldberg，1993）、六维HEXACO模型（Lee & Ashton，2008）或多因素分层模型（Catell，1965）大多利用自我报告数据在多维因素空间中定位个人。尽管这些模型非常成功地描述了个体差异，也从个体人格得分预测了实际行为，但它们大多不具解释力，并且对人们个体差异的原因只能提供有限的认识。寻求追踪大脑中人格因素的神经机制的人格神经科学方法本身也不具有解释性，并且常常不能提供对因果机制的揭示。然而，它确实更详细地描述了人格是如何工作的，并试图揭示人格的神经基础，这种基础可以更容易地追溯到人格的远端决定因素，如遗传和环境影响（DeYoung，2010）。群体遗传学研究可以深入了解个体差异的这些远端决定因素。一项元分析汇总了过去50年中2748项双生子研究的证据，并量化了平均49%的遗传因素对人格的影响（Polderman et al.，2015）。这一估计表明，人格差异中的大约一半可以由遗传因素来解释，而另一半应该来自环境影响。这种工作基于协方差矩阵的分解。尽管它在指出广泛的影响变量方面取得了巨大成功，但它仍然没有指出解释的途径和机制。此外，类似上述双生子研究的发现，对于外行来说，太容易得到暗示先天和后天是两个不同的情况。

但是大量的研究表明,先天和后天这两者之间有着强烈的互动关系。即使分子遗传学的最新进展(Reuter, Felten & Montag, 2016)以及全基因组关联设计和遗传复杂性状分析的应用(Plomin & Deary, 2015)将产生一份人格领域个体差异的遗传多态性的详尽清单(目前该清单仍属于虚构之物),我们仍然需要解决这些遗传变量与环境影响交互作用并导致个体行为和行为倾向差异的机制。这个问题同样适用于环境因素。此外,表观遗传学领域的新进展表明环境在分子水平上对基因活性有影响。目前通过分析基因启动子区域的甲基化模式和组蛋白修饰来研究这种基因与环境的交互作用(Zhang & Meney, 2010)。以神经过程为重点的人格神经科学,通过描述大脑层面的人格和个体差异,从而在人格与其更远的影响之间提供中介机制,如分子遗传学、环境效应基因和表观基因组,将会有很大的价值。这一想法目前也用于精神遗传学领域,在将遗传变异与复杂的行为特质和个体差异联系起来方面,该领域面临着非常相似的挑战(Meyer-Lindenberg & Weinberger, 2006)。

为了成功地解释个体差异和人格,我们需要知道如何最好地推导出这种人格的神经中介模型。在这里,行为生物学可以提供灵感。20世纪80年代,行为生物学家和遗传学家公布了线虫的所有神经元及其突触联系的完整清单,线虫是生物学领域广泛研究的模式生物(Emmons, 2015; White, Southgate, Thomson & Brenner, 1986)。这种蛔虫只有少量的神经元(大约300个),形成大约5000个化学突触。这项成果背后的原理很简单:单个神经元之间的突触联系是在学习过程中建立的,因此可以依赖于经验(Kandel & Schwartz, 1982)。遗传机制同样涉及突触可塑性和长时程增强(Alberini, 2009)。识别一个与行为相关的神经回路,然后研究其遗传和经验相关的决定因素,这样就有可能超越单纯的描述(Bargmann & Marder, 2013)。

研究线虫行为和神经连接最多只能有限地了解人类个体差异。另外,这项研究策略可能会证明非常有成效,而且很明显,对秀丽隐杆线虫和加利福尼亚海兔的研究带来了突破性的见解(Hawkins、Kandel & Bailey, 2006)。然而,目前,秀丽隐杆线虫是唯一一种在细胞水平上具有完全能恢复的网络映射的生物。其他模式生物如果蝇或老鼠的类似努力仍未完成,主要是因为它们的神经系统复杂(Schröter, Paulsen & Bullmore, 2017)。幸运的是,这种映射神经连接的细节并不需要评估大脑网络的组织原则。白质纤维束由成千上万个单一的轴突连接组成,它们共享一个起源区域和一个投影点。大量隔离轴突的髓鞘片会影响MRI扫描仪能够采集到的信号。脑白质纤维束形式的宏观连接性可以通过现代MRI技术揭示,而不需要单个神经元层面的微观连接性的详细知识(Sportns, 2013)。

之前的工作已经成功地证明了人类行为和能力的经验变化伴随着大脑网络水平的变化(Lewis, Baldassarre, Committeri, Romani & Corbetta, 2009; Scholz, Klein, Behrens & Johansen-Berg, 2009),大脑网络中的个体差异显示出与遗传变异相关联（Markett et al.，2016a，2017a）。先天与后天会影响个体差异和人格。环境影响通过所有输入投射到达大脑，主要来源自感知觉。大脑中的每个细胞都包含基因组的完整拷贝，遗传信息不断被转录，对神经加工产生显著影响。这是人类大脑中先天和后天的交汇点。因此，大脑及其功能的模型应该为诸如人类人格等心智能力的研究提供理想的背景。

3.4.3 人格特质及其神经实现

尽管大多数人格定义强调对个体差异的整体观点，但人格神经科学迄今为止主要关注人格特质的神经实现（DeYoung，2010）。在目前的论证中，我们也主要关注人格特质，同时承认这仅仅抓住了人类人格的一部分。Gordon Allport 是该领域早期杰出的特质理论家之一，他对特质的定义将人格特质视为神经心理系统，目的是使各种刺激在功能上等同，从而引发一致而有意义的反应（Allport，1937）。功能等同意味着提取一类刺激的"共同点"，以便引发适当的反应。举个例子来说明这个相当抽象的定义，如情绪焦虑。有相当多的刺激可能被认为是可怕的，这可以从社交场合，如公开演讲，到避免冲突的方法，如参加重要考试，以及具有高度不确定性和潜在危险的场合，如夜间的黑暗小巷。乍一看，这些情况可能完全不同，但很可能会引发焦虑感。特质概念假设我们大脑中的不同回路（定义中的神经心理系统）致力于从传入信息流中提取令人恐惧/焦虑的成分，并启动一致的反应，这可能涉及对形势的重新评估、仔细的探索和思考，或者在威胁迫在眉睫的情况下发生逃跑、战斗或冰冻（Gray & McNuughton，2000）。假设给定神经心理系统的反应性或敏感性因人而异，这就产生了个体差异。与不那么焦虑的人相比，更焦虑的人会有更强烈或更频繁出现的焦虑反应。因此，特质概念可以解释行为的至少 3 个方面：①完全不同的情况会导致类似的情感或动机反应；②人们对外部刺激的感知是积极的还是威胁性的不同；③对这些刺激的反应的强度甚至方向都以个体差异为标志。特质定义当然不限于对焦虑中人格差异的描述，也适用于人格的其他方面，比如外倾性或对经验的开放性。

这种人格特质的定义遵循新行为主义的思路。新行为主义认为行为可以用 S→O→R 方程来描述，其中 S 表示刺激，R 表示公开或隐蔽的反应，O 表示有机体。我们用前缀 neo- 和术语行为主义来强调，特质定义并不意味着有机体是一个无法通过严格科学检查的黑匣子，也不意味着所有的行为和行为倾向都仅仅是学习和条件过程的产物。通过强调神经心理系统形式的有机体变量是特质的主要基础，大脑成为特质研究的焦点。特质不仅是计量心理学家想象中的统计抽象，而且在物理世界中有一种硬件生物模拟物，可以通过神经科学方法进行定位和评估。将特质概念化为神经心理系统并不意味着单个大脑结构和人格特质之间有 1∶1 的对应关系。在整个中枢神经系统中，大脑结构被连接到具有特定功能的系统中。人格神经科学的一个核心假设是存在不同特质的不同大脑系统。大脑系统的这种功能性观点也反映在概念化神经系统的理念中，该概念化神经系统试图从概念而不是解剖层面来解释大脑（Gray，1971；Gray & McNaughton，2000）。

特质定义的另一个推论是特质概念从特质相关刺激和有机体的行为反应中解放出来。尽管特质的目的是对环境刺激进行操作，以引发特定反应，但构成特质的神经心理系统独立于外部世界而存在（Mischhel & Shoda，1995）。人格特质的一个关键特征是，在一个人的一生内，他们跨时间的稳定性（Edmonds，Jackson，Fayard & Roberts，2008；Specht，Egloff & Schmukle，2011）。一个具有某种特质的人应该在几个月甚至几年的时间里，对许多刺激表现作出类似的反应。因此，研究神经心理特质系统和环境刺激之间的交互作用，对于人格神经科学来说，就和在没有刺激的情况下研究神经系统一样具有信息价值。我们强调这一点是因为传统人格神经科学研究中经常忽略这一点，而且我们认为网络神经科学的工具可以在这方面做出真正的贡献。

迄今为止，大多数关于人格的功能成像研究主要集中于研究特质表达和刺激处理的交互作用。共同的范式需要记录对刺激的神经活动，并评估神经反应的强度在多大程度上取决于个体的特质水平。所涉及的刺激范围可以从简单的被动观看情绪面孔（Canli et al.，2001；Reuter et al.，2004）到复杂的自然场景，对被试具有实际的行为相关性（Mobbs et al.，2007）和各种人格特质，如神经质（Haas，Omura，Constable & Canli，2007）、外倾性（Cohen，Young，Baek，Kessler & Ranganath，2005），或自我超越性（Montag，Reuter & Axmacher，2011）都已经过研究。这一研究策略导致了大量关于个体差异的神经相关性的研究。综上所述，现有证据明确表明，神经系统对外界刺激的反应因个人的人格而异（Kennis，Rademaker & Geuze，2013；Calder，Ewbank & Passamonti，2011）。然而，这一聚焦并没有区分刺激处理和神经心理特质系统本身。根据人格特质对应于独立于外界存在于人脑中的稳定的神经心理系统的观点，人格特质的神经对应部分应该反映在大脑的内在属性中。长期以来，大脑形态学研究一直是评估这种稳定的、与刺激无关的行为倾向神经相关性的方法学选择（DeYoung et al.，2010；Liu et al.，2013；Riccelli，Toschi，Nigro，Terracciano & Passamonti，2017；Mincic，2015）；特别是基于立体像素的形态计量学研究，提供了对人格特质的神经结构相关性的详细理解，并显示了具有特质依赖性激活剖面的大脑区域在形态上也显示出特质依赖性差异（Omura，Todd Constable & Canli，2005，Liu et al.，2013）。在生物系统中，人们常说功能服从结构（Kristan & Katz，2006），因此，对人格结构相关因素的研究应该有助于理解功能改变。然而，宏观形态和神经活动之间的关系并不简单，很可能涉及许多中介步骤。有必要考虑大脑结构和功能的其他方面，以便全面描绘各种神经心理特质系统。此外，迄今为止，将人格神经科学中的结构性和功能性脑成像数据结合起来的努力还很少。

大脑连接可能代表着更全面理解人类人格神经科学基础的重要一步。早期生物学导向的人格心理学家指出，基本人格特质的基础总是几个大脑区域（而不是一个）。仅仅从解剖学角度来看，特质系统的相关性可能并不明显。Jeffrey Gray 创造了"概念神经系统"这一术语，从功能和行为相关目的的角度来描述神经系统（Gray，1971；Gray & McNaughton，2000）。一个概念性的神经系统意味着几个相连的大脑区域。从这个角度来看，Gray 可以被视为人格网络神经科学的早期支持者。在神经影像学研究中，"大脑网络"的概念大多被隐含地假设，但没有明确地根据多个大脑区域之间的连接性来评估。神经连接体范式提供了一个方法论工具箱，可以推动这一领域朝着解开人格特质背后的连接模式的方向发展。静息状态的功能磁共振成像允许我们独立于外部刺激，检查人脑的内在功能结构。我们将在下面介绍这一技术和连接组学中的其他相关技术。

3.4.4 连接性和网络：连接体范式

连接体是大脑连接的网络地图。一般来说，连接体可以在不同的尺度上进行研究，分辨率水平决定了什么实体被认为是连接，什么实体被连接联系在一起（Sprons，2016）。在对人脑网络的研究中，连接性估计通常来自神经成像数据，因此最佳分辨率水平仅限于单个立体像素，尽管在较大脑区域水平上分辨率不够精细这一情况更为常见。

当观察大脑的大体解剖结构时，很明显灰质的位置仅限于皮质带和皮质下结构。皮层带第三层的神经元生长轴突，这些轴突离开皮层灰质，在与大脑远端皮层片第一层或第二层的神经元接触之前，会下降到脑白质区域。从早期神经解剖学家的工作开始，人们试图根据大脑的细胞结构将皮质带划分成不同的大脑区域（Brodmann，1909；von Economo & Koskinas，1925）或其他属性，如回和沟（Tziourio-Mazoyer et al.，2002）、皮层灰质片的厚度（Fischl & Dale，2000；Fischl et al.，2004，），或多模态脑成像技术的合成（Glasser et al.，2016）。当合成连接体图时，可以选择这样一个完整的大脑分割方案，并且针对每对大脑区域，确定它们是否连接（Hagmann et al.，2010）。连接性要么在结构层面上评估，要么在功能层面上评估。这种区别对于连接体范式至关重要。

随着磁共振扩散加权成像（Le Bihan et al.，1986）的出现，解剖白质纤维投影形式的结构连接性研究变得可行，其细化为扩散张量成像（Diffusion Tensor Imaging，DTI）(Basser，Mattiello & LeBihan，1994）和引入计算机辅助纤维跟踪（Basser，Pajevic，Pierpaoli，Duda & Aldroubi，2000）。在 DTI 中，水在生物组织中的扩散由三维张量模型描述。DTI 利用扩散张量的形状，这种形状受到限制样品中水扩散的因素的影响，例如隔离轴突投射的髓鞘片的脂肪含量。髓鞘片包裹在轴突周围，从而限制水沿着白质路径扩散。每个立体像素的主要扩散方向可以从其扩散张量中获得，并且计算方法可以用来重建大脑中的主要脑白质投影。脑白质纤维束成像在我们这个领域绝不是一个新的发展。然而，连接体范式建立在这些发展的基础上，为评估整个大脑的白质束提供了一个整合的框架。DTI 方法的一个缺点是它不能检测方向性；仅从 DTI 无法推断一个区域是向另一个区域投影还是向另一个区域投影。目前，该方法只能通过侵入性追踪来实现，因此不适用于人类被试研究。

连接体纤维追踪的结果可以用一个矩阵来描述，该矩阵按行和列列出大脑区域，其中矩阵元素指示两个大脑区域是否连接。矩阵元素也可以给出连接权重，反映连接的绝对或相对强度（例如，基于流线计数或纤维束完整性的汇总测量，如分数各向异性）。来自扩散 MRI 数据的连接体矩阵总是对称的，因为不可能从这个数据源获得关于结构连接方向性的信息。

大脑区域沿着神经结构白质支架的元素交换信息（Park & Friston, 2013）。来自不同大脑区域的神经活动的同步通常被解释为这些区域功能耦合的证据（Friston, Frith, Liddle & Frackowiak, 1993）。因此，基于功能磁共振成像的功能连接性评估是相关的，最常见的方法是计算两个或更多大脑区域的血氧水平相关（Blood Oxygen Level Dependent, BOLD）时间序列数据之间的简单线性相关性。对于 BOLD fMRI，其时间精度受到脑血流动力学迟缓的限制，简单的线性相关性就足够了。然而，时间分辨率高于 BOLD fMRI 的成像方式可能需要更复杂的一致性测量。静息态 fMRI 极大地促进了功能连接性数据在连接体研究中的应用（Smith et al., 2013）。静息状态功能磁共振成像是一种实验性的神经成像方案，其中 BOLD 活动记录自不从事特定任务的研究志愿者的大脑（Fox & Raichle, 2007）。与旨在分离受限制的认知和情感过程的神经相关性的大脑激活研究相反，静态功能磁共振成像评估内在的、非刺激依赖的神经活动。在一项开创性的静态功能磁共振成像研究中，Biwal、Zerin Yetkin、Haughton 和 Hyde（1995）报告了大脑区域高度同步的大脑活动，这些活动通常在简单的运动任务中共同激活。因为这种同步发生在没有任何运动行为或运动计划的情况下，所以它被解释为内在的身体运动网络。随后的研究证实了这一发现的稳健性，也为其他内在连接网络提供了证据，例如默认模式网络（Greicius, Krasnow, Reiss & Menon, 2003）、岛叶网络（Seeley et al., 2007）、额顶叶网络（Fox, Snyder, Vincent, Corbetta & Van Essen, 2005）以及视觉区网络（van den Heuvel & Hulshoff Pol, 2010）。根据分析方法和分辨率参数，通常会发现 7~12 个文件的固有静态连接网络。已经证明，这些网络与任务相关的大脑活动相对应，以这种方式，在静息时连接在一起的大脑区域在实验任务内部和跨实验任务激活在一起（Gordon, Stollstorff & Vaidya, 2012; Smith et al., 2009）。与任务功能磁共振成像相比，静息状态的活动给大脑的总新陈代谢预算带来了更大的负担（Raichle, 2006），这表明维持内在活动在生理上是昂贵的，这通常是功能重要性的一个标志。总之，静态功能磁共振成像的关键发现是，即使没有外部刺激，单个大脑区域也能同步活动。通过应用多元统计，可以显示出这种同步被组织成大规模的大脑网络，这些网络共同构成了功能连接体。已经有研究表明，功能连接体与其结构对应体密切相关（Honey et al.，2009；Horn，Ostwald，Reisert & Blankenburg，2014）。然而，这两种类型的连接都是非冗余，并且对人脑的网络层次结构提供了独特的见解。例如一个火车网络，在这个类比中，大脑区域之间的结构性连接将代表不同火车站之间的铁轨。另一方面，火车时刻表将类似于功能连接。实际的铁路网络对列车时刻表有很大的限制，然而，这两种类型的信息对铁路工程师、交通控制人员和乘客来说都是相关的。

连接体范式已经不仅仅是为评估结构和功能连接性提供了一个方法工具箱。利用数学网络理论可以描述大脑网络更抽象的组织原则。在网络理论中，网络由一组网络节点组成，如大脑区域，这些节点通过一组链接（如结构和/或功能连接）实现完全或部分连接（Albert & Barabase，2002）。通过对连接体矩阵进行变换，观察到了一组关于大脑网络的重要观察结果：人类大脑网络具有相对稀疏的连接密度，这意味着大多数大脑区域仅仅与少数其他大脑区域保持直接连接（Hagmann et al.，2007）。只有少量的大脑区域保持着大量联系。这些区域是大脑中的网络枢纽，对于维持跨子网的高效信息交换至关重要（de Reus & van den Heuvel，2014；Hagmann et al.，2008；van den Heuvel & Sporns，2013）。将大脑网络组织成本区域子网络和一组整合的中枢，确保了信息流动的本区域和全脑效率，这是一个被描述为"小世界结构"的组织原则（Spens & Zwi，2004）。小世界网络的特征在于相邻节点之间的高连接密度（特征在于高聚类系数），以及远程网络节点之间的短通信路径，这使得整个网络能够快速交换信息（特征在于短特征路径长度）。

3.4.5 人格的网络层次相关性

最简单和最基本的连接体研究利用种子方法。这种方法定义了大脑（种子区域）的起点，然后检查源自这个种子的所有结构或功能连接。一些研究集中在人格特质和杏仁核连接性之间的关系上，推测是基于杏仁核区域在情感加工中的突出作用。Aghajani 等（2013）根据神经质和外倾性得分，报告了源自杏仁核的功能连接模式的差异模式。Li、Qin、Jiang、Zhang 和 Yu（2012）通过将避免伤害（一种与神经质相关的测量）与不同杏仁核次区域的功能连接模式联系起来，提供了一个更精细的杏仁核连接视角。区分不同的杏仁核分区域很重要，因为杏仁核由不同的核组成，在产生行为中扮演不同的角色（Ledoux，2003）。尽管由于信号频繁失真，很难对中间颞区进行成像（Olman，Davachi & Inati，2009），但已经显示不同的杏仁核亚区在静息状态下具有不同的功能连接剖面，具有独特的表型关联（Eckstein et al.，2017；Roy et al.，2009）。杏仁核功能连接也被证明与特质愤怒（Fulwiler，King & Zhang，2012）和情感神经科学人格量表中的悲伤特质有关（Deris，Montag，Reuter，Weber & Markett，2017；Montag & Panksepp，2017a，2017b）。另一项基于种子的功能连接性研究使用前脑岛作为种子，以显示在避免伤害方面以岛为中心的连接性差异（Markett et al.，2013）。迄今为止，关于人格的最全面的静态功能连接性研究使用了分布在主要静态网络中心区域的多个种子区域，并报道了所有大五人格特质之间的广泛关联（Adelstein et al.，2011）。基于研究者们的发现，作者得出结论，人格反映在大脑的内在功能结构中。

结构连接性研究证实了神经质相关人格特质与杏仁核以及岛叶连接性之间的联系。Westley、Bjornbeck、Gridland、Fjell 和 Walhovd（2011）已经将避免伤害与皮质边缘白质束的完整性联系起来。例如，钩束连接包括杏仁核在内的颞中结构和前部区域。同样，Montag、Reuter、Weber、Market 和 Schoene-Bake（2012）也报道了特质焦虑的综合测量与钩束的结构完整性之间的联系。Baur、Hanggi、Langer 和 Jancke（2013）报告了杏仁核和前岛叶指数之间的结构连接性特质焦虑。Montag、Reuter、Julkewicz、Market 和 Panksepp（2013）在对焦虑的结构性神经影像学文献进行系统回顾时，也提出了这样的观点，即时间中期到前部的连接是特质焦虑和神经质之间的一个重要的大脑连接水平。

人格网络神经科学承诺对大脑—人格关系进行综合的网络水平的描述。到目前为止，在研究者们的人格特质研究中，连接性研究只关注单个大脑区域和单个大脑连接。然而，他们确实指向一个大规模的大脑网络，该大脑网络被称为岛叶突显网络（Seeley et al.，2007）。这个网络以往脑岛为中心，包括前扣带、基底神经节的一部分和沿着盖的皮质区域，并通过钩束接收来自杏仁核的输入。一项研究报告了岛叶突出网络整体的信息处理效率是否与特质焦虑有关（Markett，Montag，Melchers，Weber & Reuter，2016b）。研究将整个岛叶网络建模为加权图，并计算网络的特征路径长度作为网络效率的度量。特征路径长度是给定网络中所有网络节点之间所有最短通信连接的汇总度量。静态功能连接数据发现避免伤害作为特质焦虑的一项指标与岛叶网络的信息交换效率负相关。近年来，这种系统水平方法越来越受欢迎。Beaty 等（2016）使用了相似的策略，将默认模式网络的效率与开放体验联系起来。Bey、Montag、Reuter、Weber 和 Market（2015）分析了大规模功能性大脑网络之间的功能性连接，并显示岛叶网络整体的功能性连接与个体对认知失败易感性的差异有关。Toschi、Richcelli、Indovina、Terracciano 和 Pasasmonti（2018）对大规模功能性大脑网络使用了类似的方法，但应用了图表，即网络间连接性的理论评估，将功能性连接体的组织特征与大五人格特质联系起来。在这项工作中，责任心与额顶和默认模式网络的局部方面有关。Kyung、Kim、Park 和 Hwang（2014）研究了整个大脑分割方案中所有皮层和皮层下大脑区域之间的功能连接，并表明功能连接体在大规模网络中的内在组织因接近和回避相关的人格特质而异。Gao 等（2013）还分析了全脑连接体数据。在对来自自动解剖标注图谱的 90 个大脑区域之间的功能连接性的网络分析中，他们发现外倾性与全局聚类系数正相关，全局聚类系数是网络中聚类的量度。更加外倾的人的大脑网络显示出整个大脑中更高的局部大脑连接性，这表明这样的全球组织特性承载着人格信息。除了这种全球关联,作者还报告了神经质和外倾性之间的关系,以及几个大脑区域的介数中心性。介数中心性是一种网络度量,用于量化网络中有多少最短的通信路径通过给定的大脑节点。换言之,该指标使用整个大脑连接信息来推断单个区域对网络通信的重要性。Gao 等(2013)的研究试图从大脑网络的拓扑方面预测个人人格得分。通过从所有其他被试的数据中估计回归函数,为每个被试建立了一个单独的预测模型(排除一项验证)。所有被试的外倾性预测准确率为 11.4%,神经质预测准确率为 21.7%。这些数字当然不是很高,但是考虑到在横断面设计中只抽样了可能的网络方面的一个子集,这表明大脑的网络方面确实承载着人格的相关信息。Servaas 等(2015)的另一项全脑连接体研究给出了神经质大脑的详细视角,高神经质与整个大脑较弱的功能联系有关,但功能子网的划分不太清楚,整个大脑网络更像一个随机连接的网络。上述关于全脑连接性的研究表明,大脑连接性结构的整体特性与人格特质有关,并强调了超越杏仁核等单个大脑区域连接性或突显网络等单个功能性大脑网络的重要性。大规模连接网络的发现可能表明,这些网络中的每一个都可能有一个有限的功能角色,或者可能单独呈现一个特质系统。越来越多的证据表明情况并非如此,因为行为和行为倾向是由几个功能网络共同努力实现的(Barrett & Satpute,2013;Sylvester et al.,2012;Toschi et al.,2018;Touroutoglou,Lindquist,Dickerson & Barrett,2015)。人格神经科学需要了解大脑区域之间以及大规模大脑网络之间的交互作用,以便获得神经心理特征系统的完整网络描述。目前,关于人格与大脑结构和功能的网络方面的关系的文献更多地强调神经质和回避相关的人格特质,较少强调外倾和接近相关的特质。这种关注可能反映出研究偏向于临床相关的人格特质,但也可能是这些人格特质和大脑组织方面之间更直接的关系的结果,而这种关系可以借助该领域目前的方法工具箱很容易地评估出来(Bjørnebekk et al.,2012;Markett,Montag & Reuter,2016c)。神经质和特质焦虑似乎与大脑连接的几个方面有关,从单个大脑区域和它们的连接之间的联系,通过单个大脑网络的组织,到全大脑连接的组织原则。到目前为止获得的证据对于进一步研究人格的连接组学是令人鼓舞的。进一步的研究还希望将主要基于 MRI 的连接体发现与其他成像方式的研究相协调。大量的静态脑电图研究已经反复证明了 α 波段的正面不对称性与接近和回避相关的人格特质之间的关系(Davidson,2004;Wacker,Chavanon,Leue & Stemmler,2008)。正面不对称通常被解释为半球优势。这实际上可以反映双边大脑网络的功能交互作用,例如前壁网络或岛叶突出网络。在静息状态 BOLD 时间序列中,大多数皮层区域显示出与对侧对应区域高度同步(Zo et al.,2010),新奇感、一种与接近相关的人格特质与前岛功能连接的侧化之间存在关系(Kan,Zhang,Manza,Leung & Li,2016)。

最后,大脑的网络地图可能被证明对评估人格的远端影响是有用的,例如遗传和环境影响。重要的第一步将是不仅在大脑网络和人格之间建立联系,而且在大脑网络和遗传变异和活动之间,以及在大脑网络和环境影响之间建立联系。研究已经开始减压大脑连接的组织和皮层基因表达之间的关系（Forest et al.，2017；Romme, de Reus, Ophoff, Kahn & van den Heuvel, 2017; Wang et al.，2015）或大脑连接性和遗传变异之间的关系（Markett et al.，2016a, 2017a, 2017b）。其他研究集中在大脑连接的经验依赖性变化上，这些变化可能反映了 Hebbian 可塑性（Dosenbach et al.，2007；Lewis et al.，2009；Taubert, Villringer & Ragert, 2012）。这些证据对于未来的研究是令人鼓舞的，并且谨慎地证明连接体范式和人格网络神经科学可以对人格心理学做出超越简单的大脑-人格关联的贡献。

3.4.6 人格的神经网格基础小结

大脑连接性数据的网络建模对人格神经科学具有相当大的潜力。在人格研究的背景下研究人脑不仅仅是观察的另一个经验层面，同时对于调节遗传和环境对人格的影响，人格网络神经科学也可以提供非常丰富的信息。用特质定义来论证更传统设计的大脑激活分析和简单的形态学研究本身不足以完全映射和理解概念神经系统形式的人格特质的神经回路。连接体范式描述了结构和功能连接的基本方法，以及它们在推导人脑网络模型中的应用。但必须承认，目前仍存在许多挑战和悬而未决的问题，这些问题需要在未来得到解决和回答。

第一个问题涉及大脑网络和人格特质之间关系的稳定性。由于人格特质被定义为相对稳定的行为倾向，人格特质和大脑网络方面之间的任何真实关系都应该显示出相似程度的时间稳定性。人类大脑会因经验和学习而发生可塑性变化（Kolb & Whishaw, 1998），这表明结构和功能网络的时间稳定性问题。研究表明，大脑连接的某些方面是稳定的（Cao et al.，2014；Poppe et al.，2013），而其他研究报告了大脑连接的一定程度的可塑性（Scholz et al.，2009）。对人格的毕生研究表明，人格会随着毕生发展而改变，特别是在从青春期到成年早期的成熟阶段（Blonigen, Carlson, Hicks, Krueger & Iacono, 2008; Roberts, Caspi & Moffitt, 2001），而人格的一些变化取决于年轻时的人格特质（Donnellan, Conger & Burzette, 2007; Lönnqvist, Mäkinen, Paunonen, Henriksson & Verkasalo, 2008）。关于人格和大脑连接的纵向研究成果仍然很突出。这种纵向努力应该会澄清大脑网络的哪些方面表现出与人格特质相似的稳定性，并在人格随着毕生发展而改变（Specht et al.，2011）。

第二个问题是状态和特质的分离。Cole, Bassett, Power, Braver 和 Petersen（2014）报告称，在不同的认知和情感任务状态下，全大脑功能连接组织成一组功能网络模块非常相似、类似于静息状态的模块结构。每项任务的特点是模块化网络结构发生微妙而具体的变化。这项工作指出了大脑网络的特定特质和状态，在未来的工作中，必须评估大脑网络对人格科学中状态特质区分的贡献。对大脑网络中状态-特质差异的首次研究表明，不同状态下大脑内在结构的变化取决于个体差异（Geerligs, Rubinov, Cam-CAN & Henson, 2015），个体人格差异可以预测状态诱导对内在静息连接的影响（Servaas et al.，2013），并且结构和功能连接之间的区别也与状态和特征的分离有关（Baur et al.，2013）。

第三个问题是大脑连接数据、行为倾向和实际行为的综合。绝大多数认知和人格网络神经科学研究仍然关注静态功能磁共振成像数据和/或结构连接。然而，一些研究开始探索行为过程中大脑内在功能结构的变化（Bolt，Nomi，Rubinov & Uddin，2017；Cohen & D'Esposito，2016；Cole et al.，2014；Geerligs et al.，2015）。一项还包括人格测量的研究发现，在情绪面部表情的处理过程中，边缘系统内的网络集群发生了变化。边缘网络群中的连接性显示出相当大的重测信度，并与特质焦虑相关（Cao et al.，2016）。完整的人格网络神经科学描述不仅应该描述静息大脑中的神经心理特征系统，还应该展示这些系统如何对刺激作出反应并产生个体行为差异。未来的研究可以集中在与自我报告人格评分相关的大脑网络特性上，并测试这些网络特性在与特质相关的刺激和行为中是否会发生变化。或者，可以从网络的角度研究对特质相关行为具有已知功能含义的大脑区域。这种努力的一个例子是研究从中脑导水管周围灰质到大脑皮层前部区域的焦虑/恐惧相关激活梯度所涉及的大脑区域之间的功能和结构连接性（Mobbs et al.，2009）。此外，应该将更多超出自我报告的现实生活测量与神经科学数据相结合，如静态功能磁共振成像。近年来，强大的智能手机技术开始允许研究者记录日常生活中的人类行为（Markowetz，Błaszkiewicz，Montag，Switala & Schlaepfer，2014；Yarkoni，2012）。随着物联网的到来，人的数字痕迹与神经科学数据的结合将成为心理学、神经科学和计算机科学之间的一个自然研究领域（"心理神经信息学"）（Montag et al.，2016）。值得注意的是，将大脑成像数据与智能手机跟踪变量相结合的可行性最近已经得到证实（Montag et al.，2017）。

和心理学的其他领域一样，人格神经科学的一个紧迫问题是样本量、统计检验力和个体差异发现的可复验性。许多MRI研究缺乏统计检验力（Cremers，Wager & Yarkoni，2017），功能连接数据的个体差异分析需要大样本量（Kelly，Biswal，Craddock，Castellanos & Milham，2012），需要跨研究部门的人格研究者之间的合作和开放的科学数据共享努力来全面解决人格和人脑之间的关系。这方面重要的第一步目前正在进行中（见Mendes et al.，2019，用于描述具有大量个体差异变量的大型开放科学数据集）。在认知神经科学领域，过去几年，大型神经信息学平台已经崛起（Poldrack & Yarkoni，2016）。个体差异研究的类似策略将是未来研究的一项理想努力。

尽管有这些悬而未决的问题，网络神经科学方法也依然有着超越人格特质基础研究的前景。一般来说，连接组学的一个重要应用，尤其是静息状态的功能磁共振成像，是指在复杂任务方案中，对遵循指令的依从性较低的人群中的神经成像（Fox & Greicius，2010）。静息状态和DTI方案通常需要最低限度的指令来保持静止几分钟，这比复杂的行为任务指令更容易被有精神或神经退化症状的患者遵循。

当采取足够的预防措施来尽量减少混淆的头部运动时（Power，Barnes，Snyder，Schlaggar & Petersen，2012），连接性 MRI 可以揭示受损患者群体中人格特质的神经相关性。人格特质可以作为精神疾病的危险因素或内表型（Benjamin，Ebstein，& Belmaker，2001；Kendler，Neale，Kessler，Heath & Eaves，1993）。因此，对人格特质的神经机制更详细的描述可以为精神病学研究和临床神经科学做出重要贡献。

为了充分发挥潜力，连接体范式需要解决几个方法上的挑战。有研究已经表明，方法细节，如阈值连接矩阵和整个大脑分割方案的分辨率水平，可能会对结果和解释产生偏差（de Reus & van den Heuvel，2013；van den Heuvel et al.，2017）。统计问题包括由于网络地图中的大量数据而导致 α 型错误膨胀的风险，以及为评估大脑网络拓扑特征的统计意义而制定的大脑连接性的适当零模型（Fornito，Zalesky & Breakspear，2013）。此外，为了评估功能连接性估计的方向，还需要生物上合理且计算成本低廉的有效连接性估计方法。最后，数据处理方法需要优化和统一，以充分利用公开可用的数据集，并便于跨中心复验发现（Yan，Craddock，Zuo，Zang & Milham，2013）。

这部分综述的一个局限是它狭义地关注与情感和动机行为相关的人格的非能力特质方面。个人认知差异的网络方面对于人格网络神经科学来说，就如同对人格分类（如大五分类）的更狭义的关注一样重要。一些研究探讨了能力特质的网络方面，如工作记忆能力、注意力能力和一般智力（Hilger，Ekman，Fiebach & Basten，2017；Markett et al.，2014，2018；van den Heuvel，Stam，Kahn & Hulshoff Pol，2009）。这项研究也有助于理解"大五"中更多的认知方面，例如责任心，这主要与认知能力无关（but see Chamorro-Premuzic & Furnham，2004），但矛盾的是，这与类似的大脑区域有关（Allen & DeYoung，2017）。

尽管有许多悬而未决的问题和网络神经科学的早期阶段，但方法工具箱的这种典型扩展将证明其对我们的领域是富有成效的。人格心理学家 Jeffrey Gray（1987）认为，"从长远来看，任何与通过生理学直接研究获得的神经和内分泌系统知识不一致的行为描述都是错误的"。过去十年的研究表明，人脑是一个网络，结构和生理网络特性与其功能相关。不符合这一证据的关于人类人格的描述也是不完整的。

3.5 大脑病变或发育与人格改变的关系

3.5.1 阿尔茨海默病与五因素人格的元分析

人格被定义为一系列有助于独特类型的情感、思维方式和行为的心理品质。人格改变可能反映了神经疾病如阿尔茨海默病（AD）中进行性神经退化过程所产生的结构和功能变化。与 AD 相关的几种人格改变模式是可能的。AD 的发病可能会导致一种被标记为"阿尔茨海默人格"的特殊疾病。人格以刻板的方式发生改变，因此 AD 患者表现出人格特质的减少或增加，同时保持个体变异性，因为 AD 患者表现出人格改变，但在特定的病前特征上得分最高的人即使在 AD 发作之后仍保持最高的特质。AD 的人格改变可能会随机发生，没有规律或一致性。一些系统的回顾和元分析集中在五因素模型（FFM，即神经质、外倾性、经验开放性、宜人性、责任心）中定义的人格特质及其随时间的改变（诊断前后）或与痴呆高风险相关的人格特质的识别上。Robins Wahlin 等（2011）调查了 AD 中 5 个特质中的每一个随时间的改变之后发现，责任心和神经质是 AD 中表现出最大改变的人格特质，因此它们可能是 AD 的早期标志。最近的一些元分析支持神经质和责任心与认知衰退之间的联系；特别是，神经质水平越高，患 AD 的风险越大，则责任心水平越高，可以预防 AD 的发生，高水平的开放性和宜人性与患 AD 的风险较低相关，而与外倾性没有显著关联。值得注意的是，尽管特定人格特质作为 AD 的因素风险的作用一直被发现，但与 AD（诊断后）具体相关的人格特质还没有被概述。几项研究探讨了 AD 患者与健康被试相比的人格特质，发现神经质的结果更加一致，外倾性、宜人性、责任心和经验开放性的结果也不尽相同。当前的元分析可能会揭示 AD 患者的刻板人格剖面，早期识别可能有助于进行临床诊断；它还可以帮助护理管理，预测疾病进展和治疗中的难题。此外，在更广泛的层面上，关于人格特质的信息可以帮助临床医生调整他们与 AD 患者的互动。最后，从应用社会辅助机器人（Social Assistive Robotics，SAR）的角度来看，这类研究可以帮助研究者识别 AD 患者特有的人格特质，以构建和设计适应他们行为和需求的社会智能机器人。SAR 促进了向人类用户提供帮助的目标，但是它规定了这种帮助是通过机器人和人类用户之间的社交互动来实现的。因此，机器人的目标是与人类用户建立密切有效的互动，以便在康复、康复和学习方面提供帮助并取得可衡量的进展。

一项元分析（D'Iorio et al.，2018）基于 1987—2017 年期间发表的 10 项研究中提取的数据，选取的 AD 样本包括 603 名 AD 患者，平均年龄在 66.6～81.3 岁之间，平均受教育年限在 7.61～15.8 年之间。健康被试样本包括 679 名被试，平均年龄在 52.2～75.8 岁之间，平均受教育年限在 8.94～17 年之间。该研究检验了 AD 患者和健康被试在大五人格特质上的比较，即神经质、外倾性、经验开放性、宜人性和责任心。

元分析结果显示，诊断为 AD 患者的人格特质，当通过知情人评分的方法评估时，表现为高度的神经质和低水平的开放性、宜人性、责任心和外倾性。即使通过自测问卷评估人格特质，其中一些结果也得到证实：AD 组和健康被试组在神经质、开放性和外倾性方面存在显著差异。然而，在责任心和宜人性领域发现了不一致的结果：当 AD 患者通过自我评估的方法评估这些特征时，他们在这两个特征上取得了与健康被试相似的分数，而当 AD 患者和健康被试的人格特质通过他们的知情人评估时，AD 患者的责任心和宜人性水平低于健康被试。潜在的人口统计学和临床混杂因素并没有影响结果。

元分析显示 AD 和高水平的神经质之间存在显著的联系，无论是通过自我评估还是通过知情人评估。我们的发现与之前的几项行为研究（Henriques-Calado et al.，2016；2017；Roy et al.，2016；DeYoung et al.，2010）的神经影像研究一致，这些研究揭示神经质与背内侧前额叶皮层和海马体的体积减小有关，中间扣带皮层的体积增加，所有大脑区域都被 AD 的神经退化过程改变（Maillet et al.，2013；Ramos et al.，2017）。因此，神经质和 AD 之间的显著关联可能反映了神经退化过程早期损害了参与高神经质水平的大脑区域这一情况。

当 AD 患者和健康被试的人格由他们的知情人评估时，AD 患者在责任心上表现出比健康被试低的分数，因此，前者被描述为效率较低、组织有序、目标导向、更容易和无序，这可能被认为是与 AD 相关的另一个独特的人格特质。类似于对神经质的描述，低责任心是转化为 AD 的重要预测因素，与更差的认知状态和更快的认知衰退有关。此外，低责任心和 AD 之间有关联，这可以解释为考虑到低责任心被发现与脑白质病变和侧前额叶皮层体积减小有关，侧前额叶皮层是一个参与计划的大脑区域，在 AD 的不同疾病阶段受到损害。基于上述所有假设和发现，高神经质和低责任心可以被认为是 AD 的两个主要的独特人格特质。只包括 AD 患者和健康被试自我报告自己人格特质的研究发现，低责任心和 AD 之间没有关系。这种差异的缺乏可能是 AD 患者认知和行为障碍意识不到的次要原因。这个结果可能表明，AD 患者自我意识不准确的原因是他们没有更新自己的自我形象。与健康被试相比，AD 患者被描述为 AD 诊断后外倾性降低。通过自我报告或对患者和照顾者的结构化访谈来测量人格维度的研究报告了这种模式。这种结果是通过自我评估和知情人评估两种方法获得的，并且可以被认为是对外倾（即高度内倾）是 AD 患者的一种独特人格特质的间接支持，这种人格特质会随着时间的推移而减少；轻度认知障碍（MCI）患者也可能出现低水平的外倾性。高度内倾和 AD 之间的联系可能是由杏仁核及其与许多皮层区域的联系是内倾/外倾维度的神经关联，并且据报道在 MCI 中有所改变，MCI 是 AD 的前驱阶段。

由于对经验的开放性是指对新的人、地方和事物感兴趣，并反映出智力好奇心、创造力和对多样性的偏好程度，这种人格特质的高度似乎是防止认知衰退和 AD 的保护因素。开放性和认知衰退之间的关系可以用认知储备假说来解释。事实上，具有高度开放性的个体在其一生中更频繁、更集中地参与刺激和丰富认知的活动，这种参与在晚年的认知功能中具有优势。与健康被试相比，AD 患者的低开放性水平（通过自我评估和知情人评估衡量）是一种独特的人格特质，并可能间接支持了一种观点，即增强被试认知储备的适应型人格剖面可能会起到保护作用，防止认知衰退，这与之前的研究一致（Chamorro-Premuzic et al.，2004）。

当人格特质是通过自我评估测量的时候，没有发现宜人性在 AD 患者和健康被试之间有显著差异。然而，当通过知情人评估宜人性时，AD 患者被认为不如健康被试宜人性高。这些发现与 Terracciano 等（2014）的发现一致。研究者们发现宜人性高的被试患 AD 的风险降低；低宜人性的个体往往具有攻击性、对抗性和敌对性，因此他们患心血管疾病的风险很高（Tautvydaitè et al.，2017），这反过来又可能增加 AD 的风险。类似于上面提到的责任心，自我评价和知情人评价的宜人性之间的差异可能反映了 AD 患者对某些特定人格特质变化的不准确的自我意识（Rankin et al.，2005）。

由于该元分析仅包括横向研究，因此揭示了患者和对照之间的横向差异。研究的横向性质不允许阐明人格特质之间的因果关系。一方面，这种关联可能间接支持特定人格特质作为 AD 风险因素的观点；另一方面，这可能表明 AD 和健康被试群体之间的一些差异可能反映了对疾病的适应过程。换言之，AD 的诊断可能会导致个人更喜欢熟悉的环境，而不是新奇的环境，更非远离家人；这些行为将反映在较低的开放程度和较高的内倾程度上。应该进行进一步的纵向研究来探索人格特质和 AD 之间的因果关系，并且应该探索 AD 诊断前后的人格改变。

此外调节变量分析表明，当只考虑通过知情人评分的方法来探索人格特质的研究时，元回归结果的年龄、样本中男性的比例以及用于评估人格的工具类型并没有减少或增加每个人格特质与 AD 之间关系的影响程度。教育年限这个参数调节了宜人性（$B=0.06$，$p=0.029$）和外倾性（$B=-0.16$，$p=0.012$）与 AD 之间的关系。

3.5.2　帕金森病与五因素人格的元分析

帕金森病（Parkinson's Disease，PD）是一种以运动和非运动症状为特征的神经系统疾病，是黑质多巴胺能神经元退化和黑质纹状体通路（Pagano et al.，2017）以外的其他神经递质系统的继发性疾病，其特征是刻板、内倾和谨慎。据推测，这些人格特质可能是与 PD 相关的潜在神经化学变化的早期表现。随后，横向研究调查了 PD 患者的人格特质，并将他们与健康被试（HS）或其他神经系统疾病影响的患者进行了比较（Santangelo et al.，2017）。一些研究发现 PD 患者比 HS 更内倾、焦虑、紧张、冲动、不安和谨慎。

人格改变被认为是帕金森病（PD）的前兆特征。横向研究显示 PD 患者比健康被试（HS）更内倾、焦虑和谨慎，而其他研究没有揭示这些行为特质。一些研究发现 PD 患者的新奇寻求（Novelty Seeking，NS）和避免伤害（Harm Avoidance，HA）剖面有着不同的结果。为了更好地阐明 PD 患者的人格剖面，一项元分析根据 Cloninger 的心理生物学模型（Psychobiological Model，PM）和大五模型（Big Five Model，BFM），包括了 17 项评估 PD 患者人格的研究，并与健康被试（healthy subjects，HS）进行比较。结果得到 PM 的气质和性格维度以及 BFM 的人格特质。初步研究中报告的数据中的影响大小是使用 Hedges'g 无偏方法计算的。评估了研究的异质性和出版偏差。结果表明，对于 PM，PD 患者的 HA 评分高于 HS，NS 评分低于 HS。在奖励依赖、毅力/坚持和性格水平上没有发现差异。对于 BFM，较高水平的神经质，但较低水平的开放性和外倾性与 PD 相关。PD 的人格特质是高神经质和高 HA，低开放性、低外倾性和低 NS。在本研究中描述的药物 PD 患者的人格特质似乎反映了病前人格特质，并可能导致情感障碍的发展和持续。

根据 BFM 对人格进行的元分析显示，PD 患者倾向于更容易焦虑，难以控制压力，刻板，以自我为中心，封闭新的体验，并抵制变化。在 BF 特质中，神经质似乎与 PD 患者的某些行为障碍有关。特别是，更高水平的神经质被发现增加了发展冲动控制障碍（Impulse Control Disorders，ICD）和药物滥用的概率，而更高水平的开放性被发现与强迫行为相关联（Callesen et al.，2014）。此外，之前的一项研究探讨了人格特质和抑郁之间的关系，发现患有抑郁的 PD 患者与没有抑郁的患者相比，表现出了更强的神经质和更低的责任心、外倾性、开放性和宜人性，这表明神经质和外倾性与 PD 抑郁有很强的关系（Damholdt et al.，2014）。因此，证据表明，更严重的抑郁症状可能会导致人格表达的改变（Scar Models，疤痕模型），或者特定的人格特质可能会预测抑郁的发展（Vulnerability Models，易感性模型），或者抑郁和人格特质是共同原因的两种表象（Common Cause Models，共同原因模型）。因此，需要进行纵向研究来揭示 PD 患者抑郁与人格特质之间的因果关系（Santangelo et al.，2018）。

3.5.3　青少年大脑皮层发育与人格特质相关：一个纵向结构 MRI 研究

遗传、环境和文化因素指导着人格的发展和表达，大脑结构是这些多重影响的一个可能的中介因素。众所周知，创伤性脑损伤以及神经退行性疾病引起的损伤和萎缩与人格特质的改变有关。像磁共振成像（MRI）这样的神经成像技术已经能够研究健康个体的大脑-人格关系。尽管针对人格特质的神经影像研究越来越多，但很少有人调查过年轻人的样本。因此，对儿童和青少年时期人格特质的神经解剖学相关性知之甚少，这些时期的特征是神经结构发生了显著的发展变化。对成年人进行的结构性 MRI 研究揭示了人格特质和皮层厚度，表面积，脑容量和白质微观结构之间的联系。这些研究显示出不一致的结果，这可能是由于样本量小、方法和统计模差异等因素造成的。

当前研究将从纵向研究中受益匪浅，包括儿童和青少年。纵向设计有几个优点：它们告知个体内部的变化，有助于对发展过程做出更强有力的推断，并可能扩展或澄清横向研究产生的初步发现。这类研究可能会揭示人格-大脑关系的个体发育和时间动态。此外，大多数关于皮层结构的现有研究都研究了脑容量，体积是皮层皮层厚度和表面积的产物，有充分的理由分别考虑皮层厚度和表面积。它们对脑容量的相对贡献是复杂的，这使得脑容量研究的解释具有挑战性，它们在很大程度上是遗传独立的并与神经发育和疾病有差异地相关联。在整个青少年，皮层厚度显示随着年龄增长，区域异质性普遍降低，而表面积显示相对较小的发育下降，有关表面积发展的更多详细信息，请参见支持信息。这些皮层测量的不同特征暗示它们可能与人格特质有不同的联系。Riccelli 等（2017）证明了皮层厚度和表面积在成人中作为人格特质的函数是相互负相关的。健康成人的横向研究指出表面积和皮层厚度之间的反向关系模式，即表面积增加与皮层变薄有关的皮层拉伸。然而，表面积和皮层厚度的纵向变化以及它们之间的关系显示了青少年更复杂的区域和拓扑关联模式。

人格特质如何与大脑发育中的结构性变化相关是一个重要但研究不足的问题。一项研究使用磁共振成像（MRI）对 99 名年龄在 8～19 岁的被试进行了皮层厚度和表面积的调查。平均 2.6 年后，收集了 74 名个人的后续 MRI 数据。人格特质使用 HiPIC 儿童分级人格问卷的家长报告版本进行评估。这份基于观察者的 144 项清单被认为适合于儿童和青少年的人格评估，被广泛复验信度和效度。HiPIC 与 NEO-PI-R 同时有效（De Fruyt，Mervielde，Hoekstra & Rolland，2000），并为与 FFM 非常相似的特质产生维度得分；想象力（相当于开放性）、仁慈（类似于宜人性）、情绪稳定性（相当于低神经质）、责任心和外倾性。结果表明，五因素人格特质与纵向区域皮层厚度或表面积的发展有关，但观察到有限的横截面关系。责任心、情绪稳定性和想象力与年龄预期的皮质随时间变薄有关；情绪稳定性与右上颞叶皮层以及几个前额叶区域的皮层变薄有关；责任心得分越高，内侧和外侧前额叶皮质越薄；想象力，唯一一个一直与智力相关的人格特质，与右中央后回的皮层厚度变化呈负相关。皮层厚度和表面积的发展与人格特质之间的关系因年龄而异，例如，责任心、情绪稳定性和想象力得分越高，年龄越大的儿童皮质变薄越明显，而年龄越小的儿童皮质变薄越少。该研究结果还表明，在人格特质上观察到的个体差异很大，部分原因可能是青少年的大脑皮层成熟，这意味着该研究部分追溯到了观察到的成年人人格-大脑关系的发展起源（Ferschmann et al.，2018）。

3.6 体育锻炼与人格发展：来自三个 20 年纵向样本的证据

体育锻炼对成年人的健康有重大影响。体育锻炼的生活方式降低了患慢性病（Koolhaas et al.，2016；Lee et al.，2012）、抑郁症状（Pereira，Geoffroy & Power，2014）、认知衰退和阿尔茨海默病（Stephen et al.，2017）的风险，与降低全因死亡率相关（Ekelund et al.，2016；Samitz，Egger & Zwahlen，2011）。除了身体和精神健康的结果，几项研究和元分析发现，从事（或不从事）体育锻炼的生活方式与同时存在的人格特质相关联（Rhodes & Smith，2006；Sutin et al.，2016）。纵向研究表明，缺乏体育锻炼与成年人的人格发展模式有关（Allen & Laborde，2014；Allen，Magee，Vella & Laborde，2017；Allen，Vella & Laborde，2015；Stephan，Sutin & Terracciano，2014）。具体来说，不锻炼与外倾性、

开放性、宜人性和责任心的急剧下降有关。但在体育锻炼和神经质的变化之间没有发现存在关联（Allen et al.，2015，2017；Stephan et al.，2014）。

最近的人格和健康模型识别出多种途径，包括行为和生理机制，通过这些途径，人格有助于长期健康结果（Friedman，Kern，Hampson & Duckworth，2014）。越来越多的人认识到，这些相同的机制也有助于成年后人格的改变。早期的人格发展理论暗示遗传是特质发展的主要生物学前提（McCrae et al.，2000），大多数其他人格发展理论关注成年后的重大生活事件，作为人格改变的驱动因素（Luhmann，Orth，Specht，Kandler & Lucas，2014）。除了遗传和生活事件之外，个人生活中的其他重要因素，通常作为协变量包括在内，是自身变化的重要预测因素（Sutin，Luchetti，Stephan，Robins & Terracciano，2017），体育锻炼就是这样一个因素。

不进行体育锻炼的生活方式可能会削弱人格稳定性，并通过与疾病负担、功能限制、认知障碍和抑郁症状的联系导致出现不理想的人格改变。事实上，随着时间的推移，更高的疾病负担、生理机能障碍、抑郁症状和不断恶化的认知与更高的神经质、更低的外倾性、开放性、宜人性和责任心有关（Hakulinen et al.，2015；Jokela，Hakulinen，Singh-Manoux & Kivimaki，2014；Stephan，Sutin，Luchetti & Terracciano，2016；Wettstein et al.，2017）。功能状态恶化，如随着时间的推移，身体更虚弱，也与不适应的人格改变有关（Stephan，Sutin，Canada & Terracciano，2017）。生物机制也可能起作用。事实上，不锻炼与生理失调的风险更高有关（Hamer et al.，2012），随着时间的推移，这与较低的责任心、外倾性、开放性和宜人性有关（Stephan，Sutin，Luchetti & Terracciano，2016）。最后，缺乏体育锻炼可能与睡眠质量恶化有关（Kredlow，Capozzoli，Hearon，Calkins & Otto，2015），这也与较高的神经质、较低的外倾性、宜人性和责任心有关（Stephan，Sutin，Bayard，Križan & Terracciano，2018）。除了健康和认知之外，还有一些社交途径，通过这些途径，不进行体育锻炼可能与人格发展相关联。例如，不锻炼可能会导致自我效能降低，社会互动和支持减少（McAuley，Jerome，Marquez，Elavsky & Blissmer，2003）。随着时间的推移，这可能会导致思维、感觉和行为方式的改变。

以往的研究已经在相对短的时间内，如从 4 年（Allen et al.，2015，2017；Stephan et al.，2014）到 10 年（Stephan et al.，2014），研究了体育锻炼和人格发展之间的联系。长期的纵向研究表明，不锻炼对身心健康和认知的有害影响持续了几十年（Chang et al.，2016；Pereira et al.，2014；Salvela et al.，2010）。例如，20 年后，中年时体力锻炼减少与执行功能和记忆恶化（Chang et al.，2010）、较高的抑郁症状（Pereira et al.，2014）、较低的身体功能（Chang et al.，2016；Salvela et al.，2013），以及近 20 年后心血管和呼吸系统疾病的突发（Salvela et al.，2010）有关。鉴于健康相关因素和认知功能与人格改变相关（Sutin et al.，

2013；Wettstein et al.，2017），有理由认为体育锻炼水平可能与长期的人格发展有关。

最新一项研究调查了 20 年来体育锻炼和人格改变之间的联系。与先前关于体育锻炼和人格发展的研究（Allen et al.，2015，2017，Stephan et al.，2014）和长期不锻炼的消极结果（Chang et al.，2016；Salvela et al.，2010）一致，该研究假设，20 年来，缺乏体育锻炼会导致外倾性、开放性、宜人性和责任心的急剧下降，与神经质没有关联。在 3 项针对中年和老年人的大型纵向研究中，检验了体育锻炼和人格改变之间的关系，并将结果进行了元分析（Stephan, et al.，2018）。该研究被试来自威斯康星纵向研究毕业生（Wisconsin Longitudinal Study graduate，WLSG）样本、威斯康星纵向研究兄弟姐妹（Wisconsin Longitudinal Study Sibling，WLSS）样本和美国中年（Midlife in the United States，MIDUS）调查，包括来自 3 个样本的被试，他们在基线时有完整的人格、体育锻炼、人口因素（年龄、性别、教育程度和种族）和疾病负担数据，在追踪时有人格数据。MIDUS 的人格特质使用中年发展量表（MIDI；Lachman & Weaver，1997）。被试被问及 25 个评估神经质、责任心、外倾性、开放性和宜人性的程度形容词，在 1（完全没有）到 4（很多）的范围内描述自己。WLSG 和 WLSS 使用了五大量表的 29 项版本（John，Donahue & Kentle，1991）。被试被问及他们是否同意使用 1（强烈不同意）到 6（强烈同意）的范围内的描述性陈述。基线时，3 个样本的 Cronbach α 值范围为 0.56～0.81，追踪时为 0.56～0.78。在 3 个样本中观察到时间上的测量不变性。不同模型的比较显示了测量不变性，这意味着项目和它们的底层结构之间的关系强度随着时间的推移是相同的。跨时间的不变性对于确保能够在不同的时间点可靠地测量构造是必要的。如果测量不变性没有建立，时间上的差异可能是由于测量误差，而不是随着时间的推移而真正改变。

体育锻炼的测量方式如下：在基线时，WLSS 和 WLSG 被试回答了两个问题，询问他们多久参加一次轻度体育锻炼，如散步、跳舞、园艺、打高尔夫和保龄球，以及多久参加一次剧烈的体育锻炼，如有氧锻炼、跑步、游泳和骑自行车。对于这两组项目，被试的回答范围从 1（每周三次或更多次）到 4（每月不到一次）。在 MIDUS，被试报告了他们在夏季和冬季参加适度休闲（如慢速或轻度游泳、快步行走）和剧烈体育锻炼（如跑步或举起重物）的频率。量表范围从 1（每周几次或更多）到 6（从不）的量表。在这 3 个样本中，对体育锻炼项目的答案进行了平均，较高的分数代表整体的不积极体育锻炼。轻度和剧烈体育锻炼项目之间的相关在 WLSG 和 WLSS 中都是 $r=0.34$，$p<0.001$，中度和剧烈体育锻炼项目之间的相关在 MIDUS 中是 $r=0.46$，$p<0.001$。

在 3 个样本中，协变量包括年龄、年龄平方、性别、教育程度和疾病负担。在 MIDUS，种族（白人编码为 1，其他编码为 0）也受到控制。年龄平方作为协变量包括在内，因为人格发展是非线性的（Lucas & Donnellan，2011；Terracciano，

McCrae，Brant & Costa，2005）。WLSG 和 WLSS 的教育取值从 1（无等级学校）到 12（博士学位）不等。疾病负担被列为协变量，因为它与大五人格特质的变化有关。具体来说，随着时间的推移，更高的疾病负担与更高的神经质和更低的外倾性、开放性、宜人性和责任心有关（Jokela et al.，2014）。控制疾病负担允许检验体育锻炼是否预测人格改变，而与健康状况无关。在 3 个样本中计算诊断出的病症的总和，以获得疾病负担的测量。在 WLSG 和 WLSS 中，总结了以下情况：贫血、哮喘、关节炎或风湿病、支气管炎或肺气肿、癌症、慢性肝病、糖尿病、严重背部疾病、心脏病、高血压、循环问题、肾脏或膀胱问题、溃疡、过敏、多发性硬化和结肠炎。在 WLSS 中，还添加了高胆固醇。在 MIDUS，总结了以下情况：贫血、支气管炎或肺气肿、肺结核、肺部问题、骨骼或关节疾病、皮肤病、甲状腺疾病、花粉热、胃病、泌尿或膀胱问题、便秘、胆囊疾病、足部疾病、需要治疗的静脉曲张、艾滋病或 HIV、自身免疫疾病、牙龈或口腔疾病、牙齿疾病、高血压、情绪疾病、酒精或药物问题、偏头痛、慢性睡眠问题、糖尿病或高血糖、神经疾病、中风、溃疡、疝气或破裂、痔疮或坐骨神经痛、腰痛或腰痛。

为了检验基线不锻炼是否与人格特质的变化相关，在后续的基线体育锻炼中，使用多元回归分析来预测每个人格特质，控制年龄、年龄平方、性别、教育程度、种族、疾病负担和基线人格。基于 t 值和样本大小，使用随机效应元分析将 3 个样本的结果汇集在一起。异质性用 Q 统计量来量化。元分析使用综合元分析软件进行。潜在变化分数模型是作为一种补充方法使用 MPLUS 8 来检验不进行体育锻炼和人格改变之间的关系（Muthén & Muthén，1998—2017）。另外的分析检验年龄、性别、教育程度和种族是否调节了每个样本中体育锻炼和人格改变之间的联系。

研究显示，在 3 个中年和老年人样本中，不锻炼与 20 年来不适应的人格轨迹有关。这些发现支持了健康相关行为，尤其是体育锻炼与人格发展模式相关的假设（Allen et al.，2015，2017，Stephan et al.，2014）。最重要的是，这项研究表明，缺乏体育锻炼和人格改变之间的联系并不局限于短期追踪，而是会持续 20 多年。

在 3 个样本和元分析中，缺乏体育锻炼与责任心的急剧下降有关。在 3 种不同的活动强度下，观察到了不锻炼和责任心下降之间的联系。即使轻微的体育锻炼也与责任心的改变有关。不锻炼也与 WLSG、WLSS 和元分析的开放性下降有关，在 MIDUS 中，当检验中等锻炼时也是如此。这个结果延续了过去的研究，这些研究报告了 4~10 年间这些关联（Allen et al.，2015，2017，Stephan et al.，2014）。不进行体育锻炼的生活方式会带来一系列长期的生物学、健康和认知后果，例如更高的脆弱性风险（Salvela et al.，2013），身心健康更差（Pereira et al.，2014；Salvela et al.，2010），记忆和执行功能下降（Chang et al.，2010）。反过来，这种结果可能会对人格产生长期影响，例如降低自律和有组织的倾向，或者减少探索和好奇的倾向。事实上，随着时间的推移，认知能力下降、更脆弱、更抑郁的症状和疾病负担都与责任心和开放性降低有关（Hakulinen et al.，2015；Mõttus, Johnson, Starr & Deary, 2012；Stephan et al.，2017；Sutin et al.，2013；Wettstein et al.，2017）。

元分析还揭示了缺乏体育锻炼与外倾性和宜人性急剧下降之间的联系。这一发现增加了在4～10年间进行的现有研究（Allen et al.，2015；Stephan et al.，2014）。长期的功能限制和抑郁症状可能是由不进行体育锻炼的生活方式造成的（Chang et al.，2016；Salvela et al.，2010，2013），可能反映在体验积极情绪、热情和宜人的倾向较低（Hakulinen et al.，2015；Mueller et al.，2016）。此外，较少的体育锻炼可能会限制社交活动，导致社交倾向和亲社会倾向降低。MIDUS的结果显示，低的中等程度的锻炼方式尤其与外倾性和宜人性的下降，而非剧烈的锻炼量有关。低水平的高强度体育锻炼会随着时间的推移导致更高的神经质。这一结果与有力锻炼可能有益于精神健康的证据相一致（Hallgren et al.，2016）。

与以往在较短时间追踪形成对比，缺乏体育锻炼和人格改变之间的关系没有受到人口因素的影响。短期人口学变量差异可能会随着时间的推移而消失。无论一个人的人口学变量特质如何，体育锻炼的长期累积影响都可能表现为责任心的改变。例如，不锻炼的有害影响可能会随着时间的推移而累积，通过高等教育或任何其他人口特质可能无法弥补。这3个样本具有足够的检验力来检测先前研究中报告的关联（Allen et al.，2015；Stephan et al.，2014）。

3.7 社会关系与人格发展

社会关系是个人生活的重要组成部分；因为人类是社会性的，没有他人的生活是不可能的（Axelrod & Hamilton, 1981；Baumeister & Leary, 1995；Reis, Collins & Berscheid, 2000）。融入社会并被他人网络包围对健康和长寿至关重要（Cohen，2004；House, Landis & Umberson, 1988）。

社会关系不是随机分配给个人的。相比之下，个人的人格特质会影响他们关系的数量和质量，这些方面会对人格产生反作用。最终，社会关系和人格之间的这种动态交互会影响一个人的健康。图3-6显示的模型以至少两种主要方式扩展了先前的研究（例如，Neyer & Lehnart, 2006）：首先，人格特质和社会关系都不会直接影响健康，大多数个人健康结果来自这两个领域之间的相互作用。其次，人格效应，即人格特质对社会关系的数量和质量的影响以及关系效应，即社会关系的各个方面对人格的影响，随着时间的推移，在强度和性质上有所不同（Mund, Jeronimus & Neyer, 2018）。

人格特质和社会关系随着时间的推移而相互影响。具体来说，这部分从人格与关系交互的角度讨论了：人格特质在选择和维持社会关系中的作用；社会关系对人格发展的影响；人格与关系互动视角下特定的生活事件。

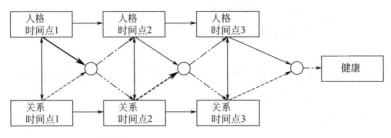

图 3-6　人格-互动对健康结果的影响

（注：实线代表人格/选择效应，虚线代表关系效应。点实线代表与人格特质与关系的互动效应，圈代表人格-关系互动微过程，加粗路径代表关系强度。）

3.7.1　社会关系分类

个人的社交网络是高度分化和复杂的结构。研究根据这些关系中典型的情感亲密度和感知到的互惠性，提炼出 3 个核心子网：亲属、浪漫同伴以及非亲属网络（Neyer, Wrzus, Wagner & Lang, 2011）。在非亲属关系中，友谊在毕生中尤为重要、密切和稳定（Hartup & Stevens, 1997; Wrzus, Zimmermann, Mund & Neyer, 2016）。这部分将重点关注同伴和朋友关系，因为在这些关系中，人格-关系互动的模式及其对健康结果的影响已经得到了特别深入的研究。因此，来自这些研究领域的研究结果成为人格、关系和健康之间相互作用的一般例子，其中许多研究结果可能也适用于其他类型的关系。

尽管在大量研究中考虑了亲属、同伴和非亲属的核心网络或其变式（Asendorpf & Wilpers, 1998; Mund & Neyer, 2014; Neyer & Asendorpf, 2001; Neyer & Lehnart, 2007; Parker, Lüdtke, Trautwein & Roberts, 2012; Wrzus, Hänel, Wagner & Neyer, 2013），每个子网内的具体关系可以进一步区分。例如，在朋友网络中，特定的关系可能在亲密度或重要性等方面有很大的不同（例如，同伴 Vs. 最好的朋友）。虽然对同伴关系的研究有着悠久的传统，并且研究了这种特定关系的不同方面，但是亲属和非亲属网络之间的差异经常被忽视。然而，最近越来越多的研究也开始关注特定个人关系的变化和流动，从而检查哪些关系建立、结束以及维持，包括特定关系的各个方面是如何随着时间的推移而变化的（Branje, van Lieshout & van Aken, 2004; Greischel, Noack & Neyer, 2016; Sturaro, Denissen, van Aken & Asendorpf, 2008; Wagner, Lüdtke, Roberts & Trautwein, 2014; Zimmermann & Neyer, 2013）。

3.7.2　作为系统的人格

针对个体之间在思维、感觉和行为方式上的稳定的个体间差异以及人格等方面的研究，有着悠久的传统。在这段漫长的历史中，对人格的研究有时会误入歧途，但在 20 世纪，基于实证发现，这已经成为一项严肃的科学。为了寻找一种简约的人格特质分类方法，将人与人之间在思维、感觉和行为上最基本的差异包括在内，五因素模型（FFM）产生于心理词汇学研究（John，Naumann & Soto，2008；McCrae & Costa，2008）。FFM 的基本特征包括神经质、外倾性、开放性、宜人性和责任心。

神经质是指一个人经历消极情感的倾向。在这一特质上得分较高的个体容易心烦意乱、易怒、冲动，更容易产生消极情绪，如焦虑和抑郁。外倾性的特点是经历更频繁的积极情感状态、合群、社交和自信。开放性描述了一个人如何倾向于寻求多样性、新奇性和新体验。高宜人性的人通常是合作的、无私的、谦虚的、温柔的。最后，责任心捕捉到了个体在目标坚持、自律和奋斗成就方面的差异（McCrae & Costa，2008）。大五特质中的每一个都是每个人都有相对位置的维度，而不是描述一个离散的类型或类别。

虽然 FFM 目前是人格研究中个体差异的主导模式，但是人格本身的概念更广泛、更复杂（McAdams，1995；McAdams & Pals，2006；McCrae & Costa，2008）。此外，FFM 没有详尽地涵盖人格的重要方面，例如自尊或叙事（McAdams，1995；McAdams & Pals，2006）等。因此，"大五"并非没有研究者反对，许多评论者认为，FFM 可能有助于研究者描述人格和外界之间的联系，但缺乏任何解释力（Block，1995；Cramer et al.，2012；Fleeson & Jayawickreme，2015；Wood，Gardner & Harms，2015）。尽管有这些批评，FFM 仍然是研究人格和社会关系之间相互作用的最广泛使用的框架。

尽管研究文献在人格的最佳概念化方面并非毫无争议，但人们普遍认为，人格，无论是根据大五特质概念化还是其他特征概念化，都构成了一个复杂的动态系统（Magnusson，1990；Magnusson & Törestad，1993）。大五特质相互影响，并与目标、价值观和动机等其他特征相互影响。因此，从个体内部的行为倾向到最终的公开行为是一条漫长而曲折的过程。例如，外倾或尽责的行为可能是潜在目标和个人能够在多大程度上实现这些特征之间相互作用的结果（Bleidorn，2009；McCabe & Fleeson，2012，2016），从而创造了一种强烈的个人内部动态，人格的不同方面相互影响（Fleeson & Jayawickreme，2015；Winter et al.，1998）。然而，生活不是个体内部发生的事情。相比之下，一个拥有复杂人格系统的人被嵌入了周围同样复杂的系统，诸如工作场所、社会、时代等，但最重要的是其社会关系系统。随着时间的推移，所有这些系统相互作用并相互影响。这种观点被称为发展的系统方法（Lerner，1996；Lerner & Overton，2008）或动态互动主义（Endler & Magnusson，1976；Magnusson，1990；Magnusson & Törestad，1993），是理解人格和社会关系如何相互影响最终影响健康的关键（图 3-6）。

在阐述了社会关系、人格和动态互动主义的基础之后，我们将仔细研究关于人格与同伴和朋友关系之间相互作用的研究结果。

3.7.3 我和我的同伴：人格与同伴关系人格及同伴选择

同伴关系选择是环境选择的一个最突出的例子，找到合适的同伴当然是个人在生活中必须面对的最困难的人际任务之一，尤其是在成年早期（Hutteman，Hennecke，Orth，Reitz & Specht，2014）。如果成功，令人满意的同伴关系会给一个人的健康和幸福感带来许多好处（Reis et al.，2000；Robles，Slatcher，Trombello & McGinn，2014）。关于人格特质，各种研究已经研究了"合适"在这方面意味着什么。一般来说，个人似乎选择了在人格方面与他们相似的同伴。然而，关于"大五"特质，同伴之间的这种相似性通常是弱到中等的（Dyrenforth，Kashy，Donnellan & Lucas，2010；Rammstedt & Schupp，2008；Watson et al.，2004），但在更具体的人格领域却要高得多，而这并不包括价值观、态度和政治取向等（Watson et al.，2004）。

正如在对德国（$N=11418$）、澳大利亚（$N=5278$）和英国（$N=6554$）的代表性样本的纵向研究（Dyrenforth et al.，2010）和一项对276对夫妇的横向研究（Watson et al.，2004）中发现的那样，伴侣之间的"大五"相似性似乎不会强烈影响他们对关系的总体满意度。大多数关于相似性的研究都假设了线性效应，从而忽略了以下可能性：过多的相似性可能会对关系结果产生与过多的不相似性同样有害的影响；与极高的相似性相比，特质维度较低的相似性对关系具有不同的影响。事实上，最近的两项研究（Weidmann，Schönbrodt，Ledermann & Grob，2017；Zhou，Wang，Chen，Zhang & Zhou，2017）表明相似性和关系满意度之间的关联比之前想象得更复杂。例如，在一项针对237对夫妇的研究中，Weidmann等（2017）观察到，开放性程度适中的夫妇相较于开放程度相似或不相似的夫妇，前者对自己二人的关系更满意。

对同伴相似性的研究需要建立关系。为了检验潜在同伴最看重的人格特质，需要进行研究：在建立同伴关系之前，或者甚至在潜在同伴第一次见面之前；评估潜在同伴的人格特质；收集共同感兴趣的评级。事实上，快速约会结合了所有这些优势（Asendorpf，Penke & Back，2011）。Asendorpf 等（2011）收集了190名18~54岁的男性和192名女性的声音、面孔、外貌以及各种人格特质的综合数据。然后参与者有机会在年龄相同的速配会上互相了解。在这些约会过程中，每个女性参与者与每个男性参与者互动3分钟；这种设计产生了2160份成对的最终样本。短暂接触后，参与者立即评估他们对互动的喜好程度，以及他们是否想在快速约会环境之外私下再次见到互动同伴；只有在私人约会的提名是相互的情况下，联系信息才会被透露。Asendorpf 等（2011）的研究结果发现，在同伴选择的早期阶段，发现了人格的从属角色。具体来说，女性在随后的约会中被提名主要是因为她们的吸引力（即，如果她们有一张迷人的脸和/或声音以及较低的体重指数），而不是因为她们的人格。相比之下，害羞程度较高的女性相较于害羞程度较低的女性往往会提名更多的男性。男性还因自身外貌（即漂亮的脸和/或声音和较低的体重指数）、社会人口学变量（即高等教育和收入）而获得提名，但也是基于其人格：开放性水平较高、害羞程度较低的男性被提名的频率较高。另一方面，男性参与者的人格不能预测在接下来的约会中女性被提名的次数。

3.7.4 同伴关系和人格

(1) 社会化效应

当涉及改变人格特质时，同伴关系可能是强大的力量，因为他们组织了我们的生活。几项研究显示，当个人开始他们的第一次认真的同伴关系时，神经质有所下降，宜人性、责任心和自尊提高（Lehnart，Neyer & Eccles，2010；Neyer & Asendorpf，2001；Neyer & Lehnart，2007；Robins，Caspi & Moffitt，2002；Wagner，Becker，Lüdtke & Trautwein，2015；Wagner，Lüdtke，Jonkmann & Trautwein，2013）。此外，即使关系已经结束，这些影响也不会消失或逆转（Lehnart & Neyer，2006）。

同伴关系的社会化效应可能是情感（Caughlin，Huston & Houts，2000）和认知过程（Finn，Mitte & Neyer，2015）在个体内变化的结果。例如，Finn 等（2015）对 245 对夫妇进行了为期 9 个月的前瞻性研究发现，个人以消极的方式（例如，"他不再爱我了"）解释关系中可能出现的模糊情境的倾向有所下降，而这种倾向本应该增加（例如，"你的伴侣没有告诉你他/她爱你很久了。"）。然而，这些积极影响必然有两个条件。第一，关系需要时间来影响人格特质，这就是为什么社会化影响只能在长期关系中观察到（Lehnart & Neyer，2006；Mund，Finn，Hagemeyer & Neyer，2016），而人格效应在短期关系中占主导地位（Lehnart & Neyer，2006；Robins et al.，2002）。第二，长期关系需要积极，以同样积极的方式影响人格；许多冲突甚至虐待的长期关系似乎会对人格发展产生不利影响（Robins et al.，2002）。

(2) 人格效应

虽然从长远来看，人际关系会影响人格特质，但它们的影响通常不会太大到导致个人人格会被扭曲。相反，个人展示他们的人格特质，并且必须与他们的同伴协商如何在关系中正确地表现这些特征。

大量的研究检验了人格如何影响同伴关系，尤其是关系质量方面。这项个人层面的研究最一致的发现之一是神经质和相关的特征对个人对关系的感知是有害的。也就是说，神经质一直被发现与较低的关系质量和较高的分离风险有关（Heller，Watson & Ilies，2004；Karney & Bradbury，1995）。相比之下，高责任心和高宜人性都预示着更安全的依恋、更好的关系质量和更低的离婚率（Noftle & Shaver，2006；Roberts，Kuncel，Shiner，Caspi & Goldberg，2007）。责任心还与性忠诚有关（Schmitt，2004），而宜人性则预示着冲突的减少（Asendorpf & Wilpers，

1998),等等。然而,说夫妻必须由两个同伴组成是句废话;但是仅仅在过去10年中,越来越多的研究通过采用二元设计将其考虑在内(Kenny, Kashy, & Cook, 2006)。在这种设计中,夫妻成员之间的相互依存关系可以被解开,因此可以更仔细地研究个人内部效应和人际影响。即使在控制了夫妻成员之间的相互依赖之后,采用二元设计的研究仍然发现神经质在预测较低的关系质量和增加的分离风险方面发挥了重要作用,但也记录了其他大五特质的影响(Mund et al., 2016)。将注意力从内在影响转移开,采用二元设计的研究也发现了人际影响,这表明一个人的人格在多大程度上影响了自己与同伴的关系质量。同样,神经质被证明是这方面最有影响力的特质(Malouff, Thorsteinsson, Schutte, Bhullar & Rooke, 2010; Mund et al., 2016)。然而,在大多数情况下,人际影响可以被认为比人内影响更弱,因为一方的人格向另一方的人际传播比在人内部传播更复杂(Mund et al., 2016)。

然而,在特定人群中,人际传播可能更强,这可能被微弱的整体效应掩盖。以神经质为例,以往研究概述了神经质的高的个人倾向于选择自己陷入相当不稳定和不满意的充满冲突甚至虐待的关系中(Buss, 2003; Jeronimus, 2015; Karney & Bradbury, 1997)。在控制了性别、年龄、教育、种族甚至在控制了婚姻不满之后,神经质还预测了不忠的年度流行率。因此,神经质比社会经济地位或智力更能预测关系的解除(Buss, 2003; Roberts et al., 2007)。因此,神经质把握住了个体在如何感知、解释和感受社会现实方面的差异,这影响了他们对社会现实的反应;以及在与责任心和其他人格现象的动态互动中,可以在心理和身体健康方面发挥重要作用(Amato, 2000; Cuijpers et al., 2010; Jeronimus, Kotov, Riese & Ormel, 2016; Sbarra, 2015)。

(3)关系效应

除了同伴通过内在过程和公开行为之间的相互作用直接对彼此产生影响之外(Mund et al., 2016),这种关系的特定方面也可能影响人格发展。例如,Mund和Neyer(2014)在一项对654人进行的纵向研究中发现,情感亲密度、不安全感和冲突频率等因素会影响神经质、外倾性、宜人性和责任心的长期变化,这项研究在15年内进行了3次评估。此外,关系方面的变化同样预示着这些人格特质的随后变化,这证实了人格和同伴关系之间的互动是高度动态的理念(Mund & Neyer, 2014)。虽然人们发现,当个人在他们的关系中经历冲突、消极、不满、不安全感和虐待的增加时,神经质几乎呈线性增长,但在幸福的关系中,神经质却随着时间的推移而下降(Jeronimus, 2015; Robins et al., 2002)。

上述研究结果表明,人格在选择或被选择为同伴方面起着次要作用。然而,相似性,特别是特定的人格特质,似乎对建立长期的同伴关系很重要。人们发现,成功建立同伴关系会积极影响人格发展,例如通过影响情感和认知过程。随着关系的持续,同伴开始通过行为互动影响彼此,这本身就是动态的内部过程的结果。值得注意的是，这种相互影响的过程并没有停止，而是持续毕生（至少是关系毕生）。

3.7.5 我和我的朋友：人格与友谊

儿童们一接触到彼此，他们就会选择朋友（Hartup & Stevens，1997）。在毕生中，友谊的意义就是从游戏同伴变成知己（Hartup & Stevens，1997；wrzus & Neyer，2016）。总的来说，在成人的毕生中，友谊的数量会减少（Wrzus et al.，2013）；但人们对留在社交网络中朋友的情感亲密度会随着年龄的增长而增加（Carstensen，1992，1995；Wrzus & Neyer，2016）。由于友谊是自我选择的关系，许多研究已经解决了谁选择谁做朋友的问题。

外倾性和宜人性被发现与自我报告的友谊数量有关（Anderson，John，Keltner & Kring，2001；Asendorpf & Wilpers，1998），潜在未来朋友喜欢哪些人格特质的问题更难回答。就研究设计而言，解决这个问题需要零个熟人，即不认识对方的人；之后随着时间的推移被追踪，以检验谁是谁的朋友。这已经在两项相关研究中完成，包括样本量为 73（Back，Schmukle，Egloff，2011）和 205（Selfhout et al.，2010）的心理学新生。Back 等（2011）采用循环设计，其中每个人对所有其他人进行评级，并被所有其他人根据各种特征对他或她进行评级（Nestler，Grimm & Schönbrodt，2015），并用不同的方法评估了他们在零个熟人时的人格特质，从而获得了 2628 对有效样本。Selfhout 等（2010）调查他们样本中的哪些人在大学第一年成为朋友，结果表明，外倾和宜人的个体乍看起来更受欢迎，也就是说，他们更经常被提名为潜在的朋友（Back et al.，2011；Selfhout et al.，2010）。这可能是因为外倾性很强的人向其他人表明了他们的社交能力，例如，通过微笑和看起来更加亲切（Back et al.，2011）。相比之下，高度外倾的人不会随意选择朋友：外倾性和个人选择的朋友数量没有关联。然而，在成为一个喜欢他人的人（即提名许多其他人为潜在朋友）、受欢迎程度（被选为潜在朋友）和自我中心价值观之间发现了一些自相矛盾的关联，这是一种与自恋相关的人格特质。具体来说，自我中心价值观更明显的人倾向于不喜欢其他人，但自我中心价值观较为不明显的人更经常被提名为潜在朋友（Back et al.，2011；Wrzus et al.，2016）。

和同伴关系一样，相似性也在建立友谊中起着一定的作用。特别是，Back 等（2011）和 Selfhout 等（2010）发现了人格和朋友选择之间相互影响的证据，在这两项研究中，友谊出现的最有利条件是个人在服装等表面方面的相似性（Back et al.，2011）和大五人格特质，特别是外倾性和宜人性（Selfhout et al.，2010）。此外，虽然人格特质及其行为表现对第一印象来说似乎很重要，但相似性，尤其是政治取向等更具体的人格特质似乎在建立持久友谊方面发挥了重要作用（Bahns，Crandall，Gillath & Preacher，2017；Selfhout et al.，2010）。

3.7.6 友谊和人格间的一些效应

(1) 人格效应

人格特质有助于友谊的质量。例如，纵向研究发现：①神经质与对朋友更高的不安全感有关；②外倾性与更高的接触频率、更重要的关系以及对朋友更高的情感亲密度有关；③责任心与对朋友更高的安全感有关（Asendorpf & Wilpers，1998；Mund & Neyer，2014；Neyer & Asendorpf，2001；Parker et al.，2012）。人格对友谊的影响在变迁阶段尤为强烈。例如，Asendorpf 和 Wilpers（1998，$N=132$）以及 Parker 等（2012，$N=2173$）调查了从高中到大学的变迁过程中的个体，发现人格对友谊质量的几个方面有确定性影响，但反之亦然。

(2) 关系效应

朋友为人格毕生发展提供了重要的环境。例如，童年时期的友谊以玩耍为中心，而在青春期，朋友们取代父母成为密友，并成为后来同伴关系的实验场（Hartup & Stevens，1997；Wrzus et al.，2016）。根据这些功能变化，友谊对人格特质的影响在毕生中是不同的（Wrzus & Neyer，2016）。例如，在成年早期和中期，与朋友的更高水平冲突和对朋友的不安全感会随着时间的推移而增加神经质（Mund & Neyer，2014）。然而，亲密关系中的冲突可能是一把双刃剑，因为个体知道，即使他们与重要的他人没有共识，关系也会持续下去（Laursen & Hafen，2010），但是频繁的冲突可能会导致个体不仅质疑与朋友的关系，而且质疑自己。友谊也需要时间和稳定性来影响人格特质，这一点得到了变迁时期找不到关系效应的设想的证实（Asendorpf & Wilpers，1998；Parker et al.，2012）。

总而言之，人格特质及其行为表现（如服装风格、频繁微笑）对零相识的人的喜爱起着重要作用。为了进一步将这种最初的喜爱发展成友谊，个体需要有共同之处，就和同伴关系一样，这种"东西"显然比大五人格特质更具体（例如，政治取向、态度、偏好）。如果一段关系已经形成，两个朋友的人格特质会塑造这种关系；如果友谊持续更长时间，这种关系将开始对朋友的人格特质产生反作用。虽然对同伴关系的研究引发了越来越多的二元纵向研究，但在友谊领域缺乏类似的设计。虽然随着时间的推移，追踪两个朋友的人格特质和他们感知的关系质量之间的相互作用可能很困难，而且价值也不确定，但是未来的研究肯定会受益于关注多个特定朋友关系的发展，而有利于研究聚合朋友网络的发展。此外，未来的研究可能会更频繁地开展朋友提供彼此信息的设计（循环设计）；（Nestler et al.，2015）。这样，也有可能阐明导致高度动荡的友谊或个人朋友网络终结的人格相关因素。

3.7.7 临时结论：这一切意味着什么？ 它与健康有什么关系？

以上回顾了同伴和朋友关系与人格特质动态互动的证据。这种相互作用本身会受到特定时间变化的影响：在某些时候，对同伴关系的人格影响可能比各自的相互影响更强，而在之后，这种关系对个人人格的影响可能比个人对这种关系的影响更强（图 3-6）。为了解开人格和社会关系之间的双重互动，显然需要更多的纵向研究，最好辅以中期日记研究来捕捉短期动态（Mund et al.，2016）。但是这种双重互动如何与健康结果相关？

在最一般的层面上，关系既可以作为压力缓冲，也可以作为压力来源（Cohen，2004），或者两者都是动态的。例如，Wrzus 等（2012）分别对 314 人和 150 人进行了两项研究后发现，缺乏亲戚关系对幸福感有不利影响。然而，这些负面影响可以通过特别亲密的友谊得到缓冲甚至补偿。回想一下，个人是否能选择和保持亲密的友谊，至少在一定程度上受其人格特质的影响。关于同伴关系，已经发现关系满意度对健康结果有积极影响（Bos, Snippe, De Jonge & Jeronimus, 2016; Robles et al.，2014）。

一段关系是否被认为令人满意可能是同伴间另一个互动周期的结果。例如，如果冲突频率增加，同伴之间的情感亲密度降低，双方的关系质量可能会开始下降。其中一方（可能是神经质较高的一方）可能开始越来越多地将另一方的一些行为解释为拒绝或批评的迹象（Finn et al.，2015），并对关系中最轻微的威胁变得更加敏感。因此，他或她可能会感到不安全，甚至可能会开始思考这种关系和他或她自己作为一个人的问题。这些思考可能预示着抑郁症状（Nolen-Hoeksema, 2000; Nolen-Hoeksema, Wisco & Lyubomirsky, 2008），但也因为他或她产生受伤的感觉，导致他或她更容易开始争论；这些争论可能会以激烈的争斗告终（Karney & Bradbury, 1997; McNulty, 2008）。然而，过了一段时间，引发这种恶性循环的压力可能已经消失了。这对夫妇可能会坐在一起，平静地讨论他们关系中过去的可怕事件，并继续他们的关系。在不太积极的情况下，他们可能会离婚，这对健康和幸福感有众所周知的有害后果（Amato, 2000; Luhmann & Eid, 2009）。这个公认的极端例子显示了关系的特征（不断增加的冲突）和人格特质（神经质、认知风格）是如何随着时间的推移相互作用，从而对健康产生短期（沉思）和长期（抑郁）影响的。为了支持这一推理，几项研究表明，人格关系互动如何影响到向父母身份的转变（Marshall, Simpson & Rholes, 2015, $N=192$ 对夫妇）、搭桥手术后的恢复（Ruiz, Matthews, Scheier & Schulz, 2006, $N=111$ 名患者及其护理者）以及脑损伤后的恢复（Haller, 2017, $N=376$ 名患者及其亲属）。

人格-关系互动不仅随时间变化。生活事件可能还会影响个人如何与他们的社会环境互动，如下一标题所述。

3.7.8 增加另一个层次的复杂性：生活变迁的作用

个人的一生不会直线前进。相反，个人经历变迁（如从大学到参加工作），并承担新的社会角色（如作为雇员的角色或作为父母的角色）；(Hutteman et al.,

2014；Rindfuss，1991）。这些变迁大致可以根据其规范性来区分，即它们是经常发生还是很少发生，以及是否带有行为脚本（Caspi & Moffitt，1993；Neyer，Mund，Zimmerman & Wrzus，2014）。频繁的生活变迁，如进入劳动力市场，很难产生选择效应，因为大多数人都会经历这种变迁。相比之下，罕见的生活变迁可能是由个人根据他们的人格特质来选择的。伴随着强烈行为脚本的生活变迁已经被证明促进了不同的人格发展（Mund，Zimmermann & Neyer，2018）。这意味着经历过强烈脚本化变迁的个体在人格发展的速度或方向上不同于尚未经历过这种变迁的个体。结果是人格的个体间差异失去了稳定性（Caspi & Moffitt，1993；Neyer et al.，2014）。相比之下，当个人有更多的机会表现出他们现有的人格特质时，也就是说，当选择生活变迁时，但不提供信息该如何行事，人与人之间的人格差异会得到加强。这种不太规范的生活事件的反复发生，从长远来看会导致个体间差异的稳定（Caspi & Moffitt，1993；Neyer et al.，2014）。

众所周知，生活的变迁可能伴随着人格微小但有意义的变化（Jeronimus，Riese，Sanderman & Ormel，2014；Specht，Egloff & Schmukle，2011；Sutin，Costa，Wethington & Eaton，2010）以及生活中的大部分重大变迁直接或间接影响到社会领域（Lang，Reschke & Neyer，2006），从而影响到个人社交网络的规模、组成和互动模式（Lang et al.，2006；Wrzus et al.，2013）。事实上，人们发现生活变迁对人格发展影响最大，也发现对社交网络的发展影响最大（图 3-7）。因此，尽管人格—关系互动的模式会随着时间的推移而自然波动，但生活变迁可能会进一步放大或逆转这些模式，如图 3-7 所示。值得注意的是，我们假设大多数生活变迁，无论是否规范，甚至在利害事件发生之前，就已经影响了人格—关系互动（Luhmann，Orth，Specht，Kandler & Lucas，2014；Wood & Roberts，2006a，2006b）。例如，父母身份可能会影响儿童实际出生前的人格特质和人际交往，因为准父母双方都必须为他们的新角色做好准备。对未来身份的先入为主为主的看法，即一种内在的影响可以改变对未来社会角色的预期。

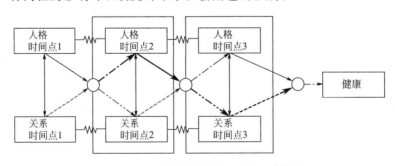

图 3-7 生活事件替代人格-关系互动模式
（注：实线代表人格/选择效应，虚线代表关系效应。点实线代表与人格特质与关系的互动效应，圈代表人格—关系互动微过程，加粗路径代表关系强度。）

(1) 人格效应

人们发现：人格特质会影响情境和环境，从而影响个人选择的生活变迁（Jeronimus et al.，2014；Magnus，Diener，Fujita & Pavot，1993；Specht et al.，2011）。这种人格效应描述了个体如何通过情境选择（特定情境被选择或避免）、唤起（人格特质及其行为表现唤起来自环境的特定反应）和操纵（个体改变所处的特定环境）(Buss，1987；Laceulle，Jeronimus，van Aken & Ormel，2015）。应该注意的是，这些机制不是相互排斥的，它们之间的通道可以是流畅的。因此，关于人格效应的研究最常涉及选择效应。在这样的研究中，人们发现人格特质可以预测出国一学年期间（Greischel et al.，2016；Zimmermann & Neyer，2013），生活安排（Jonkmann，Thoemmes，Lüdtke & Trautwein，2014；Specht et al.，2011）、进入浪漫关系（Lüdtke，Roberts，Trautwein & Nagy，2011；Neyer & Lehnart，2007,）以及关系破裂（Lehnart & Neyer，2006；Ludtke et al.，2011；Specht et al.，2011）等其他许多事情。

引人注目的是，最常被感知为消极人际事件发生的频率出现在神经质最高 1/4 的个体中比最低 1/4 的个体高 3 倍（Fergusson & Horwood，1987；Magnus et al.，1993；Poulton & Andrews，1992；Specht et al.，2011；van Os，Park & Jones，2001）。责任心预示着更少的消极事件的发生（Lüdtke et al.，2011）。外倾性预测了积极的经验（Lüdtke et al.，2011；Magnus et al.，1993；Vaidya，Gray，Haig & Watson，2002）而不是神经质（Jeronimus，Ormel，Aleman，Penninx，Riese，2013；Jeronimus et al.，2014；Magnus et al.，1993）。在这方面，开放似乎是一把双刃剑，因为人们发现它可以预测更多积极和消极事件的发生（Lüdtke et al.，2011）。尽管效应通常很小，但这种选择效应可能会随着时间的推移而累积，因为个体会一次又一次地选择积极和消极事件（Caspi et al.，2017；Jeronimus et al.，2014）。

(2) 社会化效应

社会化效应，即生活变迁对人格特质及其发展的影响最有可能发生在规范的生活变迁期间，也就是说，变迁会导致新的社会角色出现并提供相对强大的行为脚本（Bleidorn，Hopwood & Lucas，2018；Neyer et al.，2014；Roberts & Nickel，2017）。这种规范性变迁可能会对人格产生持久的影响，因为它们会修正、中断或重新规划生活轨迹（Bleidorn et al.，2018；Lodi-Smith & Roberts，2007）。然而，并非所有数据都符合这一构想。例如，关于父母身份（这本是一次相当规范的生活变迁）的研究产生了矛盾的结果。在一些研究中，父母身份并不影响人格发展，而在另一些研究中，父母身份预测的发展方向通常被认为是社会不希望的（例如，神经质的增加或责任心的降低）(Jokela，Alvergne，Pollet & Lummaa，2011；Jokela，Kivimäki，Elovainio & Keltikangas-Järvinen，2009；Specht et al.，2011；van Scheppingen et al.，2016）。

尽管在某些特定生活事件的影响方面存在这些实证上的不一致（Specht，2017），但现在大量研究表明，大多数人都经历了积极的生活变迁（如恋爱、找工作），随之而来的是神经质的持续下降以及外倾性、开放性、宜人性和责任心的小幅提高（Jeronimus et al.，2013，2014；Lüdtke et al.，2011；Specht et al.，2011；Vaidya et al.，2002）。相比之下，大多数人认为伴随消极的生活变迁（如失业、离婚），同时到来的是神经质的增加以及开放性、宜人性和责任心的降低（Jeronimus et al.，2014；Löckenhoff，Terracciano，Patriciu，Eaton & Costa，2009；Lüdtke et al.，2011；Riese et al.，2014；Specht et al.，2011；Vaidya et al.，2002）。

大多数生活变迁的社会化效应在变迁发生后的前三个月尤为强烈。然而，人们经常发现这些状态效应在变迁后的6个月内消退（Jeronimus et al.，2013；Riese et al.，2014；for Ormel，VonKorff，Jeronimus & Riese，2017）。因此，持续超过6个月的人格特质变化被认为反映了"真实的"人格改变，这种变化可能持续数年到数十年（Jeronimus et al.，2014；Mund & Neyer，2014）。这种人格动态的差异还没有完全表现出来，因为这需要对大量样本进行反复评估，最好是在几十年内至少每三个月评估一次。然而，例如，退休或结婚后的适应似乎需要一到两年时间，而适应残疾及配偶或子女死亡可能需要十多年时间（图3-8）。

大多数人认为积极的事件通常会对人格特质产生更强的短期影响，并且通常会更频繁地发生。相反，人们发现消极生活事件的影响持续时间更长（Jeronimus et al.，2014）。积极和消极的经历也可以有同时的和互补的顺序关系，例如在结婚和离婚的循环中。积极事件甚至可以缓冲消极事件的影响（Dohrenwend，2006；Longua，Dehart，Tennen & Armeli，2009），从而提高心理弹性（Garland et al.，2010）。

总而言之，个人选择进入特定的环境，部分基于他们的人格特质而走向特定的生活变迁。这些生活变迁中本质上最有影响力的是社会，通过社会环境和人格关系互动模式的转换，反作用于人格的核心方面。生活事件到底是有助于稳定人格的个体间差异，还是有助于差异发展，取决于它们的规范性，即生活变迁的可预测性和具备行为脚本的程度。一般来说，在大多数人看来不理想的生活变迁与神经质的增加相关联，因此也是健康问题的最危险因素。相反，相当积极的生活变迁似乎促进了人格发展，朝着更为社会所赞赏的方向发展。

3.7.9 未来方向和未决问题

尽管在过去的20年中，越来越多的研究关注不同人格特质和社会关系的不同方面之间的相互作用，但未来的研究仍需应对一些挑战，以促进对这种相互作用及其对健康的影响的理解。总的来说，这些挑战集中在概念问题和方法问题上。

关于概念问题，未来的研究可能会进一步揭示人格的个体间差异与社会网络组成的个体间差异之间的联系,从而也考虑到不同互动同伴或子网络之间的相互作用(例如溢出效应或补偿效应)。为了理解这种跨网络互动,有必要在同伴关系和朋友关系之外的环境中研究人格-关系动态。例如,对同事之间的动态互动知之甚少;个人花大量时间和同事在一起,并且肯定会对身心健康产生影响(例如,聚众闹事、工作场所冲突,但也通过良好的工作环境缓解压力)(Fang et al.,2015;Landis,2016;Reitz, Zimmermann, Hutteman, Specht & Neyer, 2014)。此外,未来的研究可能更侧重于评估特定的联系,而不是更广泛的以人为中心的网络。除了前面提到的追踪特定关系的好处之外,还可以追踪特定关系的发展(例如,从同事到朋友,从朋友到同伴,从同伴到前同伴)。这将使未来的研究能够揭示人格-关系互动模式变化的前因和后果。这些概念问题与测量和研究设计问题密切相关。

目前关于人格关系互动的研究有一个工具箱,里面装满了创新和信息丰富的测量和分析工具(Nestler et al.,2015;Wrzus & Mehl,2015)。未来的研究将受益于更频繁地使用这些工具,并根据具体的研究问题推进这些工具。例如,尽管纵向研究已经并将继续对研究人格关系互动及其对健康的影响至关重要,但未来的研究可能会受益于网络内部和更短时间内更精细的动态解析。这可以通过用分散的日记或经验采样阶段丰富纵向研究来实现(Mund et al.,2016),尤其现在进行这类研究的编程相较于几年前要容易得多(Thai & Page-Gould,2018)。作为额外的收获,这种设计还可以让研究者检查人格特质短期变化的长期后果、社会关系的各个方面,以及人格和社会关系之间的相互作用。为了避免完全依赖自我报告的陷阱,未来的研究可能会更经常地利用社交媒体信息(例如 Facebook、Twitter、Instagram;de Choudhury, Gamon, Counts & Horvitz,2013;Kosinski, Stillwell, & Graepel,2013),或行为残留(Gosling,2008),以揭示人格过程如何影响健康的各个方面。

除了典型的纵向研究(即,在给定的时间点抽取样本并尽可能保持良好的状态)之外,诸如众筹研究之类的替代抽样策略可能会变得越来越有吸引力(van der Krieke et al.,2015)。在这种设计中,大量潜在参与者被提供参与各种研究。一方面,这种抽样策略的优点是参与者可以随时加入平台中,并选择他们最感兴趣的研究;另一方面,研究者并不局限于预先指定的一组问题或研究,而是可以随时设计新的调查问卷或日记研究(对于629人参与30天日记研究的应用)(van der Krieke et al.,2016)。

最后,尤其是在理解生活变迁如何改变人格-关系互动模式方面,对未来的研究来说,更仔细地对待时间是很重要的(Luhmann et al.,2014;Mund et al.,2018)。具体来说,目前大多数研究从测量的角度来看待时间,在大多数情况下,测量是任意选择的。通过围绕某一事件的发生进行集中分析,未来的研究将有可能更深入地了解特定生活变迁过程中人格-关系互动模式的变化如何影响健康结果,并更深入地研究这些影响背后的过程。

3.7.10 人格与社会关系小结

人格特质和社会关系是双向紧密结合的，主要体现在：个体选择关系部分是基于他们的人格特质，但同时在毕生中发展，部分是响应其社会环境的变化。生活变迁是人格—关系互动变化的重要催化剂，尽管它们对两个领域之间的具体相互作用的影响仍然需要进一步研究。事实上，我们认为人格特质和社会关系是如此紧密地联系在一起，以至于人格和健康之间的联系只能从个人关系的背景中来理解。

大多数主要生活变迁同时影响人格特质与社会网络，总体网络包括所有个体社会节点，包括家庭成员、朋友、同事、邻居、俱乐部同伴等。个人网络包括情感联系节点，如家庭成员、朋友和其他密友。同伴网络包括与同龄同伴的互动，如朋友与同事。家庭网络，包括亲属关系（父母、子女、兄弟姐妹等）。

如图3-7所示，人格-关系互动模式可以被生活事件替代。生活事件可以同时影响人格特质和社会关系的稳定性（折线），甚至事件发生前就可以产生这一影响。实线代表人格/选择效应，虚线代表关系效应，点实线代表人格与关系互动作为原因。圈代表人格-关系互动的微过程。加粗路径表示相对强度。被生活事件替代的人格-关系互动模式可以更强影响关系或人格特质，如图3-7加粗的点实线所示。

如图3-8所示，神经质在应激生活事件后长期适应过程中有一个设定点，如丧偶。事件后短时间内，神经质的Cohen's d 值升高到0.70，在接下来的几十年内一直下降。

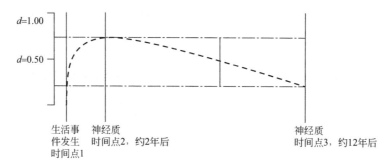

图 3-8　神经质设定点

3.8　生活事件与人格特质改变

理论和研究都强调了生活事件对人格特质变化的影响。这部分综述回顾了在更广泛的爱情和工作领域中，针对九大生活事件的人格特质变化的前瞻性研究，期望发现生活事件会导致人格特质的改变，以至于它们会对个人的思想、感情和行为产生持久的影响（Bleidorn, Hopwood & Lucas, 2018）。

人格特质是相对持久的思维、情感和行为模式，可以将个人区分开来。尽管人格相对稳定，但人格特质可以而且确实在毕生中发生改变。事实上，人格特质的等级顺序稳定性在相当长的时间间隔内远非完美（Lucas & Donnellan, 2011; Roberts & DelVecchio, 2000; Wortman, Lucas & Donnellan, 2012; though see Ferguson, 2010），而且随着越来越长的间隔，稳定性会降低。此外，大多数人在成年后都会经历大五人格特质（宜人性、责任心、外倾性、神经质和开放性）的从中到大的变化（Bleidorn et al., 2013; Roberts & Mroczek, 2008; Roberts, Walton & Viechtbauer, 2006; Roberts, Wood & Caspi, 2008; Soto, John, Gosling & Potter, 2011; Specht et al., 2014）。

观察到的人格特质的变化导致了对这些变化的条件和原因的大量猜测。所有关于人格发展的主要理论都强调基因和内在成熟过程在特质稳定和变化中的作用（McCrae & Costa, 2008; Roberts & Wood, 2006）。对环境影响的作用各不相同，一些人强调婚姻、失业或为人父母等重大生活事件的影响（Bleidorn, 2015; Hutteman, Hennecke, Orth, Reitz & Specht, 2014; Kandler, Bleidorn, Riemann, Angleitner & Spinath, 2012; Orth & Robins, 2014; Roberts, Wood & Smith, 2005; Scollon & Diener, 2006）。这些理论认为，生活事件对人格特质有持久的影响，因为它们可以通过改变个人的感觉、想法和行为来修正、中断或重新定向生活轨迹（Orth & Robins, 2014; Pickles & Rutter, 1991）。例如，第一个孩子的出生是一个不可逆转的生活事件，新父母的日常行为、日常生活方式和人际关系发生突然且经常剧烈的变化，这可能会随着时间的推移转化为人格特质的变化（Belsky & Rovine, 1990; Bleidorn et al., 2016; Jokela, Kivimaki, Elovainio & Keltikangas-Jarvinen, 2009）。

然而，对生活事件和人格特质变化的研究结果不一致。例如，Specht 等（2011）利用德国社会经济面板数据（German Socio-Economic Panel, SOEP）（Wagner, Frick & Schupp, 2007）研究主要生活事件对大五人格特质的影响。这项研究表明，不仅生活事件会导致人格特质的改变，而且不同生活事件对不同人格特质的影响也有很大差异。

例如，责任心对重大生活事件最敏感，包括离婚、退休或第一个孩子的出生。相比之下，神经质在很大程度上不受该研究中任何生活事件的影响。相反，其他专注于某一特定生活事件的影响的研究，如第一次恋爱（Neyer & Lehnart, 2007）或毕业（Bleidorn, 2012），确实报告了这些事件对神经质的显著影响。

总的来说，似乎有一些证据表明生活事件会引发人格特质的变化。然而，一些重要问题仍然存在。首先，不同的生活事件对人格特质改变的影响是否不同？换言之，哪些生活事件最重要？其次，不同的特质对生活事件的敏感性不同吗？也就是说，哪些特质在生活事件中变化最大？一个更普遍的问题是，是否有证据表明存在跨不同数据集和群体复验的稳健关联。

这部分综述回顾了以往关于生活事件和大五人格特质变化的研究中关于这些问题的发现。具体来说，这部分将讨论纵向研究的结果，这些研究调查了大五特质是否以及在多大程度上随着情感和工作的广泛领域中的生活事件而改变。这些研究大多通过自评问卷对特质进行操作，并检查等级顺序稳定性和/或均值水平变化。等级顺序稳定性是指个体在一个群体中随时间的相对顺序，通常量化为两波评估之间的重测相关性（r）。均值水平的变化反映了一个群体在特定时期内人格特质的减少或增加程度，通常被量化为两个时间点之间的标准化平均差异（例如 Cohen's d 值）。在回顾这些研究的结果之前，我们首先给出了生活事件的定义，并提出了一个通用模型来解释为什么不同的生活事件会对不同的大五人格特质产生不同的影响。

3.8.1 生活事件

从发展的角度来看，生活事件可以被视为需要新的行为、认知或情感反应的特定变迁（Hopson & Adams，1976；Luhmann，Hofmann，Eid & Lucas，2012；Luhmann，Orth，Specht，Kandler & Lucas，2014）。根据这一观点，我们给出了生活事件的操作定义，即"时间离散的变迁，标志着特定状态的开始或结束"（Luhmann et al.，2012）。状态可以指某个职位、级别、角色或状况。

在更抽象的层次上，状态是一个名义变量，至少有两个不同的层次（例如，关系状态，包括单身、已婚、离异或丧偶）。从一种状态到另一种状态的变迁指定了一个生活事件（例如，从结婚到离婚）。生活事件的这一定义排除了次要事件（例如，日常纠纷），不涉及状态变化的经历（例如，成为犯罪受害者）的和经历，以及非时间离散的缓慢变迁（例如，更年期或心理治疗）。此外，非事件（例如，找不到浪漫伴侣，非自愿的无子女）不包括在这个操作定义中。

强调生活事件这一相对狭义的定义并不意味着没有其他与人格特质变化相关的因素。几项纵向研究已经发现了人格特质变化和各种生活经历之间的联系，包括工作经历（Hudson，Roberts，Lodi-Smith，2012）、休闲活动（Schwaba，Luhmann，Denissen，Chung，& Bleidorn，2017），或者健康相关的变化（Mueller et al.，2016）。这部分综述回顾了纵向研究，这些研究考察了不同的生活事件对大五人格特质变化的影响。我们特别关注爱情（浪漫关系、婚姻、为人父母、离婚、丧偶）和工作（从学校/大学毕业、第一份工作、失业、退休）这两大领域的九类生活事件。此外，我们只包括前瞻性研究，其中第一次测量发生在事件发生之前。

（1）不同的生活事件如何导致不同人格特质的改变

根据定义，生活事件标志着状态的改变。然而，并非所有的状态变化都会影响所有的人格特质。相反，事件将会产生的确切影响可能取决于事件改变一个人日常思想、感情和行为的方式，以及这些改变的思想、感情和行为与受影响的特定人格特质之间的匹配。

（2）哪些生活事件对人格特质有持久的影响

理论和实证研究表明，那些包括明确定义和明确的行为、认知或情感需求的生活事件，最有可能导致持久的人格改变（Caspi & Moffitt，1993；Kandler et al.，2012；Neyer，Mund，Zimmermann & Wrzus，2014；Roberts & Jackson，2008；Specht et al.，2011）。例如，向第一份工作的变迁通常要求人们准时，遵守截止日期，并彻底投入工作。换言之，在工作中，人们通常被要求认真行事。如果向第一份工作的变迁改变了一个人与责任心相关的思想、感情和行为，并且这些变化是稳定的，可以推广到其他生活领域，那么这些变化应该转化为更广泛和持久的特质变化（Fleeson & Jolley，2006；Roberts et al.，2005）。

生活事件不会直接影响人格特质，而是通过其对瞬间感受、想法和行为的影响间接影响人格特质的观点与人格的社会基因组模式是一致的（Roberts & Jackson，2008；2016）。根据这个模型，生活事件很可能通过对个人人格相关状态的长期影响，以自下而上的方式影响人格特质。这一主张对人格特质变化的时间进程有重要的影响。具体来说，对生活事件的反应变化可能会在相对较长的时间内以缓慢和渐进的方式展开（Hennecke，Bleidorn，Denissen & Wood，2014；Luhmann et al.，2014；Roberts & Jackson，2008）。这并不是说生活事件不会对人格特质产生直接影响。事实上，关于其他人格相关特质变化的研究，如主观幸福感（Lucas，2007；Luhmann et al.，2012）或自尊（Bleidorn et al.，2016；Chung et al.，2014）表明，对生活事件的响应变化通常是非线性的或不连续的。

（3）为什么不同的生活事件会导致不同人格特质的改变

尽管特质被认为反映了情感、行为和认知的相对稳定的模式，但这3个特质的组成部分在大五人格特质中被不同地强调（Wilt & Revelle，2015；Zillig，Hemenover & Dienstbier，2002）。从各种衡量标准来看，大五人格特质中的每一个都被证明是可操作的，并被不同程度的情感、行为和认知所描述；每个特质似乎比其他特质更强烈地代表了这3个内容域中的一个。具体来说，神经质以及在较小程度上外倾性通常由反映情感内容的题目来表示；宜人性、外倾性和责任心强调行为内容（宜人性和外倾性特别强调社会行为）（Wiggins，1991）；开放性主要由认知内容来表示（Wilt & Revelle，2015）。

就不同的生活事件引发不同程度的情感、认知或行为反应而言，它们应该对不同大五人格特质的变化率和/或等级稳定性有不同的影响。一些生活事件，如向第一份工作的变迁，可能主要与行为变化有关。其他生活事件可能对人格的情感或认知成分有更强的影响。例如，向长期浪漫关系的变迁可能主要与个人感情的变化有关，在较小程度上与个人思想或社会行为的变化有关。相比之下，向第一份工作的变迁可以更好地表现为唤起行为和认知的变化，而情感和社会的变化则在较小程度上。

生活事件对不同的大五人格特质有不同的影响，这取决于这些特征反映行为、社会、情感或认知内容的程度。具体来说，主要与行为变化相关的生活事件与责任心的变化最为密切相关。具有强烈社交和情感成分的生活事件应该会影响宜人性、外倾性和神经质。最后，对经验的开放应该对影响个人认知模式和思维的生活事件最为敏感。更为普遍的解释为，属于爱情领域的生活事件与强调情感和社交行为的特质变化更密切相关（宜人性、外倾性和神经质），而与工作相关的生活事件更有可能导致反映行为或认知内容的特质变化（责任心和开放性）。以下详细介绍典型生活事件对人格的影响。

3.8.2 爱情与人格特质的改变

3.8.2.1 浪漫关系

近年来，一些纵向研究已经考察了浪漫关系对大五人格特质变化的影响。这些研究通常比较了进入浪漫关系者的人格轨迹和整个研究期间保持单身者的人格轨迹。一些研究还通过比较那些与浪漫伴侣分离的被试和那些仍然忠于浪漫伴侣的被试的人格轨迹，研究了分离对人格特质变化的影响（Neyer et al.，2014）。

Neyer 和 Asendorpf 最早的一项研究（2001）使用了来自德国成年人（18～30岁）的代表性样本的数据，这些成年人在 4 年的两次测量中完成了人格和关系测量。这项研究发现，与在整个研究期间保持单身的被试相比，首次恋爱的被试表现出更明显的神经质降低，外倾性和责任心增强。相比之下，结束浪漫关系与人格特质的改变无关。

Neyer 和 Lehnart（2007）使用相同的样本研究了第一次伴侣关系对 8 年来 3 次测量波次中人格特质变化的影响。第三次测量波次的增加使他们能够比较 4 个不同群体之间的人格改变：稳定的单身者（8 年内保持单身的被试）、早期开始伴侣关系者（8 年研究期间保持稳定浪漫关系的被试）、适时开始伴侣关系者（在前两次测量时间之间建立浪漫关系的被试）和晚期开始伴侣关系者（在后两次测量时间之间建立浪漫关系的被试）。只有一个例外，结果与 Neyer 和 Asendorpf（2001）的发现基本一致。早期、及时和晚期新手在恋爱后表现出神经质的下降和外倾性的增加，而稳定的单身者在整个 8 年时间里对这些特质保持稳定。然而，关系形成对责任心的影响在晚期开始伴侣关系的群体中没有重复。

浪漫关系形成对神经质的降低作用在另一项来自美国的为期 8 年的研究中得到复验，该研究在纵向设计和年龄组方面具有可比性，但只关注神经质的变化（Lehnart，Neyer & Eccles，2010）。与稳定的单身者相比，第一次恋爱的被试在神经质方面，如抑郁和社交焦虑等表现出下降。

关于浪漫状态变化对人格特质影响的研究突出了这一研究领域的一个普遍局限，即将被试随机分配到不同的生活事件或控制条件通常是不可行的，也是不道德的。人们通常会选择自己进入特定的角色和环境。也就是说，大多数生活事件的经历（或非经历）反映了选择效应，这意味着假设的生活事件的效应与先前存在的群体差异混淆（Foster，2010）。例如，单身者和恋爱新手在许多心理特征上有所不同，包括他们的人格特质（Neer & Lehnart，2007）。浪漫关系对特质变化影响的因果解释会受到影响，以至于这些先前存在的群体差异会导致观察到的人格特质变化的差异。

Wagner，Becker，Lüdtke 和 Trautwein（2015）旨在解决这个问题，并通过使用倾向得分匹配技术（PSM），对第一次伴侣经历对人格改变的影响进行了更为严格的统计检验。倾向评分匹配可以用来整合所有观察到的协变量的信息，以创建匹配的样本，这些样本仅在特定生活事件的经历方面有统计学差异（Rosenbaum & Rubin，1983；Thoemmes & Kim，2011）。使用匹配的样本和 4 年的纵向数据，这项研究的结果只是部分复验了以往研究的结果。具体来说，第一次伴侣经历与更高的外倾性和责任心有关，只有在 23～25 岁之间有第一次伴侣经历的被试中，而在 21～23 岁之间建立了第一次伴侣关系的被试中，这种经历与更低的神经质有关。

总的来说，对浪漫关系和人格特质变化的纵向研究经常发现，向第一次伴侣关系的变迁与神经质的降低有关，但并非总是如此。研究发现，较少的情况下加入伴侣关系会增加外倾性。相比之下，研究表明，绝大多数情况下，与浪漫伴侣分离与随后的人格特质变化无关。在所有的研究中，伴侣关系形成对人格特质的影响通常很小，大约 $r = 0.20$ 左右。此外，通过倾向得分匹配技术，控制单身者和进入浪漫关系者之间观察到的差异，这些影响只在 20 来岁的年轻人身上出现。

3.8.2.2 结婚

大量的研究调查了婚姻对快乐和幸福的影响（Lucas，2007；Luhmann et al.，2012）。相比之下，这一生活事件如何影响新婚夫妇的人格特质的问题相对较少受到关注。到目前为止，只有 3 项前瞻性研究检验了婚姻对大五人格特质变化的影响。

为了检验是否是向恋爱关系的变迁与结婚事件最密切地联系到人格特质的变化，Neyer 和 Asendorpf（2001）比较了在 4 年研究期间处于浪漫关系中的未婚被试（$N=176$）和已婚被试（$N=67$）的人格特质变化。这项研究发现，已婚被试和恋爱中的被试之间没有差异。尽管这种比较并不能很好地发现微小的差异，但这一有限的证据表明，引发上述年轻人人格特质变化的不是婚姻，而是一种伴侣关系。

Costa，Herbst，McCrae 和 Siegler（2000）使用中年人样本（39～45 岁）的数据，对比了两次测量中已婚和离异被试的大五人格特质变化。尽管这项研究中的样本规模很小，但他们发现离婚女性（$N=29$）在 6～9 年间，相对于已婚女性（$N=20$），外倾性和开放性略有增加。离婚男性（$N=79$）在神经质方面有所增加，在高责任心方面有所下降，而已婚男性（$N=68$）在神经质方面有所下降。效果从小到中等，范围在 4～6 个 T 分左右（$r-0.20\sim 0.30$）。

这些关于婚姻和人格特质变化的早期研究应该谨慎解释。已婚的被试群体样本规模很小,可能是因为缺少统计检验力,婚姻对人格的微小影响没有被发现。此外,Neyer 和 Asendorpf(2001)以及 Costa 等(2000)将已婚被试与在研究期间经历过不同爱情相关生活事件(新伴侣关系与离婚)而不是非事件的被试进行对比。Specht 等(2011)旨在解决上述关于生活事件和人格特质变化的大规模代表性纵向研究中的这些问题。使用两波纵向数据,研究者们对比了已婚被试($N=664$)和在 4 年研究期间未结婚的被试($N \approx 14000$)的大五人格特质变化。他们发现,与没有结婚的被试相比,已婚者倾向于表现出更明显的外倾性和对经验的开放性。然而,影响大小很小($r<0.20$),研究者没有区分初婚和再婚。

最新的一项纵向研究使用婚姻头 18 个月收集的 3 波数据($N=338$ 对配偶,或 169 对异性新婚夫妇),考察了配偶自评大五人格特质随时间的变化,以及初始水平和人格改变与配偶同时婚姻满意度轨迹之间的关系。结果表明,随着时间的推移,人格发生了显著改变,包括丈夫和妻子的宜人性下降,丈夫的外倾性下降,妻子的开放性和神经质下降,丈夫的责任心增强。这些结果在配偶的年龄、人口统计、婚前关系、婚前同居、初始婚姻满意度或为人父母方面没有差异。初始的人格水平以及随着时间的推移人格的变化与配偶的婚姻满意度轨迹有关。总的来说,这一发现表明新婚夫妇的人格在新婚期间经历了有意义的变化。这其中有些是适应性变化,有些则是不适应性变化,如丈夫和妻子的宜人性下降。结婚初期可能是一个艰难的变迁时期,因为夫妇们会调整并适应他们的新身份,这通常涉及新的生活安排、经济、情感和身体上的相互依赖,以及一个普遍的观念,即"实际婚姻"可能与"理想婚姻"不一样。在这种观点下,结婚的早期将标志着一个独特的个人适应困难时期,这就如同新婚年被描述为"蜜月期、然后是多年的平淡"模式。这一假设机制将为婚姻关系最终提升更高水平的宜人性留下可能性,但暗示这些影响可能需要更长时间才能显现出来(Lavner et al., 2018)。

总之,需要更多的纵向研究支持关于婚姻影响大五人格特质改变的结论,特别是鉴于这一生活事件的社会重要性。此外,迄今为止,还没有一项研究使用匹配的对照组设计(例如,通过倾向得分匹配)来检验婚姻对人格特质变化的影响。

3.8.2.3 离婚

关系形成和人格改变之间的假设联系相对简单明了。因为安全的浪漫关系是如此重要(并且相对普遍)的经历,进入这种关系可能会影响与神经质或者外倾性相关的情感方面。此外,需要改变行为的新的关系状态(如与伴侣同居时发生的变化)也会影响与这些行为成分密切相关的人格特质。然而,关系解除的影响可能更复杂。一方面,解除本身可能会以与关系形成相对应的方式影响情感成分,即失去有价值的关系可能会导致神经质等特质的情感成分增加;另一方面,不清楚随着关系结束而发生的行为变化(这可能反映了关系开始前行为模式的回归)将如何影响相关的特质。

早期研究（Costa et al.，2000）表明，离婚对男性和女性的影响不同。具体来说，他们发现中年离婚女性在离婚后表现出外倾性和对经验的开放性增加，而男性则倾向于表现出责任心的下降和神经质的增加。Specht 等（2011）还研究了离婚对人格特质变化的影响。研究结果表明，离婚的男女（$N=229$）在 4 年的研究期间宜人性和责任心增加（$r<0.20$）。后一个结果似乎反驳了这样的观点，即行为要求不太清晰的压力生活事件最有可能引发情感特质的改变，如神经质。

Allmand、Hill 和 Lehmann(2015) 研究了离婚对中年德国人（45~46 岁）在 3 个测量波次中人格特质变化的影响。与没有经历过离婚的被试（$N=383$）相比，那些经历过至少一次离婚的被试（$N=143$）在 12 年的研究期间显示外倾性下降更明显（$r<0.20$）。

总之，离婚对人格特质变化的影响尚不清楚。尽管上面回顾的所有研究都发现了离婚和人格特质变化之间的一些联系，但是所涉及的具体特质、所发生的变化的程度，甚至所产生的影响的方向在不同的研究中都有所不同。需要进行更多的纵向研究，特别是多种测量时间点和配对对照组的研究，以得出关于离婚对人格特质变化潜在影响的更为明确的结论。

3.8.2.4 为人父母

向为人父母的变迁被认为是研究人格特质变化的一个特别相关的转折点（Bleidorn，2015；Hutteman et al.，2014）。与其他生活变迁不同，如进入第一段浪漫关系或婚姻，向为人父母的变迁是一个相对不可逆转的事件。此外，孩子的出生与新父母的行为、思想和感情的突然且经常剧烈的变化有关，这可能会对他们的人格产生突然且持续的影响（Belsky & Rovine，1990；Bleidorn et al.，2016）。此外，事件本身通常发生在人生的某个阶段，在这个阶段，人格发生了相对较高的变化。行为遗传学研究表明，这一时期的一些人格改变与环境影响特别相关（Bleidorn，Kandler & Caspi，2014；Hopwood et al.，2011）。因此，向为人父母的变迁可能会适度甚至强烈地与人格改变相关联。

与迄今为止讨论的其他生活事件一样，关于为人父母对人格特质变化的影响的研究或者是基于专门招募来考察生活变迁的相对较小的样本，或者是基于碰巧多次评估人格的大规模面板研究。例如，Neyer 和 Asendorpf（2001）的研究主要侧重于关系状态，但也作为一个补充问题研究了为人父母的影响。这项研究报告了在四年时间里的两次测量中，为人父母的变迁对大五特质中的任何一个都没有显著影响。然而，这项研究中的样本量相对较小。

Jokela 等（2009）在 1839 名芬兰年轻人的样本中，通过两个测量波次，研究了向为人父母的变迁是否与社交能力（外倾性的一个方面）和情感能力（神经质的一个方面）的变化有关。这项研究发现，在 9 年的研究期间，没有孩子的被试其情绪保持相对稳定，但是有一个（$d=0.14$）或更多孩子的被试的情绪会增加（$d=0.20$）。总的来说，有了孩子与社交能力的变化无关。然而，性别、基线社交能力和孩子数量之间存在交互作用，因此家庭规模的增加预示着基线社交能力高的男性社交能力会增加（$d=0.30$），基线社交能力低的男性社交能力会降低（$d=-0.40$）。

在一项依赖于德国大规模面板研究被试的调查中，Specht等（2011）发现，在孩子出生后，男性和女性的责任心都有下降的趋势。这一结果与预期有些矛盾，因为研究生活事件的研究通常试图从生活中通常发生的事件中解释变化的描述性模式（如年轻成年时责任心的规范增长）。这个新父母样本中出现的人格改变似乎与规范变化的方向相反，这是一个令人惊讶的发现。

Galdiolo和Roskam（2014）采用了成对方法，比较了204对为人父母的夫妇和215对非为人父母的夫妇的平均人格轨迹。父母们在3个测量点提供了"大五"自评数据：怀孕期间、产后6个月和产后1年。对照组只提供了两次数据，每隔6个月收集一次。结果表明，为人父母组只有一个显著的影响：有孩子的男性而非女性，其外倾性有所下降。

关于为人父母的研究在研究生活事件对人格特质变化的影响方面提出了一个重要的复杂问题。和大多数其他规范的生活变迁一样，孩子的出生不是随机事件。在几乎所有现代西方社会中，孩子的出生通常是有计划的，反映了个人的选择，这意味着分娩的社会化效应与选择效应发生混淆。事实上，父母和没有孩子者在大量的社会经济、社会和心理特征方面表现出系统性差异（Dijkstra & Barelds, 2009; Hutteman, Bleidorn, Penke & Denissen, 2013; Jokela, Alvergne, Pollet & Lummaa, 2011; Jokela et al., 2009）。为了从统计学上解释这些选择效应，van Scheppingen等（2016）使用倾向得分匹配技术和来自澳大利亚一项代表性面板研究（Household, Income and Labour Dynamics in Australia, HILDA）的两波纵向数据来比较4年期间首次为人父母和非父母的大五均值水平变化。在使用倾向得分匹配之前，父母在外倾性和责任心方面与非父母有显著差异。与以往的研究一致，不匹配的结果表明父母而不是非父母在这两个特质上有所下降（Galdiolo & Roskam, 2014; Specht et al., 2011）。然而，在使用倾向得分匹配后，父母和非父母特质变化之间的差异不再显著。特别是在外倾性方面，在使用倾向得分匹配后，有明显的效应量减少，这表明选择效应而不是社会化效应解释了父母和非父母之间人格特质变化的差异。

总之，关于为人父母的变迁是否以及如何影响父母的人格特质的研究结果不一致。而一些研究指出了正向的变化，新父亲的外倾性增加了（Jokela et al., 2009），其他人提出了负向变化，如责任心的下降（Specht et al., 2011），还有一些人发现新父母和非父母的人格特质变化没有差异（Van Scheppingen et al., 2017）。有趣的是，尽管向为人父母的变迁是人生中相对有限的时期发生的最显著（也是最规范）事件之一，在这个时期，人格改变最大，但是很少有研究发现这种变迁和人格特质变化之间有着紧密的联系。

3.8.2.5 丧偶

丧偶通常被理解为极度应激的生活事件，对主观幸福感有突然和逐渐的负面影响（Luhmann et al.，2012）。人格已经被证明是丧偶变迁期内在调整的一个重要预测因素（Pai & Carr，2010）。丧偶的配偶在失去伴侣后经历了许多生活上的变化，这些变化扰乱了他们的正常生活，并使他们反思自己的生活和在世界上的位置（Kim，Carver，Schulz，Lucette & Cannady，2013）。失去配偶通常需要个人寻找新的关系，将现有的关系具体化，并改变日常生活，所有这些都有助于人格的改变（Hoerger et al.，2014）。

Mrotzek 和 Spro（2003）发现，在丧偶后，神经质最初有所增加，在随后的 4 年时间里，在 1444 名丧偶者和对照被试的样本中，神经质急剧下降到基线水平。Specht 等（2011）发现，在那些面临丧偶的被试中（$N=228$），女性的责任心有所提高，而男性的责任心有所下降。显然，需要更多的纵向研究来揭示丧偶对大五人格特质变化的影响，这些研究需要多个测量点和匹配的对照组。Hoerger 等（2014）发现，在 18 个月内，31 名丧偶配偶的亲社会性、可靠性和社交能力大幅提高。因此，有一些证据表明，与对照被试相比，丧偶者的人格改变更大，但其他研究表明，人格可能对这种转变有弹性。以往研究考察了人格的等级顺序（即人格的稳定性），也揭示了与对照组相比，丧偶者的人格会有很大的变化。然而，以往的研究发现，经历了丧偶之痛的人其稳定性较低，这可能只发生在宜人性上，而不是其他大五人格特质上（Hoerger et al.，2014；Specht et al.，2011）。

一项新的研究调查了两个丧偶配偶和对照被试的人格改变（平均水平和等级稳定性）。通过使用大样本来研究这个问题，研究者可以更好地理解加速或培养人格改变的条件。第一，每一个老年人样本的评估间隔为 18 个月和 48 个月，这是以往研究中检查的确切时间窗（Hoerger et al.，2014；Mroczek & Spiro，2003；Specht et al.，2011），允许紧密复验。第二，每项研究都有足够的动力来复验以往研究的效果，并检测更小的效果。第三，由于当前研究中的一个样本有 3 个评估波，人们可以通过在丧偶后 48 个月对这些人进行检查来测试在 18 个月观察到的人格改变的任何差异是持续性的还是暂时性的，这有助于确定丧偶后人格改变的时间进程（Hoerger et al.，2014；Mroczek & Spiro，2003）。在目前的研究中，在两个美国样本健康和退休研究（Health and Retirement Study，HRS）（样本 1，$N=9944$）和老年夫妇变化的生活（Changing Lives of Older Couples，CLAM）（样本 2，$N=535$）中检测了丧偶后的人格改变。结果表明，在样本 1 中，失去亲人的被试其情绪稳定性增加。与两个样本中的对照被试相比，丧偶者人格特质的等级稳定性较低。样本 2 中也有一些证据表明，配偶死后（18 个月）稳定性可能最低，随着时间的推移（48 个月），稳定性稍高。配偶丧偶后，人格的平均水平变化很小。最近丧偶者的人格稳定性较低。作为一个照料者，没有事先收到配偶死亡的警告，对丧偶后的人格改变也没有什么影响。唯一的例外是，丧偶后，配偶照料者对经验的开放性下降。配偶的缺席会降低个人寻找新环境和扩大视野的可能性。然而，事实上，经验开放性的下降只发生在照料者身上，这使得这一解释更加复杂。配偶的照顾者可能对他们的角色投入如此之大（作为一名照顾者，他们的身份至关重要），以至于当这一角色结束时，他们会对如何继续自己的生活感到茫然（Chopik, 2018）。

3.8.2.6 小结：爱情和人格特质的改变

与爱情相关的生活事件会导致大五人格特质的改变吗？鉴于婚姻、为人父母或离婚等事件的社会和个人相关性，现有的研究描绘了一幅比人们预期的更加混乱的画面。

迄今为止，爱情领域中研究最多的生活事件之一是向第一次伴侣关系的变迁。使用不同的时间尺度、工具和来自不同状态的样本，这方面研究似乎集中在一个发现上，即当年轻人开始第一次恋爱时，他们倾向于降低神经质、增加外倾性。值得注意的是，效应量很小，使用匹配对照组设计的更严格的统计检验表明，这些效应可能只适用于某些年龄组。

关于为人父母和人格改变的新文献甚至没有产生更明确的结果。一些研究指出，对责任心、神经质和外倾性的影响很小。然而，有关为人父母对"大五"影响的最新和最严格的检验表明，父母和一组匹配的非父母之间没有差异。最后，很少有人研究过其他与爱情相关的事件，如结束关系、结婚、离婚或丧偶。目前缺乏对这些事件的研究排除了关于这些事件对人格特质变化潜在影响的强有力的结论。

3.8.3 学校、工作与人格特质的改变

因为从童年期到成年早期，人格特质的均值水平改变往往最大，等级顺序稳定性最弱，所以可以通过仔细考虑这段生命中发生的改变来发展关于这些改变原因的想法。正如成年早期的关系模式会以可预测的方式发生改变一样，随着年轻人从学校转到工作或家庭，生活状态也会发生改变。因此，虽然人格研究的目标是研究毕生人格改变，但是关于人格改变中最有希望的因果关系的假设可以通过考察最大变化的时期来检验。这部分综述关注与学校和工作相关的生活事件，强调这些变化产生的新角色如何影响人格特质。

3.8.3.1 学校气氛

生活环境的变化，如重大生活事件、环境因素的短期波动和发展转变，已被发现与人格特征的变化有关（Bleidorn, Hopwood & Lucas, 2016）。然而，以往研究主要集中在重大/创伤性生活事件或发展转型的作用上，很少有研究涉及学校气氛，如社会压力和人格之间的联系。与离散的生活事件不同，歧视等社会压力不一定与特定的生活事件或发展转型相关，反而是会持续威胁个人的社会地位和归属，而且大多是不可控和不可预测的（Richman & Leary, 2009）。一些研究者认为，

这种持续和长期的压力可能会对心理造成更大的伤害，因为它们会导致心理资源持续枯竭（Pascoe & Smart Richman，2009）。Sutin 等（2016）发现，感知歧视与神经质的增加以及宜人性和责任心的下降有关。然而，Sutin 等美国学者的研究集中在成年人身上，所以这个发现是否能推广到儿童和青少年还不得而知。主要原因包括：青春期是一个以一系列生物和环境变化为标志的时期，这些变化使得青年和青少年对压力更加敏感（Hollenstein & Lougheed，2013）；一个人的人格正在青少年时期形成，因此在环境影响方面更具可塑性（McAdams & Olson，2010）。事实上，研究已发现青年和青少年时期暴露于创伤事件对神经质的影响大于中年时期（Ogle，Rubin & Siegler，2014），感知歧视对儿童心理健康的影响也大于成年人（Schmitt，Branscombe，Postmes & Garcia，2014）。

虽然感知歧视与青少年的消极结果有关，但适应方面有很大差异（Sun et al.，2016），这表明存在调节变量。根据风险和复原力框架，社会支持是青少年面临危险的重要保护因素（Zimmerman et al.，2013）。一些研究证实了社会支持对歧视和中国流动儿童心理健康之间关系的调节作用。例如，Sun 等（2016）的元分析指出，流动儿童与父母、同龄人和教师之间的积极关系对他们的心理健康结果起着重要的保护作用。Wang 等（2015）的研究还表明，社会支持和参与应对可以弥补感知歧视对心理痛苦的有害影响。Fan 和 Chen（2012）报告称，应对方式和社会支持的综合效应调节了流动儿童中感知歧视和抑郁之间的关系。

一些研究者还指出，社会支持的效果取决于社会支持的来源。例如，Juang 等（2016）发现，同伴支持而非家庭凝聚力改变了大学生中感知歧视和适应问题之间的联系，Mossakowski 和 Zhang（2014）发现，来自家庭而非朋友的感知情感支持缓解了歧视的压力。然而，对于流动儿童来说，父母的支持可能才是最重要的支持类型。正如 Wu 等（2014）所指出的，由于他们的"流动"性质，家乡的家庭成员/亲属往往无法提供支持，而对于流动儿童来说，教师和同龄人的支持通常是有限的和脆弱的。因此，与流动儿童一起生活的父母可能是他们最重要的支持来源。Jin 等（2012）的一项研究显示，只有亲子关系对流动儿童问题行为的消极社会环境具有调节作用，师生关系和同伴关系的调节作用不显著。

一项研究对北京的 215 名流动儿童进行有目的的方便抽样，检验了感知歧视对中国流动儿童人格的影响。样本平均年龄 11.73 岁（标准差＝1.36）；50.2％是男孩，从四年级到初中（八年级）完成一份标准化问卷包括感知歧视量表、根特父母行为量表（用于测量父母支持）和中文版 NEO 五因素量表。结果表明，流动儿童感知歧视对神经质的影响很小但却很显著，而对其他人格特质的影响则很小。这验证了 Shiner，Allen 和 Masten(2017) 的观点。这三位学者指出，在所有人格特质中，神经质程度的变化是根据逆境经历预测的最强劲的。当我们考虑神经质和感知歧视的特征时，这是可以理解的。正如 Shiner 等所指出的（2017）和 Barlow，El-lard，Sauer-Zavala，Bullis 和 Carl(2014)，神经质的核心是广泛的消极情绪和普遍的不可预测性和不可控感。作为一种社会压力，感知歧视挑战个人的社会归属和社会地位（Richman & Leary，2009），这种挑战可能会使一个人不断处于压力状态，从而引发一系列消极情绪，如愤怒、焦虑、痛苦、悲伤、不安全感和脆弱性（Vines，Ward，Cordoba & Black，2017）。这些消极情绪可能会随着时间的推移累积起来，形成一种经历夸大消极情绪（即神经质）的趋势。高度神经质可能会进一步导致个人对消极事件和感受更加敏感和脆弱，从而形成恶性循环（Jeronimus，Riese，Sanderman & Ormel，2014）。高神经质通常被视为阈下精神病理学，高神经质给整个社会带来的经济负担至少是所有常见精神疾病总和的两倍（Jeronimus，et al.，2013）。因此，感知歧视对神经质的影响值得认真关注。

另外，父母支持会显著减轻歧视对流动儿童责任心的影响，并可显著预测流动儿童外倾性、开放性、宜人性和责任心。支持他们的父母可能会鼓励孩子更加注重目标和对社会负责。Baumrind(1991) 支持这一观点，他指出，第一，接受积极育儿的儿童更有可能充满成就导向和社会责任；第二，父母细心和慈爱的孩子更容易自律和勤奋，因为积极的养育方式与儿童努力控制能力（Eisenberg，et al.，2005），学习投入（Mo & Singh，2008）和高度责任心（Heaven & Ciarrochi，2008）的提高有关。父母的支持可以通过其对歧视和责任心之间联系的调节作用，以及通过其对人格因素的直接有益作用，成为流动儿童人格发展的保护因素。在美国，已经开发了一种以家庭为中心的预防干预措施，称为"强大的非裔美国家庭"（Strong African American Families，SAAF），以加强父母对非裔美国儿童的支持（Brody et al.，2004）。干预的主要目的是建立规范和沟通的育儿方式，其特点是参与式的警觉育儿，明确表达父母对孩子行为的期望，沟通风险行为和种族社会化。研究表明，这种项目能够培养家庭联系和应对技能，使非洲裔美国青年能够更好地抵御种族歧视和其他逆境，并保持良好的健康和行为结果（Brody et al.，2012；Kogan et al.，2016）。中国可以借鉴相关想法，为流动儿童开发类似的项目。

人格发展与社会关系的各个方面（例如，接触频率、情感亲密度等）的变化有关。然而，人格—关系互动的具体模式仍然没有被很好地理解，因为没有很多实证研究探索过重大的人生变迁。伴随着无数人生变迁的开始，成年期对于人格和社会关系的发展至关重要。一项研究考察了从高中到大学的变迁中的人格-关系互动、实习培训等。这一研究使用了中学系统和学术生涯转型（Transformation of the Secondary School System and Academic Careers，TOSCA）研究中的第一波至第三波，测量了"大五"因素（McRae & Costa，2008）及其各个方面，以及社交网络中与爱人、朋友、亲戚和其他人的五种关系特征。与先前的研究一致，这一研究也检验了人格研究中的 3 种效应-关系互动：人格对后续关系特征的交叉滞后效应；关系特征对后续人格改变的交叉滞后效应；人格改变和关系变化之间的相关性。对扩展的二元潜在差异分数模型的分析揭示了 4 个主要发现：第一，人格-关系互动效应不平衡，大多数效应发生在从人格到社会关系变化的过程中，而不是相反的方向。此外，只有少数变化与变化之间的关联出现。第二，2/3 的交叉滞后效应来自人格方面。第三，大部分影响出现在第二次测量间隔中（即，不是在高中毕业的变迁期，而是在这一变迁期之后的时间段）。第四，神经质及其各方面以及人际关系中的冲突频率和不安全感，成为这个年龄组中最一致的关联（Deventer，Wagner，Lüdtke & Trautwein, 2019）。关系对人格的影响原因解释是：当关系经受住了时间的考验，关系质量的重要方面得到巩固时，关系效果会变得更强。换言之：潜在可问责环境因素的分布可能会随着关系持续时间的延长而改变，因此，即使人格变得越来越稳定，也是关系导致了这些变化。另外，该研究建议，测量时间之间的时间间隔非常重要，许多方法学家已经指出纵向研究中需要适当的测量间隔（Golob & Reichardt, 1987）。Dormann 和 Griffin（2015）认为，在纵向研究中，较短的时间滞后通常比目前应用的时间滞后更为合适，呼吁进行测量间隔更短的研究。

3.8.3.2 毕业

从某种形式的学校毕业几乎是一个普遍的生活事件，现代社会的成员通常渴望在从青春期晚期到成年早期的变迁期间经历这一事件。这种变迁通常发生在一个人生阶段的开始，在这个阶段，一个显著的人格改变经常发生——责任心的增强通常出现在青少年后期和 30 岁早期之间（Lucas & Donnellan, 2011; Roberts et al., 2006; Wortman et al., 2012）。鉴于学校和工作对责任心的明确相关性，我们有理由认为这些角色的变化可能与责任心的变化相关联。当然，其他与角色相关的变化也在这个时候发生，所以这种变化也可能延伸到"大五"中的其他特质。

两项纵向研究考察了大五人格特质在这一人生事件中的变化的性质和轨迹。Bleidorn（2012）在毕业前和毕业后的三次测量中追踪了 360 名德国高年级高中生的样本，并将他们的大五人格特质变化与 550 名德国低年级高中生的特质变化进行了比较。尽管观察期很短，只有一年，但这项研究发现不同大五特质的均值水平有显著变化。具体来说，高年级学生的责任心（$d=0.34$）、宜人性（$d=0.24$）和开放性（$d=0.25$）显著提高，神经质（$d=-0.07$）降低程度较小。值得注意的是，这些变化在毕业前后的前两次评估中最为明显。在仍在上学的时候完成了所有测量的低年级学生比高年级学生在责任心（$d=0.20$）和开放性（$d=0.22$）上的增加表现得不太明显，并且在宜人性和神经质方面没有变化。

这项研究（Bleidon, 2012）进一步发现：与自己的同学相比，那些在学习和家庭作业上投入更多时间和精力的学生表现出更明显的责任心和开放性，神经质也更明显地下降。此发现为人格的社会基因组模型（Roberts & Jackson, 2008, 2016）和其他自下而上的人格发展研究提供了一些证据，这些途径促进了一种观点，即大部分发展可能从行为变化开始，通常是为了应对形势或追求目标。

在一项类似研究中，Lüdtke、Roberts、Trautwein 和 Nagy（2011）也追踪了从高中到大学、职业培训或工作的德国学生（$N=2000$），在 4 年内进行了 3 次评估。与 Bleidorn（2012）一致，这项研究发现学生的大五特质有显著的均值水平变化，尤其是在毕业前后的两次评估中。具体来说，高中毕业的学生表现出开放性（$d=0.20$）、宜人性（$d=0.32$）和责任心（$d=0.32$）的提高，以及神经质（$d=-0.27$）的降低。

这项研究的另一个重要发现（Lüdtke et al.，2011）是个人毕业后的人生道路与他们的大五人格特质变化有着显著的联系。走职业导向型道路者的责任心提高的速度比上大学的同龄人快。相比之下，他们的宜人性没有比上大学者明显增加。人生道路和人格特质变化之间的联系可能反映了与这些不同人生道路相关的认知、情感和行为体验的特质。例如，放学后参加职业培训的学生可能会面临更严格的日程安排，要求他们认真行动。相反，走上大学道路的学生可能会面临更少的高责任心要求，至少与参加工作的学生相比情况即是如此。

总的来说，这两项纵向研究发现，从学校到大学或职业的变迁与人格成熟有关（Roberts，et al.，2008）的形式是开放性、宜人性和责任心的提高以及神经质的降低。这些变化发生在相对较短的时间内，并与学校毕业期间和毕业后的特定行为和经历有着明显的关系。然而，同样重要的是要提醒这些研究中没有使用匹配的比较组，因此不可能排除先前存在的差异（而不是事件本身）可能是观察到的模式的原因。

3.8.3.3 选择学业还是工作

选择学业还是选择工作？这个选择可能会改变人格（Golle，et al.，2019）。根据社会投资原则，进入新环境与影响人们行为的新社会角色相关联。为了研究教育途径的选择（学业与职业）是否与人格发展的差异相关，一项研究采用了新社会分析框架（Roberts & Nickel，2017）来考察成年早期的人格发展是否与他们选择学业或职业道路（即进入学业轨道学校或开始职业培训）有差异。新社会分析框架告诉人们哪些维度是人类功能相对独特的领域，以及哪些类型的经历可能与人格改变有关。根据这个模型，人格至少有 4 个主要的个体差异领域，即特质、动机、能力和叙事。该研究使用了纵向研究设计和倾向得分匹配，测量了大五人格特质和职业兴趣取向。在被试进入其中一条路径之前，创建了类似的组，然后在 6 年后检验了这些组之间的差异。我们预期职业途径会强化更成熟的行为，减少研究兴趣。结果表明，与学业途径相比，选择职业与更高的责任心和对研究、社交和创业活动的兴趣较少相关。因为在职业情境中，更需要服从特定的等级制度，服从主导的主管。

3.8.3.4 第一份工作/新工作

近年来，大量的研究检验了人格特质变化和工作经历之间的联系，如工作满意度、工作需求或工作投资（Hudson，et al.，2012；Roberts，Caspi & Moffitt，2003；Roberts，Walton，Bogg & Caspi，2006）。从这些文献中发现的一个稳健的结果是，工作经历与人格特质的变化相关，正如人们所预料的那样，这些关联对于责任心来说尤为强烈。尽管人们对工作环境中的人格改变有着广泛的兴趣，但很少有研究考察在向第一份工作或新工作变迁期间，人格特质是否以及如何变化。Specht 等（2011）发现第一次进入劳动力市场的年轻人（$N=456$）在 4 年的时间里，责任心有了显著的提高。其他 4 个大五人格特质都没有受到影响。

着眼于工作的向上变化，Nieß 和 Zacher（2015）最近利用了澳大利亚面板研究的两波测量来考察向管理或专业职位的变迁是否会影响"大五"的变化。具体来说，他们使用倾向得分匹配技术来比较那些向上跳槽的被试（进入管理或专业职位；$N=247$）与被试没有做出这样的改变（即那些留在非管理和非职业岗位者；$N=1,710$）。有点令人惊讶的是，责任心的特质并没有被影响。相反，研究者发现，在过去的 4 年中，经历过工作向上变化者在开放性方面得分显著高于没有经历过这种变化的人（$d=0.21$），但在其他大五人格特质中却没有。

总的来说，对于工作变迁是否会影响大五人格特质的改变，目前现有研究仍然有限。现有的几项研究提供了一些证据，表明进入劳动力市场与责任心的提高有关，向管理层或其他更高职位的变迁与经验开放性的提高有关。然而，同样，更多的研究将会有助于检查这些影响的稳健性。

3.8.3.5 失业

失业一直被证明对幸福感有强烈和相对持久的负向影响（Lucas，2007；Luhmann，et al.，2012）。基于这一发现，有人假设失业经历也可能影响广泛的人格特质，特别是神经质的增加和责任心的降低（Boyce，Wood，Daly & Sedikides，2015）。

Costa 等（2000）在他们关于中年人格发展的研究中对比了在 6~9 年的追踪期内，被擢升的被试组（$N=432$）和被解雇的被试组（$N=91$）的大五人格特质变化。结果表明，被解雇者与被擢升者相比，确实表现出神经质的增加和责任心的降低。

使用代表性的 SOEP 样本，Specht 等（2011）发现经历过失业（$N=860$）的被试和没有报告经历过失业期的被试之间的大五人格特质变化没有差异。然而，Boyce 等（2015）使用来自同一样本的数据，采用不同的分析方法，更深入地研究失业对人格特质变化的潜在影响。研究者们只使用了第一次测量时被雇佣的被试的数据，并对比了 3 个不同群体的大五人格特质变化：在 4 年期间一直被雇佣的被试（$N=6308$）；经历过几次失业但被后续评估再就业的被试（$N=251$）；经历过失业但在后续评估中仍然失业的被试（$N=210$）。此外，他们检验了两次人格评估之间连续失业的年数是否缓冲了失业对人格特质变化的影响。

大多数情况下，与对工作在人格发展中的作用的直觉一致，这项研究（Boyce，et al.，2015）发现，在失业期间，与就业相关的宜人性、责任心和开放性发生了变化，其影响取决于失业年限、性别和再就业。具体来说，女性在失业的 4 年中，宜人性往往呈线性下降，而男性则呈非线性模式，前两年呈上升趋势，后几年呈下降趋势。男性的责任心线性下降，而女性在失业的早期和晚期表现出非线性的增长模式，但在中期下降。男性和女性都经历了开放性的非线性变化。虽然在失业的头两年，男性的开放性似乎略有提高，但随着失业时间的延长，开放性开始下降。另一方面，女性在失业的第二年和第三年表现出开放性的急剧下降，但在第四年有所反弹。

考虑到性别和失业的年限，观察到的影响大小比以往的研究报告中报道的要大得多，这表明影响达到人格的完全标准差变化。此外，这些影响是针对相对较少的失业人群的；在研究期间，再就业者和仍然就业者之间没有发现差异。同样，没有使用倾向得分匹配技术。在失业之类的事件中，观察到的与长期失业相关的人格改变很可能是由其他相关的紧张因素（例如住房困难）或经历（例如抑郁发作）引起的，这反过来又会影响人格特质测量的分数。

总的来说，目前的研究状况表明，失业可能会加速人格特质的改变，但这种改变的性质、轨迹和程度比最初预测的要复杂。正如 Boyce 等（2015）的研究所强调的，特质变化可能取决于多种调节因素，如性别或事件的连续性。他们的研究进一步强调，如果生活事件以非线性方式展开，特质变化就有可能被忽视。

3.8.3.6 退休

退休可能与成本和收益有关（Kim & Moen, 2002; Luhmann, et al., 2012）。例如，退休人员不会面临与工作相关的压力，有更多的时间从事社交和其他非职业活动。然而，退休也与角色的丧失和与工作相关的活动、收入的减少和不太有条理的日常生活有关。由于退休的多面性，很少有纵向研究在这一生活事件的背景下考察人格特质的变化，这些研究采用了探索性的方法，没有关于特定大五人格特质变化的具体假设。然而，至少一些研究发现，晚年责任心有所下降（Donnellan & Lucas, 2008; Lucas & Donnellan, 2011），这种下降可能与工作相关角色的转移有关。

Löckenhoff, Terracciano, 和 Costa（2009）利用东巴尔的摩流行病学下游区研究（East Baltimore Epidemiologic Catchment Area Study）的数据，比较了退休人员（$N=63$）和在职人员（$N=304$）在两个测量波次中的"大五"轨迹。与在职被试相比，退休人员的宜人性方面提高，活动性（外倾性的一个方面）降低。观察到的效应中等，在 9 年的研究期间，观察到的变化几乎达到半个标准差。Specht 等（2011）发现，宜人性或外倾性没有变化，但责任心有显著变化。具体来说，与 Lucas 和 Donnellan（2011）在同一样本中发现的更广泛的年龄相关趋势相一致，在 4 年追踪期内退休的个体责任心明显下降。

总之，有证据表明退休与人格特质的改变有关。然而，研究的数量太少，无法就退休对特定大五人格特质变化的程度和形状的影响得出明确的结论。需要进行更多的研究，包括使用多个测量波次和匹配的对照组的研究，以提供对作为这一生活事件的函数的人格特质变化的更精细的检验。

3.8.4 生活事件与人格改变小结

类似于关于爱情相关事件的文献，相对较少的前瞻性研究解决了学校与工作相关事件是否以及如何导致人格特质改变的问题。从这一小部分研究中得出的一个稳健的发现是，从学校到大学的变迁与年轻人开放性、宜人性和责任心的快速发展以及神经质的降低有关。初步证据还表明，加入劳动力队伍会增加责任心。少数研究检验了其他职业变化，包括晋升、失业和退休，提供了不太一致的情况。

在以上综述中，我们回顾了在更广泛的爱情、学校和工作领域中，针对生活事件的人格特质变化的现有前瞻性研究。我们预计人格特质的变化会发生到这些生活事件对个人的思想、感情和行为产生足够强烈和持久的影响的程度。此外，与爱情相关的生活事件，如婚姻或为人父母，将更强烈地与强调情感内容和社会行为的特质变化相关（即，宜人性、外倾性和神经质），而与学校和工作相关的生活事件更有可能导致反映行为或认知内容的特质变化（即，责任心和开放性）。

(1) 哪些生活事件最重要

目前的研究状况只允许就不同生活事件对随后人格特质变化的影响得出初步结论。平均来说，每个生活事件有 3 项前瞻性研究，其中大部分只包括两项评估和经历过特定生活事件的被试的相对较小的子样本。

最一致的发现出现在两个生活事件中，这两个事件通常发生在成年早期。具体来说，向第一次浪漫关系的变迁（增加的宜人性和外倾性）以及从学校到大学/工作的变迁（增加的宜人性、责任心和开放性以及减少的神经质）似乎对年轻人的人格产生了积极的影响。这些发现至少有三种可能的解释。第一，成年早期是人格特质最容易改变的时期（Bleidorn，2015；Lucas & Donnellan，2011；Roberts & DelVecchio，2000；Roberts, et al.，2006）。因此，在这个人生阶段正常发生的生活事件可能特别容易引发人格改变，因为人格特质在成年早期比在成年中期或晚期对环境影响更敏感。

第二，这两类生活事件可能对年轻人的人格有着相对强烈的影响，因为它们在现代社会是规范的、相对普遍的经历。与其他不规范或不太例行的生活事件（如离婚或失业）相比，从学校毕业和第一次伴侣关系的特点是明显的例行行为和相对清晰的情感反应和认知需求。例如，与从学校或大学毕业相关的期望包括任务和目标导向、有组织、延迟满足感以及遵循指定的规范。如果这些行为可以被转化为特质术语（例如，责任心的提高），那么从学校毕业应该会对人格特质的改变形成一个强有力的奖励结构（Roberts & Wood，2006）。

第三，这些生活事件的结果模式与其他事件的结果模式之间的差异可能是由于研究设计的差异，包括使用了相当大且同质的年轻人样本，这些样本使用了在相对短的时间间隔内具有多个测量波次的纵向设计（Bleidorn，2012；Neyer & Lehnart，2007）。统计检验力和使用适当的时间尺度来检验人格特质的变化可能部分解释了这些生活事件更强、更有一致性的结果模式。

（2）哪些特质变化最大

属于爱情范畴的生活事件与强调情感和社交内容的特质变化更密切相关，而与学习和工作相关的生活事件更有可能导致反映行为或认知内容的特质变化。目前的研究状况没有提供明确的证据来证明不同的生活事件对不同的大五特质有不同的影响，这取决于这些事件引发行为、情感或认知内容的程度。尽管有一些证据表明，与工作相关的生活事件，如晋升到管理职位，与责任心和开放性的变化有关，但影响很小，需要在未来的研究中用更大的样本和更频繁、更适时的测量点来复验。类似地，与爱情相关的事件，如向第一次伴侣关系的变迁，被发现与强调情感内容的特质（如神经质）和强调行为内容的特质（如责任心）相关。

显然，需要对生活事件和人格特质变化的界面进行更多的研究，以确定哪些特质在某些生活事件中变化最大。特别是，需要更好地理解在重大人生变迁期间人格特质变化的过程，以预测特定特质在环境变化的背景下何时以及如何变化。社会基因组人格理论（Roberts & Jackson，2008，2016）提供了一个框架来解释个人情感、认知和行为状态的持续变化如何转化为随后的人格特质变化。其他研究则侧重于自我调控的人格特质变化以及期望、目标和自我控制的作用（Denissen, Van Aken, Penke & Wood, 2013; Hennecke, et al., 2014）。最近，Wrzus和Roberts（2017）提出了一个关于人格特质变化的总体框架，将长期的人格发展归因于通过联想和反思过程反复出现的触发情境、预期、状态和反应的短期序列。

为了更好地理解意志、行为、认知和情感短期过程是如何与人格特质的长期变化联系起来的，需要前瞻性测量突发研究设计（Neselrode，2004），在经历重大生活事件期间，纵向评估人格特质以及相关的短期过程。举例来说，最近一项关于学术交流年期间自尊发展的纵向研究采用了这样一种设计来考察短期状态变化对长期特质变化的影响（Hutteman, Nestler, Wagner, Egloff & Back, 2014）。这项研究发现，在一个学术交流年期间，状态自尊的增加预测了特质自尊在一年内的差异变化，更大的社会包容体验预测了更高的状态自尊，反之亦然。据推测，学术交流年期间的社会包容和社会活动引发了状态自尊的变化，进而导致个人特质自尊的变化。类似的研究设计需要获得更多关于重大生活事件中的短期过程及其对不同人格特质长期变化的独特影响的知识。

（3）克服先前研究的局限

这里，我们回顾了前瞻性研究的发现，这些研究考察了特定的爱情、学校和工作相关的生活事件对人格特质变化的影响。这些研究在应对生活事件的人格特质变化的性质和方向方面产生了不一致的结果，有时甚至是相互矛盾的结果。当前研究状态的不确定性部分可以由以往研究的范围和质量来解释，其中许多研究并没有明确设计来检验生活事件对人格特质变化的影响。我们将予以总结，并为将来关于生活事件和人格特质变化的研究提供了方向。

第一，大多数以往研究受到两波设计的限制，这种情况将分析局限于线性变化模型。然而，在许多生活事件的情况下，非线性或不连续的变化模型可能更适合描述在生活事件之前、期间和之后人格特质的变化（Luhmann et al., 2014）。这些模型需要超过三次测量的纵向数据，这一要求在以往的生活事件和人格特质变化的研究中很少得到满足。在重复的类似事件中，如重复的婚姻或离婚、重复的失业或再就业，也需要多波数据来检验人格特质的变化。这种设计将允许研究者检验以后事件的影响是否比第一次事件的影响更相似、更弱或更强（cf. Luhmann & Eid, 2009; van Scheppingen, Denissen, Chung, Tambs & Bleidorn, 2017）。

第二，一个关键的问题涉及重大生活事件中人格特质变化的时机（Luhmann et al., 2014）。在事件发生之前，人格特质可能会发生改变。换言之，事件的关键组成部分可能不会反映在事件的测量中。例如，与婚姻解除相关的关键情感、行为和认知变化可能早在合法离婚行为之前就发生了。这些过程可能比取消或重组婚姻的法律义务和责任对人格特质有更大的变革性影响。同样，新晋父母可能会在孩子出生前经历人格特质的改变，例如，当他们计划生育或怀孕期间（van Scheppingen, et al., 2017）。其他事件可能会对人格特质产生延迟影响，这种影响以缓慢和渐进的方式展开。例如，失业与多种消极的社会、经济和心理后果相关，这些后果可能会随着时间的推移而累积，并转化为不适应的人格特质变化。这些变化会在事件发生后的更长时间内出现。因此，在事件发生前不久开始并在事件发生后仅包括一个或几个追踪的研究可能会将事件前的变化误认为是稳定的预先存在的差异和/或没有检测到时间延迟的影响。为了检验事件前后可能发生的变化，并检测变化的关键时期，需要前瞻性研究，在事件发生之前和之后多次测量人格。

第三，因为实验设计无法研究生活事件对人格特质变化的影响，这个领域必须依赖于使用额外信息来确定变化的性质和轨迹，同时排除潜在的混淆。最近，对生活事件的研究已经开始涵盖没有经历感兴趣事件的配对对照组（van Scheppingen, et al., 2016; Wagner, et al., 2015）。这些设计允许研究者考虑并观察到控制变量的混杂影响。一个由同卵双生子的兄弟姐妹组成的匹配特别好的对照组，也可以控制未测量的影响。同卵双生子有着共同的基因型和相似的养育环境。因此，对暴露在某些生活事件中不一致的同卵双生子进行纵向同卵双生子对照研究将结合观察研究和实验设计的优点，因为同卵双生子在许多已知和未知的潜在混杂因素上匹配，包括他们的遗传背景（Bleidorn, et al., 2014; McGue, Osler & Christensen, 2010）。因此，一项预期的同卵双生子对照研究将为生活事件对人格特质变化的影响提供特别有力的支持，该研究表明，经历了特定生活事件，不同的同卵双生子其人格特质轨迹也不同。

第四，在大多数研究中，人格特质是通过自评来评估的，这可能会导致偏差，扭曲关于生活事件对人格特质变化影响的结论。使用知情人报告、行为数据或其他类型评估的多种方法可能会刺激对生活事件和人格特质变化的研究（Eid & Diener，2006）。跨评估方法观察到的模式的不连续性也可能很有启发性（Bornstein，2012）。此外，如上所述，经验抽样或事件抽样设计很少用于研究重大生活事件经历期间的人格特质变化（Wrzus & Roberts，2017）。尽管这些方法通常仍然依赖于自评，但它们具有测量人格特质变化的潜在短期过程的优势，因为这些过程发生在生活事件的经历中，并且可能有助于区分特定（行为）和普遍（人格）特质变化（Bleidorn，2009；Fleeson & Jolley，2006；Wrzus & Roberts，2017）。

第五，绝大多数研究已经考察了生活事件对人格特质等级顺序变化或均值水平变化的影响。这两种类型的变化描述了个体人格特质在人群中的变化。然而，总体层面的变化可能不反映个人层面的变化（Roberts et al.，2008）。未来的研究需要考察生活事件是否以及如何随着时间的推移影响个人的人格结构（即，自比人格的改变）。此外，人们对生活事件对人格特质相关变化的影响知之甚少。相关变化描述了一个特质的变化与其他特质的变化相关的程度。例如，外倾性和责任心之间的正相关变化表明：同样表现出外倾性增加的人也增加了责任心；而外倾性减少的人也减少了责任心（Klimstra，Bleidorn，Asendorpf，Van Aken & Denissen，2013）。根据 Soto 和 John（2012）的研究，相关变化的程度表明人格发展在多大程度上受到同时影响多个特质的广泛作用机制的影响，而不是孤立地影响单个特质领域的狭义作用机制的影响。

第六，需要大样本量来检验生活事件对人格特质变化的小影响，并有足够的统计检验力。许多以往研究比较了有或没有经历过特定生活事件的被试的相对较小的子样本。在将来对更大样本的研究重复之前，对于这些研究的结果应该谨慎解释。此外，未来需要对更具文化和人口多样性的样本进行研究，以检验观察到的影响是否会推广到具有不同文化和人口背景的个体。未来的工作应该使用多种方法评估来捕获大样本中的多个评估波次，设计能够排除潜在的混淆。

3.9 工作对人格特质发展的影响：需求—承担交易模型

在工业、组织和职业心理学中，人格通常被定义为持久和稳定的，但越来越多的研究表明，人格在毕生中都会发生改变，工作是特质发展的潜在重要影响。上文中已讨论过工作对人格特质的影响。但近年来随着实证和理论研究的进展，一种新的工作中人格发展的需求—承担交易（DATA）模型出现。DATA 模型阐明了工作中与人格相关的行为是如何被 4 个不同层次（职业、工作、团队和组织）的工作需求所召唤的，并提出人—环境（P-E）拟合作为工作中人格特质变化的主要引导机制，开发了一个影响人格的工作需求预测框架，并概述了推进这一领域的核心问题（Woods，Wille，Wu，Lievens，& De Fruyt，2019）。

人格是一种相对持久的思维、情感和行为模式，它将个人区别开来，被广泛用于理解个人在工作表现和职业成果方面的差异。虽然人格通常被认为是稳定和静态的，但研究表明，即使在成年后，人格也会发生改变（Lodi-Smith & Roberts，2007；Roberts & Mroczek，2008，for reviews；Roberts，Walton & Viechtbauer，2006）。遵循社会投资理论的理念（Roberts，Wood & Smith，2005），工作环境和经历被理论化为人格改变的关键来源，因为工作是成人生活的主要部分，工作环境/经历可以塑造一个人的价值观、社会角色和日常活动（Frese，1982）。因此，越来越多的纵向研究被用来理解工作在塑造人格发展中的作用。总的来说，这些研究承担了证据，证明了工作在塑造特质变化中的重要性。研究表明，工作经历可以解释从生物学角度（即人格特质的内在成熟）和其他主要生活经历（如婚姻）都无法解释的人格发展现象（Bleidorn, et al., 2013）。

然而，工作环境的类型、要求工人工作的心理条件以及这些环境创造的报酬结构有很大的差异。工作环境之间的这些差异会促使人格向不同的方向改变。人们对"工作"理解的这种多样性导致了对工作在塑造人格改变中的作用的分散的、不完整的理解。因此，整合这一领域研究的一个重大障碍是缺乏一个连贯的解释框架，这个框架包含了所有相关的变量，以及那些可以被认为是工作中特质变化的显著变量。最终需求-承担交易（Demands-Affordances TrAnsactional，DATA）模型被提出，其借鉴和整合了工作中人格改变研究的理论和概念模型，以及来自工业/组织、人格和社会心理学的文献。它兼具描述和解释功能。DATA 模型首先允许解释变化的机制，并利用人—环境拟合的概念，采用多层次分类方法来组织能促进特质发展的工作因素。其次，通过围绕连贯的人-环境拟合分类法对工作因素进行分类，我们随后能够组织新发表文献，以评估其迄今为止的全面性，并指出未来的研究方向。

3.9.1 工作中人格发展的需求—承担交易(DATA)模型

缺乏一个有助于理解和预测工作对人格影响的综合解释框架，这是关于工作中人格发展的文献中的一个重大空白。DATA 模型被用来解决这个缺口（图3-9）。框架中有 3 个主要元素：需求、承担和需求—承担交易。需求和承担是描述性的元素。需求元素代表了定义工作外部环境的所有情境或工作导向因素。承担代表了个人的人格属性和特征，这些属性和特征被激活或需要响应或处理环境的需求（即，在人格的背景下，工作需求需要哪些特质）中。基于人格发展模型的焦点，这个承担类别包括不同程度的广度和特异性的特质，我们将这些特质概念化为影响模型的其他因素，并受其影响。模型的第三个元素是需求-承担交易，一个解释性的元素。这一交易反映了一个过程，最初是由针对工作需求的承担（特质）激活引发的；然后，在获得称许的工作成果（例如奖励、满意度）的激励下，该过程被操作来实现承担（特质）和需求之间的拟合。这种交易应该由承担（特质）和工作需求之间的一致性水平决定，因为较低的一致性会引发更强的发展过程来接近拟合。

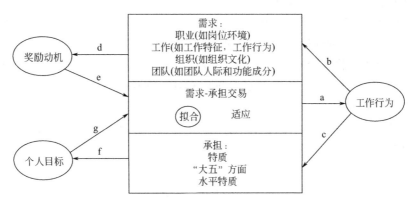

图 3-9 工作中的人格发展 DATA 模型

交易的结果最终是行为的表达，这种行为会相互影响需求和承担。我们通过包含一个基于目标形成的动机元素来完成 DATA 模型的元素，目标形成独立于需求和承担。

框架的最后一个大的方面是它的动态性。模型的所有部分都被概念化为动态状态，彼此交互。由于人格也被概念化为动态的，因此该模型将人格发展置于这个更广泛和更全面的需求—承担框架内。

3.9.1.1 需求

模型中的工作需求被组织成人—环境的 4 个主要层次，即工作、职业、团队和组织（Su & Rounds，2015）。这些层次中的每一个都是关于研究了每一个对人格特质发展和变化的影响的文献进一步阐述的。然而，与人格和表现理论相一致（例如，特质激活理论）(Tett & Burnett，2003)，工作环境的微观和宏观特征可能会激活承担。即人们的特质可以根据工作或者职业的特点，以及工作环境的特特征（即团队和组织）而被激活和发展。

3.9.1.2 承担

承担代表了对需求的心理和行为反应。在工作生活中经历的情况需要人们的个人资源。例如，考虑在工作中管理项目的需求，这可能需要各种组织技能和相关行为，以及工作人员和利益相关者管理的效率。一方面，个人资源可以包括各种个人属性，例如技能、知识、能力等；另一方面，为了工作中人格发展的 DATA 模型，我们的重点是需求如何将人格特质作为个人资源。对人格和工作表现的研究早已确定了不同特质的突出需求（Hogan & Holland，2003；Bartram，2005；Judge & Zappata，2015）；以及，人格特质也被视为个人资源，用于相关情况下的调用（Russell，Woods & Banks，2016；Gorgievski，Halbesleben & Bakker，2011）。最近，建立情境分类结构的研究纳入了人格承担的概念，作为这些模型的基础（the DIAMONDS model, Duty, Intellect, Adversity, Mating, pOsitivity, Negativity, Deception and Sociality, Rauthmann, et al., 2014; CAPTION model, Complexity, Adversity, Positive Valence, Typicality, Importance, Humor and Negative Valence Parrigon, et al., 2017)。重要的是，当目标是检查工作对人格发展的影响时，除了（跨情境）稳定性之外，人格特质的概念化还需要包含改变。

在工业、工作和职业心理学中，最常见的人格概念是"大五"/"大六"模型中的特质描述了个人在 5 个或 6 个大维度中的每一个维度或更具体的潜在层面上的立场或水平。这些特质水平描述了人们平均的思维、行为或感受，即在不同的工作环境中的行为变异。然而，最近的人格研究方法越来越多地考虑个人特质差异如何在工作中的随时表现（Debusscher, Hofmans & De Fruyt, 2017）. 例如，整体特质理论（Whole Trait Theory, WTT；见单元 1）(Fleerson & Jayawickreme, 2015) 提出了一种特质描述的密度分布观点。在这种观点中，个人的人格状态预计会定期和可预测地偏离平均人格特质水平。这种观点可以更全面地描述个人差异是如何在实际行为中表现出来的，以及特质相关行为的表达是如何受到来自环境（包括工作）的特质（或需求）的影响的。这种对人格的看法更符合我们对特质的看法。

应用特质激活理论的逻辑（Tett & Burnett, 2003），工作需求被提出来有区别地激活人格特质，让它们进入由模型更广泛的机制解释的发展过程。激活的特异性可以通过两种方式来区分，也就是说，需求可能与特定的"大五"领域相关（即与外倾相关的社会需求；与开放性相关的智力需求等），并因此在特质分类模型的定义类别中有所区别；另外，需求可能会影响到特质层次的各个阶层（带宽）。虽然一些需求可能会在抽象的广义层面上激活特质（例如外倾性），但其他需求可能会在较狭义的人格层面上起作用（例如外倾性的社交与支配层面），通过人格特质的层次结构有效区分。

关于承担的最后一个考虑因素是人格特质和其他个人属性的相互作用，如知识、技能和能力。在工作适应理论中，学习新技能或调整态度是对环境不适应的潜在反应（Dawis & Loffquist, 1987）。可以想象，这种调整策略会影响人格。例如，提高人际交往技能并付诸实践可能会导致更广泛的社交风格或社交能力的发展，这是外倾性的要素（Woods & Anderson, 2016）。此外，不同类别的承担之间可能存在长期的互动，例如在人格和智力的投资观点中提出的开放性/智力和认知能力的相互作用（Woods, Hinton & Von Stumm, 2017）。在工作中，特质是与多个个人特征和属性一起存在的。

3.9.1.3 交易

解释模型的核心是导致行为的需求和承担之间的交易。这一交易代表了对工作环境需求的认知和满足这些需求的资源配置之间的心理交流。人与环境之间的交易或交换的概念已经被提出来，以帮助理解和构建重大生活事件（Denissen, Luhmann, Chung & Bleidorn, 2018）和职业经历（Wille & DeFruyt, 2012）对人格发展的影响。这是环境对特质的发展影响模型的相关和有益的基础，因为人们隐约地认识到，任何交易的性质都取决于每一方的贡献；这个人和他们的人格特质，以及他们的工作环境的独特结合，影响了他们的发展轨迹。上述研究为基于环境因素提出人格改变的交易性质提供了基础。

交易概念从两个重要方面提升了它在人格发展过程中的地位。首先，理论假设交易在工作生活中持续发生。与其把重点放在重大事件或离散的工作选择上，我们更愿意看到有工作的各个方面规律的、微观的交易，随着时间的推移塑造人格特质（Wrzus & Roberts，2017）。其次，该理论提出了一种导向机制，即人们寻求以促进或增加与他们在工作中感知和遇到的需求相适应的方式作出回应。与我们对工作需求的多层次方法一致，这包括一个人（人—环境）的特质和工作（Job）层次上的工作特征之间的匹配（即人—工作匹配，指个人具备完成工作所需任务的特质的程度）、职业（Vocation，即 PV 匹配，指个人拥有与职业特征一致的特质的程度）、群体（Group，即人—团队匹配，指个人拥有与其他群体成员拥有的特质一致的特质，或者在满足团队功能需求方面与其他成员互补的特质的程度），以及组织（Organization，即人—组织匹配，指个人拥有与组织特质一致的特征的程度）。

人—环境匹配在工作、组织和职业心理学方面有着悠久的历史，早在 20 世纪的头几年 Parsons（1909）的工作中就开始了。从那时起，P-E 拟合的相应性质已经确立（Kristof-Brown, Zimmerman & Johnson, 2005）。在工作中获得更好的人—环境似乎是一个重要的决定因素，例如满意度和表现。然而，除了人—环境的这些经历效应，它的解释功能已经被用于与个人和特质发展相关的多种理论中。例如，在职业层面，Surper（1990）强调了作为人们优化了对自我概念的适应的长期职业发展轨迹。在组织层面，Schneider 的 ASA 模型（Attraction-Selection-Attrition）阐述了人们是如何被特定类型的组织文化所吸引，选择进入那些一致的环境。Roberts（2006）在 ASTMA（Attraction-Selection-Transformation-Manipulation-Attrition）模型中提出了该模型的进一步发展，特别考虑了组织特质对人的相互影响。

理论同时也考虑了不适应的动机特性。在工作适应理论中，被提出来促进恢复适应的行动，这本身可能会被考虑到个人资源不足以满足需求的工作环境的消极心理后果（例如，工作需求资源模型；Bakker & Demmerouti，2007）。总之，虽然人—环境是我们 DATA 模型的核心指导概念，但实现人—环境的相关积极效果（如满意度、工作幸福感和参与度）也是人格发展机制的可行结果。

3.9.1.4　发展机制

为了进一步阐述需求和承担之间的离散互动如何引发交易式发展过程，从而产生拟合，我们在文献中引入了不同的观点，承担了一个整合的视角。首先，基于社会学习理论（Bandura，1977）中提出的互惠理念，人、环境和行为可以以动态互惠的方式相互塑造。这一经典学习理论强调了对环境需求的重复经历，通过认知和情感反应导致行为，以及对行为后果的观察，如何导致典型的、有特色的反应模式。通过这样的过程，特质可能会变得精炼、强化或修改，以适应情境需求，为在需求和承担之间的互动下考察人格改变承担理论基础。

其次，根据需求和承担之间的初始一致性，两种不同的机制可以通过塑造一个人的行为来实现需求和承担之间的拟合。Roberts等（2003）提出了相应的机制，建议人们选择适合自己特点的环境，这些特点的相应激活和表达有助于加强和深化它们。模型中的发展过程是以强化和深化特质的方式激活和表达特质。例如，在一个繁忙的面向客户的环境中，社交能力可能是执行关键工作任务的优势。通过这种途径，对于高度社交化的员工来说，这种特质的激活和表达将有助于加强和深化这种特质。

然而，当特质与需求不匹配时，也可能会促进发展，这暗示了一种替代机制。在这种情况下，一种情况需要的可能不同于与一个人的特质相关的典型反应方式，从而引发一种调整机制。特质激活理论（Tett & Burnett, 2003）通过外在和内在的工作奖励，结合了特质行为路径的调节，认识到人们可能会被激励去违背自己的特质，以获得工作的某些金钱或非金钱（如满足感、幸福感）利益。如一个人缺乏社交能力（例如害羞或社交矜持），其典型的社交风格可能与有效履行职责不相容。因此，为了获得这份工作的利益，其可能需要以与他们的特点相反的方式行事。

工作适应理论描述了人们如何通过对自己采取行动来发展技能、适应行为和改变态度来回应他们的工作需求（Dawis & Lofquist, 1984）。简言之，如果特质不适合需求，那么发展可能会被推动，从而相应地采取适当的行为（Su, Murdock & Rounds, 2015）。通过学习过程，这种新的行为变得更加强化、实践和自主，因为它被部署在相似和一致的工作需求和情境中。随着时间的推移，这种强化很可能是人格发展的机制。同样，发展的方向是增加人—环境拟合。

无论运行哪种机制（即响应或调整）来实现需求和承担之间的匹配，长期的人格特质发展都应该基于累积的短期或微观个人—工作环境交易，这可以从最近开发的TESSERA框架中理解（Wrzus & Roberts, 2017）。TESSERA模型假设长期的人格发展是由于重复的短期情景事件和过程。这些短期过程可以概括为触发情况、预期、状态/状态表达式和反应的递归序列。触发对工作中的人格特质有显著影响的情况，当与在这些情况下塑造所需行为的绩效要求相结合时，以及在工作和职业中的长期职位，可以令人信服地解释长期的人格成长模式和成年后的变化（即人格特质和行为模式的连续性和持久变化）。总的来说，在DATA模型中，需求和承担之间的交易会推动一个过程，通过这个过程，人格特质会随着工作需求而发展。根据需求和承担之间的初始一致性水平，将运行相应的机制或调整机制，通过随时间的重复和累积交易来加强需求和承担之间的匹配。

3.9.1.5 行为：需求—承担交易的结果

前面的讨论已经提出了一种需求—承担交易机制，作为一个关键的过程，通过这个过程人格特质会随着工作需求而发展。工作中的行为扮演着重要角色，是交易的产物（图3-9中的路径a）。人—环境拟合的强化的方向性影响导致行为既是人的心理资源的独特构成的产物，也是他们的工作环境所呈现的需求的产物。然而，正如在社会学习理论中一样，行为也对需求和承担施加回馈影响。一方面，行为自然会以各种方式影响工作环境，影响未来的工作需求（图3-9中的路径b）；另一方面，随着行为变得越来越熟练、自动化和习惯性，个人技能和能力得到发展，特质得到修正、强化和完善（图3-9中的路径c）。在我们的需求-承担例子中，不符合以上要求的人（即在繁忙、面向顾客的环境中工作的社交能力低下的人），重复与工作相关的社交行为（例如，与顾客互动、发起交流、热情交谈等）可以及时导致更高的社交能力特质的发展。行为变化与随后的人格特质变化之间的关联在最近的发展干预研究中得到了证实（Hudson，Briley，Chopik & Derringer，2018）。

3.9.1.6 目标

工作中人格发展的解释模型的最后一个要素是目标和动机作为需求—承担交易的输入的作用。动机的重要性在成年期人格发展的一般观点以及特质激活理论中得到强调。

人格发展的相应机制（Roberts，Caspi & Moffitt，2003）被提出，人格特质会引导人们选择环境或做出决定，从而实现与特质相关的目标。一个例子是追求亲密和积极的关系或亲社会的目标的人其宜人性更高。对这些目标的追求相应地加强和深化了这些相同的特质（Woods，Lievens，De Fruyt & Wille，2013）。"有目的的工作行为理论"（Theory of Purposeful Work Behaviour，Barrick，Mount & Li，2013）中提出了类似的工作激励机制。该理论提出了通过追求更高目标的过程，特质对行为产生定向影响。因此，一种激励机制来自我们模型的承担（图3-9中的路径f和g）：作为个人特征的人格特质将工作行为的总方向导向个人杰出目标的实现。例如，这可能会影响不同的人对类似工作需求的反应。

然而，工作作为人格特质发展的背景，也从模型的环境需求方面引入了动机因素（图3-9中路径d和e）。如前所述，特质激活理论将外在和内在奖励定位为决定或调节行为特质表达的因素。当回应工作需求时，人们的行为来自一套复杂的认知评估。它们包括对需求状况和心理特质的感知以及相关的承担。当特质和个人资源被判断为与工作需求不一致时，就会启动一个调整过程，以与个人的典型风格或行为背道而驰的方式作出回应。工作带来的回报强化了以这种方式作出回应的动机（实际上是违背人格特质的行为）。为了获得工作的益处，人们必须承担所需的绩效标准，而不管这些标准是否与偏好的行为方式相一致（例如，在管理工作中需要有组织、有体系的低责任心的人）。

也许最有趣的是特质相互作用以不同的方式影响目标的时候。在上面的例子中，一个缺乏责任心的人可能需要以有组织的方式行动来获得进步或晋升。然而，这种结果在多大程度上是可取的，这本身可能取决于其他特质，如雄心和成就取向。

3.9.1.7 制定影响人格的工作需求解释框架

到目前为止，影响人格发展的工作需求的解释框架是不易理解的，部分原因是工作需求的分类是高度描述性的，因为它们描述了人们被要求做什么，或者他们经历的环境，或者需要执行的 KSAOs（Knowledge，Skills，Abilities，Other Characteristics）。然而，目前还没有一种系统的方法通过人-环境相互作用的视角来检验潜在的分类结构。

在模型中，特质的发展是因为它们代表了处理情境工作需求的能力。从逻辑上来说，发展一种整合的对工作需求的理解和分类，可以影响人格发展，这些需求不仅必须根据其在工作、职业、团体和组织特征方面的特殊性程度来分类，还必须根据其对人格特质的突出程度来分类。不同的特质或多或少与不同的工作绩效要求相关的研究在工作中的特质—行为关系理论（例如特质激活理论）和效标效度研究中已经得到了很好的证实（Hogan & Holland，2003；Judge & Zappata，2015）。通过确定工作的突出需求对特定特质承担的匹配，应可能有助于预测哪些特质可能会随着特定需求的经历而发展。简单地说，例如，在职业层面，RIASEC（Realistic，Investigate，Artistic，Social，Enterprising，Conventional）中艺术和研究型职业环境凸显出对于开放性/智力的需求（Woods & Hampson，2010），为预测需求—承担交易过程提供了基础，该流程旨在提高 PV 拟合度，有助于提高从事高度艺术或研究型职业的人的开放性/智力。

DATA 模型允许回顾文献，以根据需求水平（即职业、工作、团队或组织特征）对研究进行纵向分类和组织，以及依据特质作为需求承担者的突出地位，横向跨特质进行分类和组织。在后一种情况下，"大五"代表了一个简约的初始分类系统，尽管我们认识到特定的需求也可能与人格的较窄方面有关。

3.9.2 人格发展和工作需求

DATA 模型围绕工作需求以及研究者对人—环境拟合的相关测量的四个层次进行。在每一部分中，研究者确定工作需求因素与特定人格特质变化的关联。基于解释模型，这些特定的关系有助于理解特质如何作为工作环境需求的承担。有四个人们需要承担的工作需求来源。这些需求是精心挑选的，因为它们与这个框架中的核心解释过程相关，即人—环境拟合（Su，Murdoch & Rounds，2015）。更具体地说，工作、职业、团体和组织层面的需求被用作相关类别，以区分不同的工作适合程度（Kristof Brown，Jansen & Colbert，2002）。该模型既服务于描述性整合功能（即总结迄今为止的文献发现），也服务于预测性展望功能（即提出一个连贯的工作因素模型，该模型在概念上可能会影响特质发展，但至今尚未进行研究）。

3.9.2.1 工作特征

在人—环境拟合的背景下，Kristof(1996)将工作确定为"一个人为了换取雇佣而预期完成的任务，以及这些任务的特征"。DATA 模型将工作水平的需求具体分类为一个人在实现其工作需求时所要求的任务和活动，以及这些要求的一般特征（例如，一个人在决定如何执行任务方面拥有自主权的程度）。

更详细地说，现有的基于工作的需求模型描述了不同具体程度的工作特点。例如，工作特征模型（Hackman & Oldham, 1980）描述了与心理相关的相关工作场所的特征，即技能多样性（即执行的任务范围和要求执行的技能）、任务同一性（即从开始到结束完成整个工作的能力）、任务重要性（即工作对他人的影响）、自主性（即员工对其任务的自由裁量权）和反馈（即工作向员工提供有关其绩效的信息的程度）。

鉴于任务特征明显的工作特殊性，对其进行分析更为复杂。与工作特征模型不同，对工作任务的描述应该代表对要做的工作的功能性描述，而不是对工作性质的更深层次的心理剖析。在这种高级别的特殊性下，一个对任务需求进行分类的示例和方法是 O*NET 内容模型（occupational information network 系统是一项由美国劳工部组织发起开发的职位分析系统）(Peterson, Mumford, Borman, Jeanneret & Fleishman, 2001)，其中包括与职业类别中的工作相关的任务和特点的详细描述。例如，分类法描述了广义的工作活动和具体的工作任务，以更直接的方式描述了一项实际上需要做的工作。此外，O*NET 还提供了工作需求到满足这些需求所需的一般工作风格的一些转化，为链接需求和承担提供了潜在的有用启发。我们在审查的讨论部分具体会论述到这一点。

3.9.2.2 应对工作特征的人格发展研究

人—工作拟合一直是最普遍研究的人-环境拟合之一，因为大量的注意力都集中在根据求职者的技能来选择合适的职位上。关于人格和工作环境之间相互关系的大部分研究都集中在这一层次的分析上。即一系列的研究已经研究了人格是如何预测的，并且是由工作级别的特征来预测的。一些研究包括（仅）一组特定的孤立工作特征，而另一些研究则考虑了整合工作特征的既定框架，如工作特征模型和工作需求控制模型。

Mortimer 和 Lorence（1979）是第一批研究工作内容与人格发展相关性的人。他们观察到，劳动力进入之前的胜任感（或自我效能感）积极预测了未来的工作自主性。此外，那些在工作中经历了更大自主性的人在接下来的 10 年中能力有所提高。Roberts, Caspi 和 Mofitt（2003）的一项开创性研究通过调查四种人格特质（约束、消极情绪、个人的积极情绪和集体积极情绪）和"综合工作经历"之间的相互关系，包括资源权力、工作自主性和工作激励等工作特征扩展了这些结果。人格特质（18 岁）和后来的工作经历（26 岁）之间的预测关系得到了充分的支持。例如，消极情绪得分较高的青少年经历了一个动荡的、相当不成功的向工作的变迁，这表现在较低声望的工作、较低的工作满意度和经济不安全感；积极情绪的公共成分得分较高的青少年（即人际关系取向和在这种环境中经历积极情绪的倾向）

则有相反的经历。重要的是，26岁时的两个工作特征也解释了人格改变的部分原因，尤其是积极的情绪。更具体地说，26岁时更高水平的工作刺激和自主性解释了18～26岁之间这一特质相对增加的原因。

Le、Donnellan 和 Conger（2014）通过研究这些相同的人格变量与更广泛的"工作条件"之间的相互关系，复验和扩展了这些发现，这些"工作条件"包括健康、自决、安逸、物质福利和工作安全/质量的衡量标准。类似于 Roberts 等（2003），工作特征与人格的变化有关，当使用父母报告而不是自我人格报告时，这些影响也会被复验。特别是，那些报告说他们的工作不允许他们使用自己的技能；压力大，不太合适，没有提供安全的工作环境，质量低；有一定程度的危险；随着时间的推移，消极情绪会增加。

其他的研究采用了更为综合和更为成熟的工作特征模型。这一传统的最早例子之一是 Brousseau 和 Prince（1981）的一项研究，该研究利用工作特征模型（Hackman & Oldham，1976）评估了一整套心理相关的工作场所特征，包括技能多样性、任务同一性、任务重要性、自主性和反馈。这些特征来自一家公司的工程师、科学家和经理样本。技能多样性、任务同一性和任务重要性与7年时间内情绪稳定性的提高（或神经质的降低）有关。有一份对他人生活有深远影响的工作也与社会支配地位的提高有关（即外倾的一个方面）。

作为对这些结果的补充，两项研究调查了大五人格与工作需求控制模型（Job Demand-Control Model，JDCM）（Karasek，1979）。JDCM 描述了预测工作压力的四个独立维度的工作环境：决策纬度、心理需求、身体需求和危险工作。Sutin 和 Costa（2010）调查了 JDCM 工作特征和大五人格特质之间在10年时间间隔内的相互关系。基线人格与工作特征的变化相关，尤其是决策纬度。更具体地说，神经质高的被试在决策纬度上有所下降，而在基线时外倾、开放、责任心高的被试在10年追踪中报告了更多的决策纬度。重要的是，没有一个工作特征在因素层面上预测人格的变化。这些作者得出结论，人格塑造了工作特征，但是职业经历对人格的影响最小。

然而，使用相同的 JDCM，Wu（2016）的研究显示，时间需求和工作控制（即决策自主性、工作方法自主性和工作时间安排自主性的结合）在给定时间形成了工作压力；随着时间的推移，时间需求的增加预测了工作压力的增加，这随后预测了神经质的增加，外倾性和责任心的下降。此外，工作控制的增加直接预测了宜人性、责任心和开放性的增加，但没有预测神经质和外倾性的变化。这项研究得出结论，工作条件可能是人格改变的重要驱动力，工作压力被认为是外倾性和神经质变化的一个关键特征。

总之，研究回顾表明，大量的研究已经调查了人格发展和工作特征之间的相互关系，大量的工作需求是从描述工作压力和/或资源的框架中提炼出来的。这解释了为什么大多数从工作到人格发展的预测效果都是针对神经质（或消极情绪）的，因为这是与压力最相关的个人属性。为了更全面地理解工作对人格发展的预测作用，需要工作特征的更大可变性。更具体地说，未来的研究需要考虑更好地捕捉人们在工作中实际（需要）做什么的工作特征。因此，需要更多地考虑工作内容。我们在讨论部分会回到这一点。

3.9.2.3 职业特征

职业特征描述了高度抽象的工作环境。更具体地说，在这个层次上概念化的工作需求与更高级别的动机结构（例如价值观、目标、人格和兴趣）相关，在不同职业之间有很大差异，对这些从业的人提出了非常不同的要求。例如，霍兰德职业特征和兴趣分类（Holland，1985）是职业心理学中研究最多的模式之一（Nauta，2010），并描述了6种职业环境（即RIASEC，包括实践型、探索型、艺术型、社会型、企业型、传统型），这几类职业环境对员工个人提出了非常不同的要求，而这些要求又可以与人的人格（Barrick，Mount & Gupta，2003）、更高层次的动机和价值观相关联。其他框架承担了职业相关特征或特点的替代模型，如 Schein（1978）的职业定位（Career Anchors）或 Hoekstra(2011) 的职业角色。在DATA模型中，如果需求是指适用于多项工作的工作的一般特征，我们将它们归类为职业水平。也就是说，他们应该用不特定于个人工作的方式来描述工作特征，而是在更高的抽象层次上代表环境，捕捉任务、目标、价值观、规范和与职业相关的行为期望的复杂组合。

3.9.2.4 人格发展与职业特征研究

大五人格特质和霍兰德大六职业兴趣类型之间存在可靠的同时发生关联（Barrick, et al., 2003；De Fruyt & Mervielde, 1997；Larson, et al., 2002）。在一项关于大五人格特质和RIASEC职业特征的研究中，Wille 和 De Fruyt（2014）追踪了毕业后职业生涯头15年的大学毕业生纵向群组。大五人格特质和RIASEC职业特征的自我报告是在职业生涯开始时和15年后收集的。结果首先表明，人格塑造了早期的职业选择以及未来的职业规划。例如，进入劳动力市场前的开放性积极预测了职业生涯开始时的社会工作特征，随着职业生涯的展开，这些高开放性的个人也进一步加强了他们工作环境的这一方面。重要的是，职业特征也影响人格发展的模式，这表明特定类型的工作环境会产生不同的社会化效果，这种效果会与特定职业的工作需求联系起来。

使用相同的纵向样本，但是从稍微不同的角度考察职业特征，Wille，Beyers 和 De Fruyt（2012）也检验了大五人格特质和 Hoekstra（2011）的 6 个职业角色之间的相互关系。与这些角色中的每一个相关的要求都可以与大五人格特质联系起来（Wille, et al., 2012）。也就是说，制造者和专家角色在概念上与责任心特质相关；向导和发言人分别与涉及人际关系的宜人性和外倾性特质相关；作为领导角色的导演和激励者与外倾性特质相关。Wille 等（2012）的纵向分析首次表明，基线人格预测了职业生涯开始时的早期职业角色参与。例如，外倾性正向预测了在职业生涯早期参与演讲者、导演、激励者和向导的角色；而责任心正向预测了专家角色的参与。此外，基线人格预测了角色参与的后续变化，展示了职业是如何设计的，以增强人—环境的拟合。最后，随着时间的推移，职业角色的变化与人格的变化有关，说明了职业角色和人格是如何随着时间的推移协同发展的。

最后，侧重于一种特定类型的职业，Niess 和 Zacher（2015）研究了人格和管理职业之间的相互关系。经验开放性对进入管理职业有积极的预测，而这些职业经历反过来又加深了这种人格特质。有人认为，在管理职业中，员工经常会遇到挑战性的情况，要求他们利用自己的发散思维技能，产生新想法的潜力或创造力，所有这些都是开放性的方面。

3.9.2.5 群体特征

群体特征可以指特定工作组或团队的背景，一直延伸到组织的部门、地区或分支。表征群体的一种常见方法是关注单个群体成员的心理特征（如价值观、目标、态度或人格特质），并将这些特征汇总到更高的层次（Seong, Kristof-Brown, Park, Hong & Shin, 2015）。例如，Prewett、Brown、Goswami 和 Christiansen（2016）发现，团队人格构成影响成员的表现。然而，对群体层面特征的补充方法侧重于本质上超越个人层面的特征，如气氛（Anderson & West, 1996），这是团队共同工作方式的特征。例如，气氛结构包括参与性安全感、对创新的支持、团队愿景和任务定向。出于 DATA 模型的目的，我们将潜在的群体需求归类为由一个工作组中的多个人的社会规范或聚合风格和工作方式所产生的，然而该群体的边界是被定义的。

3.9.2.6 群体特征对人格发展的影响研究

关于工作中人格发展的文献忽略了团队的背景，认为这些需求会引发导致人格发展的承担。这是一个明显的空白和疏忽。工作团队可能是与社会化过程发生背景的最接近的代表。团队由一套相对稳定的规范、角色期望和共享的知识和意义系统（如团队氛围、心智模型）来管理。这些非正式结构是通过一个群体发展历史中成员之间的社交和基于工作的互动产生的。新成员对这种稳定的结构提出了潜在的挑战，因此需要团队成员努力将这个人同化进而使其融入其中。与此同时，新成员面临着一个新颖而模糊的社交和工作环境，可能会试图对这个群体施加影响，以顺应他们独特的属性和需求（Moreland & Levine, 1982）。

团队人格的动态多层次理论（Gardner & Quigley, 2015）提供了个人和团队人格如何相互作用和相互影响的理解。一个工作团队在这里被定义为两个或更多个人的相互依赖的集合，他们共同对特定的结果负责（Sundstrom, De Meuse & Futrell, 1990）。这些人在社交上相互交流，表现出任务的相互依赖性，拥有一个或多个共同的目标，并嵌入到更大的组织场景中（Kozlowski, Gully, Nason &

Smith，1999）。团队人格出现在这个模型中被描述为一个自下而上的编译过程，这个过程发生在人与人之间的互动以及开放团队系统中更广泛的环境中。这个模型偏离了个体人格稳定的理念，而主要原因是团队人格是动态的，随着团队成员之间以及与环境的互动，团队人格会随着时间的推移而演变和变化。

另一个有趣的问题是群体需求与工作需求之间的互动。例如，van Knippenberg、De Dreu 和 Homan（2004）将任务需求和复杂性定位为群体多样性对任务细化和绩效影响的调节变量。从逻辑上来说，在不同的任务复杂性水平下，人格特质可能会以反映人—团队相似性或互补性的方式朝着符合需求的方向发展。需求可以激活反映与其他同事相同特质风格的承担（即所有成员对团队绩效都有类似贡献），或者补充风格（即成员对团队任务和绩效有独特贡献）。人—团队拟合与人—工作拟合的互动前景指向下一个关键挑战：研究在工作中人格的变化，即工作因素在不同层次上的交互作用。

3.9.2.7 组织特征

表征组织的方法已经确定了一系列个人或多或少会被组织吸引的因素（Schneider，1987），包括规范和价值观（Chatman，1989）和组织文化（Schein，1985）。特别是文化建模（即典型的行为和表现方式）已经在各种框架中尝试过（Van den Berg & Wilderom，2004；O'Reilly，Chatman & Caldwell，1991）。文化维度可能会影响日常工作活动中优先事项的产生和决策的方式，从而在不同程度上引发不同于工作预期的特质。

在 DATA 模型中，当需求代表了可以描述整个组织的因素时，我们会在组织层面对需求进行分类。这些将是组织文化最明显的特征。

3.9.2.8 针对组织特征的人格发展研究

与群体特征一样，我们没有发现关于人格特质是否针对组织层次需求发展的具体问题的研究。鉴于缺乏研究，我们建议未来的研究来调查，例如，新成员是否调整他们的人格剖面来提高人—组织的拟合。有趣的是，过去关于人—组织拟合的研究提供了一些关于特定活动和机制的方向，这些活动和机制可能有助于这种形式的组织人格社会化。例如，Louis（1980）提出，与成员的互动有助于新成员之间的意义建构、情境识别和文化适应。这种互动可能发生在公司赞助的社交活动或导师项目中，在这些项目中，新成员被鼓励与不直接监督他们工作的高级组织成员建立关系。就参与社会活动导致更大程度的社会融合而言，新成员将开始依赖现任者的特质作为自己行动的参考点（Terborg，Castore & DeNinno，1976）。同样，与导师的关系也有助于组织社会化，因为资深成员可以提供更广泛组织的文化信息。

3.9.3 对未来工作中人格发展研究的意义

自 21 世纪初以来，人格心理学家越来越关注生活经历对人格发展的影响，包括工作在这些过程中的作用。随着人格可塑性的证据开始增多，工作和组织心理学家也对这一领域的研究做出了贡献，很快，这就产生了大量关于人格和工作之间相互关系的研究成果，但这些成果也是零散碎片化的。

为解决这一碎片问题，这部分综述组织文献提供一个综合模型，同时提供描述和解释功能，提出了需求—承担交易（Demands-Affordances TrAnsactional，DATA）模型。在这个模型中，将人—环境作为工作中人格发展的核心机制，将人-环境拟合（即拟合工作、职业、团体和组织特征）作为组织框架，对可能影响人格的工作特征进行分类。DATA模型满足了理论和概念理解的需求，即为何、怎样以及以何种方式人格特质会随着工作需求而发展。

未来研究的方向要证实这种方法的贡献，主要影响分为4个主题：工作需求领域的内容覆盖，从人—环境互动的角度看待工作中的人格发展，关于意志特质变化及其适应性的未决问题。

3.9.3.1　人格发展研究中工作领域的内容覆盖

DATA框架的一个好处是它起到了描述性的作用。人—环境拟合水平的应用提供了一个信息结构，我们可以根据它对迄今为止的文献进行分类。在人—工作拟合水平下，未来研究需要详细检验工作活动和任务特征对特质发展的影响。虽然许多研究已经检验了工作水平对人格发展的影响，但是迄今为止还没有研究试图使用详细的任务和活动分析信息来预测工作对人格的独特影响。

定义工作需求的详细分类方法（例如在O*NET内容模型中）旨在描述代表工作或职业的有效表现的任务，从而能够说明满足这些需求所必需的特定人员。将绩效要求明确纳入工作中的人格发展研究，将会更有效地将新文献与工作环境中人格研究的主导范式，即情境中特质的标准效应结合起来。鉴于在工作中获得绩效奖励的动机影响，发展更适合这种与绩效相关的工作特征似乎是一个可能但被忽略的研究领域。

目前没有任何研究考察组织或群体特征对特质发展的影响。这是一个更广泛的潜在研究领域，我们提出两个特别值得注意的方向。首先是关于组织文化和团体气氛的社会规范影响。在这两种情况下，DATA模型中的需求方代表了一种完成事情的规范风格，人格特质可以根据这种风格进行调整。其次，特别是在群体特征的情况下，分配给群体的任务以及子任务在具有不同特质和技能的人群中的分布，代表了对特质发展的进一步潜在影响。例如，有可能提出工作层面因素与团队层面因素的交互作用，其中关键绩效需求取决于团队行动的相互依赖。

并非所有的工作因素都能完全符合DATA模型中分类的工作需求水平。例如，整体工作角色可以被认为是介于工作和职业需求之间。然而DATA模型的目的并不是提供一个互斥的分类，而是提供一组广泛的综合领域，围绕这些领域可以构建工作因素，并检验关于特质变化的文献状态。

3.9.3.2 拓展工作中人格发展的人—环境视角

我们的 DATA 模型的主要含义之一是，工作需求因素可以至少以两种方式进行分类：①基于它们在需求类别特定级别（例如职业、工作、组织、团队）中的位置；②它们对于特定人格特质的凸显性，这是一个重要的特性，有助于推动研究工作中人格发展的更清晰的人—环境互动视角。研究未能达成整合理解的部分原因是工作需求与人格特质之间缺乏一致性；如果有一致性，这将有助于预测以及研究设计。

当然，有一些很好的例子来引导这种研究。在情境分类文献中，DIAMONDS（Rauthmann, et al., 2014）和 CAPTION（Parrigon, et al., 2017）模型描述了心理状态的多维分类，这些分类与人格维度有着明确的联系。例如，人际环境因素与外倾性和宜人性相关，而与目标成就和工作相关的因素显然与责任心相关。为了理解工作对特质发展的影响，这些情境分类法的一个含义是，需要根据它们对人格的心理凸显度来构建需求，而不是根据他们的描述性特质。例如，在 O*NET 模型中，与其将工作活动与职业特定任务区分开来，不如根据这些职业维度与特质的相关性（例如，哪些特质与外倾性、宜人性等相关）来对这些职业维度进行分组。

Judge and Zappata（2015）正是采用了这种方法，并运用了 6 项关键的工作需求来指导关于不同工作环境（要求独立、关注细节、强大的社交技能、竞争、创新以及与令人不快或愤怒的人打交道的职业）特质凸显性的假设。这些被以各种方式分配为与"大五"的每一个相关，专家编码者被用来根据个人职业特征对工作需求维度的分配来创建综合分数。在工作中的人格发展研究中，运用类似的思维和方法将特质与工作需求联系起来，可以更清晰地勾勒出工作需求可能激活的方式，并对特定的人格特质产生重要影响。

然而，特质发展的研究主要集中在广义的人格维度以及相应的广泛的工作因素。带宽—精确度（bandwidth-fidelity）问题是人格文献中一个定义明确的概念（Stewart, 1999），其含义是狭义的人格"方面"特质对特定或相应狭义的工作标准产生更强的影响，而宽的人格结构在更广义的范围内产生更弱、更分散的影响。在模拟工作对人格的交互影响时，应该考虑到带宽—精确度问题。狭义的职业和工作因素可能会对大五人格特质领域产生有限的发展影响，但可能会对特定的人格方面产生更深的影响。例如，检验工作对更广泛人格特质的影响可能需要考虑多种工作因素的组合。简言之，虽然这一领域未来研究的一个重要方向是研究更具体和更详细的工作因素对人格的影响，但随之而来的挑战是使用例如特质方面的模型在适当的特定水平上测量人格。通过这样做，文献可以对更广泛的关于方面水平的人格特质和工作之间相互作用的研究有所帮助（Woods & Anderson, 2016）。

包括更广泛的变量，未来的研究需要也考虑人格的发展过程，包括调节和或中介工作需求影响的其他个人特质。例如，性别等人口学特征可以调节发展轨迹。长期以来，随着男性和女性发展职业偏好，社会化的影响被认为是不同的（Woods

&、Hampson，2010），这些期望可能会影响需求—承担交易的结果。

在人格发展过程中，其他个人特征也可能有影响，甚至能解释人格发展。例如，认知能力会影响对工作需求的有效感知。通过培训获得技能可以促进有效的调整以满足需求（即，潜在的中介特质发展过程）。检验这些更复杂关系的本质将是未来研究的主要挑战。

3.9.3.3　意志人格的变化及其适应性

改变对人格稳定性的概念理解会引发这样一个问题：工作中的训练和发展干预是否会导致人格改变（Allan et al.，2018）。然而，注意到这样一个问题在学术文献中可能被认为是"激进的，甚至古怪的"（Mroczek，2014），这一点并不夸张，几十年来，人格的稳定性一直是学术文献的理论支柱。因此，在工作发展的背景下，没有找到任何关于旨在发展人格特质的工作场所干预措施的已发表论文就不足为奇了，比如"大五"模型。在这方面，工业、工作和组织心理学文献远远落后于健康和临床心理学类文献；从这些文献的文字中可以看到，关于干预效果的研究方兴未艾。例如，从临床治疗的角度来看，Roberts、Luo、Briley、Chow、Su 和 Hill（2017）对针对临床状况的干预措施后的人格改变文献进行了系统的回顾。他们对 207 项研究的回顾揭示了外倾性和情绪稳定性，以及在较小程度上的宜人性和责任心的可靠变化效应。最近，一项针对行为改变目标的干预被发现可以预测非临床样本中的意志特质改变（Hudson，et al.，2018）。

此外，没有研究直接考虑到工作中的人格改变是否是一个适应性过程的问题。这是一个基本的考虑因素，是如何将人格随着工作的变化概念化的。从一个角度来看，对环境需求的适应增强了拟合，实现了更大的成就，因此符合适应性发展。的确，工作需求资源对工作投入和倦怠的观点强调了需求和满足需求的个人资源相匹配的积极心理益处（Bakker & Demerouti，2007）。然而，从另一个角度来看，发展和变化是工作不拟合的结果，可能会导致心理紧张，这似乎是合理的假设。例如，在工作—家庭界面（Work-Family Interface，WFI）模型中，行为冲突（需要在工作中表现出与在家不同的行为）被概念化为 WFI 的一个负面特征（Carlson，Kacmar & Williams，2000）。也许改变以适应工作需求的需要会对心理幸福感产生同样负面的影响？需要进行研究来解决这个问题。

3.9.3.4　对职业发展和咨询的启示

职业发展和咨询从业人员在根据职业要求分析特质时的传统方法通常包括评估人格特质，以促进人们与职业或职位的匹配，隐含地将特质方面视为固定的，职业方面被视为可变的（Parsons，1909；Holland，1985）。以往文献表明，这种隐含的稳定性假设是不正确的。根据这一假设操作，职业指导和决策存在根本上的风险，因为它们不承认个人及其特质的变化和成长潜力。这种方法需要修改，这样职业顾问不仅要考虑适合个人偏好的职业，还要考虑客户在他们想从事的职业中寻求个人发展的方式，但这在某种程度上可能与他们的特质不一致。作为职业心理学家和职业实践者，现在是时候超越人—环境方法中简单的"稳定"人格概念，进行咨询和指导了。

我们对围绕 O * NET 内容模型工作的关于特质发展的新研究文献进行了分类，这提升了这种思维被构建到已经熟悉模型组成部分的实践者的理解中的潜力。例如，职业顾问根据客户的特质剖面，从 O * NET 模型中测验员工的特质，可以将两者之间的不匹配视为"通过发展需要弥补的差距"，而不是将这些视为长期工作不满的潜在来源。然而，这一启示使人们更加需要关注对工作中人格改变的心理影响。

最后，职业顾问和指导在满足对工作中的干预措施及其对人格影响的研究需求方面发挥着关键作用。尽管在文献中是以样本群体为模型的，但我们敦促大家记住，人格改变是个人层面的经历，因此，专注于个体员工适应工作的具体需求的干预措施可能会为工作中的学习和调整对长期人格改变的影响承担最清晰的证据。正如 TESSERA 模型从多个短期事件中提出长期发展影响一样，长期发展可能是工作中学习计划中积累的发展干预措施的结果。

3.9.4 需要—承担交易模型小结

我们的工作影响着我们对自己到底是谁的认知。这是越来越多关于工作对人格特质影响的研究的结论。然而，这一综述强调了需要给这些新文献带来更大的整合，这样我们可以理解对人格特质发展很重要的工作因素，并设计未来的研究来解决重要的问题，这些问题的答案是推进这一领域的文献所需要的。工作人格发展的 DATA 模型为描述和解释功能服务，以促进对工作因素对特质变化影响的理解和未来研究的形成，建立一个关于人格和工作在工业、组织和职业心理学中相互作用的一致的模型。这种方式也可能有助于心理学家理解成人的人格过程，工作被恰当地定位为指导我们的人格如何发展和变化的关键生活经历。

3.10 气候对人格的印记

不同地理区域的人的人格特质不同，这种人格上的地域差异已经被证明可以预测一系列广泛的心理、政治、经济和健康结果（Allik & McCrae, 2004; McCrae & Terracciano, 2005; Rentfrow, Gosling & Potter, 2008; Rentfrow & Jokela, 2017; Schmitt, Allik, McCrae & Benet-Martínez, 2007; Obschonka, Schmitt-Rodermund, Silbereisen, Gosling & Potter, 2013）。然而，之前还不清楚是什么导致了这些地域人格差异。因为人类经常经历环境温度并对环境温度做出反应，所以温度是一个关键的环境因素，与个体习惯性的行为模式相关，因此也与人格的基本维度相关。人类不断经历环境温度并对其作出反应。因为世界各地的温度差异很大，温度通过影响作为人格特质基础的习惯行为来塑造人格的基本维度。温度可以通过影响个体行为直接塑造人格（例如，探索户外而不是待在室内），而不那么直接地通过影响指导个体行为的集体活动（例如，农业）(Talhelm, et al., 2014)。因此，不同环境温度的地区可能会导致不同的人格特质模式。人格被定义为"影响个体对环境反应的个体特质的交互集合"。用来描述人类的数百种人格特质在很大程度上被5个大维度所捕捉，通常被称为"大五"，即宜人性、责任心、情绪稳定性、外倾性和对经验的开放性 (Goldberg, 1992)。这5个人格因素可以进一步归纳为两个高阶因素："Alpha"（宜人性、责任心和情绪稳定性），代表社会化和稳定性因素；以及"Beta"（外倾性和对经验的开放性），代表个体成长和可塑性因素 (Digman, 1997; DeYoung, 2006)。环境温度适宜性是与人格相关的一个关键因素，这一命题基于一个事实，即作为一个温血物种，人类存在对保温舒适的需求 (Vliert, 2013; 2017)。适宜（即温和的）温度鼓励个体探索外部环境，在那里，社交互动和新经历丰富；相比之下，当环境温度太热或太冷时，个体不太可能外出（例如，会见朋友，或者尝试新的活动）(Cohen & Felson 1979)。这种观点与依恋理论是一致的。依恋理论指出，当个体感到心理安全时，其更有可能探索自己的环境 (IJzerman et al. 2015; Ainsworth & Bell, 1970)。

基于这一推理，该研究假设在更温和的温度下成长的个体在社会化因子（Alpha）和个体成长因子（Beta）上都更高。关于社会化因素 Alpha，研究发现人格特质部分是通过社会互动发展的 (Caspi & Roberts, 2001; Triandis & Suh, 2002)。更适宜的温度有助于社交，对社交来说，宜人性、责任心和情绪稳定性很重要 (Chiaburu, et al., 2011)。此外，适宜的温度被证明能提高积极情绪 (Cunningham, 1979)，并使个体表现得更亲近社会 (Fetterman, Wilkowski, & Robinson, 2018)。关于个体生长因子 Beta，更适宜的温度会促进更广泛的活动，这可能会导致个体变得更加外倾，以及增加经验开放性 (Tucker & Gilliland, 2007)。一项对 49 种文化的研究显示，文化区域的平均温度与人们对该文化中典型人物的外倾和开放性程度的感知正相关；然而，除了这些刻板印象之外，这项研究并没有研究温度与实际人格之间的关系 (McCrae et al., 2007)。在另一项对 1662 名中国居民的研究中 (Vliert, 2013)，温度较适宜的省份的个体在个人主义方面得分较高，这是一个与外倾性正相关的文化价值维度 (Hofstede & McCrae, 2004)。

对温度适宜性的观点增加了几个重要理论，这些理论涉及人格的地理差异 (Rentfrow, Gosling & Potter, 2008; Vliert, 2017; Gelfand, Harrington & Fernandez, 2017)。第一，生存方式理论假设不同的生存策略会在与人格相关的文化结构中产生地域差异 (Talhelm et al., 2014; Uskul, Kitayama & Nisbett, 2008)。例如，重视和谐社会相互依存的农业和渔业社区成员比重视个体决策和社会独立的畜牧社区成员表现出更大的整体性倾向 (Uskul, Kitayama & Nisbett, 2008)。第二，人格的选择性迁移理论认为选择性迁移模式会导致人格的地域差异。

根据这种观点，人们有选择地迁移到能够满足和加强他们生理和心理需求的地区（Rentfrow, Gosling & Potter, 2008）。第三，人格的病原体流行理论表明，作为一种自我保护机制，在致病病原体流行率较高的地区，个体表现出较低的外倾性和对经验的开放性（Murray & Schaller, 2017）。

有充分的证据表明，环境温度影响农业活动（何时以及耕种什么）（Uskul, Kitayama & Nisbett, 2008）、个体的迁徙决策（Rentfrow, Gosling & Potter, 2008）和病原体流行率（Elliot, Blanford & Thomas, 2002）。因此，环境温度可能对人格的地理变化有重要的解释力。总的来说，该研究为人格的温度适宜性观点提供了一种机制来解释宏观环境力量为什么以及如何塑造个体水平的人格。

为了克服国家间的文化差异等方法上的顾虑，有研究者在两个地理面积上很大但文化上截然不同的国家——中国和美国——进行了两项独立的大规模研究，在可行的最低地理水平，即城市水平甚至邮政编码水平，分析温度对人格的影响。鉴于从出生到成年对人格发展至关重要，对于每个被试，该研究收集了其成长的地理位置的气象数据。

在研究1中，在59个中国城市出生和长大的总共5587名大学生（42.4%的女性，平均年龄为22.07岁，年龄标准差为2.05岁）完成了一项在线人格调查，以换取个性化反馈。这些城市覆盖了中国内地所有省一级的行政区划。为了排除反向因果关系，其中某些人格可能会导致个体迁移到具有特定温度的城市，该研究将样本限制在那些在出生地度过了大学之前生涯的青年学生。为排除另一种解释，即具有某些人格的父母选择移居到某个城市，然后生下与他们人格相似的儿童，该研究进一步将样本限制在出生地与他们的老家（即，他们父系祖先的家乡）相匹配的被试。重要的是，没有这些排除标准，所有结果也基本上保持不变。

根据以往研究（Vliert, 2013），该研究计算了一个"温度适宜性"变量（平均温度22℃）。它测量了一个城市的环境温度接近22℃（大约72°F）的心理生理舒适度最佳值的程度。因此，一个城市的温度离22℃越远，它就越不适宜。

在城市水平，温度舒适性与 Alpha 和 Beta，以及大五人格因素中的每一个都呈正相关（除了宜人性，$p=0.160$，所有人格因素都 $p<0.05$）。

因为5587名被试（水平1）嵌套在59个城市（水平2），该研究进行了多水平分析，以解释每个城市内部的统计相关性，以及不同城市有不同样本量。与城市水平的相关结果一致，温度适宜性与 Alpha、Beta 和大五人格因素中的每一个都呈正相关，即使考虑了个体水平的控制变量年龄、性别和默认的反应方式（所有人格因素 $p<0.05$）和城市水平的控制变量人口密度、人均国内生产总值（GDP）、平均水稻种植面积、平均小麦种植面积、流感发病率和平均温度的标准差（所有人格因素 $p<0.01$）。作为稳健性检查，该研究还使用 −(|最低温度−22℃|+|最高温度−22℃|; Vliert, 2013) 计算了另一种版本的温度适宜性。当该研究在多水平分析中使用这一测量作为预测因子时，所有结果基本保持不变（所有人格因素 $p<0.01$）。

除了多水平分析，该研究还进行了机器学习分析，以探索哪些变量可能是人格的重要预测因素。与多水平建模的结果一致，条件随机森林分析可靠地识别出温度适宜性是五个人格因素中每一个的重要预测因子。

为了支持该研究对人格的温度适宜性观点，研究1揭示了中国被试的环境温度适宜性和人格之间的关系，即在气温适宜的城市长大的个体在人格的社会化因子（Alpha）和个体成长因子（Beta）以及大五人格因子中的每一个上都得分较高。

研究2试图从几个重要方面扩展研究1。第一，该研究调查了温度适宜性对人格因素的影响是否会在另一个地理面积上很大但文化上不同的国家美国复验。第二，该研究通过收集最低地理水平比如，邮政编码水平——的数据来更仔细地审视这些影响。第三，为了检验这些影响的稳健性，该研究使用了另一个经过充分验证的大五人格因素的衡量标准。第四，该研究使用了一个更大的被试样本（$N > 160$万），从年龄、社会阶层和教育水平（年龄范围=16~60岁，而不仅仅是大学生）来看，这个样本代表了美国普通人口。

研究2涉及1660638名美国人，他们参与了个性化人格评估（65.3%的女性，平均年龄为27.05岁，年龄标准差为11.00岁，17.0%拥有大学学位，9.44%拥有研究生学位）。被试报告了他们年轻时大部分时间居住的美国邮政编码区（8102个城市中有12499个美国邮政编码）。与研究1一样，该研究将环境温度操作为"适宜性"，接近22℃。

为复验中国的数据结果，多水平分析显示，在考虑了个体水平的控制变量年龄、性别、教育程度和默认的反应方式（所有人格因素 $p < 0.015$）以及邮政编码水平的控制变量湿度、风速、人口密度、人均GDP、第一产业部门（例如农业）、第二产业部门（例如建筑业和制造业）和第三产业部门（即服务业），重要的是，温度适宜性是唯一一个始终与七个人格因素相关的气象变量；例如，湿度和风速都与情绪稳定性无关（湿度和风速均 $p > 0.25$）。与多水平建模的结果一致，使用条件随机森林的机器学习分析再次可靠地识别出温度适宜性是七个人格因素中每一个的重要预测因子。

总之，多水平分析和机器学习分析显示，来自中国和美国的两项大规模研究发现，一个人年轻时的环境温度与人格的关键维度有关：在更温和的地区长大的人在人格的社会化因素（Alpha）和个体成长因素（Beta）以及大五人格因素中的每一个方面得分都更高。与在气温较低的地区长大的人相比，在气温较高的地区长大的人（即更接近22℃）在与社交和稳定性（宜人性、责任心和情绪稳定性）以及个体成长和可塑性（外倾性和对经验的开放性）相关的人格因素上得分更高。在美国（$N = 1660638$）的12499个邮政编码水平的地点（最低的可行地理水平）的更大的数据集中，复验了温度适宜性和人格因素之间的关系。当控制了可能影响人格相关结构的各种因素，包括选择性迁移、个体反应方式、人口因素（年龄、性别和教育)、社会经济因素(人口密度、人均GDP、水稻种植面积和小麦种植面积)、生态因素(病原体流行率)和其他气象因素(气压、湿度和风速)时,这些影响是强大的。该研究来自两个地理面积上巨大但文化上截然不同的国家的大型数据集提供了趋同的证据。总的来说,这些发现与该研究对温度适宜性的人格观点是一致的,即在接近心理生理舒适度的温度下长大,鼓励个体探索外部环境,从而影响他们的人格。

该研究补充了以往关于社会生态因素(选择性迁移、生存策略和病原体流行)如何与人类人格相关的理论和发现。理论上,该研究指出了这些因素的可能前因,即环境温度。根据实证,该研究明确控制了中国样本中的选择性迁移、生存策略和病原体流行率。此外,尽管过去的研究集中在广泛的地理水平(例如国家),但该研究在可行的最低地理水平(城市和邮政编码水平)研究了环境温度对人格的影响(Wei, et al., 2017)。

根据目前的发现,强调社会温度调节理论(IJzerman, et al., 2015; 2017)也很重要,这种理论认为人们在寒冷的环境中寻求"社会温暖",因为社会关系的一个重要功能是促进体温调节。例如,最近的一项研究发现,与气候较暖地区的居民相比,气候较冷地区的居民显示了更广泛的社会关系(IJzerman, et al., 2017)。重要的是,社会温度调节理论和该研究对人格的温度适宜性观点并不一定相互对立。虽然社会温度调节理论表明寒冷的气候迫使人们寻求社会温暖,但该研究的发现表明,适宜的气候鼓励人们探索外部环境,参与更多有利于社会化(Alpha)和成长(Beta)的社会活动和新经历。

虽然人们对温度对人类健康和实际行为的影响已经有了很多了解,但是该研究检验了它与人格的关系。该研究的发现提供了对为什么世界不同地区的人表现出不同的人格特质和行为的理解。随着全球气候变化的持续,该研究也可以观察到人类人格的伴随变化。

3.11 思乡与人格

思乡是在地理上个体迁移出并远离正常熟悉的生活环境后唤起的反应。思乡已被证明是一种消极情绪,甚至是应激事件(stressful event)。它影响人的健康、社会性发展和主观幸福感。思乡的本质是个体面对新的文化或亚文化和新社会情境再适应过程中产生的一种消极情绪体验。人格特质尤其是高神经质是思乡的重要预测变量,低外倾性和低开放性对思乡形成与发展也有重要作用。开放性影响思乡,个体开放性越高,思乡的程度也就越小;相反,个体开放性越低就越容易产生思乡现象。开放性高的人表现出好奇、兴趣广泛、有创造力、富于想象的特质。这些特质都会让个体迅速适应变迁阶段中新的环境,并且他们在日常生活中的着眼点也并非是现实生活中的种种事物,反而是一些精神世界光怪陆离的事物,因此并不容易产生思乡反应；开放性低的人表现出习俗化、讲实际、兴趣少等特质。有研究表明：社交活动和思乡之间有显著的关系，更多的社交活动与更少的思乡机会相关。这也充分的印证了外倾性低分者为什么会更容易产生距离感、陌生感而产生思乡情绪反应以及一系列不良的心理或行为反应。Ali Khademi 等（2013）研究调查了大学生人格特质和适应对思乡的作用。结果表明神经质与经验开放性和思乡之间存在着显著的正相关关系。数据表明神经质、经验开放性都显著预测了思乡。Verschuur 等（2003）调查研究了人格维度和思乡之间的关系以及思乡特定人格因素对思乡严重程度的预测性。该研究使用了两个大的人口样本：荷兰语版本的气质特征量表（TCI）以及思乡脆弱性问卷（HVQ）。该研究认为一般人格因素对思乡确实具有一定的预测能力。Van Tilburg 等（1999）研究了应对策略和基本人格风格对思乡的影响。研究只针对女性展开。根据 Logistic 回归分析显示神经质（人格特质）和精神逃避（应对方式）预示着思乡之情。并且，由于神经质对及时恢复思乡的干扰大于各种应对方式，因而人格似乎比应对方式更为重要。

3.12　小结

本章阐述了最近研究中涉及的人格发展的具体影响因素，如基因-环境相关性、神经生理基础、具体的人格进化机制、大脑病变、体育锻炼、社会关系与生活事件，以及气候对人格发展或改变的影响。这些应性因素对人格发展的影响由近及远，从遗传、生理到社会、环境这些影响因素对人格的效应全面展示了人与环境的双向、交互与动态的关联，使我们更加深刻地理解了人格的本质与人格发展的机制，对于人格何时会改变，向何方向改变，为何会改变，都有了更为清晰的认识。下一章将从另一个角度介绍五因素人格的具体表现——以变量为中心的人格类型研究进展。

M3-1　参考文献

4 五因素人格与人格类型

4.1 五因素人格与人格类型的关系

几千年来，了解人类人格一直是哲学家和科学家关注的焦点。早在古希腊，哲学家们就试图捕捉和组织个人在行为和情感上的差异，以了解人类的人格。然而，只是在过去的几十年里，人们才就大五人格的基本结构达成共识，也称为五因素模型（FFM）。FFM 推测存在五种特质，即神经质、外倾性、开放性、宜人性和责任心，它们占据了人类人格的主要领域。这 5 个领域已经在跨不同语言和文化的大量实证研究中得到可靠的确认，并被证明是良好的行为模式预测变量，如幸福感和心理健康、工作绩效和婚姻关系。FFM 还在广泛的应用中提供了一个有用的框架，包括人格障碍的临床评估。以变量为中心（个体间）的方法描述了人群中大五人格特质的协变，而以个体为中心的方法描述了个体中人群特征的协变，确定了具有相同人格特质剖面的可复验群体，即人格类型。以个体为中心的方法在毕生发展研究中被证明是有价值的。以个体为中心方法研究"类型"，所涉及的是被试内的个性模式。尽管在具体水平上有人的无数种个性，但在总体水平上，却只有少数常见的"典型模式"。从以个体为中心的研究中出现的剖面被认为包含了以变量为中心研究不能提供的额外的信息。以个体为中心方法和以变量为中心方法间的不同并不意味着两种观点是矛盾的，它们互为补充。以变量为中心的分析应该被包含在以个体为中心的分析之中。用五因素人格变量的组合比用单一人格特质能更好地解释和预测个体行为与发展结果（Larsen, et al., 2017），如低控型人格预测外化问题，校园欺凌、冲动多动、违纪、逃学、危险性行为和烟草酒精滥用等（De Haan, Deković, den Akker, Stoltz & Prinzie, 2013）；又如过度控制型人格预测内化问题行为，如情绪失调、焦虑和抑郁等（Boone, Claes & Luyten, 2014）。适应型人格预测更好的人际关系（如友谊质量、亲子关系和社会支持）及自我认同等社会性发展指标

(谢笑春，陈武，雷雳，2016)。

然而，与关于人格特质存在的共识相反，人格类型的存在仍然有争议。最受支持的现代和定量的人格类型描述推测了3种所谓的 ARC 类型的存在，以 Asendorpf，Robins 和 Caspi 等人的开创性研究者的名字命名（Asendorpf, Borkenau, Ostendorf & Van Aken, 2001; Caspi & Silva, 1995; Costa, Herbst, McCrae, Samuels & Ozer, 2002; Robins, John, Caspi, Moffitt & Stouthamer-Loeber, 1996）。ARC 类型代表了最常用的人格类型之一。该理念最初是由 Block and Block (1971; 1980) 的概念化的，理论背景集中在自我适应的个体差异上，或者一个人为了响应既定情境的要求，对冲动和欲望的控制的功能性波动（Block & Block, 1980）。在此基础上，Robins 在五因素人格模型框架下解释了3类 Q 因子（Robins, John, Caspi, Moffitt & Stouthamer-Loeber, 1996），最典型的因子1是自信的，善于口头表达的，以及精力充沛的；最不典型的是无安全感，焦虑及不成熟。因子1可解释为在广泛的领域高度适应。因子2以人际敏感、害羞、依赖为特征，但也温暖、合作、体贴；不典型的特征是口头表达流利和有竞争性。因子3表现为明显的反社会类型，冲动、以自我为中心、支配欲强、对抗以及外向。Robins 等人将这3种原型与自我控制和自我适应型理论联系起来。在儿童人格模型维度中，自我适应型涉及反应灵敏倾向而非僵化改变情境要求，特别是压力情境。自我控制涉及控制与表达情绪和动机冲动的倾向。自我控制与自我适应类型相结合，产生4种儿童人格类型，即适应型过度控制型、适应型低控型、非适应型过度控制型和非适应型低控型。在这4种人格类型中，所有适应型儿童被分入一组成为适应型，而过度控制和低控非适应型在自我适应型维度都倾向得低分。极高和极低的自我控制都是低适应型的。这一类型研究显示，自我适应与自我控制呈现倒 U 形关系（图4-1）（Asendorpf & Van Aken, 1999）。非适应型高自我控制型被命名为过度控制型，非适应型低自我控制型被命名为低控型。过度控制型较适应型和低控型有更低外倾性得分；低控型在宜人性方面得分比另两组最低。适应型更有责任心，低控型责任心比过度控制型差；适应型比其他两型有更高情绪稳定性和经验开放性。最

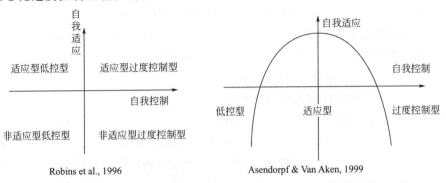

图 4-1 ARC 模型下的人格类型划分

终，以此理论划分的人格类型学说正式将人们分为"适应型（Resilient）""过度控制（Overcontrolled）"和"低控型（Undercontrolled）"3 个不同的类别。能够灵活调整抑制控制的个体被称为适应型个体，而连续体两端的个体被标记为低控型和过度控制型。这 3 种人格类型已经在儿童（Asendorpf & van Aken，1999）和青少年样本（Robins et al.，1996）以及更大年龄的样本（Specht，Luhmann & Geiser，2014）中被复验。

正如 Block 等最初建议的那样，ARC 类型结构已经通过多种方法被确定，通常采用 Q 分类技术和逆因子分析，或者聚类分析（Chapman & Goldberg，2011）。此外，这 3 种人格类型被证明对理解青少年发展轨迹很有价值（Klimstra，Hale，Raaijmakers，Branje & Meeus，2010）。多项研究表明，在心理幸福感（van Aken & Dubas，2004）和犯罪率（Klimstra, et al.，2010；Robins，et al.，1996）等结果上，适应型群体中的个人往往比同龄人表现得更好。此外，适应型儿童似乎更有可能在青少年时期参加志愿活动（Atkins，Hart & Donnelly，2005）。3 种人格类型，在很大程度上是基于弗洛伊德自我功能理论的扩展描述了关于人格因素如何在个体中相交（intersect）的高阶概念，认为人格交互模式以可观察和概括的形式存在于人群中（Merz & Roesch，2011；Robins et al.，1998）。人格类型的研究者目前复验了确定的 3 种类型（Asendorpf，Borkenau，Ostendorf & Van Aken，2001；Camachorro, et al.，2015；Merz & Roesch，2011；Rammstedt，Riemann，Angleitner & Borkenau，2004；Asendorpf，Borkenau，Ostendorf & Van Aken，2001；Caspi & Silva，1995；Robins，John，Caspi，Moffitt & Stouthamer-Loeber，1996；Van den Akker，Dekovie，Asseher，Shiner & Prinzie，2013；Wilson，et al.，2013）。尽管如此，围绕以个体为中心的方法的优缺点一直在争论中（Asendorpf，2003，2006，2015；McCrae，Terraciano，Costa & Ozer，2006）；另外，最佳人格类型的数量也受到质疑（Herzberg & Roth，2006）。4 种人格类型（Gerlach，et al.，2018；Xie, et al.，2016）或 5 种人格类型（Herzberg & Roth，2006；Kinnunen，et al.，2012；Zhang，Bray，Zhang & Lanza，2015）也被讨论。

Merz 和 Roesch（2011）提出的在应用研究中建模人格复杂性的困难的一个潜在解决方案是使用潜在剖面分析（LPA）。LPA 是一种以个体为中心的潜变量建模方法，与潜在类别分析、混合模型等统计方法属于同一类（Bergman，Magnusson & El Khouri，2003；Collins & Lanza，2013；Sterba，2013）。有了 LPA，像 NEO-PI 或相关测量这样的人格量表上的个体分数可以被评估为潜在剖面，这与因子分析中识别因子的方式非常相似（Bergman, et al.，2003；Marsh，Lüdtke，Trautwein & Morin，2009）。个体之间在人格五因素上的共享差异模式被提取到一个剖面中，并且得到的模型被迭代评估，以确定在特定的数据样本中有多少潜在的剖面存在（Bergman, et al.，2003；Collins & Lanza，2013；Marsh, et al.，2009）。LPA 模型捕捉了人格子成分之间的复杂交互，将统计模型中的焦点转移到个体之间共享的人格数据模式，而不是人格量表中的因素结构。将这种方法应用于人格研究，LPA本质上是在对人格类型建模。

因此，LPA是人格类型学研究中一种特别有用的方法。LPA的基本假设是，在人群中存在有意义的、共享的行为模式，这与类型学研究者采用的基本假设相同 (Merz & Roesch，2011；Robins，et al.，1998)。LPA方法允许应用人格研究者将人格数据建模为高阶类型，将NEO-PI等量表上的分数集成到具有共享反应模式的个体剖面中。LPA对人格结构的等级性质进行建模，并为研究者提供了对人格分数的整体解释，超过了在应用研究中通常用来评估人格效果的五个个体等级分数。然而，由于LPA仍然是一种比较新的人格研究方法，需要进一步的研究来探索这种分析方法，以扩大我们对应用人格研究中人格类型的理解 (Kinnunen，et al.，2012；Merz & Roesch，2011；Parr，et al.，2016；Zhang，et al.，2015)。

LPA是一个迭代的模型检验过程，其中多个模型适合不同级别的类别或剖面，通常1～5类，取决于研究课题 (see Tein，Coxe & Cham，2013)。然后，将每个模型与之前的一个或多个模型进行比较，以决定数据中潜在剖面的数量 (Marsh，et al.，2009)。通常，关于LPA中模型保留的决策使用贝叶斯信息准则（BIC）、样本调整BIC（SABIC）和Akaike信息准则（AIC）(Celeux & Soromenho，1996；Marsh，et al.，2009；Tein，et al.，2013)。BIC用于模型选择决策，BIC值较低表示模型拟合好。样本调整BIC是BIC的替代方案，通过公式中的调整N来计算，并且对模型中的参数数量限制较小 (Tein，et al.，2013)。最后，AIC是模型拟合度量中最不一致的，但是放松了简约的约束，以提供一个不同矩阵来进行比较。使用这3个拟合指数，较低的值表示模型拟合。AIC、BIC和SABIC并不总是表示同一个模型是最合适的，应该考虑竞争模型值之间的差异幅度（即AIC、BIC和/或SABIC值的较大下降表示更有意义的差异，并为具有较低值的模型提供更强的支持）。

此外，Lo，Mendell and Rubin（LMR）检验通常用于比较模型，类似于其他模型检验分析中的 χ^2 差异检验 (Lo，Mendell & Rubin，2001；Marsh et al.，2009；Tein et al.，2013)。LMR使用一个模型与另一个模型的似然比，该似然比具有调整后的渐近分布，而不是 χ^2 分布 (Lo et al.，2001)。像 χ^2 差异检验一样，每个模型都与具有 $k-1$ 剖面的模型进行比较。统计上显著的LMR表明，与具有较少剖面的模型相比，具有较多剖面的模型在统计上更适合数据。*bootstrapped likelihood ratio test*（BLRT）也用于检验分类数的合理性 (Nylund，et al.，2007)。BLRT通过 *bootstrap* 抽样获得 k 个分类的模型与 $k-1$ 个分类的模型的对数似然比差异是否显著判断模型拟合是否改善。如果 p 值显著，则同样说明 k 个分类的模型比 $k-1$ 个分类的模型有了显著的改善 (Asparouhov & Muthén，2012)。

伪决定系数 *entropy* 也可以用于LPA中的决策，取值介于0和1之间，越高表明个体被准确分配到各组中的程度越高，潜在类别的划分较清晰，各组被试内越同质，该潜在类别模型较为有用（Samuelsen，2012）。entropy 与平均分类概率高度相关，平均分类概率是通过计算每个被试的最高分类概率的均值获得。有研究显示，entropy 值低于 0.60 通常有 20% 或更多的错误归类。entropy 在 0.80 左右或更高则与至少 90% 的正确归类相关。虽然 entropy 与正确归类的关系不是单调的，但可以作为正确归类程度的指标（Lubke & Muthén，2007）。接近 0.80 的值表示模型拟合良好，文献中已经注意到对这个度量的关注（Celeux & Soromenho，1996）。最后，与任何模型检验分析一样，保留的最终模型应该有理论支持，揭示的模式和剖面应该是可以解释的（Marsh et al.，2009）。基于以上方法和最新统计方法和数据收集手段的进步，人格类型划分研究进展如下。

4.2 三类型人格研究进展

Merz 和 Roesch（2011）报告了早期使用 LPA 对人格类型进行建模的情况，并确定了他们命名为"保守（Reserved）""易兴奋（Excitable）"和"适应良好（Well-Adjusted）"的 3 个剖面。保守类型包含人格五因素得分相对较低的个体。易兴奋的个体在这五个因素中得分相对较高，以在神经质得分中最高而显眼。适应良好的个体的神经质得分低于易兴奋型，但在其他因素中得分更高。杨丽珠和马世超（2014）用基于五因素理论的初中生人格发展自我评定量表对中国辽宁省大连市 3602 名初中生被试施测，使用 LPA 对初中生人格类型进行划分，结果：依据人格类型划分的相关理论和潜在类别分析的拟合指数表明初中生可划分为低控型、过度控制型和适应型三种人格类型，其中适应型人数占大多数。适应型在初中生人格五维度得分均显著高于另两类；过度控制型有低情绪稳定性和低外倾性，同时有中等程度的宜人性、开放性和责任心水平，低控型人格类型在大部分人格维度得分均较低。其后，马世超（2016）基于一个包括幼儿、小学生和初中生中国内地样本（$N=21370$）的五因素人格测验等值分的数据，使用 LPA，进行了儿童青少年人格类型的划分，结果复验了低控型、过度控制型和适应型 3 种人格类型的存在。而在人格类型发展特点方面，一个重要的问题是，这些人格类型是否贯穿青少年时期，或者规范性的发展变化是否会导致一个人在走向成年的道路上有更大的适应性。对人格类型的纵向研究表明，随着时间的推移，人格类型显示出中等稳定性（Akse，Hale，Engels，Raaijmakers & Meeus，2007；van Aken & Dubas，2004）。事实上，一项针对 12～20 岁青少年的五波研究发现，74% 的被试在五波中保留了他们的人格类型资格（Meeus，van de Schoot，Klimstra & Branje，2011）。尽管如此，两种最常见的转变都表现为个体从最初的低控或过度控制类型转变为适应型。当这些变化发生时，它们对于预测青少年的幸福感似乎也很有价值，因为向适应型的转变与焦虑的减少是同时发生的，但对于转变为过度控制型的青少年来说，情况恰恰相反。

鉴于这种分类的明显效用，研究者试图检验它与成年期更常见的特质分类的关系，但结果并不一致。一些研究确实表明，基于人格特质评估，分类会有所不同（De Fruyt, Mervielde & Van Leeuwen, 2002）。然而，研究者已经证明，人格类型可以以"大五"为特征指标对多个年龄群体的人格类型进行划分（Klimstra, Luyckx, Teppers, Goossens & De Fruyt, 2011），并可能适用于青少年和成人（Asendorpf, et al., 2001）。适应型的青少年似乎在很大程度上具有适应性的大五人格特质（高于均值水平的情绪稳定性、外倾性、开放性、宜人性和责任心），低控型的青少年在这些领域的特征是低于均值水平（外倾性除外），过度控制型的青少年在外倾性和情绪稳定性方面往往表现出最低的分数（Klimstra, et al., 2011; Robins, et al., 1996）。这项工作建立在现在大量的研究基础之上，证明大五分类法能够描述青少年时期人格差异的特征。

纵向研究方面验证了人格类型与发展结果之间的关联。Chapman 和 Goldberg (2011) 以童年期大五人格特质的分数为起点，从实证上推导出夏威夷群组的三种人格类型。过度控制型的定义主要是低外倾性和开放性，低宜人性和责任心导致了低控，而低神经质和其他大五人格特质的高分则为适应。这些童年期人格类型预测了 40 年后自我报告的健康结果，特别是当考虑到与该类型的相似程度时。例如，适应型的人一般健康状况更好，不太可能报告高胆固醇或中风。尽管以变量为中心的方法（即，使用"大五"中的每一个特质得分）预测这些结果会产生类似的结果，Chapman 和 Goldberg (2011) 得出结论，这种方法更加简约，因此在某些情况下可能会有优势。例如，人们越来越关注"大五"因素之间的交互作用，认为这是健康结果的预测因素（Turiano, Whiteman, Hampson, Roberts & Mroczek, 2012）。这种类型的方法可以证明是一种更有效的方式来模拟某些特质的组合。这些特质既可以预测健康结果，也可以在普通人群中普遍存在。

在中国文化中，尚无人格类型的纵向发展趋势研究。但有横向研究表明，随年级阶段增长，中国儿童青少年的适应型人格比例呈上升趋势，其中从小学到初中是适应型增加的拐点，过度控制型比率下降，从幼儿到小学是过度控制型下降的拐点。低控型比率下降，从小学到初中是低控型下降的拐点；性别差异表现在女生的适应型比率显著高于男生，过度控制型和低控型则低于男生（马世超，2016）。

4.3 四类型人格研究进展

三分类因统计原因而受到广泛质疑。使用不同方法和数据集获得的结果通常不能重复验证或识别 3 个以上的类别。即使是确认 ARC 分类的研究也显示出很大的差异，凸显出这三者缺乏一致性和可重复性的人格类型。这些研究中分析的小样本数量（通常不超过 10000 人）加剧了获得可复验结果的困难。

最近，有研究者开发了一种识别人格类型的替代方法，这种方法使用了包括超过 150 万被试的 4 个大型数据集（Gerlach，et al.，2018）。研究者找到了至少 4 种不同人格类型的有力证据，扩展和完善了之前提出的人格类型。在这一研究中，研究者没有使用潜在剖面分析，而是通过将聚类分析的另一种计算方法与最近可用的大型数据库相结合来解决人格类型的存在相关的争议。研究者使用了 4 个不同的数据集（Johnson-300，$N=145388$；Johnson-120，$N=410376$；myPersonality-100，$N=575380$；BBC-44，$N=386375$），这些数据集在不同的国家进行收集，具有不同的年龄和性别等人口学变量，并使用不同的量表来衡量 FFM 人格特质。这些最大的可公开获得的数据集能够洞察人格类型是否真正存在这些数据可以用来有效地取样人格特质的多维结构。这种丰富的数据不仅允许直接可视化人格特征空间中的结构，还允许研究者制定稳健的零模型来评估聚类解决方案的统计意义。研究者发现了 4 个稳健的聚类，它们对应于统计上有意义的人格类型，为 ARC 类型提供了一些支持，但也扩展和完善了这 3 种 ARC 类型。

研究者使用一种标准的非视觉聚类算法，高斯混合模型（Gaussian Mixture Models），在全特征空间中发现带有相似向量 P_j 的个体群，并使用贝叶斯信息准则（BIC）来确定集群的最佳数量。首先，直接估计每个集群的密度 ρ，其次，将这个密度与从随机数据集 $\in \rho$ 获得的空模型的密度进行比较。这类似于以前在心理测量学中确定因素分析中最佳数量的方法。令人惊讶的是，只有 4 个被识别的聚类集中在研究者观察到比随机空模型预期的大得多的被调查者区域。观察 $N_c=12,\cdots,20$ 的不同解，研究者发现不仅有意义的簇的数量在 4 处保持大致恒定，而且有意义的簇的"位置"保持大致固定。在这 4 个集群中心周围存在异常高密度的个体，这表明存在稳健的人格类型。研究者称之为"平均（average）"类型的最不稳健识别的聚类，其特征为它是所有特质的平均得分，并且是每个单变量的高斯维度在离原点一个标准差内的唯一聚类。此外，几个个体特征的位置在不同数据集上的得分都低于或高于零。最近在一些研究中报告了这种类型的存在。剩下的 3 个集群可以大致沿着神经质和外倾性两个维度来组织。最稳定的聚类之一，研究者称之为"榜样模型（role model）"类型，因为它显示了社会期望的特征，其特征是神经质得分低，所有其他特征得分高。从 ARC 分类法中，它可以明确地用适应型类型来识别。相比之下，另外两个集群的特征是，与"榜样模型"人格类型相比，这些特征在社会上不太受欢迎。其中一个聚类在开放性、宜人性和责任心方面得分较低，而另一个聚类在神经质和开放性方面得分较低。与 ARC 类型理论中最接近的类型进行比较表明，这两种类型分别属于低控制型和过度控制型。但对于某些特征，该研究中类型的得分与低控和过度控制的类型有很大不同。例如，过度控制型通常与神经质的高分相关，而研究者分析中发现的最近的聚类显示神经质的低分说明了两种类型在控制方面的差异，在精神病理学的框架内，是内化和外化问题的差异。在这里研究者的分析提供了与经典 ARC 分类法不同的视角。为了突出这种改进，该研究将这两种类型分别表示为"自我中心的（self-centred）"和"保守的（reserved）"。

该研究为至少 4 种不同人格类型的存在提供了令人信服的定量和定性证据。尽管这些类型在某些方面与先前假设的类型学有重叠，甚至通过仅考虑神经质和外倾性两个维度，显示出与古代 4 种气质中的一些相似，研究者的数据驱动方法仍可可能的确认偏差和特定类型逻辑结构合理化的影响降至最低（Gerlach, et al., 2018）。

但需要认识到这项研究的几个局限性。第一，研究者的研究样本数量庞大，种类繁多，但它们并不代表总人口，年龄和性别的分布就证明了这一点。第二，不同的因素以未知和潜在的偏差方式导致测量误差。一些基于网络的调查问卷中使用的题目数量较少，导致信噪比降低。研究者的研究并没有最终回答信度评估人格类型所需的最低题目数。不同的量表会导致不同的因子得分。即使在测量相同的五个人格领域时，两个问卷依然可能会使用不同的题目，例如，FFM 的 30 个方面、HEXACO 清单的 6 个领域或 27 维 SAPA 人格清单。第三，能够获取如此大的数据集取决于对自评的使用，忽略了来自非自评的独特见解。尽管这构成了一个固有的限制，例如，源于反应风格不同、自我认知或社会称许，但是研究者注意到，自评已经被反复证明与同伴评价强相关。

另外，一项新的以中国青少年为被试的研究调查了来自中国西南地区 12 所中学 1644 名中学生的五因素人格及其与亲社会性和攻击性之间的关系。结果发现中国青少年的人格被划分为适应型、普通型、退缩型和低控型这 4 个类型。其中普通型比例最大。方差分析结果表明，不同人格类型对亲社会性和攻击性有显著影响。事后检验表明适应型有最高的亲社会性，其次是低控型、普通型和退缩型。其中，退缩型和低控型有最高的攻击性，普通型次之，攻击性最低的是适应型。该研究虽使用了五因素人格量表中文版，但人格类型划分剖面似乎并不清晰，如按照自我适应和自我控制的理论，人格类型的划分应主要参考自我控制水平的特征，但该研究中普通型人格的责任心水平还低于低控型的责任心水平，且没有划分出高自我控制但不灵活的过度控制型人格类型，研究结果的可重复性值得商榷。另外在划分人格类型时依据的潜在剖面分析拟合指数 Entropy 偏低，可能会产生更多的错误分类结果。但该研究支持了低控型人格易存在外化行为问题、适应型的有高亲社会性和低攻击性的观点（Xie, Chen, Lei, Xing & Zhang, 2016）。

4.4 五类型人格研究进展

另外一些 LPA 研究还将人格类型确定为 5 种，将这些剖面扩展到弹性（或适应，Resilient）、过度控制/僵化（Overcontrolled/ Rigid）、保守（Reserved）、低控/自信（Undercontrolled/Confident）和普通（Ordinary, Kinnunen, et al., 2012；Zhang, et al., 2015）。5 种类型模型中的弹性个体似乎与 3 种类型模型中的适应良好的个体共享反应模式。过度控制/僵化剖面可能等同于 Merz 和 Roesch

（2011）中的易兴奋剖面。Merz 和 Roesch（2011）中的保守个体可以联系到 5 种类型模型中的保守剖面或普通剖面。最后，来自 5 种类型模型的控制不足/自信剖面在 3 种类型模型中似乎没有直接的相似之处，尽管它可以塌缩为适应良好的剖面（Ferguson & Hull, 2018）。由于人格类型划分越多，可复验性就越困难，因此，多于三分类的人格类型划分以及这些划分的功能仍需得到更多实证研究的支持。

4.5 小结

人类的未来人格研究面临有几个公开挑战。对于有多少类型和哪些类型得到实证证据的支持，仍然没有统一的框架。虽然所提出的识别类型的实证证据是明确的，但是仍然缺乏理论解释，例如，类似于 Block 的人格空间吸引状态的心理动力学理论（psychodynamic theory for attractor states in the space of personality），为什么类型显示出特定的特质组合。四类型或五类型人格还没有解决人格类型能够预测生活结果的相关问题。先前的研究表明 ARC 类型在预测生活结果方面是有用的。

人格类型划分的结果是具有重要意义的。一个经过实证验证的人格类型分类系统提供了一个粗略的抽象概念来描述个体之间的人格特征分布，类似于物理学中不同组的基本粒子（例如费米子或玻色子）或生物学中不同物种之间的区别。这种分类在应用场景中可能有用，例如在与心理病理学或职业环境相关的临床环境中。以前发现的类型与这些结果相关，特别是当预测的时间窗口很大时。更实际地说，基于类型的方法在设计具有更少题目的问卷时提供了额外的可能性，因为离散类型分类比连续特征估计需要更少的信息。

总之，人格类型可以用来理解人格成分是如何以对个体有意义的方式结合的。知道个体可以被归类为适应良好的人在实践意义上可能更有意义，然后知道同一个体在对新经验的开放性、宜人性、责任心和外倾性上得分较高，而在神经质上得分较低。最终，殊途同归，人格类型可能会为从业者和研究者提供一种理解人格量表数据的不同方法，这对他们的工作可能更有意义。但我们也应看到，一些问题未来仍需进一步探讨。人格类型研究在有些方面尚未取得共识，如人格类型划分的最佳类别个数仍未确定，各人格剖面的典型特征尚需精确测量，人格类型的划分依据究竟是常模参照的还是标准参照的，人格类型随年龄增长的变动趋势结论尚不一致，变化机制或影响因素尚需探讨，尤其需要纵向研究的支持。

M4-1 参考文献

5 五因素人格与发展结果及研究展望

5.1 人格在晚年的作用

我们是谁？在我们死去之前我们变成了谁？生命的最初几年是由认知、身体、感知觉和心理社会领域的快速发展塑造的。相比之下，在生命的最后几年，个人功能的多个领域都明显衰退，这种现象被称为终极衰退（Hulur, Ram & Gerstorf, 2016）。参考了20世纪六七十年代进行的开创性工作（Kleemeier, 1962; Siegler, 1975），研究积累表明，导致死亡的与死亡相关的过程会导致认知能力（Backman & MacDonald, 2006）、身体和感知觉功能（Gerstorf, Ram, Lindenberger & Smith, 2013; Wilson, et al., 2012），以及健康和主观幸福感（Diehr, Williamson, Burke & Psaty, 2002; Gerstorf & Ram, 2013）的急剧下降。在这些看似不可避免的衰退背景下，巨大的个体差异存在。一些人经历了急剧而深刻的衰退，而另一些人则享受着健康的晚年。尽管有大量的研究，我们对人格特质（被定义为人类思维、情感和行为的基本组成部分）如何塑造多方面损失经历和人格特质如何被其塑造，仍知之甚少。这部分综述回顾和讨论围绕以下三个主要问题的理论概念和实证证据：人格特质如何作为晚年衰退的前因和缓冲？作为对生命中心领域晚年衰退的响应和结果，人格特质本身是如何变化的？晚年适应性人格发展的特征是什么？

5.2 人格作为老年期衰退的前因和缓冲

在生命的许多中心领域，晚年的生活功能水平以及衰退的开始和速度方面存在巨大的个体差异（Gerstorf & Ram, 2013）。人格特质的个体差异差异既作为晚年衰退的前因条件，也作为对晚年衰退的缓冲，从而促成了观察到的异质性。该观点的概念模型如图 5-1 所示。图的左边部分考虑了理论概念和实证证据，表明人格特质会影响多种行为、生理和社会路径，这些路径会在毕生中累积塑造健康。生活条件的变化和日益重要的生物因素可能会减少人格特质缓冲晚年健康下降的空间。尽管如此，在这个有限的空间内，人格仍然是一种重要的心理资源，帮助人们适应（并减轻）健康领域的功能衰退。

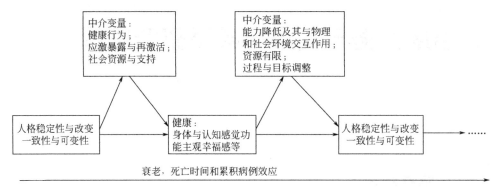

图 5-1 老年期人格中介和调节变量的概念模型——健康交互作用示意图
（注：只是一个初步建议模型，可能会随着研究的进展而修改。）

5.3 人格与健康的联系机制

人格作为一种适应能力，帮助人们适应与年龄相关的挑战，从而有助于健康和长寿（Staudinger & Fleeson，1996）。人格特质可能通过两种途径影响健康和幸福的晚年轨迹。第一，从行动理论的角度来看，人格特质可能影响个人参与和追求健康相关目标和行为的程度（Friedman，2000；Smith，2006）。例如，责任心和自律的个人倾向可能会导致他们更关心自己的健康，也更成功地开始和保持健康的行为，如经常锻炼。相比之下，神经质的人倾向于紧张，容易应激，可能会有更多的自我调节困难，因此不太可能成功地实施锻炼计划，更有可能从事有害健康的行为。支持这一观点的人认为，较低的责任心和较高的神经质经常与不良的行为、吸烟和不健康的饮食习惯有关（Bogg & Roberts，2004；Malouff，Thorsteinsson & Schutte，2006；Rhodes & Smith，2006）。

第二，根据互动压力缓冲模型（Transactional Stress-moderation Model），人格倾向可能通过压力相关的生理过程影响健康，影响个人如何塑造环境和与环境互动（Segerstrom，2000；Smith，2006）。如人格特质可能会影响个人如何积极地形成他们的（社会）环境，他们是否进入或避免某些情况，以及他们从他人那里唤起了什么反应。这反过来又会影响日常压力（如人际冲突）的频率、严重程度和持续性，以及减压应对资源（如社会支持）的数量和质量。越来越多的研究表明，情绪更稳定、外倾、宜人和负责任的个体往往会经历较少的（人际）压力（Bolger & Schilling, 1991; Day, Therrien & Carroll, 2005; Smith & Zautra, 2002），获得更多的社会支持（Cukrowicz, Franzese, Thorp, Cheavens & Lynch, 2008; Hoth, Christensen, Ehlers, Raichle & Lawton, 2007; Russell & Booth, 1997），对神经内分泌、炎症或心血管危险方面拥有更有利的保护因素（Chapman, et al., 2009; Nater, Hoppmann & Klumb, 2010; Sutin, et al., 2010）。

然而，无论是理论模型还是实证研究都很少明确考虑人格如何影响晚年的健康和幸福。这些关联在多大程度上可以概化到生命的最后几年？借鉴关于健康老龄化的研究，有两种不同的观点来看待衰老还是更高的脆弱性以及如何调节心理社会资源的相关性。第一，更高的脆弱性会放大人格对健康的影响，因为心理社会资源变得越来越重要（Duberstein et al., 2003）。例如，当人们需要遵循严格的饮食方案或坚持复杂的药物治疗计划时，有责任心的人其勤奋和组织性好的倾向在非常年老的时候可能特别重要。第二，人格可能在晚年变得不那么与健康相关，因为生理制约因素的日益重要性掩盖了心理社会资源传递的健康益处（Baltes & Smith, 2003; Scheier & Bridges, 1995）。虽然这些假设起初看起来自相矛盾，但我们找到了两者的支持，表明人格和健康之间存在曲线关系。人格特质所传达的健康风险或益处在老年确实可能会被放大，但当生理脆弱和心理储备能力受损的临界点达到时，即所谓的"第四年龄"（大约 80～85 岁），它们的相关性可能会再次降低（Baltes & Smith, 2003; Löckenhoff, Sutin, Ferrucci & Costa, 2008）。

5.4　健康行为的作用

从直觉上看，人格和健康行为之间的联系似乎是与年龄和环境相关的。大约 15％ 的 85 岁以上老人生活在长期护理设施中，2/3 仍然生活在社区中的人需要在日常生活的多种活动方面得到帮助（Federal Interagency Forum on Aging-Related Statistics, 2012）。因此，人格对健康行为的影响可能会在晚年减弱。一个近亲或专业护理人员可能会承担大部分责任，而不是由老人负责规划自己的活动。一个人是否从事体育活动，与其说是由他的责任心决定的，还不如说是取决于他能否得到帮助以及其自身的整体身体状况。同样，当个人变得特别虚弱时，可能会由护士或近亲给药，这降低了坚持药物治疗的责任心的重要性（事实上，护士或亲戚的责任心水平可能与此相关）。支持这一观点的是，对责任心和健康行为的元分析发现，相对于老年人，责任心更能预测年轻人的活动水平、吸烟和不健康的饮食习惯（Bogg & Roberts, 2004）。此外，Hill 和 Roberts（2011）报告了初步证据，表明年龄缓冲了责任心和服药依从性之间的联系，因此这种关系随着年龄的增长而减弱。

5.5 应激暴露和反应性

同样，人格特质对应激暴露和反应过程的影响可能会在晚年发生变化。由于个人遭受严重的与年龄和发病率相关的损失，他们通过积极的情境选择来预防或减轻压力的能力可能会受到限制，因为他们的活动能力降低，对他人的依赖性增加。此外，与中年和老年相比，晚年的压力来源可能非常不同（Aldwin, Sutton, Chiara & Spiro, 1996）。在生命的早期，与工作相关的问题（如与上司的分歧）是压力的主要来源。在很老的时候，压力可能更经常是由个人无法控制的因素引发的，包括不利生活事件（如密友的死亡）或身体残疾。因此，人格可能对潜在压力的影响较小。然而，人格特质可能仍然会影响对应激事件的评估（和应对）。例如，有人提出，神经质低的个人更能专注于一个情境的积极方面，因此更能成功地使用有效的以情感为中心的应对策略，如积极的重新评估（Suls & Martin, 2005; Watson & Hubbard, 1996）。当集中解决问题的机会有限时，这一应对策略对老年人可能特别有益。

5.6 社会资源和支持

此外，社会环境特征往往会在生命末期发生很大变化。随着个人年龄的增长，社交网络越来越小（Carstensen, 1991; Smith & Ryan, 2016; Wrzus, et al., 2013）。年长的人倾向于保持越来越少的周边联系，更多地关注他们最亲密的朋友和家人（Lang & carstenson, 1994）。在生命的最后几年，即使是这种亲密的朋友圈也经常减少，因为同龄的朋友和伴侣已经去世，这进一步增加了（年轻的）家庭成员的重要性（Broese van Groenou, Hoogendijk & Van Tilburg, 2013）。因此，人格可能与晚年社会关系的维持不太相关，因为这种网络损失通常是由超出人格关系互动的因素造成的。尽管如此，一些人似乎能够（部分）通过建立新的社会关系来补偿网络损失（Broese van Groenou, et al., 2013）。因此，可能与新关系发展有关的人格特质（例如外倾性和开放性）（Wagner, Lüdtke, Roberts & Trautwein, 2014）继续与晚年的社会融合和支持相关。

5.7 死亡和病理学相关过程

长期以来，人们一直认为，晚年的心理变化轨迹反映了与年龄相关的过程，也反映了与死亡和病理相关的过程（Ram, Gerstorf, Fauth, Zarit & Malmberg, 2010）。这些因素也可能是将人格与健康联系起来的途径的调节变量。举例来说，许多关于人格和健康的研究都集中在人格对引发疾病的影响上。然而，在很老的时候，个人很可能已经患有多种并存疾病（Baltes & Smith，2003）。相比于寻找预防疾病的方法，更重要的是老年人适应普遍面临的健康限制。这可能会对晚年的人格健康关联产生重要影响，因为与人格相关的健康行为和社会资源的影响可能会因疾病进程的不同阶段而不同（Scheier & Bridges，1995；Smith & Spiro，2002）。例如，临床研究表明，尽管心理社会因素在早期影响疾病的结果，但随着疾病的发展，与人格的相关性可能会减弱。在非常脆弱的个体（濒临死亡）中，健康结果似乎越来越多地由生物因素决定，限制了心理社会资源所带来的健康益处。然而，人格健康关联的本质和力量可能会因健康限制的种类和严重程度而有所不同，例如急性和慢性疾病。又如，在整个HIV过程中，与更高的活动和社会参与相关的人格特质继续有益于健康结果（Ironson，O'Cleirigh，Schneiderman，Weiss & Costa，2008）。

总之，有理由相信，人格与客观健康结果的关联可能会在晚年减弱。然而，鉴于客观和主观健康评估之间的差异在老年时显著增加（Steinhagen-Thiessen & Borchelt，1999），人格可能继续与主观健康感知高相关。

5.8 晚年人格-健康关联的实证证据

只有很少的实证研究系统地研究了老年或接近死亡对人格和健康方面的关联的潜在影响。其中一个原因是，研究很少包括足够大的样本量，用于高龄或濒临死亡的人。少数例外支持表明随着年龄的增长，人格对客观健康的影响确实减弱了（Scheier & Bridges，1995；Schulz, et al.，1996）。相比之下，使用主观而非客观或基于表现的健康和幸福感衡量标准的研究表明，人格在晚年塑造主观感知方面仍可能发挥重要作用（Berg, et al.，2011；Duberstein, et al.，2003；Quinn, et al.，1999）。重要的是，这些证据主要是横向的，因此应该谨慎解释。

还有不一致的证据表明人格对死亡危险的预测作用。例如，Weiss 和 Costa（2005）报告说，在患有多种功能障碍的接受医疗患者（65～100岁）样本中，较低水平的神经质、宜人性和责任心都预测了较高的5年死亡率风险（Korten, et al.，1999）。与此相反，Mroczek 和 Spiro（2007）发现，43～91岁男性的高水平神经质和神经质增加与全因死亡率正相关（Read, et al. 2006；Wilson, et al.，2005）。所有这些报告都提到了全因死亡率，这可能与健康问题有关，但不一定是由健康问题引起的。事实上，一个人的健康状况可能会缓冲人格和死亡危险之间的关联，健康个体与健康受损个体的特质有差异。例如，神经质通常被视为身体健康的风险因素（Friedman，2000）。然而，（适度）神经质的增加实际上可能非常适合长期患病和虚弱的个体，因为对健康问题和资源限制的认识提高可能会阻止人们从事危险的行为，例如尽管患有严重的视力疾病，但试图独自穿过繁忙的街道

（Roberts，Smith，Jackson，& Edmonds，2009）。对健康的这种缓冲效应可能是先前有争议的发现的一个潜在解释。

总之，理论观点和实证证据表明，人格既是功能衰退的前因条件，也是功能衰退的缓冲。由于生理制约因素的重要性日益增加，人格特质所传递的健康风险或益处在主观方面可能比在晚年健康和幸福的客观指标方面更加明显。对这种论断的实证研究并没有证据定论，因为还没有排除大量的替代解释（例如，缺乏针对人们生活阶段的人格评估，也没有被试内变化研究设计）。

5.9 晚年衰退导致的人格稳定性和变化

除了作为晚年衰退的资源和风险因素的人格之外，毕生发展理论长期以来一直认为，晚年得与失的消极增长比例越来越大，也可能导致人格本身的变化（Baltes，Lindenberger & Staudinger，2006；Staudinger & Fleeson，1996）。在下文中，我们将重点放在图5-1中描述的概念模型的右侧部分，讨论人格稳定性和变化是如何被健康的关键方面的效应所来塑造的。

5.10 身体健康对人格的影响

衰弱和慢性疾病可能会威胁到老年人维持既有生活方式和满足他们面临的环境需求的能力，从而促使人格发生长期变化（Baltes，et al.，2006；Roberts & Wood，2006）。例如，突然或严重的健康问题可能会导致脆弱和焦虑（Hayman，et al.，2007），这可能最终导致神经质的长期增加。此外，健康方面的限制常常迫使老年人在参与的活动和社会关系中更有选择性（Wrzus，et al.，2013），可能导致外倾性和宜人性下降（Hill，et al.，2012；Stephan，Sutin & Terracciano，2014）。同样，身体健康受损可能会限制老年人参与文化和智力活动或保持他们以前的秩序性，表现为开放性和责任心降低。

根据毕生发展理论的预测，人格特质确实会持续变化，直到生命结束。例如，Mroczek和Spiro（2003）发现，在非常年老的时候，外倾性均值水平持续下降，而神经质水平在80岁之前大幅下降，然后再次上升。Mõttus、Johnson和Deary（2012）也报告了类似的趋势，他们还观察到一组80多岁老人的开放性、宜人性和责任心显著下降。有一项研究检验了死亡相关过程（以死亡时间为指标）如何在生命结束时塑造人格发展。这项研究持续13年，考察初始年龄在70～103岁被试的神经质、外倾性和开放性的发展轨迹后，Wagner、Ram、Smith和Gerstorf（2016）发现，神经质的均值水平随着死亡的临近而增加。相反，外倾性和开放性随着时间的推移而增加，但是变化率不受死亡时间的影响。有趣的是，在这个样本中，年龄并没有缓冲这三个特质中任何一个的变化率，这表明年龄本身以外的因素（或者是外倾性和开放性、死亡时间）可能是影响晚年人格发展的因素。与这种解释相一致，作者认为患有残疾与外倾性和开放性的晚年下降有更大相关。同样，最近的一项元分析（平均年龄5~56岁）表明，在慢性疾病（自评）发作后，个人变得不那么外倾、开放和负责任，但更加神经质（Jokela, Hakulinen, Singh-Manoux & Kivimaki, 2014; see also Sutin, Zonderman, Ferrucci & Terracciano, 2013）。

相反，在使用更客观的健康指标的研究中，几乎没有发现与健康相关的人格改变的证据（Berg & Johansson, 2014; Mõttus, Johnson, Starr & Deary, 2012; Wagner, et al., 2016）。Mõttus等研究了81~87岁之间的人格轨迹，他们报告说，身体素质的下降与责任心的急剧下降有关，但与其他大五特质无关。同样，无论是医生诊断的并发症还是自评的功能限制，都没有预测80~98岁样本的人格稳定性和变化模式（Berg & Johansson, 2014）。然而，依靠较小的样本量，这两项研究可能都不足以检测潜在的小影响。

5.11 认知功能衰退与人格

除了身体上的限制，与年龄相关的认知能力下降可能会导致晚年人格的改变。具体来说，认知功能的降低可能会阻止非常年长的成人追求新的经历和（社会）环境（Kohncke, et al., 2016），导致外倾性和开放性下降。受损的认知功能可能会进一步挑战人们制订和实施计划的能力，从而导致责任心下降和脆弱感增强，从而导致神经质的提高。

支持这一观点的人认为，认知能力差与神经质水平较高或增加、对经验的开放程度较低和降低（Graham & Lachman, 2012; Ziegler, Cengia, Mussel & Gerstorf, 2015），以及责任心的加速下降有关（Mõttus, Johnson, Starr, et al., 2012）。人格改变与神经变性疾病［如阿尔茨海默病（AD）］有关。对AD患者知情人评定的人格改变的回顾显示，在AD发病后，神经质显著增加，外倾性、开放性、宜人性和责任心显著下降（Robins Wahlin & Byrne, 2011）。责任心的变化最大，相对于发病前的人格水平，提高达3个标准差。在这些严峻的情况下，人格的改变是否是大脑病理的直接结果，或者更确切地说AD是对慢性疾病反应的心理调整，这仍然是一个悬而未决的问题。

5.12 感觉功能与人格

感觉功能的下降可能在塑造晚年人格稳定性和变化的模式中发挥重要作用。听力和视力的丧失在非常年老的时候非常普遍，往往会产生严重的心理后果（Wahl et al., 2013）。除了行动能力和日常能力下降之外，感官衰退限制了老年人与社会环境成功互动的能力，因此可能会对社会融合和功能产生特别严重的影响（Hawthorne, 2008）。因此，神经质的增加和外倾性的降低可能会特别明显。初步证据表明，听力下降确实与外倾性下降幅度更大、神经质上升幅度更大有关，而视力下降仅与神经质加速上升有关（Berg & Johansson, 2014; Libmann, 2003）。

综上，理论观点和实证证据表明，年龄、病理和死亡相关的脆弱性以及特定的身体、认知和感官损失驱动着晚年人格稳定性与改变的模式。具体来说，非常晚期的生命似乎以神经质的增加和其他大五人格特质的减少为特征。

5.13 晚年的适应性人格发展

一种直觉的方法来评估人格特质或特质变化的适应性效用，是考虑它是否有助于掌握特定年龄的发展任务（Havighurst, 1972）。遵循这一思路，从青少年到老年，情绪稳定性（即神经质降低）、宜人性和责任心的规范性不断增强可能反映了人格成熟的过程，使人们能够更好地掌握与这些人生阶段相关的挑战，如组建家庭或立业（Hogan & Roberts, 2004; Hutteman, et al., 2014）。因此，发展和保持较低水平的神经质和较高水平的宜人性和责任心通常被称为积极的人格发展（Staudinger & Kunzmann, 2005）。这种人格稳定性和变化的模式在大多数情况下在大部分毕生中都是有益的。

与此同时，毕生发展理论表明，这种情况可能会在晚年发生变化，因为发展收益与损失的负比例越来越大，需要从增长过程转向损失管理（Baltes & Baltes, 1990; Heckhausen, Wrosch & Schulz, 2010）。晚年，严重的健康问题经常损害老年人的日常能力和资源，从而威胁到他们维持以前获得的生活方式和满足他们面临的环境需求的能力。因此，老年人可能会越来越多地受益于所谓的补偿性二级控制策略，而不是试图达到或保持更高的功能水平（Heckhausen, et al., 2010），这包括替换不再可实现的目标，并将剩余资源重新集中在仍可管理的目标和活动上。

在这种背景下，成熟趋势的逆转反映在神经质水平的提高以及宜人性和责任心的下降上，这种逆转可能会在高龄和功能限制日益增加的情况下适应。例如，（适度）增加神经质，从而提高对健康和资源限制的认识，可能有助于年龄很大的人脱离无法实现的目标，并防止人们从事可能导致过度消耗和受挫的活动（例如，尽管没有帮助的情况下几乎无法行走，却仍独自购物）。同样，与年龄和健康相关的宜人性和外倾性的下降可能反映了适应的过程，在这一过程中，不再能达到的社会目标（例如，在公共场合参加拥挤的聚会）被仍然能达到的目标（例如，在家举行小型晚宴）所取代。随着功能限制的增加，放松一个人的有序和勤勉标准，更有选择地关注日常生活中最重要的方面（如坚持服药），这可能会反映出责任心水平降低。最后，对经验开放性的下降也可能代表了一个适应特定年龄目标调整的过程，在这个过程中，与寻找新的经验和背景相关的目标被可以在更熟悉的环境中实现的目标所取代。例如，老年人可能更喜欢在拐角处的公园散步，而不是冒险进行徒步旅行。

然而，重要的是，过早地放弃困难但并非不可能实现的目标可能无益（Wrosch, Scheier, Carver & Schulz, 2003）。例如，如果个人甚至在疲劳的最初迹象出现之前就不进行身体或认知上的挑战性活动，功能衰退也不会避免，还可能会加速。因此，当被问及什么是晚年适应性人格发展时，最正确的答案可能是：视情况而定。我们不是将一种特殊的特质变化模式称为适应性，而是认为在生命末期，成功的适应要高度依赖于个体的资源和负担。对于那些严重和虚弱的慢性病患者来说，神经质的增加和其他大五人格特质的下降可能反映了目标调整的适应性过程。相比之下，那些仍处于相对良好的认知和身体状态并拥有良好（社会）基础的个人可能会从人格稳定中受益。此外，除了特质变化的方向和数量之外，人格特质（或状态）的跨情境一致性可能是适应性人格发展的一个重要特征（Fleeson & Jayawickreme, 2014）。借鉴现有研究（Ram & Gerstorf, 2009; Rocke, Li & Smith, 2009），非常低的跨情境一致性可能反映出人格系统的不稳定性增加。相反，极高的一致性可能表明一个人的人格已经变得过于僵化，失去了灵活适应不断变化的形势需求和机遇的能力（Human, et al., 2015）。

为了彻底描述、理解和潜在地激励晚年适应性人格发展，未来的研究需要从研究人格健康关联转向研究人格特质、环境特征以及与年龄、死亡和病理相关的资源和负担之间更复杂的交互作用。具体来说，应考虑以下几个方面：什么样的人格特质变化（多少，方向，哪个特质或特质群），可能适应于哪种环境（急性或慢性疾病），在哪种环境下（相对于养老院的单独生活的个体），以及导致什么样的结果（幸福感，主观或客观健康，死亡）。

5.14 小结

很少有研究探讨人格特质是如何塑造晚年多方面的损失，以及晚年多方面的损失是如何塑造人格的。这部分综述总结了理论概念和初步的实证证据，表明人格和健康的轨迹在晚年紧密交织。人格通过其对健康行为、压力相关过程和社会资源的影响，作为健康领域晚年衰退的前因条件和缓冲。同时，晚年健康状况普遍下降，这挑战了个人维持既得生活方式和成功与社会和物理环境互动的能力，往往导致人格发生重大变化。基于毕生发展理论，这种与健康相关的人格改变反映了适应过程，包括通过选择适合年龄的目标和活动来适应不断变化的发展机会和限制。

5.15 研究展望：样本多样性和社会生态理论对心理科学和人格科学的未来至关重要

心理科学目前缺乏样本多样性和生态理论，从根本上限制了概化能力，阻碍了科学进步。对社会生态学在塑造形态、生理和行为演变中的作用的关注尚未广泛应用于心理学。迄今为止，心理学的进化方法更多地关注于发现共性，而不是解释变异性。然而，小规模的、以亲属为基础的农村生计社会和大规模的、以市场为基础的城市人口之间的对比并没有得到很好的理解。高收入国家内部的可变性，或者社会经济和文化变革，也没有影响到今天最偏远的部落人口。阐明这种广泛变化对心理和行为的原因和影响是社会科学的一个基本关注点；将研究参与者扩大到学生和其他便利样本之外，对于提高人群之间和人群内部对灵活心理反应规范的理解是必要的（Gurven，2018）。

在过去的40年里，由于进化和生态理论将社会科学和生命科学交织在一起，人们对人类行为的理解更加一致。当研究人类动物时，认识到人类心理和行为是由与其他动物相似的选择压力塑造的，这是一个强大而令人谦逊的起点。人口变异的存在，包括"文化差异"，通常被认为会排除普遍性，从而使人类研究复杂化。相反，群体内部和群体之间的差异是理论面临的难题。鉴于对有限资源的竞争需求，行为生态学领域应用进化和生态学理论来考虑生物生命过程中通常遇到的各种问题的适应性解决方案。它强调社会生态因素如何影响决策的成本和收益。这些因素包括影响食物获取的因素（例如，环境中资源的不完整、可用技术、栖息地之间的距离）、婚姻和配偶选择（例如，性别比例、财富持有量）以及社会学习（例如，模型的数量和专业知识、相关环境变化的频率）等。鉴于行为生态学源于生态学和行为学，它将生活和生活方式的多样性视为根本，需要解释。

迄今为止，行为生态学和进化社会科学的相关方法［例如双重继承理论（Dual Inheritance Theory），即将基因和文化要素看作两种独立的继承形式，并且这两个形式也不一定需要与对方进行交互作用］在人类学和经济学领域蓬勃发展，但在心理学领域的影响相对有限。心理学被认为是更接近层次的解释细节机制，补充了行为生态学的终极层次功能方法。进化心理学在展示心理机制的假设设计特征方面有着显著的影响力，但在实践中，重点是更多地揭示人类的共性，而不是解释变异性。心理学研究中对西方的、受过教育的、工业化的、富裕的、民主的（Western，Educated，Industrialized，Rich，Democratic，WEIRD）样本的压倒性强调现在已经得到了广泛的认可（Henrich，Heine & Norenzayan，2010），但是这种认可对拓宽心理学的样本库或研究方向几乎没有影响（Nielsen，Haun，Kärtner & Legare，2017）。改善代表性的一个策略是增加对当代小规模狩猎采集者和园艺从业者的抽样调查，因为这些人的生活方式更像我们工业化前的生活方式，因此代表着与 WEIRD 人群的强烈对比。当检验不同特征或偏好的普遍性时，这种包容变得更加普遍，经常暴露出挑战人类共性传统观念的显著差异（Barrett，et al.，2016；Scott，et al.，2014）。例如玻利维亚亚马逊的 Tsimane 美洲印第安人的大五人格特质结构没有复验（Gurven，et al.，2013），没有中年心理危机（Stieglitz，et al.，2014）；Tsimane 人表现出高度外化的健康控制点（Alami，et al.，2018），尽管有高度系统性炎症、富含肉类的饮食和低 HDL 胆固醇（Kaplan，et al.，2017），却也没有心脏病的证据。这些发现共同质疑了人类行为、心理和健康方面先前假设的共性。

多样化的样本对于评估特质的普遍性或者测试任何关于人类表型的理论来说显然是必要的。除了城市学生之外，另一个同样引人注目的抽样动机是帮助产生和检验关于人类心理和行为的理论。人类物种在其进化历史中经历的广泛的物理和社会环境导致了对表型的灵活表达（即"表型可塑性"）的普遍期望，这导致了不同地区、情况和时间的系统性差异。即使在狩猎采集者中，生存、群体、流动性和交配的许多特征在许多社会生态方面也有可预测的变化（Kelly，2013）。心理表型的一些特征在发育过程中被分析（例如，依恋风格、人格），其他特征在情境上保持灵活性（例如，孤独、自我调节），有时在生命过程中会有所变化（例如，时间偏好、性欲），而其他特征可能显示跨代遗传的证据（例如，压力反应）。因此，样本库多样化是必要的，不仅是为了评估特质的普遍性，同时也是为了测试环境如何以系统、可预测的方式塑造人类行为和心理的因果理论。

WEIRD 样本特征主要有：高水平的正规教育、频繁地与陌生人进行一次性互动、更强烈的个人主义、商业化的市场互动、对高效技术的高度依赖。WEIRD 样本的主要问题是，它们往往反映了世界人口中有限的、基本上没有代表性的部分。然而，在工业化国家中，通常被标为怪异的是，有大量的、未被充分研究的农村、工人阶级和种族多样化的亚群体（即"不方便的"样本），他们的加入会极大地有利于社会科学。在某种程度上，WEIRD 样本并不代表我们大部分物种的历史和世界人口，一个需要考虑的关键问题是，WEIRD 样本和全球"怪异化"本身如何影响心理学和行为。

理解 WEIRD 化的不同方面如何影响心理和行为需要更丰富的理论和实证研究来评估学校教育、城市化、商业化和世界主义的独立和协同效应。然而，构成心理学大多数研究的相对统一的样本阻碍了进展。文化心理学是一个例外，但是它经常在更大的心理学学科中被边缘化，并且集中在有限的领域：例如，个人主义和集体主义的群体差异（Triandis，1995；Oyserman，Coon & Kemmelmeier，2002），以及社会规范的力量和对偏差的容忍（松散文化和紧密文化）（Gelfand，et al.，2011；Harrington & Gelfand，2014）。植根于进化论和生态学理论的解释框架通常不是文化心理学的一部分。然而，一些研究强调了实践在塑造价值观和信仰方面的重要性（Gutiérrez & Rogoff，2003），以及不同（经济）环境下的适应性行为如何有助于解释感知和文化价值观的差异（Talhelm, et al.，2014；Nisbett &Cohen，1996；Oishi，2014）。然而，在大多数心理学研究中，生态、文化和历史通常被忽略。

使用进化理论、最优化原则、成本效益分析、权衡和社会生态因素的理论框架对于更好地理解文化规范、心理特征和行为的可变性是必要的，对于增强与生命科学和非人类可变性研究的一致性也是必要的。社会和经济生态位复杂性在塑造人格结构和多样性方面作用显著。不可预测性和快速生命史节奏社会经济地位（SES）的心理特征是社会科学中最常用的衡量标准之一，意在代表财富和社会地位，但它是一个"黑匣子"，除了一般的知识和资源之外，仅提供很少的理解（Cutler, Lleras-Muney & Vogl, 2008）。目标 SES 指标是间接的，可能会偏离当地社区的感知状态、地位和幸福感。因此，SES 挖掘了"生活经历"的多个维度，这些维度在人群内部和人群之间会有很大差异。

这些感知到的与 SES 相关的两个维度是环境的严酷性和不可预测性。虽然社会科学中的许多研究都集中在社会和经济资源的数量上，但是资源获取的可预测性（即稳定性）是决策的一个相对不被重视的组成部分，对进化的生命历史和心理特征有着普遍的影响。一个物种的生命史反映了选择对生命阶段及其事件的时间和持续时间的影响，包括幼年发育、首次繁殖年龄和衰老速度。生活在以资源不安全、生态不确定性、不稳定网络和不安全社区为特征的恶劣、不可预测的环境中，可以培养一种注重短期利益的倾向，尽管有长期成本，而忽略了带来短期成本的长期利益（Pepper & Nettle, 2014；Hill, 1993）。面向现在的时间偏好反映了一个"快速"的生命史。虽然物种随着死亡率风险和可预测性的变化，沿着缓慢-快速的生命史连续体变化，但相似的逻辑和测试发现同一物种中的个体也随着生命史的速度变化。根据这种观点，认为自己生活在难以控制的恶劣条件下的人更有可能放弃原有的健康习惯，包括日常体育活动、健康饮食、医生检查和预防护理，这不是因为对戒断的健康后果了解不多，而是因为如果忽视了以后年龄的慢性病风险，时间和金钱的其他用途可能会优先（Pepper & Nettle, 2014；Nettle, 2010）。吸烟、饮酒、吸毒、犯罪行为、暴饮暴食、冒险和其他提供短期收益但须付出长期成本的活动都与生活在不可预测的高死亡率环境中有关（Bickel, Odum & Madden, 1999；Nettle, Andrews & Bateson, 2017）。医疗依从性、更安全的性行为、定期体育锻炼和其他可能带来长期益处但有直接成本的活动，都与可预测的低死亡率环境相关（Huston & Finke, 2003；Kosteas, 2015）。未来前景暗淡的更快的生命史也有望将重点转移到更早和更大的生殖努力上，包括更早的性成熟、性活动和生殖、更多的短期交配和更高的总生育率（Chisholm, et al.，1993；Griskevicius, et al.，2011）。

很少被进行心理学研究的农村、服务不足的人口受到恶劣生活条件、高发病率、气候变化的不利影响、自然灾害以及政府或外国实体的流离失所的严重影响。这些和其他恶劣环境的暗示倾向于与更加面向现在的时间偏好相关联,因为短期的周全考虑可能会超过可能永远不会实现的潜在长期收益(Hill, Ross & Low, 1997)。与这一观念相一致,巴西里约热内卢贫民窟的年轻人比同龄的巴西大学生更不看重未来(Ramos, et al., 2013)。在46个国家中,那些预期寿命更长的国家(代表更好的条件)更愿意等待更大但延迟的回报(即,不太注重当下)(Bulley & Pepper, 2017)。

尽管探索较少,但这些更快的生命史轨迹的表征可以与其他心理特征联系起来。在资源不安全的条件下生活所形成的人格特质不仅包括急剧的时间折扣,还包括更高的冲动性、更少的自我调节、更低的自我效能和外部的控制点。

这种与生命史节奏、时间偏好和心理特征相关的理论方法为进一步探索越来越多的心理和行为特征中的群体差异提供了一个有希望的方向。最关键的是,它需要在WEIRD人群中从广泛的社会经济背景和发展历史中取样。将以不确定性、严酷性、贫困和危险为特征的环境与以可预测性、丰富性、舒适性和安全性为特征的环境进行对比,要求研究者除了对低收入国家进行更多抽样之外,还要广泛地在除大学之外的国家内进行抽样。

心理学的一个主要领域涉及人格结构的内容。五因素模型(或"大五",即开放性、责任心、外倾性、宜人性、神经质/情感稳定性)通常被认为是超越语言、文化、历史、经济和意识形态的人类人格的普遍结构(McCrae & Terracciano, 2005; Bouchard Jr, & Loehlin, 2001)。尽管已经描述了其他结构(Cheung, et al., 2001),有或多或少的因素,大多数都与"大五"相似。到目前为止,大部分非WEIRD的样本与"大五"样本相差甚远。例如,Tsimane人的人格结构支持两个因素,这两个因素结合了"大五"特征,即亲社会/领导和勤奋。"大五"未能在Tsimane人群复验,这不能通过解决通常的方法论问题来解释。按性别、群组、受教育程度和西班牙语流利程度分类没有什么区别,也没有解释默认和确认偏见;配偶报告也显示出类似的双因素结构。关于土著居民的其他调查结果很有启发性。例如,在布基纳法索的乡村和城市人群中也出现了未能展示"大五"的情况(Rossier, et al., 2013)。在12种孤立的语言中,包括马赛语、斐济语和英语,一种记录通用属性概念的词汇方法只强调了动态性和社会自我调节的两个方面(Saucier, Thalmayer & Bel-Bahar, 2014)。

没有人格形成理论,不清楚不同的环境是否应该首先在人格结构上产生真正的差异。进化假说提出,情感、认知和行为(即人格)的时间稳定方面是适应,几代人都倾向于最大限度地提高生物适应性。然而,这种中等范围的期望本身并没有足够的特异性来指导对不同人群人格差异的研究。因此,了解如何协调低阶特征以组合成高阶因子至关重要。"大五"在许多国家的成功复验可能是生活在大量城市识字人口中的产物。即使在先前的研究中,证明了"大五"群体的跨人群证据,在印度、博茨瓦纳、摩洛哥和尼日利亚的样本中也获得了一致性的低分数（McCrae & Terracciano, 2005）。因此，一个古老但仍未研究的问题是，不同人群的人格及其结构是否会有很大差异，以及为什么会有很大差异。具体特征的水平，例如外倾性和开放性，在不同的人群中当然会有所不同（Schmitt, Allik, McCrae & Benet-Martínez, 2007），但是因素本身的数量和内容可能会有所不同的概念更难解决。

从行为生态学的角度来看，人格题目应该具有协同作用，以帮助个人实现与健康相关的目标。特定特质协方差结构的适应效果应该在不同的社会生态环境中有所不同，有不同的获得地位、获得伴侣、照顾孩子、生产和保护资源的方式。大五人格协方差将会更大，以至于实现这些目标需要贯穿五个因素的各个方面。有了这个指导逻辑，研究者最近提出了一个假设，即由大量不同的专业社会和职业领域定义的更大的社会复杂性，应该有利于人口中更弱的相互关联的高阶人格因素。这一"社会生态复杂性假说"（Lukaszewski, Gurven, von Rueden & Schmitt, 2017）表明，从新石器时代农业革命开始，大规模、密集和分层的人口生活越来越多地以更大的生态位多样化和分工为特征；后来的技术和工业革命，以及货币化经济中市场的扩张，进一步扩大了生态位市场的数量和专业化特征。更多的生态位意味着更多的成功方式，以及最大限度的健康或健康的代表，如财富和声望。城市化通过集中更多的人口，通过激励新的专业化形式，强化了劳动力、交配和社会市场（Jeanson, Fewell, Gorelick & Bertram, 2007）。狩猎采集者更有可能是"各行各业的杰克和吉尔"，而工业化人口则依赖高度专业化的角色来生产商品和服务。如果表型特异性有利于专业领域内更优的表现，那么人格多样化应该映射到这种高度的职业和社会多样化上。另一种可能性是，个人拥有更多的生态位市场会放松对人格表达的任何限制，否则选择越少，这种限制就会越大。例如，小规模食物采集者群体中的成功领导者，如 Tsimane 人，不仅必须群居，而且必须慷慨、随和、勤奋、认真、情绪稳定；在这种情况下，我们可能会期望传统"大五"因素之间有更大的相互关联，就像在 Tsimane 人中发现的那样。在工业化人口中，工程项目的项目负责人可能非常有组织性和创造性，但是害羞、内向、不愉快。因此，一个直接的预测是，具有更高社会生态复杂性的人群应该表现出更大的人格多样化。就"大五"而言，在更复杂的社会中，各因素之间的相关性会更低（图 5-2）。

社会生态复杂性是由 3 个变量组合而成的：人类发展指数（结合了教育水平、国内生产总值和预期寿命数据的联合国指数）、城市化（生活在城市和农村环境中的国家人口百分比）和部门多样性（衡量一国出口产品数量和多样性）。复杂的国家有相对富裕、识字、长寿、居住在城市的公民，他们生产和出口大量多样的商品和产品。根据这一综合衡量标准，日本、比利时和美国处于社会生态复杂性的高端，而埃塞俄比亚、坦桑尼亚和孟加拉国处于低端。一个国家的社会生态复杂性与其"大五"因素之间的平均相关性成反比（$r=-0.54$, $p<0.001$）。在 55 个国家中，"大五"因素之间的平均相关性从 0.14（法国）到 0.45（坦桑尼亚）。相比之

图 5-2　文化差异：Community（前工业时代与低收入人群）
Vs. Society（WEIRD 人群）与人格形成

下，Tsimane 食物采集者，这是唯一一个使用相同人格工具研究的小规模社会，他们的平均相关为 0.54（Gurven, et al., 2013）。解释样本量、地理、识字率、默认、反向题目和评价偏差的差异并没有显著降低社会生态复杂性和跨部门相关性之间关系的程度或重要性（Lukaszewski, et al., 2017）。值得注意的是，"大五因素"组合的关联性随着社会生态复杂性的增加而减弱，这种组合倾向于涉及开放性和责任心，而不是情绪稳定性、宜人性或外倾性。

在国家水平，大五人格特质协方差可能反映出国家性格或人格的其他方面，而这些方面通常没有通过考虑社会生态基础来研究。文化心理学的一项成就是制定了针对具体国家的测量，描述文化的不同方面，包括"紧密性""个人主义"和"权力距离"。例如，文化紧密性反映出有许多强有力的社会规范和对不正常行为的低容忍度（Gelfand，Nishii & Raver，2006），而权力距离描述了一个社区接受和认可权威、权力差异和地位特权的程度。预计人格特质协方差在被确定为紧密文化的地方会更高，个人主义排名较低，性别平等主义排名较高。大五人格特质协方差更高的国家也有更大的文化紧密性，较少强调性别平等主义，更多强调命令和对抗在社会关系中的作用。

尽管国家水平的比较研究通常存在局限性，但这些研究结果共同提出了一些重要问题，即人格结构如何在不同人群中以尚未解决的方式发生变化，部分原因是对普遍结构的假设和反复主张。需要在几个经验方面对多样性进行更多的抽样。第一，需要对社会生态方面差异很大的人群进行更多的研究。第二，随着时间的推移，在社会生态学中经历快速变化的人群可以在整个过程中被取样，以确定人格结构是否相应地改变。按照这些思路，在进一步现代化和文化适应之后的十年里，再次评估 Tsimane 人的人格结构将会很有趣。第三，从社会生态复杂性较低到较高的地区移民（或者反方向移民）的子女与他们的父母相比，可能会在人格结构上表现出反射性差异。第四，发展研究需要关注在童年和青少年时期，协调的特征如何在不同的环境中被任意校准。一些证据支持这一观点：Tsimane 人的男性和女性身体更强壮或接受教育更容易外倾（von Rueden，Lukaszewski & Gurven，2015）。类似地，早年暴露于紧张性刺激可能会校准一个人后来对压力的敏感性，可能反映出神经质的差异（Ellis，Jackson & Boyce，2006）。最后，正式模型将有必要更明确地考虑关于这里描述的人格结构演变的口头争论，特别是成功的专业角色履行和特质相关行为之间的反馈作用。

重新关注文化的社会生态驱动因素可以为考虑文化差异提供一个初步框架。因此，对人口内部和人口之间的各种社会生态条件进行抽样，也确保了更广泛的文化差异。也就是说，文化进化可以在非适应性或不适应性的方向上引导规范和行为，或者根据初始条件导致多重适应性平衡（Henrich & McElreath，2003）。尽管过去几个世纪经济生活发生了巨大的变化，历史经济惯例的遗留影响到了现在的文化特征。因此，即使社会生态条件发生变化，某些文化特征和行为表现也不太灵活，表现出路径依赖性。相反的情况也并不少见：即使社会生态条件相对统一，不同的行为模式也可能存在于亚群之间。例如，尽管 Tsimane 村庄居住在非常相似的文化和生态环境中，但发现这些村庄之间存在明显的公平规范和合作行为（Gurven，Zanolini & Schniter，2008）。在不同的社会生态中发现类似的行为，或者在类似的社会生态中遇到不同的行为，这些案例表明，使用文化进化理论的工具和方法直接考虑社会学习和文化传播将是解释这些差异所必需的（Henrich & McElreath，2003；Mesoudi，Whiten & Laland，2006）。尽管共享相似（不同）的社会生态特征，但对被确定为具有不同（相似）文化的人群进行抽样调查，可能会带来关于民族历史轨迹和传播动力学如何塑造心理和行为的新理解。

非传统样本，即超越学生、城市和西方范围，对于更广泛地理解人性及其多方面的心理和行为表现至关重要。尽管仅仅出于伦理和道德的原因，在社会和行为科学中对人类进行更多的抽样调查可能是有道理的，但作者在这里认为，只有考虑到行为和文化差异背后的社会生态因素，才能对心理和行为反应规范有更深入的科学理解，这自然会导致在更广泛的人类社会生态中进行有意识的抽样调查。这包括所谓的觅食者、农民和牧民的人类学人口，也包括低收入国家的城市居民和农村穷人，以及高收入国家的农村穷人、工厂工人、富有的工程师和其他非学生人口。地域差异很重要，特别是当历史渊源、选择性移民和经验有助于塑造文化和心理的时候。例如，生活在有大规模煤炭工业和经济困难历史的地区的英国居民更有可能有当今心理逆境的标记（例如，责任心较低，神经质较高）（Obschonka，et al.，2018）。

超越 WEIRD 的取样不应归入更直接处理文化差异的社会科学分支领域，如人类学、文化心理学和发展经济学，而是需要应用于所有旨在理解人性及其可变表达的社会科学学科。将来自传统小规模人群的样本与城市 WEIRD 样本进行对比的趋势导致了重大发现（Barrett, et al., 2016）。正如生活在被冠以"WEIRD"标签的国家的贫困、农村和未受教育的亚人口一样，各地的传统人口正在经历生活方式的快速变化。成熟的抽样机会应包括经历文化和社会经济变化的群体。即使是狩猎采集者也暴露在全球化的诸多方面，尽管现代暴露常常被忽视或仅仅被短暂关注，很少被视为可变性的有用来源。对这些人群的纵向研究，利用人种学来补充传统的心理实验，对于增进对行为变化的心理决定因素的理解至关重要。一些有启发性的例子可以作为未来的模型（Greenfield, Maynard & Childs, 2003; García, Rivera & Greenfield, 2015）。

从描述心理特征上的群体差异转向理论驱动的实证主义是一项艰巨但令人兴奋的挑战。环境的严酷性和不可预测性对当前取向、冲动性和自我效能的人格特质的作用；以及市场、专业化、规模经济和城市化对人格结构的影响的解释都采用了进化论和生态学理论，从而将当前的实践与生命和自然科学（以及非人类）中使用的逻辑结合起来。更全面地阐述这些问题来解决心理学中的额外课题，需要更广泛的跨学科培训、实证（不方便）取样以及针对特定领域的更复杂的理论。

生命史理论广泛适用于解释物种间和物种内部人口特征的变化，这是一个有吸引力的中观理论，用于解释时间偏好、自控、警惕、耐心和冲动。这种方法产生的更多问题仍有待研究。例如，不同生命阶段的直接体验如何影响对恶劣环境中风险和不确定性的感知？是否有关键的发展窗口来根据个人的社会生态环境来调整人格？对社会支持和其他类型缓冲的感知如何在高风险环境中建立韧性？鉴于衡量相对地位、财富以及其他成功和安全标志的社会比较无处不在，如何选择参考群体？这种看法可能部分基于相对比较，使得群体间特质差异的研究复杂化。行为生态学对权衡、功能设计的关注，以及对分工、互补、专业化和生物市场等经济原则的借鉴，有助于建立一个框架，来模拟社会生态复杂性的组成部分和人格结构之间的关系。对反应规范的考虑也有望解析群体内的变异性，这是由于对表型条件的任意校准，如体力、体型和体现的资本（即知识、技能或增加未来预期健康的身体特征；von Rueden, Lukaszewski & Gurven, 2015; Lukaszewski & Roney, 2011）。那些身体状况较好的人要么有能力表达某些人格特质，要么优先从中受益。在Tsimane食物采集者中，与亲社会、合作、情绪稳定和追求领导力相关的人格特质与个人的体现资本（以受教育程度和体力衡量）有着积极的联系（von Rueden, Lukaszewski & Gurven, 2015）。有趣的是，体力值与Tsimane男性和女性亲社会人格特质相关，阿卡·俾格米觅食者中也有类似的发现（Hess, et al., 2010）。

跨文化人格研究的一个障碍是，由于方法上的不一致，判断差异是真实的还是人为的（Rossier, et al., 2013）。例如，低收入国家的样本未能复验大五结构，这被归咎于被试不一致的反应方式。尽管人们有时可以针对这些类型的反应偏差进行调整，但调整忽略了反应偏差本身可能是人格或交流风格的一个重要方面，这种人格或交流风格在文化上可能会有所不同。现有证据支持多种偏见的概念，这些偏见形成了总体反应风格因素，根据其他人格特质，如人际关系中的支配地位和竞争情绪，这些因素在人群中有系统地变化（He, Bartram, Inceoglu & van de Vijver, 2014）。

最后，值得指出的是，强调存在差异的地方不一定与普遍性的概念相矛盾，也不意味着应该避免普遍性。即使在不同的社会生态环境中，识别和解释影响的相似性也和解释差异一样具有启发性。例如，尽管他们独特的人格结构和高度外化的控制点，Tsimane 人显示了流体的年龄分布和结晶的认知能力，模式类似于在 WEIRD 人群中观察到的（Gurven, et al., 2017）。身体强壮的 Tsimane 男性和女性其外倾性也更高，现代社会中的人也是如此（Von Rueden, Lukaszewski & Gurven, 2015）。同样，尽管他们的社会和政治结构相对平等，社会地位较高的 Tsimane 男性其激素皮质醇水平较低，健康状况也比地位较低的男性好，类似于在等级划分更严格的 WEIRD 人群中的发现（von Rueden, et al., 2014）。

以上例子展示了社会生态学原理和进化理论如何被定位来帮助解释群体之间和群体内部不同的心理特征表达。沿着相关的社会生态（和文化）层面增加样本多样性是这项令人兴奋的科学使命的重要组成部分。额外的理论一致性也应该有助于提高社会科学中科学研究的可复验性，要求假设和预测来自生命科学中共享的更大的理论体系。更多地关注心理特征和行为中潜在的社会生态驱动因素也有助于提高研究的可复验性。一些研究复验不佳的一个原因是隐含的，也许是错误的假设，即样本是同质的，尽管样本成分在许多（通常未指明的）维度上各不相同，但具有相同的处理效果。换句话说，大多数研究假设普遍性，但没有陈述这一假设。因此，虽然再现性项目发现，在顶尖心理学期刊上发表的 100 项研究中，只有 39% 可以被明确地再现，但一项复查显示，涉及对环境敏感（对时间、地点和文化）的研究不太可能成功地再现（Van Bavel, Mende-Siedlecki, Brady & Reinero, 2016）。明确考虑背景和样本特征的影响不仅有助于提高透明度，而且有助于发现影响心理和行为表达的"隐藏的调节变量"。失败的复验提供了一个机会来探索不良概化的原因。事实上，这里的一个教训是，如果不考虑社会生态、文化和历史背景，就不可能完全理解许多人格特质。

M5-1 参考文献